美国水环境联合会（WEF®）环境工程实用手册系列

# 生物膜反应器设计与运行手册

［美］美国水环境联合会　编著

曹相生　译

中国建筑工业出版社

著作权合同登记图字：01-2011-7574 号

图书在版编目（CIP）数据

生物膜反应器设计与运行手册/（美）美国水环境联合会编著；曹相生译．
—北京：中国建筑工业出版社，2013.7
（美国水环境联合会（WEF®）环境工程实用手册系列）
ISBN 978-7-112-15291-9

Ⅰ.①生… Ⅱ.①美… ②曹… Ⅲ.①生物膜反应器-技术手册 Ⅳ.①X7-62

中国版本图书馆CIP数据核字（2013）第059214号

Copyright ©2011 by the Water Environment Federation.
All rights reserved.

The authorized Chinese translation edition is jointly published by McGraw-Hill Education (Asia) and China Architecture & Building Press. This edition is authorized for sale in the People's Republic of China only, excluding Hong Kong, Macao SAR and Taiwan.

Copyright ©translation 2013 by McGraw-Hill Education(Asia), a division of McGraw-Hill Asian Holdings (Singapore) Pte. Ltd. And China Architecture & Building Press.

本书由美国麦格劳-希尔图书出版公司正式授权我社翻译、出版、发行本书中文简体字版。

责任编辑：石枫华　程素荣
责任设计：董建平
责任校对：张　颖　赵　颖

美国水环境联合会（WEF®）环境工程实用手册系列
**生物膜反应器设计与运行手册**
［美］美国水环境联合会　编著
曹相生　译
\*
中国建筑工业出版社出版、发行（北京西郊百万庄）
各地新华书店、建筑书店经销
华鲁印联（北京）科贸有限公司制版
北京中科印刷有限公司印刷
\*
开本：787×1092毫米　1/16　印张：22¾　字数：570千字
2013年7月第一版　2018年1月第二次印刷
定价：89.00元
ISBN 978-7-112-15291-9
（31316）

**版权所有　翻印必究**
如有印装质量问题，可寄本社退换
（邮政编码　100037）

# 中文版前言

生物膜法是比活性污泥法更为古老的技术，在工业废水处理领域应用最为广泛，但现在正越来越多地用于城镇污水处理。曝气生物滤池（BAF）、反硝化生物滤池、移动床生物膜反应器（MBBR）、生物膜和活性污泥的组合工艺（IFAS）是城镇污水处理中生物膜法成功应用的典范，在中国的应用也越来越广泛。

虽然生物膜法的应用如此广泛，但遗憾的是我国尚无生物膜反应器设计的专业书籍。迄今为止，我国绝大部分污水处理技术人员对生物膜反应器的理解还是基于20世纪50、60年代的资料，即给水排水工程专业本科教材《排水工程》的知识。我国大部分污水处理技术人员对近20年以来生物膜技术的发展知之甚少。

美国水环境联合会（Water Environment Federation，WEF）成立于1928年，一直是全球水处理技术的领跑者。WEF出版的实践手册（Manual of Practice，MOP）是水处理领域的重要参考书，在全球享有很高的声誉。本手册是MOP的第35分册，由WEF的生物膜反应器专家组编写而成。该书囊括了污水处理领域各类生物膜反应器的设计和运行问题，是迄今为止全世界有关生物膜反应器设计的最权威书籍。

由此，把WEF的生物膜反应器设计手册译成中文，对我国污水处理领域的技术人员是大有裨益的。

本书对生物膜法的各种工艺从原理到设计方法进行了详细介绍。本书的特点如下：

（1）生物学基础知识是理解和掌握生物膜法的基础。本书对此进行了详细介绍，读者拥有此书则省去了查找生物学专著的麻烦。

（2）滴滤池在中国被认为是淘汰落后的工艺。本书则告诉读者滴滤池在北美地区有广泛的市场，滴滤池与活性污泥法的结合是城镇污水处理的常用工艺之一。

（3）迄今为止，我国的滴滤池和生物转盘设计还是基于大约50年前的资料。本书则提供了最新的滴滤池和生物转盘设计方法和资料。

（4）作为新型的生物膜反应器，移动床生物膜反应器（MBBR）和生物膜/活性污泥组合工艺（IFAS）在中国的应用越来越多。本书则提供了各种MBBR和IFAS的设计方法并提供了成功的案例。

（5）本书提供了曝气生物滤池和反硝化生物滤池的详细设计方法及成功案例。

（6）无论是活性污泥法还是生物膜法的设计，中国工程师往往只是重视生物反应池的设计而忽略二沉池的设计。读完本书后，读者会对二沉池设计的重要性有更深的理解。本书对二沉池的细部结构及相应设计进行了详细介绍，对圆形二沉池和矩形二沉池做了比较。

（7）过滤是进一步提高出水水质的良好方式。本书对滤布滤池等各种滤池的设计及选择作了简单介绍。

（8）本书对厌氧氨氧化（Anammox）等新型的生物膜反应器进行了介绍。让读者了

## 中文版前言

解生物膜反应器的发展趋势和前沿技术。

（9）数学模型历来不被中国水处理工程师所重视，常常被认为是不切实际的。事实上，数学模型对深刻理解工艺原理有着积极的作用。任何技术领域的进一步发展必然是数学模型的成熟应用。本书介绍了国际上一些知名的生物膜模拟软件，相信会让读者从中能领会到数学模型的实用性。

（10）为了方便阅读，部分术语后面注明了英文。因此本书也可临时性充当辞典使用。

（11）绝大部分数字给出了国际单位制和美制单位，另外也增加了单位换算表作为附录，便于大家与国外文献对照。

（12）修订了原书的一些错误，中文译本应该比原书更加完善。

照顾到中文文献的习惯，有些术语没有直译，如"Suspended-growth System"没有直译为"悬浮生长系统"，而是翻译为"活性污泥法系统"。"Clarifier"没有直译为"澄清"而是翻译为"沉淀池"。

本书适合污水处理领域的设计、运行和管理人员使用。本书也可作为给水排水工程或环境工程专业的教学参考书。

本书的翻译历时一年，译者耗去了很多陪伴孩子和其他家人的时间。译者感谢妻子孟雪征博士的理解；感谢中国建筑工业出版社石枫华博士的理解、鼓励和支持。孟雪征、哀妮媛、何苗苗、赵林凌、牛贵龙、刘海建、刘冰玉、王亚军、盛韩微、李小冬、李奇峰等人仔细阅读了中文译本初稿。感谢她（他）们提出了宝贵的意见。

鉴于译者学识所限，恳请读者指出书中的错误和翻译不当之处。译者邮箱：caxish@163.com。

曹相生<br>2012年8月

# 原著前言

美国水环境联合会（Water Environment Federation，WEF）第35集实践手册（Manual of Practice，MOP）对生物膜法污水处理的各个方面进行了详细解释。本书通过背景分析回顾了生物膜处理系统的发展历史，而生物膜的微生物学一章则对更好地理解各种生物膜系统的设计和运行提供了背景知识。本书对各种生物膜系统和生物膜组合系统进行了详细介绍，这包括：滴滤池（Trickling Filters）、生物转盘、移动床生物膜反应器、生物膜与活性污泥的组合和生物滤池（Biological Filter）。本书对曝气生物滤池和缺氧生物滤池进行了介绍，滴滤池一章还讨论了生物膜和活性污泥工艺的组合。

各种新型生物膜工艺的介绍单列一章，这包括上向流厌氧污泥床反应器（Upflow Anaerobic Sludge blanket Beactors，UASB）和厌氧氨氧化生物膜反应器（Anammox Biofilm Reactors）。本书也讨论了各种工艺设计的影响因素、设计标准和步骤、模拟、设备和施工等。每种工艺的运行事宜，包括可能存在的问题和解决方法等，本书也包括在内。为了解释这些技术的应用，本书也给出了案例。书的最后对生物膜和生物膜工艺的模拟进行了详细讨论，对商业模型的应用也有述及。

本书的目的是让读者彻底理解各种生物膜和生物膜组合处理工艺，掌握其设计、性能和运行问题。

这本实践手册是由 Rhodes R. Copithorn（注册工程师、注册环保师）负责完成。主要作者如下：

| | |
|---|---|
| 第1章 | Rhodes R. Copithorn（注册工程师、注册环保师） |
| 第2章 | Stefan Wuertz（博士） |
| | Edward D. Schroeder（博士） |
| 第3章 | Joshua P. Boltz（博士、注册工程师） |
| 第4章 | Joshua P. Boltz（博士、注册工程师） |
| 第5章 | James P. McQuarrie（注册工程师） |
| 第6章 | Rhodes R. Copithorn（注册工程师、注册环保师） |
| | Dipankar Sen（博士、注册工程师） |
| 第7章 | Christine deBarbadillo（注册工程师） |
| | Joseph A. Husband（注册工程师、注册环保师） |
| | Frank Rogalla |
| | Christopher W. Tabor（注册工程师） |
| | Stephen Tarallo |
| 第8章 | Robert Nerenberg（博士、注册工程师） |
| 第9章 | Thomas E. Wilson（博士、注册工程师、注册环保师） |
| 第10章 | Joseph A. Husband（注册工程师、注册环保师） |

# 原著前言

| | |
|---|---|
| 第11章 | Dipankar Sen（博士、注册工程师） |
| | Heather Phillips（注册工程师） |

作者以及审阅者得到了以下单位的支持：

弗吉尼亚州亚历山大的 AECOM 公司

西班牙马德里的 Aqualia 公司

马里兰州盖瑟斯堡和密苏里州堪萨斯城的 Black & Veatch 公司

宾夕法尼亚州里丁的 Brentwood 工业公司

俄勒冈州波特兰和弗吉尼亚纽波特纽斯的 CDM

宾夕法尼亚州费城、佛罗里达州坦帕、加利福尼亚州莱丁的 CH2M Hill

弗吉尼亚州亚历山大的 Earth 技术公司

北卡罗来纳州查布尔希尔的 Entex 技术股份有限公司

马里兰州鲍威市的 GHD 公司

特拉华州威尔明顿市 Greeley and Hansen 有限责任公司

加拿大安大略省汉密尔顿市的 Hydromantis 公司

纽约州怀特普莱恩斯（白原）市、俄亥俄州哥伦布市 Malcolm Pirnie 股份有限公司

加拿大安大略省沃特卢市市政局

伊利诺伊州巴灵顿市 Thomas E. Wilson 环境工程师有限责任公司

加利福尼亚州戴维斯市加州大学

印第安纳州圣母玛利亚市圣母玛利亚大学

马萨诸塞州戴达姆市和康涅狄格州切舍尔市的 Woodard & Curran

# 目 录

**第1章 绪论** ................................................................. 1
    1.1 背景和目的 ........................................................... 1
    1.2 生物膜工艺的特点 ..................................................... 1
    1.3 历史发展 ............................................................. 2
    1.4 本手册的组织方式 ..................................................... 6

**第2章 生物膜的生物学原理** ................................................... 7
    2.1 引言 ................................................................. 7
    2.2 生物的分类 ........................................................... 7
    2.3 非细菌微生物 ......................................................... 9
    2.4 细菌的特征 ........................................................... 12
    2.5 细菌代谢、营养和呼吸 ................................................. 17
    2.6 细菌生长 ............................................................. 27
    2.7 生物膜细菌生长动力学 ................................................. 30
    2.8 生物膜内主要的转化过程 ............................................... 36
    2.9 生物膜内生物群落的特征 ............................................... 41

**第3章 滴滤池及与活性污泥联合工艺的设计和运行** ............................... 43
    3.1 引言 ................................................................. 43
    3.2 简介 ................................................................. 44
    3.3 工艺流程和生物反应器构成 ............................................. 49
    3.4 通风和空气供应方式 ................................................... 54
    3.5 滴滤池工艺的模型 ..................................................... 55
    3.6 工艺设计 ............................................................. 64
    3.7 设计时的考虑因素 ..................................................... 74
    3.8 大型动物的控制机理 ................................................... 80

目 录

  3.9 滴滤池的启动 .................................................. 86
  3.10 滴滤池和活性污泥的联合工艺 .................................. 88

第4章 生物转盘 ............................................................ 93
  4.1 引言 ........................................................ 93
  4.2 工艺设计 .................................................... 95
  4.3 生物转盘的设计方法 .......................................... 99
  4.4 生物转盘的硝化模型 ......................................... 105
  4.5 生物转盘的反硝化 ........................................... 107
  4.6 物理参数的设计 ............................................. 108
  4.7 生物转盘设计举例 ........................................... 110
  4.8 生物转盘的问题和解决办法 ................................... 112
  4.9 中试研究 ................................................... 114

第5章 移动床生物膜反应器（MBBR） .................................. 115
  5.1 引言 ....................................................... 115
  5.2 移动床反应器 ............................................... 115
  5.3 MBBR的设计 ............................................... 118
  5.4 MBBR的固液分离 ........................................... 129
  5.5 设计MBBR时的考虑因素 ..................................... 129
  5.6 案例 ....................................................... 130

第6章 生物膜/活性污泥组合式工艺（IFAS） ............................ 143
  6.1 生物膜/活性污泥组合工艺（IFAS）简介 ....................... 143
  6.2 载体类型 ................................................... 144
  6.3 IFAS的历史 ................................................ 146
  6.4 固定式载体IFAS的应用 ...................................... 147
  6.5 自由漂浮式（海绵）载体IFAS的应用 .......................... 150
  6.6 IFAS的生物量控制 .......................................... 151
  6.7 IFAS的设计 ................................................ 154
  6.8 IFAS的案例 ................................................ 161

## 第7章 生物活性滤池（BAF） ... 184
- 7.1 引言 ... 184
- 7.2 BAF及设备 ... 185
- 7.3 BAF的滤料 ... 193
- 7.4 反冲洗和空气擦洗 ... 195
- 7.5 BAF的设计 ... 197
- 7.6 设计应考虑的因素 ... 212
- 7.7 案例 ... 215

## 第8章 新型生物膜工艺 ... 223
- 8.1 引言 ... 223
- 8.2 悬浮载体或悬浮颗粒的生物膜反应器 ... 223
- 8.3 厌氧氨氧化（Anammox）生物膜反应器 ... 225
- 8.4 膜-生物膜反应器（MBfR） ... 226

## 第9章 沉淀（澄清） ... 228
- 9.1 引言 ... 228
- 9.2 固体分离方式的选择 ... 229
- 9.3 沉淀池设计的基础 ... 230
- 9.4 沉淀池各部分的设计 ... 238
- 9.5 圆形和矩形沉淀池的比较 ... 249
- 9.6 设计计算举例 ... 249
- 9.7 沉淀池的实际出水效果 ... 256
- 9.8 沉淀池设计时的其他考虑因素 ... 257

## 第10章 过滤 ... 259
- 10.1 滤池种类 ... 259
- 10.2 滤池的性能 ... 260

## 第11章 生物膜反应器模型的应用和发展 ... 264
- 11.1 引言 ... 264

# 目 录

11.2 生物膜的半经验方程 ............................................. 267

11.3 一维和两维生物膜扩散模型的数值解法 ............................. 284

11.4 模型应用及模拟所用的 IFAS 污水处理厂 ........................... 289

11.5 Aquifas 模拟 IFAS 污水处理厂 ................................... 293

11.6 BioWin 模拟 IFAS 污水处理厂 .................................... 300

11.7 MBBR 污水处理厂介绍及模拟 ...................................... 304

11.8 IFAS 和 MBBR 模拟的结论 ........................................ 314

**参考文献** ............................................................ 316

**附录 A 单位换算表** .................................................. 351

# 第1章 绪 论

## 1.1 背景和目的

位于弗吉尼亚州亚历山大市的美国水环境联合会（Water Environment Federation）在2000年出版了《好氧固定生长反应器（Aerobic Fixed Growth Reactors）》。本实践手册是《好氧固定生长反应器（Aerobic Fixed Growth Reactors）》的再版。自2000年后，我们对污水处理的生物膜工艺、技术和法规的理解已经改变，因此决定重写这本手册。近年来，分子生物学领域技术的发展也加深了我们对生物膜动力学和微生物生态学的理解。而相关法规对污染物浓度的限值，尤其是对营养物浓度限值的要求越来越严格，其中氮和磷的要求极大改变了污水处理设施的设计和运行。这些改变促进了污水处理技术的发展，相应地也导致生物膜工艺发生了重大改变。

本手册的名字由《好氧固定生长反应器（Aerobic Fixed Growth Reactors）》改为《生物膜反应器（Biofilm Reactors）》也反映了这些变化。这本手册包括了生物除碳和生物脱氮在内的好氧和厌氧生物膜处理工艺。

## 1.2 生物膜工艺的特点

在污水处理厂去除碳和氮的生物系统中，无论是生物膜系统还是活性污泥系统，尽管其基本代谢过程是相同的，但也有一些本质上的不同，使生物膜系统具有一些优点和挑战。在本手册中，会明显地看到每种生物膜工艺都有其各自的优点和缺点，因此，要对生物膜工艺进行全面总结是困难的。但在这里，概括一下不同点还是有意义的。

活性污泥系统由生物絮体组成，但理论上所有溶解性底物对所有细胞都是可用的。对生物膜系统，基质必须扩散进生物膜才能被利用。利用扩散的方式，基质从流体主体通过静止边界层转移到生物膜内部。这一扩散过程可能成为限制性因素。另外，代谢终端产物必须反方向扩散出去。因此，在一个完整生物膜的断面上会表现出不同的环境和动力学特征。一个生物膜内可能会有好氧、缺氧和厌氧过程同时发生，限制性基质可能会随着生物膜厚度而改变。由此来看，生物膜工艺的模拟非常复杂。

生物膜工艺的一些共同优点总结如下：运行费用和能耗低、反应器容积小、对沉淀要求低、运行简单。生物膜工艺的共同缺点如下：前面的固液分离不足导致载体堵塞；过度生长堵塞载体或导致漂浮性载体下沉；混合不完全或短流导致载体利用率不高。

## 1.3 历史发展

19世纪末期，污水生物处理所基于的科学还处于原始状态。但迄今为止，污水生物处理已经得到迅猛发展，其推动力很大部分来自于市中心变得越来越拥挤和缺少公共卫生知识而导致的伤寒爆发。在科学发展的早期，人们认为对污水曝气是有益的。关于生物膜处理工艺的缘起和发展可参见Alleman和Peters（1982）的综述。本领域早期实验的结果无足轻重，这很可能是不知道活性生物量所导致的。由于生物量的存在，对生物膜工艺的曝气产生了良好的结果。20世纪初期，英国曼彻斯特大学的Gilbert J. Fowler和他的同事Edward Ardern、William T. Lockett对各种工艺进行实验，使我们理解了活性污泥（Cooper，2001）。

随着粗矿石代替木板条以增加可利用表面积试验的进行，生物膜工艺不断发展。这些工作很多都是在英国的曼彻斯特污水公司和曼彻斯特劳伦斯市的劳伦斯实验中心（现在为威廉姆十世议员沃尔实验中心，Senator William X. Wall Experiment Station）完成的。

生物滤池（Biological Filters）是由位于曼彻斯特的劳伦斯实验中心研发的（Mills，1890）。它采用砾石作为生物载体。研究结果表明，这个工艺对污染物的去除不仅仅是机械过滤，也包括载体上的生物生长作用。实验结果认为载体体积和能够处理的污水体积之间存在相关性。从这开始直到20世纪50年代，生物滤池发展成为美国以及其他地区二级污水处理的主要工艺。20世纪50年代，合成载体的使用发展了生物膜的概念，对生物滤池持续不断的研究导致了高负荷工艺的产生。这些高负荷工艺包括曝气生物滤池、移动床生物膜反应器和集合了活性污泥和生物膜系统优点的生物膜系统。

### 1.3.1 接触床

19世纪90年代曼彻斯特的劳伦斯实验中心的研究在英国引起广泛关注。Corbett（1902）开发了滴滤池（Trickling Filter），也就是如今滴滤池系统的先驱。滴滤池包括位于卵石床表面的进水分布装置和底部通风装置。

与此同时，Crimp（1890）和Dibdin（1903）分别进行研究工作，研发了接触床（Contact Bed）工艺并投入应用。Crimp和Dibdin建造了里面填充炉渣载体水池，然后把污水喷洒在上面，经过大约1h接触后，处理后的水慢慢渗出水池。之后池子空置4~6h，让载体表面的有机物能够被氧化。为了防止炉渣堵塞，事前需要对污水进行过滤或化学沉淀。接触床在水里负荷为$1.2m^3/(m^2 \cdot d)$时，能够去除75%的可氧化有机物。

接触床工艺后来发展到分级工艺，然而堵塞问题依然很难解决。当皇家委员会的污水处置报告（Royal Commission on Sewage Disposal Report）（1908）发布后，接触床工艺便宜告终结。这份报告指出滴滤池的体积负荷是两级接触床的2倍。

### 1.3.2 滴滤池

滴滤池（Tricking Filter）的出现得益于布水方法的发展。Caink（1987）和Candy（1898）将劳伦斯实验中心Mills的概念发展成一种水喷射驱动的旋转臂布水系统。与此同时出现了用于矩形池的往复布水器。1904年，使用电动发动机驱动的机械布水器开始使用（Stanbridge，1972）。滴滤池工艺不断发展的过程中出现了很多描述该工艺构造的术语。

从密歇根州米德兰Dow化学公司1954~1955年的评估开始（Bryan，1955；Dow Chemical Company，1955），在俄亥俄州代顿Mead公司、得克萨斯州欧文Fluor公司和Dow化学公司的联合推动下，于20世纪50年代研发和应用了随机和束状（Bundle）合成载体。塑料载体的发展历史参见Bryan（1982）、Peters和Alleman（1982）的综述。不同载体构形的表面积不同，直至今天，载体还在不断发展之中。

### 1.3.3 生物转盘

生物转盘（rotating biological contacts，RBC）由滴滤池演化而来，其目的是降低污水处理的能耗。Steels（1974）认为最早的生物转盘概念出现在1900年左右。内填树枝灌木、壁上有板条的木制圆柱一半淹没在水中并缓慢旋转。德国进行了大量的生物转盘工艺试验。1900年，Weigand注册了一个木板条组成的旋转圆柱专利（Alleman和Peters，1982）。

20世纪50年代研究人员首次使用了石棉板。20世纪60年代早期，开始使用膨胀聚苯乙烯载体。使用这种轻型材料可以把承载载体的轴做得很长，从而使生物转盘的使用在20世纪60~70年代迅速增加。这一时期仅在欧洲和美国就有超过700座采用生物转盘工艺的工厂投产。但这一增长势头随后被生物转盘出现的一系列问题所遏止。这些问题包括生物转盘性能低于设计预期、过多的生物量聚集、轴断裂、生物量不平衡导致的盘子脉动和生长不良的生物等。

大多数早期出现的问题都已经解决，很多生物转盘工艺正在成功运行。但设计工程师和业主却不再像过去那样认为生物转盘是一种有效的处理工艺。

20世纪80年代出现了淹没式生物转盘，或者说是淹没式生物接触器（SBC）。淹没式生物转盘的盘子有70%~90%处于淹没状态，轴是空气驱动的。这样做的目的是降低轴的负荷、增加生物量的控制，并可用于改造原有的活性污泥池。淹没式生物转盘也曾用在缺氧反应器内以进行反硝化的试验。然而，淹没式生物转盘的实际应用却很少。

### 1.3.4 滴滤池和活性污泥联合工艺

尽管缺乏权威性的报道，联合工艺应始于20世纪50年代。塑料载体的发展使滴滤池得以在高负荷（粗处理）模式下运行，这尤其适合高浓度的市政和工业废水。Byran和Moeller（1960）报道了最初的联合工艺是为了在条件不好时提高活性污泥出水水质。很快就有人发现粗滴滤池（Roughing Tricking Filter，RTF）处于活性污泥工艺前非常好，这样粗滴滤池能起到消减高峰负荷和稳定工艺的作用，还可以保护活性污泥系统免受来自工业废水的毒物和负荷冲击。Gehm和Gellman（1965）证明，联合式的RTF/AS（粗滤池/活性污泥）工艺能够抑制膨胀生物、提高污水处理厂的整体性能。

在活性污泥系统前设置滴滤池时，一个经常提及的原因是能减少污泥指数SVI（Gehm和Gellman，1965）。能耗低、能应对冲击负荷也被认为是该联合工艺的优点。很多接收食品、饮料和其他高浓度碳水化合物的污水处理厂发现，在活性污泥系统处理之前采用滴滤池对污水进行局部处理是有益的，可提高整体处理效果。

第1章 绪 论

在20世纪70年代初期，市场上出现了一种采用木板作为载体的改良型滴滤池。这一概念称之为活性生物滤池（activated biofilter，ABF）工艺。Egan和Sandlin（1960）首次对其进行了报道：塑料载体出水沉淀的污泥回流到塔前。Bryan（1962）报道了位于美国密歇根州萨吉诺市的萨吉诺湾和城市服务设施的设计：通过设置一些措施使回流活性污泥通过介质滤池。在这个工艺中，脱落的滴滤池生物量以很高的速度回流到滤池。滤池采用了开放式载体（使用最多的是木板）。后来，在美国俄勒冈州康瓦利斯城，滴滤池的这一概念与短时（15~30min）活性污泥系统（ABF/AS）结合，继而被广泛用于市政和工业废水的处理。

美国俄勒冈州康瓦利斯城在20世纪70年代后期的研究最终导致在1979年出现了滴滤池/固体接触工艺的概念（Norris等，1982）。这一工艺按照去除大多数溶解性有机物质来设计滴滤池的大小，并且在滴滤池后面设置曝气的固体接触渠（池）和二沉池。二沉池沉淀的污泥回流到固体接触渠。设置固体接触渠的主要目的是使滴滤池出水中的悬浮固体絮凝，然后在二沉池将其去除。

## 1.3.5 生物滤池

生物滤池（Biological Filter）的基本概念就是在有限的空间里给微生物提供大的比表面积以供其生长。生物滤池在利用生物去除基质的同时还能截留颗粒物质，而截留下来的这些颗粒物则通过周期性反冲去除。生物滤池已被用于好氧、缺氧和厌氧工艺中。

曝气生物滤池（BAF）是20世纪80年代在欧洲研发的，随后获得广泛应用，被用于碳和氮的去除等。自1982年以来，已经建造了超过500座各种各样的曝气生物滤池（Stephenson等，2004）。虽然曝气生物滤池的载体和形式各种各样，但总的来说，大家普遍认可的优点如下：由于负荷高，所以对空间需求相对较小；可处理低浓度污水；不必考虑污泥沉降问题；臭气的收集相对容易。

曝气生物滤池可分为上向流和下向流；固定床和流化床；好氧、缺氧和厌氧等形式。

## 1.3.6 组合式工艺

在曝气反应器内采用生物膜载体是一个古老的观念。最近几年，这一观念被扩展为组合式生物膜活性污泥（integrated fixed-film activated sludge，IFAS）。作为提高已有活性污泥设施处理能力和营养物去除能力的手段，IFAS的应用越来越广泛。

20世纪40年代以前，Hays和Griffith工艺（Wilford和Conlon，1957）在曝气池内使用了挡板、石棉水泥板、木板或其他建筑材料以提高处理效果。通过对淹没式碎石滤池的强制曝气，Hays和Griffith工艺比原有工艺的性能有了提高（Hays，1931）。这些工艺称之为淹没接触曝气工艺（submerged contact aeration processes）。1940~1945年之间，美国陆军营地修建了大约60个Hays接触工艺（Packham，1988）。在曝气池内固定木板、石棉板和塑料板的目的是为细菌提供栖息之地。

该污水处理流程由初沉池和曝气池组成。曝气池分为大小相等的两个，并附带有中间和最终沉淀池。该工艺实际运行时并没有污泥回流。石棉板垂直悬挂在曝气池内，一般比水面低10cm且刚好高于曝气管，沿着曝气池长方向间隔3.8cm排列。这样的布置方式能够使可漂浮物顺着板间空隙漂到上部。曝气器除了提供氧气外还起到混合作用，而处理效果则受到石棉板上生物膜生长的影响。两个曝气池典型的总水力停留时间在1.7~3.0h之间。国家研究报告（the National Research Council Report）（1946）提出了接触曝气工艺的设计标准，同时也提出了活性污泥工艺和滴滤池工艺的设计标准。但接触曝气工艺最终失败了，在20世纪60年代被彻底抛弃，其原因是曝气费用较高且出水水质比活性污泥工艺要差。

据Steels（1974）报道，20世纪20年代曾进行了在曝气池内持留小颗粒物以提高运行效果的各种尝试。曾经使用的颗粒物包括粗砂、灌木、木材和软木。这些颗粒物在处理高浓度污水时非常有效。Hays和Griffith工艺以各种形式重新露面，有的使用了相似的概念并冠以活性淹没式生物膜生物反应器（activated submerged fixed-growth bioreactor）的名字（Hamoda和Abd-EI-Bary，1987）。在曝气池内使用淹没式生物转盘则是这一概念的另一种应用形式。

这些工艺的基本点，正如现在所做的，就是增加单位体积的生物量。通过在活性污泥反应器内的生物膜载体上持留生物量，处理效果得以提高而二沉池的固体负荷却未增加。各种各样的IFAS系统结合了生物膜和活性污泥系统的明显优点。

20世纪60年代，日本兴起了在曝气池内使用生物膜载体的方法。Kato和Sekikawa（1967）开发了一种称之为固定活性污泥（Fixed Activated Sludge）的工艺并将其大量应用于工业废物的处理。这个工艺在曝气池内垂直悬挂开孔的塑料模板，一般有污泥回流。日本在20世纪60年代修建了60多个这样的装置。

固定的和自由漂浮的载体均被研发出来。日本开发了一种放在曝气池内的、安装在支架上的绳状载体。这种载体被用来放在原有曝气池内以提高CBOD的去除效果（Iwai，1990）。随后德国用绳状载体以提高硝化效果。之后，北美利用绳状载体提高CBOD的去除效果，也用于提高硝化效果。绳状载体主要用于好氧池或交替好氧和缺氧的池子。美国在20世纪90年代早期对绳状载体进行了试验，之后用于工程（Randall和Sen，1996）。绳状载体的形式多样，已经商业化。

自由漂浮载体就是塑料和海绵。20世纪70年代后期，欧洲研发了使用海绵载体的两种基本工艺。一种称之为Captor工艺（Atkinson等，1979），由Simon-Hartley在英国的曼彻斯特大学研发而成。这一概念由Simon-Hartley与一些大学、英国伯明翰的水环纯水务局（Servern Trent Water Authority）、英国威尔特郡斯温顿的水研究中心（Water Research Center）合作将其商业化。另外一种海绵载体系统由LinderAG公司在20世纪70年代中期开发（Hegemann，1984）。位于纽约Mount Kisco的Lotepro公司将其以Linpor系统的名义在欧洲和北美商业化（Morper和Wildmoser，1990；Reimann，1990）。

圆柱形塑料载体最早由Kaldnes Miljoteknologi在挪威研发而成（Odegaard和Rusten，1990；Odegaard等，1994）。现在有不少厂家可生产这种类型的载体。

自由漂浮载体已经被用于IFAS和移动床生物膜反应器（MBBR）。MBBR与IFAS的区别在于MBBR没有污泥回流，因此MBBR是纯粹的生物膜工艺而非组合工艺。Kaldnes Miljoteknologi的塑料载体最早是为MBBR开发的，并申请了专利。其专利名称为Annox Kaldnes MBBR（Odegarrd，2006）。

## 1.4 本手册的组织方式

本节简单介绍本手册的组织方式和内容。

第2章是与生物膜有关的污水处理微生物学。本章的目的是为其他章节讨论单元技术的动力学和最后一章讨论模拟提供基础知识。

第3章和第4章分别介绍滴滤池和生物转盘工艺。第5章介绍移动床反应器。每章均介绍工艺和机械设计以及运行问题。每章均给出针对每种工艺的经验模型和动力学模型等各种设计方法。对每种工艺，给出在碳和营养物去除方面的应用和实例。

第6章介绍组合工艺，其重点在于IFAS。本章讨论用于IFAS的各种载体以及设计时的考虑因素。本章也会给出应用实例。

第7章介绍生物滤池。本章讨论各种好氧和缺氧生物滤池的设计、建造和运行问题以及生物滤池在除碳、硝化和反硝化方面的应用。讨论的生物滤池类型有淹没式载体的上向流和下向流BAF、漂浮载体的上向流BAF、开放结构载体滤池、连续反冲洗滤池等。

第8章介绍在实验室或小型现场试验证明是有前途、但未商业化的新型技术。

位于生物膜之后的澄清，与工艺能否达到较高的处理水平有关。后面的两章对其讨论。其中第9章讨论重力沉淀和膜分离，第10章讨论出水的各种过滤技术。

最后，第11章全面介绍模拟的概念。前面的每章会介绍每个特定工艺的模拟，但本章介绍一般概念的动力学、模拟技术、各种纯粹的生物膜和生物膜系统的模型应用问题。

# 第2章 生物膜的生物学原理

## 2.1 引言

　　本章的目的是对污水和给水处理生物膜的生物学原理做一般性介绍。尽管所有生物工艺的基本原理相同，但生物膜的微生物群落有其特殊性和优缺点。在生物膜工艺中，含有营养的水经过载体上的生物膜表面。这些营养物渗透到生物膜内并被固定生长的微生物所代谢。当水相中的营养物浓度极低时，生物膜系统中的微生物种群也能良好地生长（Schroeder，2002；Schroeder 等，2000）。由此也带来一个问题：当水相中的营养物浓度较高时，溶解氧的传递将成为限制性步骤，生物膜的内部可能会出现缺氧状态。

　　在设计和运行微生物工艺时，必须考虑到的一个基本情况是：微生物利用水或污水中的污染物作为碳源和能源用以生长，或作为营养物用以维持生存，或作为呼吸过程中的电子受体。无论哪种情况，微生物都是将溶解态的污染物去除。也就是说，颗粒性物质必须溶解后才能被微生物代谢。微生物工程需要考虑微生物生长需要哪些物质，并考虑生化反应的需要条件。利用生物处理，一个极大的限制条件就是需要去除的有机和无机物质很多，但出水水质却要求一致，即只允许有极低浓度的有机物和悬浮固体以及极低浓度的对大多数生命有毒的物质。生物生长所需的环境条件一般与最终产出的饮用水要求是不一致的。如果生物处理是给水处理的一个单元，则其后会跟随一些非生物单元。从一定程度上说，很多河流就是一些位于给水处理和污水处理之间不可调控的处理单元。例如，处理后的污水排放到河流后被稀释。在被取走和处理以供市政用水之前，污染物会在河流内得到进一步的稳定。

## 2.2 生物的分类

　　目前，生物被分为三个域（domain）——真核生物（eucarya）、细菌（bacteria）和古菌（archaea）（见表2-1）。病毒（viruses）——非生命专性寄生传染性颗粒，是微生物处理工艺中的重要因素，因此也纳入本章。细胞的组织形式有两种——真核（eukaryotic）和原核（prokaryotic）。植物、动物、藻类（algae）、原生动物（protozoa）和真菌（fungi）具有真核细胞。而细菌域和古菌域内的生物则是简单结构的原核细胞。病毒不具备细胞结构，只是由一两个遗传物质链（脱氮核糖核酸（deoxyribonucleic acid）或核糖核酸（ribonucleic acid））和外壳蛋白（protein coat）或壳体（capsid）组成。真核生物分为两个大的种群——真核多细胞（muticellular）生物和真核单细胞（unicellular）生物。多细胞生

## 第2章 生物膜的生物学原理

物的每个细胞有其专有功能,而单细胞生物细胞的功能相同。依据碳源和能源的不同、结构、生长方式和运动与否,真核多细胞生物被分为两个种群——植物和动物。按照同样的分类依据,真核单细胞生物被分为三个种群——原生动物(protozoa)、真菌(fungi)和藻类(algae)。

表2-1 生物处理系统中发现的主要种群及分类

| 域或种群 | 细胞结构 | 性质 | 种群组成 | 生物处理中经常见到的种群 |
|---|---|---|---|---|
| 真核 | 真核 | 多细胞、细胞和组织具有多样性 | 植物(种子植物、蕨类、藓类)、藻类、真菌 动物(脊椎和无脊椎) | 线虫 轮虫 |
| 真核 | 真核 | 单细胞、有菌丝或丝状;细胞类型单一 | 藻类、真菌、原生动物 | 所有种群 |
| 细菌 | 原核 | 细胞化学组成类似真核生物 | 大部分细菌 | 大部分革兰氏阳性,一些革兰氏阴性 |
| 古菌 | 原核 | 独特的细胞化学组成 | 产甲烷菌、嗜盐生物、嗜热嗜酸菌 | 产甲烷菌 |
| 病毒 | 无 |  | 非生命、专性寄生。由核酸链和外壳蛋白或壳体做成 |  |

属于原核细胞两个域(细菌域和古菌域)内的细胞具有独特的化学性质。所有属于这两个域的生物都是微小的。绝大多数情况下,单个细胞小于5μm。能够被培养的细菌分为17个门(lineage,phylum)。如果考虑到不能培养的细菌,则会包括更多的门。分类的依据是从环境中提取RNA序列的相似性。后面将会解释,RNA占细胞干重的20%左右。把细菌分为种属的最常使用的方法就是分析一个特殊类型的RNA——16S核糖RNA。该RNA的分子量大约为500000。细菌域包括了与给水和污水生物处理相关的、土壤中绝大多数的以及导致人类和其他哺乳动物致病的绝大多数病原有机体。一小部分已知菌属会传播疾病(Skraber和Wuertz,2003)。致病菌可能会躲藏在饮用水配水系统的生物膜内(Szewzyk等,2000)或污水处理的生物膜内(Skraber等,2007)。古菌域下有3个门。第一个门是广生古菌门(*Euryarchaeota*)包括极度嗜盐古菌(*Extremely Halophilic Archaea*)、产甲烷菌(*methanogens*)和嗜热嗜酸菌(*Thermoacidophiles*)。极度嗜盐古菌可在盐度为1~5.5M环境下生存;产甲烷菌可以产甲烷;嗜热嗜酸菌包括嗜热和极度嗜酸种属,它们需要低pH(0.5~4.5)和高温(55~85℃)。超高热广域古菌可在80~110℃下生存。第二个门是泉古生菌门(*Crenarchaeota*),此门的古菌可在极度冷热的环境下生存。第三个门推测为初古菌门(*Korachaeota*)。此门的古菌可在高温热水内生存。

大多数情况下,生物体是由其种(genus)和属(species)来区分的。通常种要大写,而属则小写。种和属均用斜体或下划线。例如,假单胞菌属(*Pseudomonas*)在土壤和生物处理工艺中最为常见。最常见的假单胞菌种是 *P. aeruginosa*、*P. cepacia*、*P. putida* 和 *P. stutzeri*。在种内,菌株之间的差异非常细小。例如一些 *P. putida* 可代谢甲苯,但其他的却不能。代谢是指活的生物体内反应的总过程。被代谢的物质用于提供细胞活动的能量或成为细胞分子的组成部分。菌株之间的差异可类比于人的身高、左右撇或区分颜色的能力差异等。

微生物（Microorganisms）被粗略地定义为肉眼看不见的生物体。这个定义包括了所有种属的生物体（见表2-1）。生物处理就是利用微生物群落去除或改变水和污水中的污染物质。大多数情况下，微生物群落是由细菌混合而成（由很多种的细菌组成），但几个种的细菌可能构成了群落内的大部分数量或成为细菌质量的主要组成。出现优势菌的原因是，与其他菌相比，由于有利的环境条件或营养物质，这些优势菌具有竞争上的优势。举例来说，去除氯化芳香族化合物的生物处理系统，如果在10℃下运行，则在优势菌中总会发现至少一株假单胞菌种的细菌。这是因为在低温环境下，一些种的假单胞菌具有降解芳香族化合物的能力（Evans和Fuchs，1988；Levin和Shapiro，1967；Reineke和Knackmuss，1988）。

混合菌群内部之间应该是互相影响和共生的关系。不同种属细菌的相互作用加强了菌群生长和对污染物的去除能力。另外，通过控制反应器的特定参数可以进一步加强菌群间的相互影响。比如，一些生物除磷菌需要低分子量（挥发性）有机酸。而挥发性有机酸在大多数污水中的浓度并不高。运行生物处理工艺时，增加厌氧段会使产酸发酵菌通过发酵产生挥发性脂肪酸。通过这种方式，可为除磷菌提供所需的基质。基质（substrate）一词是微生物能量或（和）碳源的通俗说法。这个词来自固体培养基培养细菌。因为细菌的营养是由培养基（substratum）提取而来的（Fuhs和Chen，1975；Levin和Shapiro，1967；Shapiro等，1967）。在没有经过工程化以去除营养物的混合培养系统中，各种不同种细菌自然会为其他细菌提供生长因子。但这可能不是我们想得到的结果（如除磷）。在混合培养的种群中，生长最快的细菌会更好地适应环境（如温度、pH或盐度），能量利用效率最高。然而，细菌种之间会相互依存，占据不同的生态位，从而形成层级。例如在处理汽油污水时，某些种的细菌能打破芳香环分子，其产物则为其他不能打破芳香环分子的细菌提供了碳源和能源。利用生物法去除水和污水中的有机化合物非常流行，但生物法去除氨氮、硝酸盐、亚硝酸盐和磷等非有机离子，甚至硒、砷和汞等痕量物质，也是可能的，而且应用也越来越普遍。另外，混合培养细菌可以产生甲烷。生物处理系统中的细菌细胞和其他微生物的结构和生长特性描述，可查阅其他文献（Madigan等，2003）。

## 2.3 非细菌微生物

多细胞和单细胞的微生物在生物膜处理系统中都占据有一定的地位。微型植物为更小的生物提供附着场所，通过光合作用，也能提供氧气。微型动物作为清道夫，可以吞食漂浮的死细胞和残骸。一些生物处理系统利用了植物生长特性，但大多数的微型动物却难以控制。大部分生物处理系统中都存在单细胞真核生物。作为颗粒的清道夫，原生动物的作用与多细胞动物的功能相似，但也可能会将颗粒物质变得更易被细菌利用。真菌的作用与细菌相似，但在系统中缺乏竞争优势。尽管生物膜工艺缺少足够的光以维持光合作用，像植物一样，藻类可为微生物系统提供氧气，去除无机营养物质。正在开发的利用藻类和真菌的生物处理系统则被用于一些有毒物质的去除（Woertz，Kinney，McIntosh和Szaniszlo，2001；Woertz，Kinney和Szaniszlo，2001）。

## 2.3.1 真菌

真菌有细胞壁，典型的为多核细胞结构，即有多核但无细胞的进一步分化细胞的组成（细胞质）是多核和连续的（见图2-1）。真菌不能游动，利用有机物作为能源和碳源。跟在细菌中一样，氮、磷和其他营养等无机污染物，会按照化学计量比例成为真菌细胞组织的一部分。在大多数处理系统中，真菌生长特别缓慢，无法与细菌竞争。在处理有毒有机物中可能大显身手的真菌是黄孢原毛平革菌（*Phanerochaete chrysporium*）。这是一种白腐真菌。这种生物产生的胞外过氧化酶，在过氧化物存在时，可降解木质素。相对而言，这个反应是非专性的，可破坏C–C键。已经发现，该反应对触发很多种包含戴奥辛在内的高氯化化合物的降解非常有效（Aust等，1988；Hackett等，1977）。利用黄孢原毛平革菌（*Phanerochaete chrysporium*）仅限于氮受限制时，否则过氧化物就不会产生。利用基因工程，可以把负责合成过氧化物的基因转移到污水生物处理中生长良好的细菌的体内。

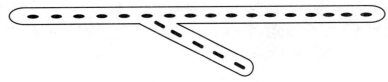

图2-1 许多真菌典型的多核细胞结构

## 2.3.2 藻类

像真菌一样，藻类是无法游动、具有细胞壁的真核生物。大多种的藻类是单细胞的，有些会形成包括细丝在内的细胞聚集体。并不是所有的藻类都是微小的，也有大型藻类。二氧化碳为藻类生长提供碳源。藻类的某些片段具有光合作用，从而吸收光能给藻类提供能源，同时释放出副产物——氧气。一部分产生的氧气会被其代谢所利用，所以说藻类是好氧的。只要有可利用的光线，多余的氧气就会聚集在周围的水中。藻类吸收的波长主要在300~700nm之间。

尽管有时藻类被用于营养物的去除，但他们很难与水分离，从而自身成为讨厌的污染物。营养丰富的池塘、沼泽和湖中经常会出现短暂时期的藻类疯长，从而使水面出现难看的绿垫。这层绿垫可能会被吹到沙滩并腐烂，影响人们戏水。有些藻类会产生有机物导致饮用水系统中出现臭味。一些鞭毛形的藻类（*dinoflagellate*）能产生对人和鱼有毒的物质。

## 2.3.3 原生动物

原生动物没有细胞壁，以细菌、也可能以其他有机体、颗粒性和溶解性有机物为食，因此原生动物属于异养型捕食者。在某种意义上，从营养级来看，原生动物比细菌和藻类更高级一些。原生动物有很多种，而且很多典型的种都能在生物膜处理系统内看到。原生动物也能利用摄食一些有机污染物和无机离子。然而，原生动物的数量相对较少，它们的生长速度远低于细菌。与细菌、真菌和藻类相比，原生动物去除的污染物量可以忽略。但是，通过分泌物增加颗粒物的溶解性，原生动物可能会给细菌分解颗粒物提供预处理。

### 2.3.4 多细胞的无脊椎动物

微生物更高级的形式——那些有着复杂的、没有脊椎的、多细胞的生物，例如轮虫（*Rotifers*）和线虫（*Nematodes*），它们一般在食物链中处于高级地位。但总的来说，与原生动物的作用相似。生物膜工艺完全可在没有原生动物或更高级的生物存在时成功运行。但有了这些清道夫，一般认为是有益的。这些生物之所以能够存在，是因为污染物去除所需的环境条件适合原生动物和这些更高级的生物。生物膜系统内缺少这些生物经常意味着发生了生物膜脱落（Sloughing），就是整块生物膜不可控地从载体上脱落下来。这类生物体的大小（是线虫类微生物而不是鲤鱼）受溶解氧的敏感程度、生存空间的需求和生长繁殖速率等诸多因素的影响。

### 2.3.5 病毒

单独存在时没有生命特征，但对生物体的生长有影响的一类生物就是病毒。病毒就是由一两个基因物质和保护性蛋白如壳体组成的颗粒。所有病毒都是专性寄生的。它们不能进行任何代谢，完全依靠宿主细胞来复制。病毒活动的机理包括以下四步：

（1）病毒颗粒吸附在受体细胞膜上；
（2）感染——把遗传物质导入宿主细胞内；
（3）改变宿主细胞功能，复制病毒颗粒；
（4）向环境中释放病毒颗粒（经常会使细胞膜破裂并导致细胞死亡）。

病毒颗粒的典型大小是 0.01~0.5μm。就感染性而言，病毒一般是特异性的。大多数病毒只进攻一种宿主，因此某个种的微生物可能会有抗性。进攻细菌的病毒被称作噬菌体（*bacteriophage* 或简单地称作 *phage*）。人类的某些重要疾病就是病毒导致的（见表2-2的例子）。虽然主要传播途径是食物、接触、体液等，B型肝炎病毒（*hepatitis B viruses*）、脊髓灰质炎病毒（*poliovirus*）和小核糖核酸病毒（*picornaviruses*）也可通过水传播。有些病毒，如包括HIV病毒在内的逆转录酶病毒（*retroviruses*），很难通过水媒介传播，因此对公众健康的影响不大。

在水和污水处理中，作为一种污染物，病毒是重要的去除对象。向饮用水源排放人体病毒是绝对不能接受的。而处理后的污水排放时如含有较高浓度人体病毒，则引起越来越多的关注。尽管在海洋系统中，噬菌体可影响细菌数量的动态变化，但噬菌体在生物处理工艺中的作用还不甚清楚（Steward等，1996）。由于病毒尺寸太小和培养上的困难，另外，一些重要的环境病毒不能在细胞培养基上生长，因此对于能够感染人体的病毒，其检测方法至今尚未普及。基于DNA扩增、PCR扩增间接RNA的分子生物学方法正越来越多地应用到水样中病毒的分析（Rajal、McSwain、Thompson、Leutenegger、Kildare和Wuertz，2007）。这种方法现在可迅速地定量分析病毒。目前，利用定量PCR区别活的、感染的和非活性的病毒是可能的，但大体上很难实施。当前，无论是实验室还是现场，消毒方法被证明是有效的。目前还没有定期检验出水中病毒的习惯。如果分子生物学检测方法成熟有效后，定期检验将成为可能。

病毒导致的常见人类疾病（节选自Stanier等，1986）　　　　表2-2

| 病毒种群和类别 | | 疾病 |
|---|---|---|
| 疱疹病毒（Herpesviruses） | 巨细胞病毒（Cytomeglovirus） | 呼吸感染 |
| | 爱泼斯坦小体（Epstein-Barr virus） | 单核细胞增多症 |
| | 单纯疱疹病毒（Herpes simplex viruses） | 口腔和生殖器疱疹 |
| | 水痘病毒（Varicella virus） | 水痘、带状疱疹 |
| 乙型肝炎病毒（Hepatitus B virus） | | 血清性肝炎 |
| 流感病毒（Influenza viruses） | | 病毒性感冒和病毒性肝炎 |
| 脊髓灰质炎病毒（Polioviruses） | | 脊髓灰质炎 |
| 痘病毒（Poxviruses） | 口疮病毒（Orf virus） | 传染性脓包皮炎 |
| | 天花病毒（Variola virus） | 天花 |
| 细小核糖核酸病毒（Picornaviruses） | 柯萨奇病毒（Coxsackie viruses） | 疱疹性咽峡炎 |
| | 甲型肝炎病毒（Hepatitis A virus） | 传染性肝炎 |
| | 脊髓灰质炎病毒（Poliomyelitis virus） | 脊髓灰质炎 |
| | 鼻病毒（Rhinoviruses） | 很多类型的发冷 |
| 副流感病毒（Parainfluenza viruses） | | 麻疹，流行性腮腺炎，风疹 |
| 狂犬病毒（Rhabdoviruses） | | 狂犬病 |
| 呼肠孤病毒（Reoviruses） | | 腹泻病 |
| 逆转录酶病毒（Retroviruses） | 人类T细胞白血病病毒（Human T-cell leukemia virus） | 人类T细胞白血病 |
| | 人类免疫缺陷病毒（Human immunodeficiency viruses） | 获得性免疫缺陷综合症（艾滋病） |
| 轮状病毒（Rotavruses） | | 痢疾 |

### 2.3.6 聚生体

生物处理中的微生物聚集在一起生长是非常重要的。每个生物占据一个生态位，当条件改变时，这些种的数量会发生相应地变化。举例来说，升降温度会导致种间的竞争优势改变，从而导致优势菌发生变化。应当认为周期性运行对某些细菌有利，但对另外一些细菌可能会不利。能够利用诸如苯环或氨等特殊物质的细菌，在微生物种群中并不是常见的。这些特殊物质的存在会给某些细菌提供生态位，允许它们生存或具有竞争上的优势。

## 2.4 细菌的特征

因为细菌是生物处理系统中的主体，因此这里对其详细讨论。对于生物膜系统中常见的其他微生物，这里也进行适当介绍。本节给出细菌细胞的一般结构，更详细的信息请参照其他文献（Ingraham等，1983；Madigan等，2003；Stanier等，1986）。

### 2.4.1 细菌细胞的结构

从表2-3和表2-4可大致了解细菌细胞的典型组成。尽管这里给出的是特定细菌——生长在特定环境下的大肠埃希氏菌（Escherichia coli）的细胞组成，但大部分细菌的细胞组成都是与其相似的。细菌细胞的物理构造包括形状和组分等。形状有圆形、棒形和螺旋形，而组分则包括其化学组成、大小及生长方式（单个细胞、菌落或丝状）。形状和大小会随着生长阶段而发生变化。杆状细菌在某些生长条件下会变成球状。细胞大小也会在生长周期内变化。典型成团生长的细菌,如丝状菌(以多核细胞结构为特征)也能以单细胞的形式生长。因此,形态观察不能作为区别菌属的方法。当代分类和鉴定细菌的分子方法是基于16S 核糖RNA的相似性或特定基因。举例来说,可用荧光标记的基因探针检测细菌域和古菌域的完整细胞。探针(Probes)就是能够渗入大多数微生物细胞的短DNA序列。探针是单螺旋的,会跟细胞内的16SrRNA结合。当不断地杂交和清洗后,只有完整结合的序列才能把探针保留下来。利用荧光显微镜可原位验证生物膜内是否存在特定种群的原核生物(Widlerer等,2002)。

大肠埃希氏菌细胞的典型组成(选自Ingraham等,1983) 表2-3

| 大分子 | 占干重的比例 | 细胞质量($\times 10^{-15}$[1]g) | 分子量 | 每个细胞的分子数量 | 分子种类数 |
|---|---|---|---|---|---|
| 蛋白 | 55.0 | 155.0 | $4.0\times 10^4$ | 2360000 | 1050 |
| RNA | 20.5[2] | 59.0 | — | — | — |
| 23S rRNA | 31.0 | — | $1.0\times 10^6$ | 18700 | 1 |
| 16S rRNA | 16.0 | — | $5.0\times 10^5$ | 18700 | 1 |
| 5S rRNA | 1.0 | — | $3.9\times 10^4$ | 18700 | 1 |
| tRNA | 8.6 | — | $2.5\times 10^4$ | 205000 | 60 |
| mRNA | 2.4 | — | $1.0\times 10^6$ | 1380 | 400 |
| DNA | 3.1 | 9.0 | $2.5\times 10^9$ | 2.13 | 1 |
| 脂类 | 9.1 | 26.0 | 705 | 22000000 | 4 |
| 脂多糖 | 3.4 | 10.0 | 4346 | 1200000 | 1 |
| 肽聚糖 | 2.5 | 7.0 | $(904)_n$ | 1 | 1 |
| 肝糖 | 2.5 | 7.0 | $1.0\times 10^6$ | 4360 | 1 |
| 大分子总量 | 96.1 | 273.0 | — | — | — |
| 细胞基质(Soluble Pool) | 2.9 | 8.0 | — | — | — |
| 无机离子 | 1.0 | 3.0 | — | — | — |
| 每个细胞的干重 | — | 284.0 | — | — | — |
| 水 | — | 670.0 | — | — | — |
| 每个细胞的总重 | — | 954.0 | — | — | — |

细菌细胞的典型元素组成(Stanier等,1986) 表2-4

| 元素 | 干重的比例 | 一般的生理功能 |
|---|---|---|
| 碳 | 50 | 细胞的有机组分 |
| 氧 | 20 | 细胞的有机组分和细胞内的水分 |
| 氮 | 14 | 蛋白、核酸、辅酶的组分 |
| 氢 | 8 | 细胞内的水分和细胞的有机组分 |
| 磷 | 3 | 核酸、磷脂和辅酶的组分 |
| 硫 | 1 | 蛋白和辅酶的组分 |
| 钾 | 1 | 细胞代谢的主要阳离子 |
| 钠 | 1 | 细胞代谢的主要阳离子 |
| 钙 | 0.5 | 细胞代谢和酶辅因子的主要阳离子 |

[1] 原文误为$10^{15}$,译者注。
[2] 数字似乎有误,译者注。

续表

| 元 素 | 干重的比例 | 一般的生理功能 |
| --- | --- | --- |
| 镁 | 0.5 | 细胞代谢的主要阳离子、ATP反应的辅因子 |
| 氯 | 0.5 | 细胞代谢的主要阴离子 |
| 铁 | 0.2 | 细胞色素和其他蛋白、酶辅因子的组分 |
| 总微量元素 | 0.3 | 特殊酶的无机组分 |

细菌种类以形状和是否容易形成单个、聚集或链状、丝状来划分的。不包括荚膜细胞的典型大小为0.5~2μm。荚膜被认为是胞外聚合物的组分，在快速生长期非常小。其他的方法有免疫测定法、脂肪酸甲酯分析法和磷脂脂肪酸分析法等。这些方法用以分析细菌种和聚生体、细菌代谢、抗生素抗性、细胞壁化学组成的独特"指纹"。

细胞组分的特性对生物处理是非常重要的。图2-2展示了与污染物去除最重要的细胞组分——基因、酶、存储体、细胞膜、细胞壁、粘结的胞外聚合物（EPS，被称作荚膜）。粘结的EPS与细胞距离非常近，但这些聚合物并不是锚固在细胞膜上（Nielsen和Jahn，1999）。严格来说，EPS不属于细胞结构。之所以在此提及是因为它们在生物膜上的重要性和采用物理法很难将EPS从细胞上剥离下来（Spaeth和Wuertz，2000）。

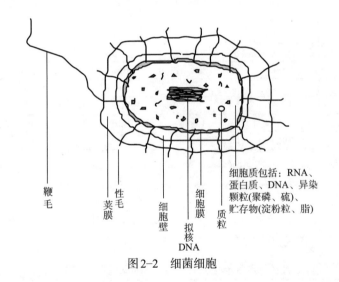

图2-2 细菌细胞

## 2.4.2 染色体和质粒

细菌细胞的基因组分（基因组）包括单个DNA分子（染色体）和位于细胞质内的相对较小的DNA环（质粒）。染色体是环形和双螺旋结构，长度超过1000μm，分子量大约为$10^9$。因为细菌细胞长度或直径大约为1~2μm，且核区只是细胞的一小部分，因此染色体必须紧紧地折叠在一起。染色体DNA是细胞生命必需的。没有它，制造酶和其他细胞结构的信息就丢失了。DNA的破坏会导致细菌基本活动的丧失和死亡。质粒内部包含了位于染色体外、环形（典型）、双螺旋的DNA。质粒不是细胞的必需组成部分。但质粒能使细菌在某特定环境下具有竞争上的优势或劣势。如对某特定抗生素的抗性、产生毒素、代谢特殊的化合物或离子、有可能对抗噬菌体抗性等。

### 2.4.3 细胞质

细胞膜内紧紧包着的颗粒区域就是细胞质。细胞质的主要组成部分是核糖体（由 RNA 和蛋白质组成，是细胞其他组分合成的场所）、酶（就是蛋白、用以催化必需的化学反应）、质粒、与代谢有关的有机和无机组分、内含颗粒物（存贮物，如聚-$\beta$-羟基丁酸盐（PHB）、多聚磷酸盐（捱转菌素、异染粒））和硫粒。糖原或 PHB 等碳储存似乎与细菌种类有关。肠道细菌、蓝细菌（蓝绿藻）和产芽孢细菌习惯于储存葡萄糖聚合物和糖原，而土壤中常见的细菌，如假单胞菌（*pseudomonads*）和根瘤菌（*rhizobia*）习惯储存 PHB。有些种类的细菌（如不动杆菌属（*Acinetobacter*）），可能也有丝状菌不储存碳，这成为在丰盛/匮乏条件下的一个竞争因素。只能使用电子显微镜才能看到糖原颗粒（Ingraham 等，1983），而且他们的分布是相对不均匀的。聚-$\beta$-羟基丁酸盐（PHB）、多聚磷酸盐（异染粒））和硫粒可采用特殊的染色方法在玻片上形成斑点，利用其对光的折射，可在普通光学显微镜或荧光显微镜下看到（Serafim 等，2002）。在除磷工艺中，有些细菌的细胞内会积聚大量的聚磷颗粒（Kong 等，2005）。

### 2.4.4 细胞膜

包裹着细胞质的是细胞膜。细胞膜为双分子层膜，主要由磷脂和蛋白组成。细胞膜决定了渗透性（磷脂的功能）。细胞膜也具有特定的转移功能（蛋白的作用），就是转移酶可针对特定的分子发生转移反应。在好氧细菌利用氧作为最终电子受体的细胞内，酶的电子转移系统（消耗氧产生能量富集化合物 ATP 的场所）就附着在细胞膜上。细胞膜的厚度一般为 7~8nm。

### 2.4.5 细胞壁

细胞壁提供了结构支撑的作用。细胞壁也起到分子筛网的作用，可以把毒性分子和抗生素过滤掉。细胞壁含有结合酶和水解酶，这有助于营养物质的收集和运输。

通过革兰氏染色，可把细菌的被膜（Cell Envelopes）分为两类。一类是染料能永久与细胞结合（阳性），另一种是染料不能与细胞结合，而是可以被洗掉（阴性）。两类细胞维护结构的细胞壁都是由肽聚糖组成，但革兰氏阳性菌的细胞壁厚一些。很多种类的革兰氏阳性菌的细胞壁有酸性多聚糖（磷壁酸），这可抵抗干燥的环境。土壤和其他寡营养环境中常见这类细菌。污水处理反应器内的细菌多数为革兰氏阴性。他们的细胞维护结构除了细胞膜外，还包括薄的细胞壁（由肽聚糖组成）和细胞壁外层的一层膜。古菌的细胞壁组成成分复杂，但没有肽聚糖。

### 2.4.6 性毛

源于细胞膜伸出细胞壁大约 10μm，由蛋白质组成的单根绞线称之为性毛。这些头发状的组织好像具有把细胞固定在某特定结构上的功能。比如，在细菌接合时，质粒从一个细胞转移到另一个细胞就需要性毛来建立这种细胞之间的联系。在细胞粘附到物体表面的初始阶段，细胞表面的性毛也会发生作用。IV 型性毛在细胞运动中会发挥作用（Mattick，

2002）。IV型性毛可以通过收缩拉着细胞前进，从而使生物膜在固体表面移动（Hall-Stoodley等，2004）。

### 2.4.7 鞭毛

长（15~20μm）的细丝称之为鞭毛。鞭毛可以使细菌细胞以鞭子转动的方式运动。运动型细菌（不是所有种类的细菌都有此类结构）可向有利环境移动，这是对细胞周围环境中化学物质梯度和引诱剂的一种响应，这种响应是复杂的。

### 2.4.8 胞外聚合物

很多细菌都能分泌多糖层。有些时候，这个无定形的胶囊或糖被比细胞还要大。另外，由于主动分泌或细胞死亡和泄漏释放的原因，多糖层还会有其他的大分子，这也包括蛋白和核酸（DNA和RNA）。胞外聚合物起到粘结剂的作用，可把细胞粘附到如生物膜载体、石块、管道、牙齿的表面。胞外聚合物也可在细胞之间起到粘附作用，从而形成生物膜和生物絮体。在粘附初期，细胞附属物，如上面讨论过的性毛，也会起到作用。生物膜一旦形成，细胞的胞外聚合物的产量会增加（Venugopalan等，2005）。从工艺运行角度，胞外聚合物分为附着性和溶解性两类（Nielsen和Jahn，1999）。

### 2.4.9 细胞的化学组成

在大多数工程中，微生物细胞的基本组成和结构并没有微生物的大小（典型的细菌细胞为1~5μm）和基本元素组成更重要。从质量角度来看，所有活细胞的基本元素组成是碳、氧、氮、氢、磷和硫。一些金属（铁、锰、钾、钴、钙、铜和锌）对生命而言是必需的。因为这些金属作为辅助因子（媒剂），可在特定的酶催化反应中完成电子传递。

细胞的经验化学式或摩尔比，被用来估计细胞生长的营养需求和将细胞质量转换为理论需氧量。最常使用的细胞化学式$C_5H_7NO_2$（Porges等，1953；Rittman和McCarty，2001）忽略了必需的营养物质——磷。如果包括磷，则使细胞的化学式变得异常复杂，如$C_{42}H_{100}N_{11}O_{13}P$（McCarty，1965）。在某些特定条件下，细胞的经验化学式可用来代表生长，但在广泛使用这些关系式时，必须小心。下面给出了一个例子以作说明。

**例1：细菌细胞的理论需氧量**

利用上面给出的细胞的经验化学式计算1g干细胞的理论需氧量。假定细胞中的有机氮没有被氧化，还是在-3价状态。

**1. 解答**

（1）写出细胞$C_5H_7NO_2$的化学计量方程式。

$$C_5H_7NO_2 + 5O_2 \rightarrow 5CO_2 + NH_3 + 2H_2O$$

（2）计算1g $C_5H_7NO_2$的ThOD。

经验分子量为113，所以1g=0.00885mol。

1mol细胞需要5mol $O_2$。

$$0.00885 \text{mol 细胞} \frac{5 \text{mol } O_2}{1 \text{mol 细胞}} \frac{32 \text{g } O_2}{1 \text{mol } O_2} = 1.42 \text{g}$$

（3）写出细胞 $C_{42}H_{100}N_{11}O_{13}P$ 的化学计量方程式。

$$2C_{42}H_{100}N_{11}O_{13}P + 107O_2 \rightarrow 84CO_2 + 22NH_3 + 64H_2O + 6H^+ + 2PO_4^{-3}$$

（4）计算 1g $C_{42}H_{100}N_{11}O_{13}P$[①] 的 ThOD。

经验分子量为997，所以1g=0.00100mol。

1mol 细胞需要 53.5mol $O_2$。

$$0.001\,\text{mol 细胞} \cdot \frac{53.5\,\text{mol}\,O_2}{1\,\text{mol 细胞}} \cdot \frac{32\,\text{g}\,O_2}{1\,\text{mol}\,O_2} = 1.71\,\text{g}$$

**2. 评论**

采用不同的细胞经验化学式时，同样质量细胞的需氧量有很大差异。最常使用的分子式 $C_5H_7NO_2$ 是细胞在中等条件下生长时得出的，并不具有广泛的通用性。

## 2.5 细菌代谢、营养和呼吸

在水和污水处理中，引起广泛兴趣的微生物代谢（Metabolism）被分为下面两大类：

分解代谢（Catabolism）——物质的降解或分解，伴随着能量的释放；

合成代谢（Anabolism）——利用分解代谢释放的能量合成新的细胞组分，分解代谢的产物。

代谢也可以按照能量的来源（如有机物、无机离子和光）进行分类。本节的重点放在分解代谢上，而合成代谢主要与微生物生长有关，将放在病毒和聚生体章节。营养，在这里被定义为微生物代谢所需的化学物质。大多数土壤、自然水体和污水处理中的微生物对营养并不挑剔。微生物也能利用无机营养源，如利用氨和硝酸盐提供氮源，利用磷酸盐提供磷源。很多有机物质都可以被用作能源。一些自然系统中的微生物，如硝化菌和产甲烷菌，受到营养物的强烈限制。依据产能反应中的最终电子受体的不同，微生物呼吸的类型常划分为好氧、缺氧和厌氧。表2-5和表2-6总结了细菌的代谢和呼吸。更多的资料可参见 Lengeler 和 Madigan 等人的工作（Eds，1999；Madigan 等，2003）。

根据碳源和能源的生物分类　　　　　　　　　　表2-5

| 分　类 | 碳　源 | 能　源 |
|---|---|---|
| 一般分类（General） | | |
| 　自养（Autotroph） | $CO_2$ | — |
| 　异养（Heterotroph） | 有机物 | — |
| 　化能（Chemotroph） | — | 化合物 |
| 　化能无机（Chemolithotroph） | — | 无机化合物 |
| 　化能有机（Chemoorganotroph） | — | 有机化合物 |
| 　光能（Phototroph） | — | 光 |
| 　化能自养（Chemoautotroph） | $CO_2$ | 化合物 |
| 　光能自养（Photoautotroph） | $CO_2$ | 光 |
| 　化能异养（Chemoheterotroph） | 有机物 | 化合物 |

---

[①] 原书误为 $C_5H_7NO_2$。译者注。

续表

| 分 类 | 碳 源 | 能 源 |
|---|---|---|
| 光能异养（Photoheterotroph） | 有机物 | 光 |
| 甲基营养（Methylotroph）[a] | 一碳化合物 | 一碳化合物 |
| 其他类（Other terms） | | |
| 富营养（Eutroph） | 高浓度碳源和能源 | |
| 贫营养（Oligotroph） | 低浓度碳源和能源 | |
| 酶原（Zymogenous） | 加入碳源和能源后，生长迅速 | |
| 腐生（Saprophyte） | 依靠死去或腐败有机质生存 | |

[a] 甲基营养菌是一类能利用$CO_2$的各种还原态一碳化合物，如甲烷、甲醇、甲胺作为碳源和能源生长的微生物。译者注。

**细菌的代谢和呼吸**　　　　　　　　　　　　　　　　表2-6

| 代谢类型 | 电子供体 | 碳源 | 电子受体 | 主要的非细胞产物 | 微生物类群 |
|---|---|---|---|---|---|
| 化能异养 | 有机物 | 有机物 | $O_2$ | $CO_2$, $H_2O$ | 好氧异养菌 |
| | | | $NO_3^-$, $NO_2^-$ | $CO_2$, $N_2$, $N_2O$ | 反硝化菌 |
| | | | $SO_4^{-2}$ | $CO_2$, $H_2S$, $S^0$ | 硫酸盐还原菌 |
| | | | $Fe^{3+}$ | $CO_2$, $Fe^{+2}$ | 铁还原菌 |
| | | | $ClO_4^-$ | $CO_2$, $Cl^-$ | 高氧酸盐还原菌 |
| | | | $CO_2$ | $CO_2$, $CH_4$ | 产甲烷菌 |
| | | | 有机代谢物 | 挥发性酸，乙醇 | 发酵菌 |
| 化能自养 | 无机物 | $CO_2$ | | | |
| | $NH_3$ | | $O_2$ | $CO_2$, $NO_2^-$ | 氨氧化菌 |
| | $NH_3$ | | $NO_2^-$ | $N_2$, $H_2O$, $NO_3^-$ | 厌氧氨氧化菌 |
| — | $NO_2^-$ | | $O_2$ | $CO_2$, $NO_3^-$ | 亚硝酸盐氧化菌 |
| | $H_2$ | | $NO_3^-$, $NO_2^-$ | $CO_2$, $N_2$, $N_2O$ | 反硝化菌 |
| | $H_2S$ | | $O_2$ | $CO_2$, $SO_3^{-2}$ | 硫酸盐氧化菌 |
| | $H_2$ | | $CO_2$ | $CH_4$ | 产甲烷菌 |
| | $H_2$ | | $SO_4^{-2}$ | $H_2S$, $H_2O$ | 硫酸盐还原菌 |
| 光能异养 | 光（≈870nm）*，$H_2S$ | 有机物 | $CO_2$ | $SO_3^{-2}$, $H_2O$ | 光能菌 |
| 光能自养 | 光（450~650nm）*，$H_2O$ | $CO_2$ | $O_2$ | $O_2$, $H_2O$ | 光能菌 |
| | 光（≈870nm）*，$H_2S$ | $CO_2$ | $CO_2$ | $SO_3^{-2}$, $H_2O$ | 光能菌 |

*能源

## 2.5.1 能源

细菌利用3种能源：有机物（化能异养代谢）、无机物（化能自养代谢）和辐射能（光合成代谢）。一般来说，一个种的细菌只能利用一种能源，因此细菌常被划分为化能异养、化能自养或光合成型。举例来说，常见的土壤细菌——假单胞菌属（*Pseudomonads*）都是化能异养的。在污水处理中，最重要的细菌种群是化能异养菌。然而当需要去除氨氮时，化能自养的硝化菌也是必需的。在稳定塘和人工湿地中，光合成的蓝细菌（*Cyanobacteria*）（原来称为蓝绿藻）也是污水处理的必需组成成分。

## 2.5.2 化能异养代谢

化能异养代谢有时也被简称为异养代谢。在化能异养代谢中，有机物同时作为能源和碳源。细菌能利用很多有机物作为食物或基质（Substate）。这包括像蛋白质和淀粉的复杂分子、像氯苯甲酸、五氯苯酚之类的人工合成有机物。大多数细菌可以代谢或部分代谢很多化合物。然而，不同种的细菌对某特定化合物的代谢速率却千差万别。因此，当很多有机物混杂在一起时，很多种的细菌会生长成为聚生体。从某种角度上来说，这些细菌组成了最有效的降解集团。几乎所有的天然有机物都有至少一种细菌可降解，然而一些人工合成的有机物却没有天然的降解菌（这称之为外源物[xenobiotics]。这个词来自希腊语的xeno，意思是陌生者），因此很难被生物降解（Madigan等，2003；Reineke和Knackmuss，1988；Rittman和MaCarty，2001）。这类化合物有多环化合物，如1948年由科罗拉多州丹佛的J. Hyman&Co.生产的农药狄氏剂（一种氯代碳氢化合物）、毒杀芬、多氯联苯、氯代挥发性有机物（溶剂三氯乙烯、四氯乙烯、1，1，2-三氯乙烷）。这类化合物的分子结构见图2-3。氯菌酸常作为农药化合物的"基础"。聚氯联苯有200种之多，主要作为电的绝缘体。但由于其致癌性（carcinogenicity），聚氯联苯现在在美国被禁止生产。苯非常容易被生物降解，但也有强的致癌性。低浓度的苯酚（phenol）可以被生物降解。Napthalene、菲是最常见的多环芳香烃。氯代脂肪溶剂TCE、四氯乙烯（或称作全氯乙烯、PCE）和1，1，2-三氯乙烷（1，1，2-TCA）是最常见的氯代溶剂。

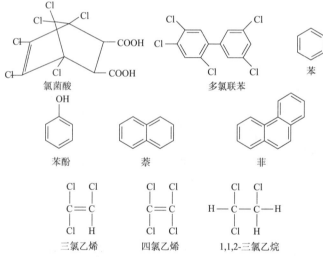

图2-3　有毒和（或）难以生物氧化的有机化合物

由于对生物有潜在的毒性，不能降解的外源性化合物成为关注的焦点。很多此类物质会被食物链富集，而这种富集作用不断地被发现导致了鸟类繁殖率下降、鱼类绝产和某些恶性肿瘤的生长。生物降解缓慢或不能降解的物质被称作难生物降解的（recalcitrant, refractory[①]）。

有些天然物也是难生物降解的，包括纤维素和木质素，二者均为植物纤维，像淀粉一样属于葡萄糖的多聚物，纤维素引起了人们的极大兴趣。包括异养菌在内的很多细菌可以非常容易地分解淀粉和葡萄糖。经过α-淀粉酶和麦芽糖酶等酶催化的反应，葡萄糖分子

---

① 原文为refractive，疑为refractory。译者注。

之间的α-糖苷键被打开，淀粉被分解成小的亚单位（见图2-4）。纤维素中连接葡萄糖分子的是β-糖苷键（α-糖苷键的镜像）。催化这些裂解反应的酶在细菌中非常特殊，但在真菌中却是很普遍的。好氧的放线菌（*Actinomycete*）和一些厌氧的异养菌，如梭状芽孢杆菌（*Clostridia*）在白蚁肠道内或一定的厌氧环境下，能够产生这样的酶，但能产生这样酶的好氧细菌非常稀少。

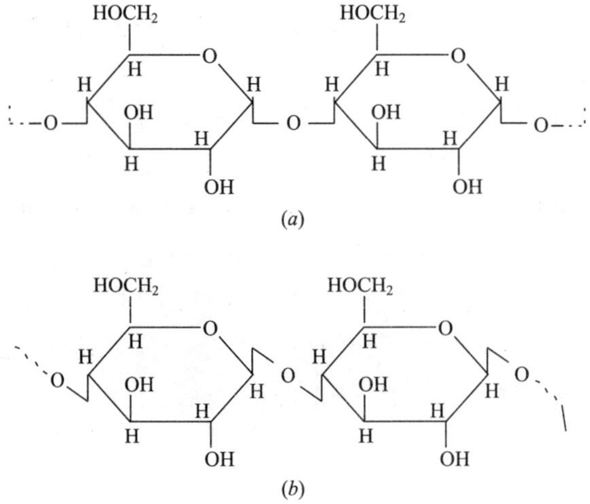

图2-4　淀粉和糖原的葡萄糖单元
（a）淀粉和肝糖的基本单元（由α-糖苷键连接）；（b）纤维素的基本单元（由β-糖苷键连接）

## 2.5.3 化能自养代谢

能利用$CO_2$或重碳酸盐（$HCO_3^-$）作为碳源，利用氢（$H_2$）、氨（$NH_3$）或铵（$NH_4^+$）、亚硝酸盐（$NO_2^-$）、$Fe^{2+}$、硫化氢（$H_2S$）或单质硫（$S^0$）等还原性无机化合物为能源的生物为化能无机自养生物（chemolithotrophic）或化能自养型（chemoautotrophic），常简称为自养（autotrophic）。能氧化上述物质的细菌划分为不同的种属。在生物处理系统中，氨氧化菌和亚硝酸氧化菌是值得关注的自养菌。亚硝化单胞菌属（*Nitrosomonas*）、亚硝化螺菌属（*Nitrosospira*）、亚硝化球菌属（*Nitrosococcus*）是最主要的氨氧化菌属。而硝化杆菌属（*Nitrobacter*）和硝化螺菌属（*Nitrospira*）是最主要的亚硝酸盐氧化菌属。在很多环境中，如污水收集系统中，硫氧化菌是非常重要的。硫氧化菌有好氧的硫杆菌属（*Thiobacillus*）、发硫菌属（*Thiotrix*）和贝日阿托氏菌属（*Beggiatoa*）和厌氧光合成的绿和紫细菌。在管道内明渠流的上表面会形成好氧层，而硫氧化菌能够在好氧层将硫化物和硫代硫酸盐氧化成硫酸。这导致了难以控制的腐蚀问题，也造成了严重的维护难题。

在许多工业系统中，铁细菌导致了腐蚀。通过催化以下反应：$Fe^{+2} \rightarrow Fe^{+3} + e^-$氧化亚铁硫杆菌（*Thiobacillus ferrooxidans*）、氧化硫硫杆菌（*Thiobacillis thiooxidans*）和氧化铁杆菌（*Ferobacillis ferrooxidans*）可产生酸性矿水排水（Acid Mine Drainage）。某些情况下，矿山排水中$Fe^{2+}$的氧化是自发的。但细菌可使腐蚀反应的速度提高到$10^6$倍（Singer和Stumm，1970）。在煤矿和铜矿的开采地区，酸性的矿山排水是个非常大的问题。相关的反应总结在图2-5中。

分子氢是细菌厌氧分解有机物时常见的产物。如果$H_2$在反应系统内聚集，有机物的分解会停滞，因此必须有去除氢的措施。厌氧的甲烷发酵古菌可通过自养过程把分子氢和$CO_2$转变为$CH_4$。这一过程在有机污泥的处理和维持反刍动物正常的生理中非常重要。

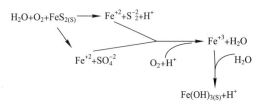

图2-5 矿山排水中黄铁矿（$FeS_{2(S)}$）的氧化

注意：图中的反应式没有配平

## 2.5.4 光能合成代谢

从光获取能量，从$CO_2$或$HCO_3^-$获取碳源以供生长的细菌很少。蓝细菌（*Cyanobacteria*）是其中的一种。蓝细菌早先称之为蓝绿藻，能通过光合成产氧，即产生分子氧。在稳定塘（一种污水生物处理系统）中，蓝绿细菌非常重要。其他的光合成细菌可能在超负荷的稳定塘内出现，但在正常负荷运行的生物处理系统中并不重要。

蓝细菌有叶绿素（chlorophyll），可以吸收波长在800~900nm的光。蓝细菌基本的生长模式就是吸收光并伴随着$H_2O$的分解。在此过程中，氧气是副产物，而$CO_2$作为碳源被吸收，氨和硝酸盐均可作为氮源。一些蓝细菌有固氮作用，而另外一些蓝细菌可异养生长，利用某些简单的有机化合物作为碳源，但不能作为能源。因此从营养角度来说，蓝细菌是具有超常适应性的细菌。所以在很多自然环境中，蓝细菌能成为优势菌也就不足为奇了。生物膜处理系统不能给蓝细菌提供合适的条件。在好氧和兼性稳定塘中，虽然蓝细菌是必需的，但其应用也受到限制。

## 2.5.5 营养需求

微生物代谢可导致新生物的产生，而这需要有可利用的化学物质（细胞组分），并且这些物质能被同化吸收组成新的细胞。表2-4列出的元素需要按照大致的比例供给。注意到细胞化学组成章节给出的两个细胞的经验化学式中，基本元素的比例大致相同。举例来说，$C_5H_7NO_2$中，碳、氢、氮和氧的质量百分数分别为53、6、12和28[①]。

同化吸收营养物质时，微生物只能利用有限的几种元素价态，如异养细菌需要的碳是有机态的碳。因此，有机物的数量和存在状态都是至关重要的。大部分细菌只能利用有限的几种有机物，只有少部分细菌能在无氧时利用5碳的乳糖。这一性质被用来确定水样中是否有大肠菌（*coliform*）（一种温血动物内脏中常见的细菌）的存在。最大可能数试验（the most probable number test，MPN）检测大肠菌就是基于这一性质。大多数细菌能够吸收的氮有-3价的氨、+3价的亚硝酸盐、+5价的硝酸盐等氧化态的氮，能吸收的硫的一般是+6价的氧化态硫，能吸收的金属几乎都是离子态的。

环境中限制微生物生长的营养一般为1~2种。限制性营养物的概念对预测污染物对受纳水体的作用以及设计运行生物处理系统时非常有用。位于美国和加拿大北美五大湖（The Great Lakes）是受磷限制的。20世纪60年代后期，可生物降解洗涤剂的使用使磷的入流量增加，这极大加剧了富营养化的速度。去除入流五大湖河流中的磷就根据了营养物

---

① 原版书中数据，加和后不等于100，概因有效数字位数导致。译者注。

限制的概念。很多工业废水的营养是不平衡的，必须按照计量学增加限制微生物生长的营养物质（典型的为氮或磷）。

### 2.5.6 细菌能量代谢

呼吸就是电子离开能源物质被排至细胞外，被最终电子受体接纳并产生能量的过程。典型的呼吸包括一系列氧化还原反应，但最后一步包括一个最终电子受体。正是这个最终的电子受体决定了呼吸的类型。两种类型的呼吸——好氧，就是分子氧作为最终电子受体；厌氧，就是无机物或离子，如 $NO_3^-$、$SO_4^{-2}$、$S^0$、$CO_2$、$Fe^{3+}$、$Mn^{4+}$、$SeO_4^{-2}$、$AsO_3^{3-}$、$ClO_4^-$，或有机物，如富马酸（fumarate）、氯苯甲酸甲酯、二甲亚砜（dimethyl sulfoxide）作为最终电子受体。最终电子受体是由细胞释放到环境中，因此使用有机物作为电子受体导致细胞会向水中释放有机物。

当没有外部电子受体可利用时，细菌通过发酵反应来分解代谢有机物。有机基质被用作电子供体，而电子受体是电子传递过程中的高能中间产物。这可通过在基质层次上通过磷酸化（底物水平磷酸化）产生ATP（生命系统的能量流动载体）。发酵反应有很多类型，其中乙酸盐产 $CH_4$ 在生物膜系统中非常重要。

### 2.5.7 好氧生长和呼吸

好氧代谢的基本特征就是利用氧作为必需的最终电子受体。尽管硝化菌等自养生物也是好氧的，本节仍以异养代谢为例。生物处理系统几乎都是混合菌群组成。由于不同种微生物的代谢相互影响，异养好氧生长和呼吸的最终产物主要是新的微生物细胞、$CO_2$ 和水（$H_2O$）。异养好氧生长和呼吸也可能会产生大量的其他物质，但一般情况下不会发生。好氧代谢的模型一般基于公式（2-1）给出的概念。

$$\text{有机物} + O_2 + \text{营养物} \rightarrow \text{新的细菌细胞} + CO_2 + H_2O \tag{2-1}$$

公式（2-1）中新的细菌细胞包括所有的合成物质，如微生物外聚物（Exopolymers）等。试验上，新细胞物质用悬浮固体或挥发性悬浮固体（VSS）的增量表示。挥发性悬浮固体只包括有机固体，因此更适合来描述反应器内的生物量。将公式（2-1）写成一般意义上的计量平衡式是不可能的。因为转换系数跟有机物的性质、微生物种群、处理系统的运行参数有关。可是，因为需要估计氧的需求量和剩余污泥的产量，写出一个计量学的表达式又是设计处理系统时必要的。

几乎所有的生物处理系统在应用时，有机物都是混合存在的，其中一些有机物是溶解性的，一些以颗粒的形式存在。因为混合菌群一般同时降解溶解性和颗粒性物质，这增加了应用计量学的复杂性。所以最终必须使用有机反应物的浓度替代参数。

尽管某些情况下也使用化学需氧量（COD）和总有机碳（TOC），但最常使用的替代参数是生物化学需氧量（BOD）。大多数情况下，实验室分析给出的BOD是20℃、5d的数值。但是代表可生物降解的有机物浓度的却是最终BOD（UBOD）。如果生物处理使用的模型在数学上是线性的，就可以使用 $BOD_5$，但实际情况往往不是这样。因此应注意，工艺设计时需要估计出UBOD并使用它来完成计算。

## 2.5.8 缺氧生长和呼吸

当液体中不存在氧或浓度很低，但$NO_3^-$或$NO_2^-$可作为外源（来自细胞外）最终电子受体时，我们称之为缺氧（Anoxic）状态。当$CO_2$、$SO_4^{2-}$或某些特定的有机物可被利用为最终电子受体时，细菌会发生厌氧呼吸（Anaerobic Respiration）。虽然这些定义在环境工程的实践中广泛应用，但在微生物学中却并非如此。微生物学将呼吸分为需氧的（Aerobic）、厌氧的（Anaerobic）或发酵的（Fermentative）。缺氧（Anoxic）用来描述环境中无分子氧的状态。我们将遵循环境工程和污水处理工程中的定义，提醒读者注意文献中这些定义的矛盾和用法。

很多种的异养菌能以类似于以氧作为电子受体的方式把$NO_3^-$还原成$NO_2^-$。这些细菌都属于兼性厌氧菌（Facultative Anaerobers）。也就是说，它们能在好氧或厌氧环境下代谢。少量的异养兼性厌氧菌能把$NO_2^-$还原成$N_2O$和$N_2$。$N_2O$和$N_2$的浓度分布则取决于水的pH值。驱动还原反应（反硝化、异化硝酸盐还原）的有机物种类繁多。除了生活废物中常见的有机物外，甲醇（$CH_3OH$）等单碳化合物也可以使用。

第二种$NO_3^-$和$NO_2^-$的还原，称之为同化还原。很多种的细菌可把氮以-3价的状态（如组成蛋白质分子的氨基酸）组合到有机分子中。同化还原可在好氧和厌氧条件下发生，与能量代谢没有关系，也不同于好氧呼吸中氧的利用。因为$NO_3^-$和$NO_2^-$还原时需要消耗能量，与$NH_3$作为氮源相比，同化还原时微生物的产量要低。专性好氧和兼性厌氧菌都能进行同化还原。

也可使用缺氧氨氧化[①]（Anammox）去除污水中的氮。Anammox以$NH_4^+$作为电子供体，而$NO_2^-$作为最终电子受体。这一过程是由生长缓慢的浮霉状菌（*Planctomyceltes*）门的细菌（自养菌）来完成的。生物膜中存在好氧和缺氧区，因此好氧硝化菌产生的$NO_2^-$可给Anammox反应提供电子受体。

## 2.5.9 厌氧呼吸和发酵代谢

常见重要的厌氧最终电子受体是$SO_4^{2-}$和$CO_2$。包括还原$NO_3^-$的细菌在内的一些细菌可利用$Fe^{+3}$作为最终电子受体。可是，在水的生物处理系统中，$Fe^{+3}$的不溶性使得它很难作为电子受体。

能够异化还原$SO_4^{2-}$的细菌种类不多（大约仅有8个属）。还原产物$H_2S$以其臭味引起人们的关注。所有$SO_4^{2-}$还原菌都是专性厌氧菌，因此不能在有氧时生长。异化$SO_4^{2-}$还原的能量一般来自$H_2$、乳酸和丙酮酸。

如同$NO_3^-$的还原，很多种的细菌，包括好氧和厌氧的，都能异化还原$SO_4^{2-}$。因为几乎所有可利用的硫都是以$SO_4^{2-}$形式存在的，因此还原$SO_4^{2-}$的能力对生物体能在土壤和水中的生长是必需的。

碳酸盐呼吸是以$H_2$为电子供体和$CO_2$为最终电子受体。古菌域的一少部分属可通过碳酸盐呼吸生成$CH_4$（产甲烷），而细菌域的同型产乙酸菌（*Homoacetogens*）则可通过碳酸盐呼吸产生乙酸盐（产乙酸作用）。这两类细菌是严格厌氧的。与$NO_3^-$和$SO_4^{2-}$的作用类

---

① 中文称之为"厌氧氨氧化"，但原文为Anoxic Ammonia Oxidation。这里遵照原文。译者注。

似,在好氧和厌氧条件下,三域下很多种的细菌都能把$CO_2$作为营养源同化,但不同时将其作为电子受体。

细胞内部产生的或其他细胞产生的物质作为电子受体时,使得很多小分子量有机物发酵。典型的发酵产物是小分子量(挥发性)的有机酸、乙醇和甲醛。产生的主要挥发酸是甲酸、乙酸、丙酸和丁酸,其中最重要的是乙酸。古菌域的产甲烷菌(如鬃毛甲烷菌属(Methanosaeta)和甲烷八叠球菌属(Methanosarcina))氧化乙酸和甲酸时伴随着$CH_4$和$CO_2$的产生。因此,它们与自养产甲烷菌完全不同。自养产甲烷菌利用$H_2$作为能源,以$CO_2$($HCO_3^-$)作为最终电子受体并将其还原为$CH_4$。

只有包括甲烷发酵时,才能利用发酵和呼吸的厌氧生长来彻底去除水和污水中的有机物。在处理生物废物的生物膜反应器内,发生着一系列由多种细菌参与的相互依赖的生化反应(互依反应(Syntrophic Reaction))。甲烷菌是参与互依反应的众多细菌中的最后一种,用以指示着厌氧环境的存在。这个概念非常吸引人,因为甲烷的溶解度很低,能被收集起来作为燃料。然而甲烷发酵产生的用以细菌生长的能量相对较少,因此细菌的生长率很低。甲烷发酵的运行温度在30~35℃时才是经济的,因此需要对反应器加热。如果依靠产生的甲烷来加热系统,则需要发酵的有机物浓度非常高。污水处理厂产生的有机污泥和食品加工工艺等产生的工业废水是厌氧发酵处理的首选对象。污泥厌氧消化是污泥(污水处理产生的)稳定的最常用手段之一,产生的甲烷足够作为办公等建筑的采暖热源,有时还可以用来发电。另外,采用厌氧生物膜法可以在低温(<20℃)下处理污水,但为了保证反应器的稳定运行,需要更深入理解微生物种群的变化(Enright等,2007)。

## 2.5.10 呼吸的热力学

在可逆反应中,产生或消耗的摩尔自由能见公式(2-2)。

$$\Delta G = \Delta G^0 + RT\ln Q \tag{2-2}$$

式中　$\Delta G$——自由能,kJ/mol;

　　　$\Delta G^0$——标准自由能,kJ/mol;

　　　$T$——绝对温度,K;

　　　$R$——普适气体常数,J/kmol;

　　　$Q$——反应商($Q \approx K$,稀溶液的平衡常数)。

能斯特方程能够描述电势(用伏特表示)与自由能的关系:

$$\Delta G = -nFE \tag{2-3}$$

式中　$n$——反应中传递的电子数;

　　　$F$——法拉第常数($9.649 \times 10^4$J/mol·V)。

实际应用时,$\Delta E$为标准氢电极的标准自由能。$\Delta G^0$中的0代表当反应商为1时的半反应。

$$H^+ + e = \frac{1}{2}H_2(gas) \quad Q = \frac{[H_2]^{1/2}}{[H^+]} = 1 \tag{2-4}$$

注意,通过转换,气体的活度为1,因此$[H^+]=1$。

标准氢电极的电势以$E_H$表示,这样就有:

$$\Delta G = -nFE_H \qquad (2-5)$$

把公式（2-5）代入公式（2-2），得到：

$$-nFE_H = -nFE_H^0 + RT\ln Q \qquad (2-6)$$

$$E_H = E_H^0 - \frac{RT}{nF}\ln Q \qquad (2-7)$$

对于氢离子反应，公式（2-2）中的标准自由能 $\Delta G^0$ 通常设为 0。这样，标准电极电势也就为 0。实际环境下的反应并非标准条件，也就是说公式（2-2）中的氢反应商不是 1，温度也不是 0。当 pH=7 和 25℃时，标准电势为：

$$E_H(W) = E_H^0 - \frac{RT}{nF}\ln Q = 0 - \frac{RT}{nF}\ln\frac{[1]^{1/2}}{10^{-7}} = -\frac{8.31 \text{J/mol} \cdot \text{K} \times 293\text{K}}{1 \times 9.649 \times 10^4 \text{J/mol} \cdot \text{V}}\ln 10^7$$

$$= 0.0257 \times 16.12 = -0.407\text{V}$$

表 2-7 给出了环境中一些重要半反应的标准电势。每个电势的计算中，$E_H(W)$ 都是从标准电势中减去 $RT\ln Q/nF$ 得到的。

环境中一些重要氧化还原电对在 25℃下的标准还原势　　　　表 2-7

| 半　反　应 | $E$(V) | $E$(W)(V) | $\Delta G$(W)$n^a$(kJ/mol) |
|---|---|---|---|
| $2HOCl + 2H^+ + 2e^- = Cl_2 + 2H_2O$ | 1.59 | 1.18 | -113.5 |
| $O_2(g) + 4H^+ + 4e^- = 2H_2O$ | 1.22 | 0.81 | -78.3 |
| $2NO_3^- + 12H^+ + 10e^- = N_2 + 6H_2O$ | 1.24 | 0.74 | -71.4 |
| $Cl_2 + 2e^- = 2Cl^-$ | 1.40 | | |
| $MnO_{2(s)} + HCO_3^- + 3H^+ + 2e^- = MnCO_{3(s)} + 2H_2O$ | | 0.52$^b$ | -50.2$^b$ |
| $NO_3^- + 2H^+ + 2e^- = NO_2^- + H_2O$ | 0.83 | 0.42 | -40.5 |
| $NO_3^- + 10H^+ + 8e^- = NH_4^+ + 3H_2O$ | 0.88 | 0.36 | -34.7 |
| $FeOOH_{(s)} + HCO_3^- + 2H^+ + e^- = FeCO_{3(s)} + 2H_2O$ | | -0.05$^b$ | 4.6$^b$ |
| 丙酮酸 + $2H^+ + 2e^-$ = 乳酸 | | -0.19 | 18.3 |
| $SO_4^{-2} + 9H^+ + 8e^- = HS^- + 4H_2O$ | 0.25 | -0.22 | 21.3 |
| $S_{(s)} + 2H^+ + 2e^- = H_2S_{(g)}$ | 0.17 | -0.24 | 23.5 |
| $CO_{2(g)} + 8H^+ + 8e^- = CH_{4(g)} + 2H_2O$ | 0.17 | -0.25 | 23.5 |
| $CO_2 + HCO_3^- + 8H^+ + e^- = CH_3COO^- + 3H_2O$ | | -0.29 | 27.65 |
| $2H^+ + 2e^- = H_2$ | 0.00 | -0.41 | 39.6 |
| $6CO_2 + 24H^+ + 24e^- = C_6H_{12}O_6 + 6H_2O$ | -0.01 | -0.43 | 41.0 |

$^a$ 根据 $[HCO_3^-] = 10^{-3}$M。
$^b$ 转移的摩尔数。

## 例 2：半反应的电极还原电势和 $\Delta G$ 的计算

在 15℃ 和 25℃ 下，pH=7，10 时，计算 $NO_3^-$ 还原为 $NO_2^-$ 的电极电势。

**解答：**

（1）半反应和标准电极电势为：

$$NO_3^- + 2H^+ + 2e^- = NO_2^- + H_2O \qquad E_H(W) = 0.83$$

（2）计算 15℃ 下的电极电势：

pH=7

$$E_H(W) = 0.83 - \frac{RT}{nF}\ln\frac{\{NO_2^-\}\{H_2O\}}{\{NO_3^-\}\{H^+\}^2}$$

当 $NO_3^-$ 和 $NO_2^-$ 为等摩尔时,也就是说 $\{NO_3^-\}=\{NO_2^-\}$,别忘了水的活度为 1.0,有:

$$E_H(W)=0.83-\frac{RT}{nF}\ln\frac{1}{[H^+]^2}=0.83-\frac{RT}{nF}\ln(10^7)^2$$

$$E_H(W)=0.83-\frac{8.314\text{J/mol}\cdot\text{K}\times 285\text{K}}{2\times 9.649\times 10^4\text{J/mol}\cdot\text{V}}\ln 10^{14}=0.83-0.40=0.43\text{V}$$

pH=10

$$E_H(W)=0.83-\frac{RT}{nF}\ln(10^{10})^2$$

$$E_H(W)=0.83-\frac{8.314\text{J/mol}\cdot\text{K}\times 285\text{K}}{2\times 9.649\times 10^4\text{J/mol}\cdot\text{V}}\ln 10^{20}=0.83-0.57=0.26\text{V}$$

(3)计算 25℃下的电极电势:

pH=7

$$E_H(W)=0.83-\frac{8.314\text{J/mol}\cdot\text{K}\times 295\text{K}}{2\times 9.649\times 10^4\text{J/mol}\cdot\text{V}}\ln 10^{14}=0.83-0.41=0.42\text{V}[①]$$

pH=10

$$E_H(W)=0.83-\frac{8.314\text{J/mol}\cdot\text{K}\times 295\text{K}}{2\times 9.649\times 10^4\text{J/mol}\cdot\text{V}}\ln 10^{20}=0.83-0.59=0.24\text{V}[②]$$

由此来看,在一般环境的运行范围内电极电势对温度并不敏感。然而,电极电势与 pH 的关系很大。

根据总的氧化还原方程中自由能的变化可以得到生化反应中对电子受体的吸引力。可以举一个利用氧和硝酸盐作为电子受体的葡萄糖氧化例子。利用能斯特方程(公式(2-3)),采用文献中的标准还原势可以确定自由能的变化。对于葡萄糖–$O_2$ 和葡萄糖–$NO_3^-$ 系统,其半反应如下:

$$6CO_2+24H^++24e^-=C_6H_{12}O_6+6H_2O \quad (2\text{-}8)$$

$$O_2(\text{gas})+4H^++4e^-=2H_2O \quad (2\text{-}9)$$

$$2NO_3^-+12H^++10e^-=N_2+6H_2O \quad (2\text{-}10)$$

对于这两个反应系统的自由能变化,可先写出单个电子的半反应:

$$\frac{1}{4}CO_2+H^++e^-=\frac{1}{24}C_6H_{12}O_6+\frac{1}{4}H_2O \quad E(W)=-0.43 \quad (2\text{-}11)$$

$$\frac{1}{4}O_2(\text{gas})+H^++e^-=\frac{1}{2}H_2O \quad E(W)=0.81 \quad (2\text{-}12)$$

$$\frac{1}{5}NO_3^-+\frac{6}{5}H^++e^-=\frac{1}{10}N_2+\frac{3}{5}H_2O \quad E(W)=0.74 \quad (2\text{-}13)$$

总反应的 $\Delta G$ 可计算如下:

葡萄糖/$O_2$:

$$\frac{1}{6}C_6H_{12}O_6+O_2(\text{gas})=CO_2+H_2O$$

$$\Delta E(W)=E(W)_{\text{reductant}}-E(W)_{\text{oxidant}}=0.81-(-0.43)=1.24\text{V}$$

---

[①] 原书计算时误把温度计为 285K,中译本已改正。译者注。
[②] 原书计算时误把温度计为 285K,中译本已改正。译者注。

$$\Delta G(W)=-F\Delta E(W)=-119.6\text{kJ/mol}$$

葡萄糖 / $NO_3^-$：

$$C_6H_{12}O_6+NO_3^-+H^+=CO_2+N_2+H_2O$$
$$\Delta E(W)=E(W)_{reductant}-E(W)_{oxidant}=0.74-(-0.43)=1.17V$$
$$\Delta G(W)=-F\Delta E(W)=-112.9\text{kJ/mol}$$

根据反应的可利用自由能，可以知道氧与硝酸盐相比是更容易被接受的电子受体。这就是氧在细菌的电子受体中占主要地位的原因之一。

### 2.5.11 共代谢

不属于生长基质的有机化合物有时也会被分解。这称之为共代谢（Co-metabolism）或附带代谢（Incidental Metabolism）。这种生物降解过程一般通过专性不强的酶引发的，当然这些酶主要对生长基质起作用。有时被共代谢分解出来的碳被发现结合到细胞中，这说明初始反应的产物可能是生长基质。然而经常发生的情况是，共代谢产物是不可利用的，也就是说共代谢产物是另一种非生长基质。研究最多的共代谢是氯化有机物，特别是广泛使用的TCE的分解。TCE的好氧生物降解是由分解甲烷的甲烷单加氧酶触发的（AlvarezCohen 和 McCarty，1991）。在亚硝化单胞菌属（*Nitrosomonas*）的一些种中，氨单加氧酶（Hyman 等，1988）可催化氨转化为羟基氨。在假单胞菌属（*Pseudomonas*）的一些种中，酚单加氧酶和甲苯加双氧酶可分别催化酚和甲苯降解的第一步（Fan 和 Scow，1993）。TCE的共代谢存在以下两个有趣的问题：

（1）TCE强烈地与生长基质争夺活性部位（见聚生体一节）；
（2）反应产物，TCE环氧化物明显吸附在加氧酶上，破坏其催化活性。

把共代谢过程纳入生物处理系统中非常具有挑战性。

## 2.6 细菌生长

生物处理的目的是开发这样一种系统，可以使水和污水中的污染物转变为可接受的形式或状态。然而，从处理系统所用的微生物角度来看，这一目的仅仅是微生物的繁殖而已。繁殖的结果就是微生物量或浓度的增加。这种增加称之为生长。有时，生长变为生存性的缩小，直到繁殖重新成为可能。在初级有机基质耗尽时的污水生物处理系统中，或土壤的干燥和低温期，微生物会进入紧缩状态。

微生物繁殖或生长需要能量、碳（用来构建组成细胞的有机化合物）和无机营养等。无机营养有氮、磷、硫和铁等，是有机化合物的组分或在细胞内部发生的化学反应过程中起作用。异养代谢将有机化合物同时作为能源和碳源，是生物处理系统中最重要的代谢类型。以下将以异养代谢作为例子。

### 2.6.1 细菌的生长曲线

如果开始时营养充足，细菌在间歇培养时的生长会形成一条典型的曲线。如图2-6所示，此曲线常分为6段：停滞期、加速期、对数期、减速期、静止期和衰亡期。图

2-6所示的虽然生长曲线是纯（单一菌种）培养时的情况，但这一概念经过修改后可应用到其他系统。间隔一定时间取样，然后采用标准的微生物平板计数方法来估计细胞的数量，可通过这样的实验方法求得生长曲线。如果测定细胞的质量，也会得到相似的曲线。因为每个细胞可假定有近似相等的质量，所以这两种方法得到的曲线应该是成比例的。限制性的营养一般为能源（异养细菌所需的有机化合物），也可以是氮或磷等无机营养。

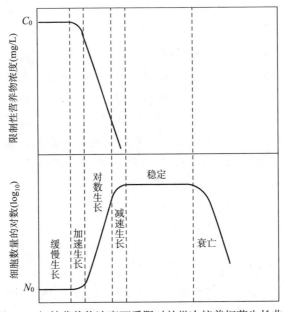

图2-6 初始营养物浓度不受限时的批次培养细菌生长曲线

随着生长的开始，细胞数量（或质量）的增加仅与存在的细胞（或质量）有关。整个系统表现为一级自催化模式。

生长曲线实验时，从培养基上取的细胞一般处于静止培养期。因此，在生长之前，细菌会有一段停滞期。如果取的细胞是处于对数期，则不会出现停滞期。当生长速率从零增加到最大值时需要一段很短的时间（加速期），这很可能是细菌从不能生长状态转换为生长状态时的不均匀性导致的。在对数生长期，生长速率的限制因素是细胞数量。由于细胞是反应的产物，因此宏观速率是自催化的一级反应，反应速率与细胞数量或质量浓度成正比。当限制性营养物的浓度降低到细胞之间必须竞争利用时，宏观速率开始降低（减速增长）。当限制性营养物的浓度降接近零时，反应进入停滞状态、细胞分裂停止，此时通过代谢非必需的物质和储存物质，细胞继续保持着其生命功能。非必需的物质包括将营养物穿过细胞膜所需的转移酶和能够代谢外源物质的胞内代谢酶。一般情况下，此时细胞的夹膜层会增大，这可能是为了防止在干燥土壤中出现脱水。再经历几个小时到几天的时间，整个培养中的细胞开始死亡。此时，一些细胞会发生裂解（Lyse），释放出很多细胞物质。其他细胞可以此为所需的营养物质维持生存。

## 2.6.2 混合生长

混合生长的微生物种群中，虽然细菌种群繁多，但只有一少部分成为优势菌。当然所有的微生物种群都有各自的生态位。大多数情况下，某些微生物能够代谢或部分代谢投加的有机化合物。随着这些有机化合物分解的发生，其他细菌可能会降解第一批细菌的代谢中间物质或这些细菌产生的废物。当异养菌数量增加时，更高级的生物将会吞食它们，在这种情况下，会出现连锁生长曲线。连锁生长曲线是无法用有限的几种细菌计数来描述的，这时经常使用总的质量浓度来描述。总质量浓度是所有细菌的总和。随着时间的增加，质量浓度的增长代表了次级生物的生长。在某特定条件下得到的动力学和计量学参数往往很难外推到其他条件，其中混合培养中的这种相互影响就是其中一个原因。

## 2.6.3 富集培养基

当营养供给稳定并且物理环境稳定或周期性操作时，此时的混合培养处于稳定状态。在这种情况下，生长速率最快的菌种会有竞争优势并会逐渐占据优势地位。有时，这种情况会使培养基中只有一或两种细菌。这样的操作条件称之为富集培养（Enrichment Cultures）。这种方法经常用于在实验室分离和培养特定的菌种。因为生物可降解物质的限制、高温或低pH值，处理工业废水时经常出现这样的富集培养条件。

在水和污水的生物处理中，富集培养原则常用于活性污泥系统絮状污泥的培养、控制丝状菌的生长和培养聚磷菌以用于除磷。

## 2.6.4 混合培养的稳定性

在水和污水的处理中使用混合菌群会使工艺的稳定性增加。在大多数工艺运行时，进水时刻变化，流量、化学物质的浓度和温度等都在不断地变化之中。这样的环境条件能够使多种细菌一起竞争，从而有利于细菌的混合生长。维持混合生长的主要优点是有机物的降解更加彻底，进水的波动不会对出水水质造成很大的影响。单一菌种的生物氧化通常导致一些化合物不能被氧化。很多时候，某些支链脂肪族或取代环仅能被少数菌种降解。在纯培养条件下，某种有机聚合物可能被几种细菌部分降解。但如果是混合培养，则可被彻底降解。同样的情况，如果进水发生变化，我们或许期望某种菌具有竞争上的优势。举例来说，在市政水处理厂，随着夏季到冬季的转变或工业生产的产品不同，优势菌种随之变化。混合培养时，在某特定条件下，最具竞争力的菌种会保持一段时间的优势。

## 2.6.5 环境变量的影响

温度、pH、水中的化学物质、生物膜载体等环境因素都影响细菌的生长。温度对反应速率影响巨大，对化学计量的影响较小（Flegal和Schroeder，1976）。在分子扩散重要的情况下，温度对营养物质传递到细胞的速率也有一定程度的影响（Kehrberger等，1964）。对不同种的细菌，温度和反应速率的关系迥然不同。在混合培养时，温度的改变会导致优势菌属的巨大转变。随后的章节会对温度和生长速率的关系进行详细讨论。

细菌可在非常宽的pH范围内生存。污水处理中的大部分常见细菌能在pH=6~9之间生长。如果pH超出了6~9的范围，则细菌活性急剧下降。硝化细菌在稍微偏碱（pH=8~9.5）的环境下生长良好。硫氧化菌非常耐酸，有些种甚至可在pH为1时生长良好，但在pH超过6时却不再生长。当生长速率是pH的函数时（Grady等，1999），最佳的pH值并不明显。在整个细菌可生长的pH范围内，这条关系线看上去是平的。

溶解性有机物、无机物作为营养物、能源和毒性物质的讨论见本章其他部分。因为很多工业废物都是含盐的，另外因为处理后的污水经常排入含盐环境，因此总溶解性物质（主要指的是水的盐度）就显得非常重要。生物处理含盐废水会受到不同微生物对盐度有不同敏感性的影响。也就是说，盐度会影响到优势微生物。当向含盐环境排放处理后的污水时，盐度会影响到细菌的生存。但没有足够的数据证明排放到淡水或海水的排放标准应该不同。大部分细菌都能适应很宽的盐度范围和渗透压。如细菌可以适应从盐度少于100mg/L到30000~340000mg/L的海水。如果盐度逐渐增加，细菌也能适应渗透压的变化。一些名为嗜盐生物（*halophiles*）的细菌，能在360000mg/L的盐度下生长（Niedhaerdt等，1990）。大量迅速地降低盐度可能会导致细胞内的水分渗出，破坏细胞膜。大量迅速地升高盐度可能会导致水分在细胞内积聚太多而导致细胞破裂。总之，盐度不是生物处理系统设计和运行时的主要考虑因素。

## 2.7 生物膜细菌生长动力学

细菌生长是通过大量的细胞外部和内部的反应给细菌提供能源、碳源和营养的生物合成过程。因为生物处理工艺的运行和设计极度依赖细菌生长，因此讨论细菌生长的动力学是非常必需的。然而，细菌生长的理论是从纯培养的实验中得到的，但生物处理工艺几乎都是混合培养过程。生长速率和营养的去除一般用悬浮固体、挥发性悬浮固体、BOD、COD或TOC等综合或替代参数，而宏观的表观速率不能外推或不具有普适性。尽管受此限制，生长速率的概念依然是生物处理工艺的运行和设计的基本组成。

### 2.7.1 速率表达式

速率表达式用来描述有机物的去除、微生物的生长和氧的利用。以修改的莫诺（Monod）模型为基础，可以得出公式（2-1）中三个最重要参数的公式。

$$r_0 = -\frac{KC}{K+C}X \quad (2\text{-}14)$$

$$r_g = -\gamma r_0 - k_d X = \left(\gamma \frac{KC}{K+C} - k_d\right)X \quad (2\text{-}15)$$

$$r_{O_2} = r_0 + \gamma r_g = r_0 - \gamma(Y\gamma_0 + k_d X) = r_0(1 - \gamma Y) - \gamma k_d X \quad (2\text{-}16)$$

式中　$r_0$——有机物的去除速率（g/m³·d）；

$r_g$——微生物量的生成速率（g/m³·d）；

$r_{O_2}$——氧的利用速率（g/m³·d）；

$k_d$——去除率系数（d⁻¹）；

$C$——有机物浓度，一般用UBOD或COD（g/m³）；

$X$——微生物质量浓度，以悬浮固体或挥发性悬浮固体计（g/m³）；

$K$——饱和常数（gUBOD/m³）；

$Y$——质量产率系数（g产生的固体/g去除的UBOD）；

$k_d$——维持能速率系数（d⁻¹）；

$\gamma$——去除的UBOD与产生的细胞质量比（g/g）。

### 2.7.2 说明

生长速率常写为 $r_g = \mu_m \dfrac{C}{K+C} X$。其中 $\mu_m$ 是最大比生长速率或单位质量有机物单位时间内产生的最大细胞质量。从工艺分析的角度来看，这一术语是尴尬的，因为它必须使用维持能（Maintenance Energy）的概念。

固体产率 $r_g$ 和氧利用率（OUR）$r_{O_2}$ 是有机物去除率的函数。更进一步讲是有机物（UBOD）和微生物质量浓度的函数。公式（2-14）、公式（2-15）和公式（2-16）将被用于描述各种生物处理工艺中的宏观代谢。

一般使用比率的概念而非使用总反应速率的概念。比率是指单位微生物质量的速率。举例来说，比去除和比生成速率用下式表示。

$$R_0 = \frac{r_0}{X} = -\frac{KC}{K+C} \tag{2-17}$$

$$R_g = \frac{r_g}{X} = \gamma \frac{KC}{K+C} - k_d \tag{2-18}$$

在一些经常使用的生物降解和生长模型中，按照有机物的结构将速率分为2个或多个。如UBOD可能被分为溶解性和颗粒性两部分，每个组分的表达式是独立的（Henze等，1995；Metcalf和Eddy，2003）。

去除的UBOD和细胞产量的比——$\gamma$，可通过化学计量和细胞的经验化学式得出。这个值可由细胞产生的理论BOD推算出来。最常使用的细胞经验化学式是 $C_5H_7NO_2$，但也使用其他的化学式（McCarty，1965；Porges等，1953）。使用细胞的经验化学式计算的 $\gamma$ 值见式（2-19）和（2-20）。

$$C_5H_7NO_2 + 5O_2 \rightarrow 5CO_2 + NH_3 + 2H_2O \tag{2-19}$$

$$\gamma = \frac{5(32)}{113} = 1.42 \text{g/g} \tag{2-20}$$

使用细胞的其他经验化学式得到的结果基本相同。如采用 $C_{60}H_{87}O_{23}N_{12}P$，得出的理论值是1.39g/gUBOD。

应当记住，公式（2-14）、公式（2-15）、公式（2-16）是宏观的、非结构性的经验模型，是包括从液相到固相细胞表面的相转移在内的大量互联反应的集合。假定细胞生长和氧的利用与营养物的去除直接相关是不完全正确的。有机物可能通过吸附从液相转移到生物膜上而没有立即产生新细胞和消耗氧气（Dobbs 等，1989）。如果吸附的物质是可生物降解的，随后会发生一部分吸附物质的分解，生成新细胞和消耗氧气（图2-7）。描述这一复杂现象的模型称之为结构模型（Structured Model）。

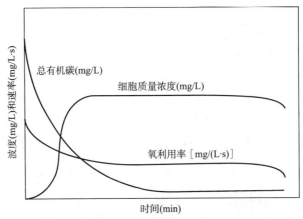

图2-7　有机物去除、细胞生长和氧利用率的关系

图2-7说明，有机物的去除速率比化合物实际的分解或降解速率要快。因此，在碳去除以后的相当长的时间段内，氧利用率还保持在背景值以上。随着有机物的去除，细胞质量浓度或许持续增加，或许维持稳定（见图2-7）。当贮存的外部有机物开始转化时，细胞质量浓度或许会缓慢下降。当贮存的物质全部用完后，氧利用率值降低到"基础值"或"内源呼吸值"。此时，由于核糖体和不需要的酶等细胞组分开始分解，细胞质量出现下降。

有机化合物是同时而非序列地被吸收，细菌的一个种也能够同时代谢多种化合物。在大多数情况下，鉴于有机混合物和微生物种群的复杂性，一般来说，在公式（2-14）、公式（2-15）和公式（2-16）中使用综合参数（用UBOD和COD表示有机物浓度、SS或VSS表示微生物质量）是必须的。当然要去除某特定化合物时，特别是该化合物的浓度较低时，会出现这样的问题：把BOD或COD去除到满意水平时，目的化合物却不见得达到要求的去除水平。公式（2-14）、公式（2-15）和公式（2-16）中虽然没有体现出生物处理系统中的传质受限或生化反应及其顺序，但在一般情况下，把各种有机物综合为一个浓度参数也会得到满意的结果。更为重要的是，使用基于氧消耗的综合浓度参数（UBOD或COD）可建立与其他重要参数（如生长）的直接关系。对每一种污染物进行监测是不可能的。另外，在给定条件下，污染物的组成相对稳定，UBOD、COD和TOC等替代参数能够提供足够的速率信息。使用总的质量浓度代替微生物量面临的问题与使用有机物浓度的替代参数时面临的问题相似。这是基于这样的假定：真正的细胞质量浓度和过滤出来的固体颗粒质量浓度（SS或VSS）是呈比例的。这个假定意味着胞外聚合物质量与细胞质量的比例不变。尽管这里或那里的假定有些不可靠，但模型还是具有相当的实用性，实验和现场测定结果都符合图2-7所示的模式。

### 2.7.3 细菌生长导致生物膜的物理和化学变化

细菌生长是指细胞数量增加而非细胞大小的增加。在生物膜内，随着EPS的产生，子细胞分散开从而保持生物膜密度大致相同。因为生长的滞后性和受到载体表面积的限制，随着细胞的分裂，生物膜厚度逐渐增加。处于液体或气体表面的细胞更容易接受到氧和营养，而在生物膜的深处，细胞会饥饿致死，会出现缺氧或厌氧状态。因此，当生物膜增厚时，氧、营养物质和pH就形成了梯度（Lewandowski和Beyenal，2003）。在厚的生物膜内，载体表面形成的气泡会导致生物膜脱落（Atkinson，1974），当流体流过生物膜时（如滴滤池内），代谢活性低的生物膜就会被剥离。

### 2.7.4 结构化模型

反应模型中包括反应顺序或反应过程的顺序称之为结构化（Structuring）。图2-8展示了2个使用贮存概念的结构化模型。在这2个模型中，贮存概念被用来解释观察到的有机物去除和OUR的非计量学差异。有人建议用更复杂的结构化模型描述单个细胞的过程，如蛋白质的合成。因为每个速率都需要速率系数，因此使用结构化模型是困难的，甚至在研究中也是如此。当前，在生物处理工艺中使用包括多种微生物和混合有机物降解的结构化模型还是不可行的。

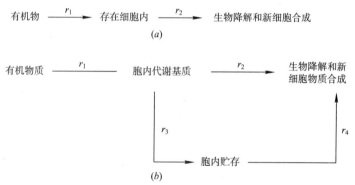

图2-8 包含能够被区别或分开的多步反应或步骤的结构化代谢模型
（a）基于胞内贮存的结构化有机物简化代谢模型；（b）基于最大速率和胞内贮存的有机物代谢结构化模型

图2-8（a）中将代谢速率与水中有机物去除速率分开。图2-8（b）假定有机物进入细胞的速率超过了有机物转化速率。没能反应的物质以糖原或PHB的形式被贮存起来。当胞内代谢基质较少时，细胞便利用这些贮存的物质。

### 2.7.5 温度的影响

污染物去除和生长速率受温度的影响很大。在40℃以下时，速率和温度的关系符合典型的范特霍夫-阿伦尼乌斯（Van't Hoff-Arrhenius）关系式（Flegal和Schroeder，1976）。大多数情况下，用修正的Van't Hoff-Arrhenius关系式描述某温度$T$下的速率常数与参考温度$T_R$下的速率常数（典型值为20℃）的关系。温度系数$\theta$的型值在1.02~1.06之间。

$$k_T = k_{T_R}\theta^{T-T_R} \tag{2-21}$$

在生物处理系统的设计中,考虑温度效应非常重要。文献报道的实验室研究大多数是在20℃下进行的。而寒冷地区冬季的温度会下降到5℃,高温地区的夏季,市政水厂的运行温度会升至30℃,一些工业废水的温度甚至会接近40℃。必须考虑到低温引起速率常数的降低,以及高温时由于氧的溶解度下降和去除率的提高,氧的传递可能会受到限制等因素,否则,低温下要达到满意的去除效果就会成为一个问题。假定为θ为1.04,与参考温度的10℃之差就会导致速率常数增加48%。

**例3:温度对有机物去除的影响**

一个序批式反应器的初始细胞浓度为30mg/L,初始有机物浓度为400mg UBOD/L。在整个反应过程中,氧和无机营养物都是过量的。反应速率和计量系数如下。假定维持能量($-k_dX$)可以忽略,温度系数θ为1.02,比较反应器在10℃、20℃和30℃下的性能。

$$k_{20℃}=4.0\,d^{-1},\quad K=20\,mg/L,\quad Y=0.40$$

**解答:**

(1) 确定细胞浓度和$BOD_u$的关系。因为可以忽略维持能,所以本例中:

$$\Delta X = -Y\Delta C$$
$$X_t - X_0 = -Y(C_t - C_0)$$
$$X_t = -Y(C_t - C_0) + X_0 = 0.4(400mg/L - C_t) + 30mg/L$$

(2) 写出该反应器的$BOD_U$质量物料衡算方程:

$$进入量 - 流出量 + 产生量 = 积累量$$

$$0 - 0 + Vr_0 = V\frac{dC}{dt}$$

$$\frac{dC}{dt} = -\frac{kC}{K+C}(-Y(C-C_0)+X_0)^{①}$$

$$\int_{C_0}^{C} \frac{K+C}{C(X_0+YC_0-YC)} = -k\int_0^t dt$$

$$\frac{K}{X_0+YC_0}\ln\frac{CX_0}{C_0(X_0+YC_0-YC)}\frac{1}{Y}\ln\frac{X_0+YC_0-YC}{X_0} = -kt$$

(3) 确定10℃和30℃下的速率常数:

$$k_T = K_{20℃}\theta^{T-20} = 4.0(1.02^{T-20})$$
$$k_{10℃} = 3.28$$
$$k_{30℃} = 4.88$$

(4) 解方程,列表并绘出三条温度曲线(图2-9和表2-8)。

初始$BOD_u$和悬浮固体浓度分别为400mg/L和30mg/L。因为$K \ll C_0$,所以增长曲线接近于指数曲线。

---

① 原文有误。译者注。

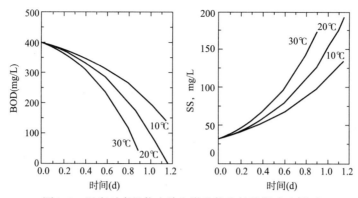

图2-9 温度对有机物去除和微生物生长的影响（例3）

| | 三个温度下的$BOD_u$和SS | | | | | 表2-8 |
|---|---|---|---|---|---|---|
| 时间（d） | $BOD_u$（mg/L） | | | SS（mg/L） | | |
| | 10℃ | 20℃ | 30℃ | 10℃ | 20℃ | 30℃ |
| 0 | 400 | 400 | 400 | 30 | 30 | 30 |
| 0.2 | 377 | 372 | 364 | 39 | 41 | 44 |
| 0.4 | 348 | 333 | 310 | 51 | 57 | 66 |
| 0.6 | 310 | 280 | 234 | 66 | 78 | 96 |
| 0.8 | 260 | 205 | 120 | 86 | 108 | 142 |
| 0.9 | 232 | 160 | 43 | 97 | 126 | 173 |
| 1.0 | 197 | 100 | | 111 | 150 | |
| 1.1 | 158 | 40 | | 127 | 174 | |
| 1.15 | 138 | 0.1 | | 135 | 190 | |

### 2.7.6 抑制和毒性

当存在微生物的毒性物质，或非代谢物质粘附在细胞表面从而阻断了基质的粘附时，会发生微生物代谢的抑制。应当说明的是，离子状态的金属具有毒性且其毒性与金属离子的氧化态有关。气态氨以很低的浓度（大多数情况下＜0.5mg/L）溶解在水中时会对鱼产生毒性。但在污水处理厂，气态氨的浓度一般不会对微生物造成毒害。

在速率表达式中，通过增加参数可模拟抑制物质对生长率和去除率的影响，并能得出在某特定抑制物质浓度下的最大去除率。Haldane表达式（式2-10）最初用于描述底物对酶的抑制，现在经常用于描述可生物降解物质的浓度很高时的速率抑制问题（Yu和Semprini，2004）。

$$r_0 = -\left(\frac{kC}{k+C+\frac{C^2}{K_i}}\right)X \quad (2-22)$$

式中　$K_i$——Haldane抑制系数（mg/L）。

应用公式（2-22）时，公式（2-17）和公式（2-18）需要做相应的变形。

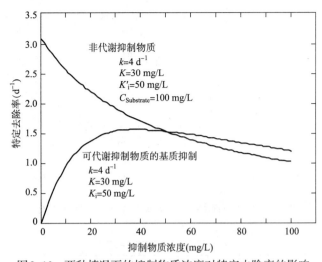

图2-10 两种情况下的抑制物质浓度对特定去除率的影响

(a) 公式（2-22）描述的可代谢抑制物质的基质抑制；(b) 公式（2-23）描述的非代谢抑制物质，如重金属

当非代谢物质，如重金属存在时，可认为抑制作用与该类抑制物的浓度呈反比（公式（2-23））。

$$r_0 = -\left(\frac{kC}{k+C}\right)\left(\frac{K_i^{'}}{K_i^{'}+C_T}\right)X \quad (2-23)$$

式中 $K_i^{'}$ ——抑制系数（mg/L）；

$C_T$ ——抑制物浓度（mg/L）。

抑制物对去除率的影响可见图2-10。

### 2.7.7 传质的限制因素

很多研究者对传质速率的影响进行了研究（Atkinson，1974；De Beer等，2004；Logan，1993；Schroeder和Tchobanoglous，1976；Swilley等，1964；Williamson和McCarty，1976）。这些研究认为在活性污泥和生物膜系统中，各种速率都可能受到限制，而这些限制会影响到工艺的性能和微生物组成。在生物膜工艺中的生物膜中，氧气或其他营养物可能会受到传质的限制。这样的限制会改变代谢类型（如最终电子受体由 $O_2$ 改为 $NO_3^-$）、优势菌种以及去除率和生长率。如果生物膜在与空气接触侧为好氧，而在载体接触侧为厌氧，则在生物膜深度方向上可能会存在很大的pH梯度。

## 2.8 生物膜内主要的转化过程

与所有的微生物过程相同，生物膜内的化学物质传递也与微生物的生长有关。组成细胞的物质来自液相：颗粒物质通过胞外酶催化反应分解成溶解性小分子物质；溶解性物质则在一系列复杂的酶催化反应下，透过细胞膜转变成细胞组分。维持细胞功能所需的产能反应与上述反应平行进行。在污水处理领域，几乎所有生物膜工艺中的能量都是来自化学能而非光合作用。通过氧化还原反应，能量得以释放。

生物处理中，有机物的去除是通过一系列步骤完成的（图2-11）。在不同形式的反应器中，营养物质传递到生物膜和液相界面的机理有所不同。在大多数反应器内，第一步，也就是有机物传递到生物膜表面，是通过紊流迁移来完成的，但滴滤池是个特例。一般认为滴滤池的液膜内为层流状态。大分子物质和颗粒物质粘附的机理尚未完全明确，但很可能包括连续的吸附和解吸过程。从微观角度来看，生物膜表面并不平整。因此颗粒物的去除机理，如截留和碰撞也可能发挥重要作用。小分子物质则会进入海绵状的生物膜内部，最终与一些酶接触或来到细胞表面。

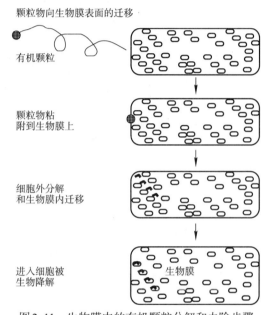

图 2-11 生物膜内的有机颗粒分解和去除步骤

虽然总会发现某些种的细菌，但随着环境条件的变化和某种污染物的存在，优势菌种会随之变化。优势菌种的变化需要一定的时间。这是因为在多数生物处理系统中，平均生长速率均较低，从而导致生物膜内的细菌竞争基质的过程比较缓慢。

生物膜可成为胞外酶、死亡细胞释放出的酶以及营养物的富集储存场所。生物处理系统并不给细菌提供富营养的生长条件。事实上恰好相反，生物处理的目的是要产生一个细菌生长所需营养物的浓度尽可能低的环境。细菌在这样的环境下生长，需要在吸收营养时尽可能减少能量消耗，而在生长繁殖时则能最大限度利用能量。显然，生物膜是细菌适应这样环境的一种反应。

## 2.8.1 化能异养过程

如前所述，在化能异养过程中，有机物同时作为生长的能源和碳源。好氧过程是人们关注的主要过程。因为在好氧过程中，很多化合物可以被利用，而多数化合物能被氧化成$CO_2$，从而被彻底矿化。在所有的化能异养过程中，都会产生新的微生物细胞，而能被氧化的有机代谢物只占其中的一部分。

### 2.8.2 化能自养过程

当二氧化碳或重碳酸离子$HCO_3^-$作为碳源,无机离子($NH_3$、$NO_2^-$、$H_2S$和$H_2$等)作为能源时,这样的生长称之为化能自养或简称为自养。在污水处理中,氮的氧化非常重要。这是因为氨对水体中的鱼有毒害作用,而氨的氧化则避免了对受纳水体中鱼的危害。由于产物($H_2SO_3$和$H_2SO_4$)的腐蚀性很强,因此在污水收集和处理系统中,硫的氧化会产生严重问题。在厌氧污泥处理系统里,氢可以作为一些产甲烷反应过程中的能源。

### 2.8.3 氮转化的生物学

氮的氧化状态从-3到+5,而在污水处理中,最常见的是亚硝酸盐($NO_2^-$)和硝酸盐($NO_3^-$)。细胞中的氮(大部分化合物可被氧化成$CO_2$,因此会将-3价的氮稳定化)全部以有机氮的形式存在。在细菌生长过程中,氨可被直接利用。利用异养菌或自养菌的氧化还原反应产生的能量,氧化态的氮必须从+3价或+5价被还原后才能被利用。氮的这一转化过程称之为同化硝酸盐还原(assimilatory nitrate reduction)。事实上,同化硝酸盐还原在微生物中是普遍存在的,且会导致细胞产量的小幅减少。这是因为同化硝酸盐还原是耗能过程,因此会对反应产生微量影响。

### 2.8.4 反硝化

在缺氧或厌氧条件下,很多种的细菌都能利用$NO_2^-$和$NO_3^-$作为电子受体,将硝酸盐还原为$NO_2$、$NO$和$N_2O$,并最终还原成$N_2$。这一过程称之为异化代谢(dissimilatory metablolism)。$NO$和$N_2$是温室气体,因此并不希望它们出现积累,而$N_2$作为最终产物是无害的,因此异化代谢在污水处理中非常有益。在氧气浓度高于2.5mg/L时,还原酶会受到抑制(repress)。然而当氧浓度较低(mg/L的十分之几)时,还原酶仅仅受到限制(inhibit)(Rittman和McCarty,2001)。因此,存在溶解氧时也可能发生反硝化。由于具有非均匀结构,生物膜成为多种呼吸类型发生的良好场所。

### 2.8.5 好氧硝化

生物处理系统中最重要的自养细菌是硝化菌——能够氧化$NH_3$和$NO_2^-$的微生物。还原态氮需要水中的氧(公式(2-24)和(2-25))。

$$NH_4^+ + \frac{3}{2}O_2 \rightarrow NO_2^- + 2H^+ + H_2O \tag{2-24}$$

$$NO_2^- + \frac{1}{2}O_2 \rightarrow NO_3^- \tag{2-25}$$

因为没有包括二氧化碳的消耗和细胞的产生,公式(2-24)和公式(2-25)不完全正确。$NH_3$和$NO_2^-$的氧化产生的能量非常少,但利用$CO_2$产生新细胞物质需要的能量相对较多,因此氧化单位质量的氮所生成的细胞质量很少(典型值大约是0.05g细胞/gN)。一般利用公式(2-24)和公式(2-25)来估算氧的需求量。据此,当发生硝化时,每氧化1gN大约需要供应4.57g $O_2$。典型的生活污水含有30~50g/m³的总凯氏氮(TKN),这包括了有机氮、$NH_3$和$NH_4^+$。含氮有机物经过生物降解后会产生$NH_3$。因此估算氧的需求量时，可以氨氮来计算氮的量。彻底氧化生活污水中TKN（氮在-3价氧化态）需要的氧量为$130\sim190g/m^3$。

通过设定一个"合理的"细胞产率系数，可对硝化反应进行完整的化学计量估算（Metcalf和Eddy，2003），但很难得到支持它的数据。公式（2-26）和公式（2-27）给出了典型的表达式。

$$55NH_4^+ + 76O_2 + 109HCO_3^- \rightarrow C_5H_7NO_2 + 54NO_2^- + 57H_2O + 104H_2CO_3 \quad (2-26)$$

$$400NO_2^- + 195O_2 + NH_4^+ + 4H_2CO_3 + HCO_3^- \rightarrow C_5H_7NO_2 + 3H_2O + 400NO_3^- \quad (2-27)$$

必须说明的是，每氧化1mol氨大约产生2mol $H^+$。这意味着反应消耗了2mol碱度，因此硝化在大多数情况下会导致pH值的显著下降。大多数生物处理工艺工作的pH范围是6~8.5，因此如果不注意控制碱度，硝化就会导致处理效率的下降甚至工艺的失败。公式（2-26）和公式（2-27）中的产率分别为0.15g细胞/gN和0.22g细胞/gN。

硝化菌被分为两部分——氧化$NH_3$的细菌和氧化$NO_2^-$[①]的细菌。虽然也存在其他种的细菌，但研究最广泛的氨氧化菌是亚硝化单胞菌属（*Nitrosomonas*）。污水中经常会发现亚硝化球菌（*Nitrosococcus* spp.）和亚硝化单胞菌（*Nitrosomonas* spp.），而亚硝化螺菌属（*Nitrosospira*）的一些种可能是土壤中最常见的（MacDonald，1978；Stephen等，1996）。亚硝化单胞菌能够进行厌氧代谢，可利用$N_2O_4$（$NO_2^-$的二聚体）作为最终电子受体，但在缺氧条件下的活性很低。亚硝化单胞菌中的 *N. eutropha* 能够同时进行反硝化，也就是说，能在溶解氧低于0.8mg/L时，以$NO_2^-$作为最终电子受体。据估计，被转化氨中的至少10%能够被反硝化（Lipschultz等，1981），但在此过程中会产生NO和$NO_2$。毋庸置疑，所有的氨氧化菌应归类为专性好氧菌，因为经过羟氨（hydroxylamine）途径的氨氧化似乎是这类细菌中生物合成的唯一还原力来源。

在自养的亚硝酸氧化菌中，硝化杆菌属（*Nitrobacter*）和硝化螺菌（*Nitrospira*）被认为是最常见的。在缺氧条件下，硝化杆菌属的某些种也能反硝化，将$NO_3^-$还原成$NO_2^-$。另外，硝化杆菌属的一些种，属于混合营养型，可利用有机碳作为碳源和$NO_2^-$作为能源，在有氧和缺氧条件下，甚至都可能发生异养代谢。至于生长速率，则是混合营养时的要高于无机自养时的，而异养代谢时的要低于无机自养时的（Schmidt等，2003）。对于生物膜系统，硝化细菌异养代谢的重要性还没有明确，但对于硝化杆菌属，生物处理时的硝化速率远远高于其在纯培养基上异养生长或混合生长时的速率。在生物膜内，硝化杆菌属采用不同的生长策略是完全可行的。通常采用修订的Monod表达式来模拟硝化过程。

## 2.8.6 缺氧硝化/反硝化

直到20世纪80年代，还不知道在缺氧条件下，有些细菌硝化时可伴随着反硝化的发生。这些细菌属于浮霉菌（*Planctomycetales*）目下面的几个属，被称作厌氧氨氧化菌，简写为Anammox菌。已经在全世界超过30个淡水和海水环境中发现了Anammox菌（Opden Camp等，2006）。Anammox菌利用$NH_4^+$作为能源，$CO_2$作为碳源，因此它是自养的。$NO_2^-$

---

[①] 原文为$NO_3^-$，有误。应为$NO_2^-$。译者注。

和$NO_3^-$都可以作为Anammox菌的电子受体,产物均为$N_2$。Anammox菌不能利用氧气,当氧浓度大约超过$0.5g/m^3$时,会丧失其功能。Anammox菌的生长速率和产率都非常低,甚至比好氧的硝化菌都低很多。然而Anammox菌的饱和(亲和)系数$K_{SNH_4^+}$低于$0.1g/m^3$,这意味着在$NH_4^+$浓度很低时,Anammox菌的反应速率也可达到最高。海洋中超过50%的氮转移和地球大气中绝大多数$N_2$被认为是Anammox菌作用的结果。Anammox菌发现得如此之晚,其中一个原因就是Anammox菌在传统实验室培养条件下不能生长。现有数量的反硝化菌无法解释氮的转化,由此导致了使用分子生物学技术寻求尚未鉴定的细菌。在污水处理中,通过利用空间(推流式)或时间(间歇操作)的方式提供好氧和缺氧环境,缺氧硝化/反硝化可与有机物的氧化一起发生(Strous等,1997)。好氧硝化发生在好氧区,这样可以给缺氧区的Anammox菌提供必须的$NO_2^-$。

Anammox硝化/反硝化过程的计量表达式见公式(2-28)。

$$NH_4^+ + 1.32NO_2^- + 0.066HCO_3^- + 0.13H^+ \rightarrow 1.02N_2 + 0.26NO_3^- + 0.066CH_2O_{0.5}N_{0.15} + 2.03H_2O \quad (2-28)$$

$CH_2O_{0.5}N_{0.15}$是细胞的经验式子,要注意细胞的产量是0.11g细胞/g氧化的N。生活污水的铵和有机氮浓度相对较低,因此在传统的处理工艺中保持Anammox菌的浓度会很困难。把Anammox菌用于含有高浓度氨的工业废水或用于从生活污水中分离出来的尿液,这是非常有前景的。

### 2.8.7 生物除磷

利用微生物聚生体处理污水时,可建立微生物之间的关系。生物除磷是这方面的典型例子。当进水中存在挥发性脂肪酸(VFAs)时,一些不能培养的异养菌能以聚磷的形式贮存物质。这些细菌细胞内的含磷量是其他细菌含磷量的2~5倍。在一些实验室规模的富集反应器和实际工程中,发现了富集假丝酵母(*Accumulibacter phosphatis*)或红环菌属(*Rhodocyclus*)有关的细菌(Oehmen等,2007)。其他好像与生物强化除磷(EBPR)有关的微生物还包括放线菌(*Actinobacteria*)(Kong等,2005)。当外源最终电子受体不能利用时,聚磷微生物利用聚磷作为能源。只有水中没有氧、硝酸盐和亚硝酸盐时,微生物才利用聚磷。硫的存在与此不同,因为在污水处理的环境中,硫酸盐还原菌并不贮存聚磷,也不与聚磷菌竞争。当环境完全厌氧且存在聚磷时,贮存的聚磷就被水解,释放的能量被用于细胞贮存有机物(主要是PHB)(Chiesa,1982),而产生的正磷被释放到水中。如果此时细胞接着被转移到好氧或缺氧环境,则细菌以贮存的PHB作为能源和碳源,进行生长和贮存聚磷。由于处理的结果是细胞量净增,因此会出现磷的净吸收,而排放产生的细胞即可将磷从系统中排出。作为竞争性微生物,聚糖菌也能在厌氧条件下吸收VFA,但却不能在好氧条件下吸收磷。EBPR在全世界得到广泛应用,并被成功整合到一些工艺中(Oehmen,2007)。

### 2.8.8 硫和硫酸盐还原

化能无机自养的硫氧化菌分布在原核生物的很多群内,如嗜酸菌(最佳pH<6)、中性菌(最佳pH 7~8)等。嗜酸菌在金属酸法堆浸中非常重要,而中性菌在污水处理中则占据

主要地位。另外，当pH高于9时，硫氧化菌则会大量繁殖（Sorokin等，2006）。

**2.8.9 氢的氧化**

氢是能源和还原剂，而氢氧化菌种类繁多（Schwarz和Friedrich，2006）。几乎所有的氢氧化菌都能代谢简单的有机物，而这些细菌的分类特征使其分属于化能异养菌的很多种内。在好氧环境中，分子氢并不是常见的产物，因此在好氧处理中，氢氧化菌并不是主要角色。以氢为电子供体，$NO_3^-$或$NO_2^-$作为电子受体，$CO_2$作为碳源，可在生物膜内进行饮用水的自养反硝化。在称之为产甲烷菌的古菌以及厌氧光能菌的厌氧代谢中，氢是关键性的成分。在发酵代谢中，产氢使细胞能够释放剩余的还原剂。

## 2.9 生物膜内生物群落的特征

一般在纯培养中研究细菌，但生物处理却是利用细菌群落，即多种细菌聚集在一起工作。细菌在纯培养环境和生物群落内的行为存在差异，因此将纯培养研究得到的结论用于生物处理时就会造成问题。举例来说，在生物膜内，聚集体的微环境受到邻近细胞的影响。尽管培养基内的溶解氧平均浓度相对较高，但局部溶解氧浓度或氧压可能很低。在很多情况下，溶解氧浓度低导致不彻底的氧化，如产生有机酸等。这些有机酸会被其他细菌利用，或导致低氧细菌的生长（低氧细菌在较高溶解氧浓度下不具有竞争力）。pH浓度也会产生类似的问题。

对工艺工程而言，固定膜（生物膜）或活性污泥系统中的微生物群落通常作为黑箱来处理。在这种处理模式下，认为在给定的系统中，微生物的功能会有很多的富裕，从而使系统在COD去除、硝化或其他方面具有很好的稳定性（Briones和Raskin，2003；Curtis和Sloan，2006；Rittman和McCarty，2001）。Curtis等人（2006）更进一步诠释了这个概念。他们把功能富裕性和生物多样性联系在一起，并认为功能越专业则包括的细菌种类更少。比如硝化菌比分解简单碳氢化合物的细菌种类就少。然而长时间的研究却发现，生物处理系统的稳定性跟微生物群落动态的稳定性并不相关（Fernadez等，1999）。现在已经弄明白了生物膜系统内微生物群落结构和性能特征之间的关系（Wuertz等，2004）。当运行参数保持不变时，微生物群落动态至少可在三个月内具有重复性（Falk等，2009）。

分子微生物生态学和环境生物技术的发展，给微生物群落的研究开启了新的大门，这就是基于系统的研究（Raes和Bork，2008）。现在已经知道，很多微生物能够通过合成、释放和发现扩散信号分子等方式进行交流，以检测它们自己的种群密度（密度感受，Quorum Sensing）（Ryan和Dow，2008），然后调整一组基因表达的水平，比如控制聚合物的分泌（Nadell等，2008）。在纯培养的生物膜中，已经发现密度感受可影响生物膜的发展和物理结构。细菌也能窃听其周围环境的信号。在生物膜的应用中，这些种间信号可能会起到作用。

现在可以采用杂基因（Metagenomic）方法来研究物聚生体，甚至在无法培养单个细菌时也能采用这样的方法进行研究（Steele和Streit，2005）。杂基因组学（Metagenomics）

## 第2章 生物膜的生物学原理

是指在基因水平上研究从特定生境中提取的混合微生物种群（Riesenfeld等，2004），这需要从环境样品中克隆大的DNA片段，并快速对其测序。在基因水平上了解代谢能力、胞内交换组织在微生物聚生体内的功能和微生物群落的自然波动等，为控制微生物聚生体和优化生物膜系统开辟了新途径。将来，生物膜可能成为工程化的混合聚生体：具有特定的代谢特性；采用高通量筛选方法（High Throughput Molecular Screening Methods，基于基因芯片的一种低价技术）进行检测。

# 第3章 滴滤池及与活性污泥联合工艺的设计和运行

## 3.1 引言

直到20世纪50年代，滴滤池（tricking filter，TF）的设计方法还是基于经验的和零散的。之后的20世纪50、60年代，位于密歇根州米德兰的Dow化学公司开始对模块化的塑料滤料进行试验（Bryan，1955）。这一时期出现了滴滤池工艺的大量研究，最终形成了滴滤池的通用设计标准（Eckenfelder，1961；Galler和Gotaas，1964；Germain，1966；Schulze，1960）。然而20世纪70年代早期，位于华盛顿特区的美国环境保护局发布了二级处理标准，而滴滤池出水被认为无法保证始终满足这一标准（部分原因归咎于二沉池的设计不佳）（Parker，1999）。针对这种情况，有人开发了滴滤池/固体接触（solids contact process）（TF/SC）工艺（Norris等，1982）。第一个工程化的TF/SC工艺包括一个碎石滴滤池和后面用以接纳回流污泥的小曝气池和絮凝沉淀池。研究者证明，基于固体接触池内的生物絮凝和良好的二沉池设计，污水处理厂出水水质得到极大提高。TF/SC工艺前可设置滴滤池/活性污泥（TF/SG）工艺。在TF/SG工艺中，活性污泥反应器主要用于氧化。

现代滴滤池包括以下几个典型部分：

（1）可调速的旋转布水器；

（2）模块化的塑料生物膜滤料。一般采用交叉流（XF）滤料，当处理高浓度污水时则采用垂直流（VF）滤料；

（3）机械曝气装置，包括配气管和低压风机；

（4）滴滤池出水回流泵站；

（5）盖子，用以帮助均匀供气和防止空气污染（控制臭味）。

盖子上可以安装喷洒装置。当紧急关闭污水处理厂时，喷洒装置可以将厂内回流喷出，以冷却塑料滤料。我们对滴滤池的机理知之甚少，因此缺少通用的描述机理的数学模型和设计方法，滴滤池和TF/SG工艺的设计和运行还是基于经验和半经验的。与活性污泥法相比，滴滤池工艺的优点在于操作简单、抗毒物和冲击负荷、耗能低。然而滴滤池容易产生由大型动物带来的麻烦。用以减少滤池蝇、蠕虫和蜗牛等贝壳类大型动物的设备已经标准化，然而选择和设计这些设备的知识和文献却很少。最常用的TF/SG工艺是TF/SC，为此本章介绍滴滤池和TF/SC工艺的设计和运行。

## 3.2 简介

滴滤池是带有固定滤料的三相生物膜反应器。污水通过配水装置进入，在生物膜表面滴过；作为第三相，空气向上或向下流动，扩散到水中和生物膜内。滴滤池通常包括用以进水的布水系统、围护结构、碎石或塑料滤料、底部集水装置和通风系统。图3-1给出了滴滤池的截面和这些典型构件。使用滴滤池处理污水意味着会产生总悬浮固体（SS），因此需要进行固液分离。固液分离装置一般为圆形或长方形的二沉池。滴滤池工艺一般包括进水/循环泵站、滴滤池和固液分离单元。

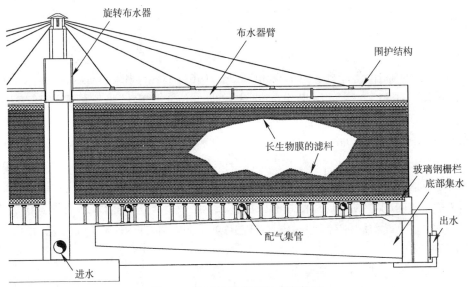

图3-1 滴滤池的典型组成和截面

### 3.2.1 布水系统

如果不设初沉池，则应采用最大间隙或最大圆孔直径为3mm的细格栅对污水进行预处理。可通过重力或水泵将经过除砂和筛滤的一级处理出水送至滴滤池的布水系统。滴滤池的布水系统分为两种：固定喷嘴式和旋转布水器。固定喷嘴式的效率较低，应避免使用（Harrison和Timpany，1988）。旋转布水器可以靠水力或电力推动。设计良好的旋转布水器应能对滤料进行有效润湿并能间歇地向生物膜滤料配水。对进水（一般采用滴滤池出水回流对一级处理出水进行稀释）的间歇配置可以使生物膜得到周期性"休息"，当然间歇配水的主要作用是曝气。滤料润湿不好则会出现干点（dry pockets）、某些区域处理效果降低和气味问题。

水力驱动的旋转布水器沿着每个臂的前面和后面都有排水孔，靠进水水流的能量旋转。旋转臂前面的孔朝向旋转的方向，可用以增加布水器旋转速度，而后洒孔或反向推动喷嘴则用来降低旋转速度。应尽可能利用前面的孔来控制布水器的旋转速度，但是设计者必须根据当地的运行条件和水力学确定控制的速度范围。如果反向洒水喷嘴无法满足滴滤池投配所要求的布水器转速，则可能需要电力驱动或现代水力驱动的旋转布水器。图3-2（a）展示了一个现代水力驱动旋转布水器，它采用闸门（由变频器控制）来启闭配水孔和调整转速，这样可以与水泵流量匹配，以维持恒定的旋转速度。图3-2（b）展示了一个电力驱动的旋转布水器。但布水器停运时，使用变频器可以更加精确地控制旋转臂的位置。电力驱动的旋转布水器不依赖污水泵的流量，而使用马达控制转速。

（a） （b）

图3-2 （a）图为水力驱动旋转布水器，它采用变频驱动器控制闸门以启闭配水孔，这样可以与水泵流量匹配，以维持恒定的旋转速度；（b）图为电力驱动的旋转布水器
（图片由犹他州盐湖城的WesTech公司惠赠）

### 3.2.2 生物膜滤料

理想的滴滤池滤料应具有比表面积大、价格低、经久耐用、孔隙度高（避免堵塞和提高通风能力）的优点（Metcalf&Eddy，2003）。滴滤池滤料有碎石、合成随机滤料、垂直流合成滤料和交叉流合成滤料等。垂直流和交叉流合成滤料均由平滑或（和）波纹塑料板制成。还有一种不常使用的商业化合成滤料，是垂直悬挂塑料带。水平的红杉木或成型木制板条也曾作为滤料使用，但由于价格较高和很难买到，已经不再考虑使用了。

新建或改造的滴滤池几乎清一色地采用模块化的塑料板（如自支撑的垂直或交叉流模块）作为滤料。但一些滴滤池运行经验表明，只要设计和运行正确，采用碎石滤料完全能达到设计要求。表3-1对一些滴滤池的滤料进行了对比。与碎石滤料相比，模块化合成滤料的比表面积和孔隙率高，从而支持更高的水力负荷、促进氧的传递和有利于控制生物膜厚度。

| | 部分滴滤池滤料的性质 | | | | 表3-1 |
|---|---|---|---|---|---|
| 滤料类型 | 材质 | 额定尺寸<br>(m)(ft) | 堆积密度<br>(kg/m³)<br>(lb/cu ft)[a] | 比表面积<br>(m²/m³)<br>(sq ft/cu ft)[b] | 孔隙率<br>(%) |
| 碎石 | | | | | |
| | 河砾 | 0.024~0.076<br>(0.08~0.25) | 1442<br>(90) | 62<br>(19) | 50 |

# 第3章 滴滤池及与活性污泥联合工艺的设计和运行

续表

| 滤料类型 | 材质 | 额定尺寸<br>(m)(ft) | 堆积密度<br>(kg/m³)<br>(lb/cu ft)[a] | 比表面积<br>(m²/m³)<br>(sq ft/cu ft)[b] | 孔隙率<br>(%) |
|---|---|---|---|---|---|
| 炉渣 | | 0.076~0.128<br>(0.25~0.42) | 1600<br>(100) | 46<br>(14) | 60 |
| 塑料[c] | | | | | |
| 交叉流 | PVC | 0.61×0.61×1.22<br>(2×2×4) | 24~45<br>(1.5~2.8) | 100,138,223<br>(30,42,68) | 95 |
| 垂直流 | PVC | 0.61×0.61×1.22<br>(2×2×4) | 24~45<br>(1.5~2.8) | 102,131<br>(31,40) | 95 |
| 随机[d] | 聚丙烯 | φ0.185×H0.051<br>(φ7.3in×H2in) | 27<br>(1.7) | 98<br>(30) | 95 |

[a] lb/cu ft × 16.02=kg/m³。
[b] sq ft/cu ft × 3.281=m²/m³。
[c] 模块化塑料滤料的生产厂家原有：南卡罗来纳州格林维尔的BF GOODrich公司、宾夕法尼亚州Downingtown的American Surfpac公司、德国Nordenham的NSW公司、德国亚琛的Munters公司，现有宾夕法尼亚州里丁市的Brentwood工业公司、德克萨斯州休斯敦的Jaeger环境、堪萨斯州欧弗兰帕克的SPX Cooling公司。
[d] 生产随机塑料滤料的厂家原为NSW，现为Jaeger环境公司。

  碎石滤料的理想直径为50mm，当然其他尺寸的也有。圆形（河床）碎石能够避免棱角碎石（炉渣）滤料的某些缺点。炉渣本身有缝隙，而这些缝隙可容纳水和微生物。与合成滤料相比，碎石滤料单位体积的重量较大。从围护结构的角度考虑，碎石滤料滴滤池不宜过深，因此容易出现温度过低，这不仅影响滴滤池的性能，也会使滤料处于冻融交替之中。炉渣缝隙内的水膨胀后会将炉渣撑为碎片，这会导致细小物质在滴滤池内积聚。积聚的这些细小物质与持留的微生物一起成为碎石滴滤池堵塞的主要原因（Grady等，1999）。一般认为碎石滤料具有较低的比表面积、较少的孔隙和较高的比重。尽管普遍采用回流，但碎石滤料的低孔隙率还是限制了水力负荷的提高。

  过高的水力负荷会导致积水、限制氧的传递，从而降低生物反应器的性能。采用机械通风、固体接触渠和（或）加深二沉池深度（包括进口消能、采用絮凝型配水井等）等方法，可提高已有碎石滤料滴滤池的性能。当碎石质量较差时，可能需要用合成滤料来替换碎石滤料。如果污水处理厂扩容，当采用模块化合成滤料替换碎石滤料时，可以加大滤料装填深度。这是因为碎石滤料比合成滤料重很多，因此，原有的围护结构足以支撑更厚的合成滤料。设计和运行良好的碎石滤料滴滤池能够提供高质量的出水。Grady（1999）认为，在低的有机负荷下（如低于1kgBOD$_5$/（m$^3$·d）），碎石滴滤池和合成滤料滴滤池能达到同样的效果。然而，随着有机负荷的提高，合成滤料滴滤池在运行上出现问题和堵塞的风险都较碎石滴滤池要低。

与碎石滤料相比，合成滤料具有更高的比表面积、更多的孔隙和较低的比重。如果滤料尺寸相当，由于相对密度较小，合成滤料滴滤池的深度可超过碎石滤料滴滤池的3倍。模块化合成滤料一般分为3种：高密度，比表面积为223m$^2$/m$^3$（68ft$^2$/ft$^3$）；中密度，比表面积为138m$^2$/m$^3$（42ft$^2$/ft$^3$）；低密度，比表面积为100m$^2$/m$^3$（30ft$^2$/ft$^3$）。垂直流和交叉流滤料的滴滤池都能去除BOD$_5$和氨氮（Aryan和Johnson，1987；Harrison和Daigger，1987）。现有的科学证据足可以推断出交叉流和垂直流滤料的滴滤池之间存在差异，甚至两种滤料的实际比表面积相同时，两种滴滤池之间的性能也不相同。

比表面积在89~102m$^2$/m$^3$的模块化塑料滤料非常适合碳氧化和碳氧化/硝化。Parker（1989）建议在硝化滴滤池中使用中密度交叉流滤料而反对使用高密度交叉流滤料。这一观点得到中试规模的硝化滴滤池数据的支持，Boller和Gujer（1986）、Gujer和Boller（1984）的结论也与此相同。Boller和Gujer认为低密度模块化合成滤料的硝化率低。研究人员声称，采用高密度滤料时硝化速率也低，因为水流断点下会出现干燥点（使用高密度滤料会出现更多的水流断点，因此对滤料的润湿效果不好）。使用中密度滤料可以减少堵塞的风险。一般认为，对于处理高浓度污水（如工业废水）和高有机负荷的滴滤池（如粗滴滤池）采用垂直导向（垂直流）的模块化合成滤料是理想的。有时为加强布水，在垂直流滤料的上部会放置交叉流滤料。一般会在滴滤池顶部，模块化塑料滤料的上部盖上玻璃钢（FRP）或高密度聚乙烯（HDPE）材质的格网。格网是防滑的，因此可减少工人操作时滑倒或跌落的危险。另外，格网还能保护模块化塑料滤料免受紫外光照射引起的变质和可能的结构破坏（当污水的投配强度很高时，水负荷的增加可能会破坏滴滤池结构）。

### 3.2.3 池体围护结构

碎石和随机合成滤料不能自我支撑，需要围护结构将其放置在生物反应器内。围护结构一般为预制或框格式的混凝土池子。如果使用诸如塑料模块的可自我支撑的滤料，木材、玻璃钢和镀钢等其他材料都可作为围护结构。围护结构具有避免污水外溅、给滤料提供支撑、防风和挡水的功能。有时滴滤池的围护结构还被设计成具有冲洗滤料的功能，这在控制大型动物聚集时增加了运行的灵活性，本章后面会介绍控制大型动物的各种方法。

### 3.2.4 底部集水和通风

滴滤池底部集水系统设计为两个功能：收集处理后的污水并将其输送到下一处理单元；通风以让空气流过滴滤池的滤料（Grady等，1999）。由于结构所需（需要支撑上部滤料），碎石滴滤池的底部集水系统通常采用黏土砖或混凝土砖建造。对于其他材质的滤料，则可使用包括混凝土立柱、玻璃钢网格在内的各种支撑系统。图3-3展示了塑料支墩和玻璃钢网格。这些支墩和网格放置在滴滤池围护结构内的混凝土底板上，可在现场调节位置。混凝土和滤料底部之间的空间就构成了底部集水系统。

第3章　滴滤池及与活性污泥联合工艺的设计和运行

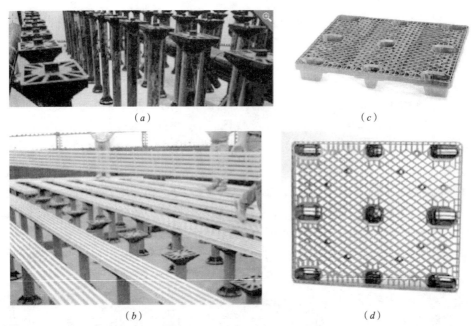

图3-3　（a）螺栓连接的钢围护结构中，位于混凝土底板上的可调塑料支墩和（b）玻璃钢网格；（c, d）用来支撑随机合成滤料的HDPE垫

可采用机械或自然通风的方式完成空气在滤料间的垂直流动。自然通风是滴滤池内外的气温差形成的。当温度升高时空气会膨胀，而温度下降时空气会收缩，这样造成的结果是在滴滤池内形成空气密度梯度。根据滴滤池内外气温差的正负，空气锋就会在滴滤池内上升或下降。这样的上升或下降就使空气能够连续地流过滴滤池。如果温度梯度很小则无法使空气产生运动，此时自然通风就会不稳定或无法满足工艺对空气的需求。每天或每个季度可能会出现这种情况，此时的生物膜就变为臭的厌氧生物膜，滴滤池的性能也变得很差。采用机械则可加强和对通风进行控制。机械通风就是采用低压风机使空气连续地流过滴滤池。当使用机械通风时，设计人员必须保证空气在滴滤池横断面上分布的均匀性。

### 3.2.5　滴滤池泵站：进水和循环

泵站是滴滤池工艺中的重要单元，用来将一级处理出水（或经过筛滤的原污水）和未经过沉淀的滴滤池出水（这里称之为底流，Underflow）回流至进水渠。底流被回流到滴滤池布水系统的目的有三个：达到一定的水力负荷（进水+回流）以润湿滤料；控制生物膜厚度；使水力负荷和有机负荷分离。尽管二沉池出水也可回流，但实践中却很少使用，因为这会使二沉池水力负荷过大。滴滤池的进水一般由泵提升，这样底流可以靠重力作用流至SGR或固体接触池（solids contact basin）、二沉池或其他下游单元。如果采用堰，一个泵站就能完成进水和回流水的输送。

### 3.2.6　水力和污染物负荷

依据污染物降解和负荷，滴滤池一般分为碳氧化、碳氧化/硝化、硝化三种。污染物负荷通常是指每立方滤料每天承担的碳化五日生化需氧量（kg $CBOD_5$/($m^3 \cdot d$)），而忽略回流带来的部分。但设计人员应清楚回流和污染物负荷（特别是氨氮负荷）对处理效率的影响。总有机负荷（TOL）可通过式（3-1）计算。

$$\mathrm{TOL} = \left(\frac{进水\ \mathrm{BOD}_5}{载体体积}\right) = \left(\frac{Q_{\mathrm{in}} S_{\mathrm{s,in}}}{V_{\mathrm{M}}}\right) \tag{3-1}$$

式中 $V_{\mathrm{M}}$——滴滤池滤料体积（$m^3$）。

硝化滴滤池通常用氨氮的滤料表面负荷。将式（3-1）除以滤料的比表面积（$m^2/m^3$），就得到了表面负荷。

滴滤池的水力负荷即可包括回流，也可不包括回流。不包含回流时，污水的水力负荷（WHL，$m^3/(m^2 \cdot d)$）可通过式（3-2）计算。

$$\mathrm{WHL} = \frac{Q_{\mathrm{in}}}{A} \tag{3-2}$$

总水力负荷（THL）与滤料润湿和控制生物膜厚度有关，考虑了进水 $Q_{\mathrm{in}}$ 和回流 $Q_{\mathrm{R}}$。总水力负荷的计算见式（3-3）。

$$\mathrm{THL} = \frac{Q_{\mathrm{in}} + Q_{\mathrm{R}}}{A} \tag{3-3}$$

## 3.3 工艺流程和生物反应器构成

典型的滴滤池污水处理工艺包括预处理（包括格栅和沉砂）、初沉池、滴滤池进水泵站和回流泵站、二沉池和消毒单元。TF/SG工艺还包括曝气池和污泥回流泵站。本节介绍滴滤池工艺的标准流程、滴滤池分类和水力问题。

### 3.3.1 标准流程

滴滤池回流对进水会产生影响。一般有两种形式的回流，一是直接回流，二是将回流水经过初沉池后再送入滴滤池。图3-4给出了包括单级和两级滴滤池的4种工艺流程，图3-5是TG/SG工艺的流程图。无论哪种回流都会稀释滴滤池进水，因而减少了进水有机负荷的变化幅度。在两级滴滤池工艺中，对第一个滴滤池的出水沉淀会提高第二个滴滤池的性能。但设计人员必须保证回流量不会导致沉淀池的水力负荷超载。当处理高浓度溶解性 $\mathrm{CBOD}_5$（可能来自工业废水）时，由于会生成大量生物量，因此设置中间沉淀池是有益的，否则这些生物固体会影响到第二级滴滤池。在两级滴滤池工艺中，沉淀池的设计也应考虑回流模式的影响。

在滴滤池二级处理系统中，两个滴滤池交替进水的方式称之为"交替式双滤池（alternating double-filtration，ADF）系统"。当采用模块化合成滤料的滴滤池时，这一概念非常有益。Boller（1986）和Parker等人（1989）观察到中试规模硝化滴滤池（nitrifying tricking filter，NTF）的下部，生物膜没有覆盖滤料全部表面而是呈现斑状。Boller和Gujer（1986）建议使用交替式双滤池系统以增强硝化滴滤池的效果。Aspegren（1992）也观察到，与单级硝化滴滤池相比，由于能够减少生物膜的斑状生长，交替式双滤池系统的硝化性能要高。使用两个滴滤池的交替式双滤池系统能使生物膜遍布滴滤池内的全部滤料。交替进水的时间间隔应为3~7d，这样能保证生物膜最大限度地长满滤料表面，也能长满滴滤池的全部深度。交替式双滤池系统的主要缺点是能耗高。因为有两套泵送系统，因此约增加50%的能耗。另外，除了增加运行能耗外，管材和阀门的投资也会增加。

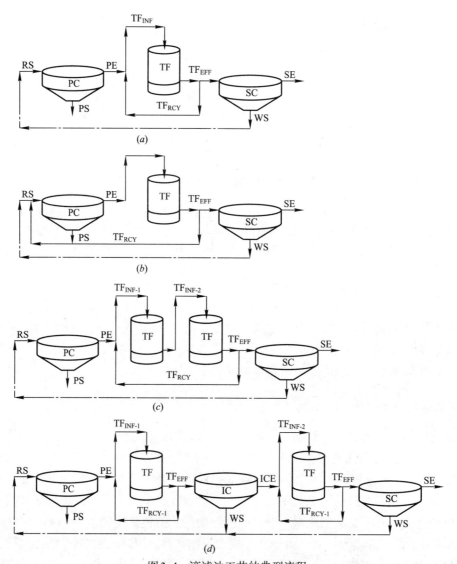

图3-4　滴滤池工艺的典型流程
（a）、（b）单级工艺；（c）两级工艺；（d）带有中间沉淀池的两级工艺
RS—原污水；PC—初次沉淀池；PS—初沉污泥；PE——级出水；$TF_{INF}$—滴滤池进水；TF—滴滤池；$TF_{EFF}$—滴滤池出水；$TF_{RCY}$—滴滤池回流；SC—二次沉淀池；WS—剩余污泥；SE—二级出水；IC—中间沉淀池；ICE—中间沉淀池出水

污泥处理方式也会影响到滴滤池工艺。图3-4和图3-5所示的每一个工艺中，剩余生物固体都是通过生物污泥和初沉污泥一起沉淀后离开系统的。但是，目前有很多分开处理一级处理污泥和二级处理污泥的设备，因此，设计人员应评估两种污泥处理方式的优异。运行人员应认真仔细地从流程中排除剩余污泥。如果需要维持沉淀池污泥区的体积接近于零，设计人员则应提供相应的设备和方法。运行中经常发生由于对生物固体（Biosolids）

不正确的操作导致"污泥区升高（Rising Sludge）"。任何具有硝化功能的滴滤池都会产生硝酸盐，而这些硝酸盐在宏观上缺氧的污泥区（存在电子供体时）会被还原成为氮气。氮气会以气泡的形式出现在污泥区，将生物量浮到沉淀池的水面。这些生物量会流过出水堰从而降低了二级出水水质。除此之外，设计人员必须考虑的另外一个问题是初沉池污泥区的错误维护。当与剩余生物污泥混在一起时，初沉污泥中的$CBOD_5$会产生臭味，而颗粒性$BOD_5$水解继而产生的溶解性$BOD_5$会进入水中，这导致了滴滤池总有机负荷（TOL）的增加并降低了处理效果。

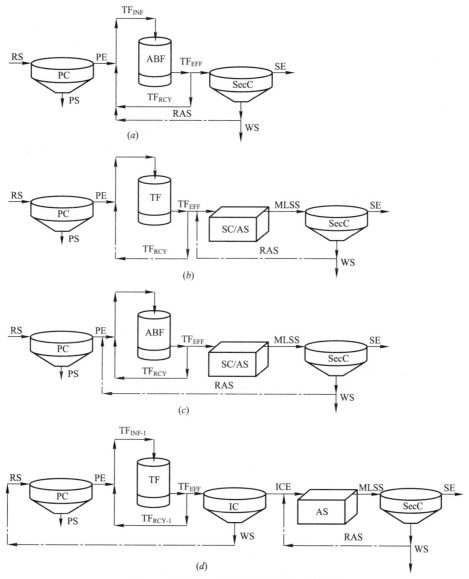

图3-5 滴滤池-活性污泥工艺的典型流程

（a）活性生物滤池（Activated Biofilter）；（b）TF/SC或TF/AS；（c）ABF/SC或ABF/AS；（d）TF和AS
ABF—生物活性滤池；AS—活性污泥；SC—固体接触；RAS—回流污泥；SecC—二次沉淀池；其他见图3-4注释

## 3.3.2 滴滤池的分类

根据运行和功能，滴滤池分为四种：（1）粗滤（Roughing）；（2）碳氧化；（3）碳氧化/硝化；（4）硝化。表3-2总结了区分滴滤池的通用标准。粗滤池的水力负荷或有机负荷高，一般采用垂直流滤料以减少生物膜的过度生长。尽管粗滤池单位体积的有机物量去除较高，但其沉淀出水依然含有大量的$BOD_5$。粗滤池能够去除50%~75%的溶解性$BOD_5$，可接受的$BOD_5$负荷为1.5~3.5kg $BOD_5/(m^3·d)$。碳氧化滴滤池出水沉淀后的$BOD_5$和SS可达到15~30mg/L，可接受的$BOD_5$负荷为0.7~1.5kg $BOD_5/(m^3·d)$。碳氧化/硝化滴滤池出水$BOD_5$浓度可低于10mg/L，$NH_3$-N可低于或等于0.5~3mg/L（经过固液分离后），可接受的$BOD_5$负荷小于0.2kg $BOD_5/(m^3·d)$，可接受的TKN负荷小于0.2~1.0g/$(m^2·d)$。当处理二沉池出水且$NH_3$-N负荷为0.5~2.5g/$(m^2·d)$时，硝化滴滤池出水$NH_3$-N能达到（0.5~3）mg/L。

**滴滤池分类及设计参数**  表3-2

| 参数[a] | 粗滤 | 碳氧化（去除$CBOD_5$） | $CBOD_5$/硝化 | 硝化 |
|---|---|---|---|---|
| 常用滤料 | 垂直流 | 碎石、交叉流或垂直流 | 碎石、交叉流或垂直流 | 交叉流 |
| 处理对象 | 一级处理出水 | 一级处理出水 | 一级处理出水 | 二级处理出水 |
| 水力负荷（kg/$m^3·d$）(gpm/sq ft) | 52.8~178.2 (0.9~2.9) | 14.7~88.0 (0.25[b]~1.5) | 14.7~88.0 (0.25[b]~1.5) | 35.2~88.0 (0.6~1.5) |
| $BOD_5$负荷（kg/$m^3·d$） lb $BOD_5$/(1000sq ft·d) | 1.6~3.52 (100~220) | 0.32~0.96 (20~60) | 0.08~0.24 (5~15) | NA[c] |
| $NH_3$-N负荷（g/$m^2·d$） lb $BOD_5$/(1000sq ft·d) | NA[c] | NA[c] | 0.2~1.0 (0.04~0.2) | 0.5~2.4 (0.1~0.5) |
| 出水水质（mg/L） | 可去除50%~75%的可滤$CBOD_5$ | $CBOD_5$和SS为15~30[d] | $CBOD_5 < 10$ $NH_3$-N $< 3$[d] | $NH_3$-N 0.5~3[b] |
| 捕食情况 | 观察不到 | 有益 | 对硝化生物膜有害 | 有害 |
| 滤池蝇 | 观察不到 | 观察不到 | 观察不到 | 观察不到 |
| 深度（m）(ft) | 0.91~6.10 (3~20) | ≤12.2 (40) | ≤12.2 (40) | ≤12.2 (40) |

[a] gpm/sqft × 58.674=$m^3/(m^2·d)$（以滴滤池平面面积计）；lb $BOD_5$/1000cuft × 0.0160=kg/($m^3$滤料·d)；lb $NH_3$-N/d/1000 $ft^2$ × 4.88=g/($m^2$滤料·d)。

[b] 用于浅滴滤池。

[c] 没有数据。

[d] 二次沉淀池出水的剩余浓度。

## 3.3.3 水力负荷对滤料润湿和水流分布的影响

回流和布水对滴滤池非常重要，在滤料润湿、流量分配、生物膜厚度控制和防止滤池蝇类大型动物积聚生长等方面都会产生积极的影响。Albertson和Eckenfelder（1984）认为滴滤池内有活性的生物膜表面积与生物膜厚度和滤料结构有关；随着生物膜厚度的增加，活性生物膜表面积下降。研究人员声称，假定滤料在正常润湿的前提下，对于比表面积为98$m^2/m^3$的交叉流滤料，生物膜厚度增加4mm会导致活性生物膜面积下降12%。如果滤料润湿不好则会降低出水水质。在一项旋转布水器效率的研究中，Crine等人（1990）发现润湿面积和比表面积的比值在0.2~0.6之间，高密度随机滤料的这个值最低。图3-6是水流在有无生物膜的交叉流滤料上的三维分布情况（Lekhlif等，1994）。后面提到的一些设计公式增加了一个参数，用以考虑润湿滤料时布水不利导致的比表面积减少。水的停留时间、投水量、滤料结构与$BOD_5$去除动力学之间的关系尚未确定，还需进一步的研究。增加平均水力负荷减少了水力停留时间，但已经被证明可以增加滤料润湿效率。回流比（$Q/Q_R$）值一般为0.5~4.0。Dow化学公司的数据证明，为了获得最大的$BOD_5$去除效率，垂直流滤料所需的平均水力负荷要超过1.8$m^3/(m^2·h)$。使用交叉流滤料的浅滴滤池使用的水力负荷为0.4~1.1$m^3/(m^2·h)$。

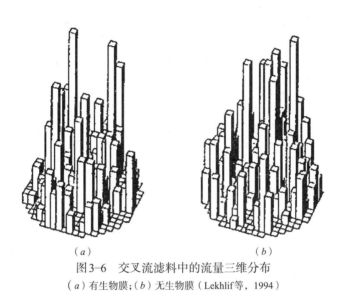

（a） （b）
图3-6 交叉流滤料中的流量三维分布
（a）有生物膜；（b）无生物膜（Lekhlif等，1994）

由于可使水流间断（间歇投水）、增加滤料润湿效率（润湿的滤料所占的百分数）和能够控制生物膜厚度，缓慢布水对滴滤池设备是有利的。设计人员应当考虑污水回流量、旋转布水器反向喷嘴的效能和速度控制设备等，以加强滴滤池效能和运行能力。德国提出的工艺控制参数 *Spülkraft*（ATV，1983），可用来计算污水投配率（公式3-4）。

$$SK = \frac{THL \times 1000 \frac{mm}{m}}{N_a \times \omega_d \times 60 \frac{min}{hour}} \quad (3-4)$$

式中　SK——Spülkraft（mm/次[①]）；
$N_a$——布水器上臂的数量；
$\omega_d$——布水器旋转速度（rpm）。

北美地区水力驱动布水器的投配率一般是2~10mm/次。表3-3给出了旋转布水器的污水投配率建议值。有机负荷高时污水投配率也应该高，这样才能更好地控制生物膜的厚度。除了额定投配率外，在24h周期的5%~10%时间内，周期性增加投配率用以冲洗也是有益的。Albertson（1989a，1989b，1995）和Parker等人（Parker，1999，Parker等，1995，1997）证明控制生物膜厚度能够增加滴滤池的硝化能力、减少气味、减少循环水所需的能耗、减少那些令人讨厌的生物体的积聚、降低生物膜大片脱落的频率。Parker等人

---

[①] 布水器的洒水臂每经过滤料一次所洒水的深度。译者注。

（Parker，1999；Parker等，1995，1997）建议使用变频器控制的循环泵和布水器速度控制器（如果需要）来维持滴滤池的水力负荷稳定。Parker等人（1995）的中试试验证明，仅靠机械驱动的布水器并不能提高硝化滴滤池的性能。Parker（1999）指出，瞬时水力负荷对滴滤池合成滤料及其寿命影响的研究很少。

表3-3 滴滤池运行和冲洗时的污水投配率（与滤料和当地条件有关）

| 总有机负荷<br>(kgBOD$_5$/(m$^3$·d))(lb BOD$_5$/(1000ft$^2$·d) | 运行时的投配率<br>（mm/次）(in./次) | 冲洗时的投配率<br>（mm/次）(in./次) |
| --- | --- | --- |
| <0.4（<25） | 25~75（1~3） | 100（4） |
| 0.8（50） | 50~150（2~6） | 150（6） |
| 1.2（75） | 75~225（3~9） | 225（9） |
| 1.6（100） | 100~300（4~12） | 300（12） |
| 2.4（150） | 150~450（6~18） | 450（18） |
| 3.2（200） | 200~600（8~24） | 600（24） |

## 3.4 通风和空气供应方式

滴滤池需要氧气以维持好氧生化过程。一些研究人员已经证明至少在粗滤、碳氧化、碳氧化/硝化或硝化滴滤池的局部（如果不是全部）会出现氧气受限的情况（Kuenen等，1986；Okey和Albertson，1989a；Schroeder和Tchobanoglous，1976）。为维持滴滤池的好氧条件，通风是必要的。可通过自然通风或机械通风的方式使空气垂直流过滴滤池的生物膜滤料。机械通风利用低压风机来加强和控制风量，将风连续地通过滴滤池。现在的设计为了能够保持风的自由流通，都需要在滴滤池底部设计足够大的集水和排水渠道。通风的辅助（被动）设施包括位于滴滤池外周的通风栅、延伸出滴滤池边墙的集水系统、通风人孔、接近集水系统的位于边墙上的风窗、将滴滤池出水排出的明渠或非满流的管道。

### 3.4.1 自然通风

当滴滤池内外的空气温度和湿度不同时会产生自然通风。当温度升高时空气会膨胀，而温度下降时空气则会收缩，这会在滴滤池内形成空气的密度梯度。根据池内外的温度差别，池内会出现空气锋（Air Fronts）的上升或下降，进而在生物反应器内形成连续的空气流动。如果滴滤池内的空气比周围空气的温度低，池内的空气会下降。相反，如果周围空气比滴滤池内的空气温度低，池内的空气会上升。Schroeder和Tchobanoglous（1976）宣称，从传质角度来看，空气上向流动的方式很差，因为在需氧量最大的地方（比如滴滤池的顶部），溶解氧传递的驱动力却最小。

当池内外温差较小或没有时，自然通风可能无法或不能保证足量的空气。这种情况会每天或季节性出现，会导致生物膜出现厌氧和滴滤池性能下降。对于依靠自然通风的模块化合成滤料滴滤池，如果用于处理城镇污水，应在设计时遵循以下原则：

（1）在设计水力负荷下，渠道和管道的充满度不应超过50%；

（2）中央集水渠的两侧都应安装带有多孔盖的通风孔；

（3）直径较大的滴滤池一般设支渠来收集处理后的污水；这些支渠也应有通风人孔或安装在滴滤池外周的通风栅；

（4）对于池子底部的集水块，其顶部缝隙的面积不应少于滴滤池面积的15%；

（5）每23$m^2$的滴滤池面积大约需要1$m^2$的开孔面积（通风人孔和通风栅上的开孔面积）。数据一般如下：每3~4.6m的滴滤池周长需要0.1$m^2$的通风面积，或每1000$m^3$滤料需要在滴滤池底部集水区设1~2$m^2$的通风面积；

（6）对于碎石滤料的滴滤池，通风面积可至少占滴滤池截面积的15%。

### 3.4.2 机械通风

新建和改建的滴滤池大多使用低压风机进行机械通风。自然通风的气流会自行在滴滤池截面上均布，但机械通风的却不能。滴滤池合成滤料的压力损失很低，一般每米滴滤池深度低于1mm水柱（Grady等，1999）。压力损失低意味着风机的功率低（约为3~5kW），风机压头一般低于1500mm水柱。但是如此低的压力损失使得空气直接通过滴滤池滤料，而不能自行在滴滤池截面上均布。为此，风机一般与配气管相连。配气管的开孔大小能够保证空气经过每个孔的流量相同，从而保证气流的平均分布。为了进一步提高气流分布的均匀性，配气管的流速一般为1100~2200m/h[①]。空气流量根据氧气需求量和氧的传递速率确定，一般为2~10%。机械通风的方向可上可下。下向流系统可以不设盖子，如果滤料下面不设配气管，则滴滤池顶部应设盖子。滴滤池加盖的好处在于：冬季时能够减少冷空气进入继而减少污水的降温程度。采用机械通风的有盖滴滤池可用来去除臭味物质。滴滤池的机械曝气系统（风机和配气管）见图3-7。

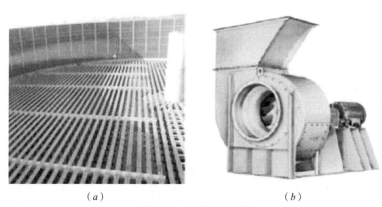

(a) (b)

图3-7 机械曝气系统

(a) 带有配气管的底部集水渠和滤料支撑结构；(b) 常用的供气用低压风机

## 3.5 滴滤池工艺的模型

很多研究人员都试图建立影响生物反应器运行的各变量之间的关系，以描述滴滤池工艺的基本原理。从简单的经验公式到复杂的数学模型，现有的滴滤池模型复杂程度差别很

---

① 原书单位可能有误。译者注。

大。通过对运行数据分析后建立符合数据的方程或曲线，有人已经建立起描述滴滤池性能的各种经验模型。虽然有大量的模型存在，但缺乏用以选择模型的工业标准。滴滤池模型可分为溶解性有机负荷模型、颗粒性有机负荷模型、水力负荷模型和传质模型。尽管这些模型都想把影响滴滤池运行的关键变量包含在内，但没有哪个模型能完全描述滴滤池生物反应器内发生的复杂过程。对于一个具体的工程，特别是根据置信水平确定允许出水水质时，设计人员需要确定哪个公式最适合现场的具体情况。本节讨论以下模型：

（1）美国国家研究委员会（National Research Council，1946）模型；
（2）Galler 和 Gotaas（1964）模型；
（3）Kincannon 和 Stover 模型（1982）；
（4）Velz 模型（1948）；
（5）Schulze 模型（1960）；
（6）Germain 模型（1966）；
（7）Eckenfelder 和 Barnhart 模型（1963）；
（8）水与环境管理特许协会（Chartered Institution of Water and Environmental Management，CIWEM）模型（1988）；
（9）Logan trickling filter model（TRIFL）模型（Logan 等，1987a，1987b）。

## 3.5.1 美国国家研究委员会（NRC）模型

美国国家研究委员会（NRC）公式（1946）是通过对服务军方的碎石滤料滴滤池运行数据的大量分析后得到的。NRC 的数据分析证明，碎石滤料滴滤池去除 $CBOD_5$ 与生物膜和水流的接触时间有关，而这取决于生物反应器的尺寸和布水间隔时间。随着接触时间的增加，$CBOD_5$ 去除率增加。因为处理效率随有机负荷的增加而下降，故根据 NRC 公式，决定碎石滤料滴滤池处理效率的主要参数是接触（与生物膜表面）时间和负荷。NRC 评估了 34 个碎石滤料滴滤池，分别得出一级和二级滴滤池的曲线拟合公式。

$$E_1 = \frac{100}{1+0.0085\sqrt{\dfrac{W_1}{VF}}} \text{①} \tag{3-5}$$

$$E_2 = \frac{100}{1+\dfrac{0.0085}{1-\dfrac{E_1}{100}}\sqrt{\dfrac{W_2}{VF}}} \tag{3-6}$$

式中 $E_1$——第一级滴滤池和相应沉淀池的 $BOD_5$ 去除率（%）；
$W_1$——第一级或单级滴滤池的 $BOD_5$ 负荷，不包括回流（kg/d）；
$V$——滴滤池有效体积（截面积 × 滤料深度，$m^3$）；

$$F = \frac{1+\dfrac{Q_R}{Q}}{\left[1+\dfrac{Q_R}{Q}(1-P)\right]^2}$$

---

① 原文公式中的 $W$ 应为 $W_1$。译者注。

$F$——喷洒次数；

$\dfrac{Q_R}{Q}$——无量纲的回流比；

$P$——权重，军用碎石滤料滴滤池的值为0.9；

$E_2$——第二级滴滤池和相应沉淀池的$BOD_5$去除率（%）；

$W_2$——第二级滴滤池的$BOD_5$负荷，不包括回流（kg/d）。

公式（3-5）和（3-6）是基于有回流和无回流的碎石滤料滴滤池的经验公式。鉴于其推导过程的限制，NRC公式的适用条件和限制如下：

（1）军队污水比生活污水的浓度一般高250~400mg $BOD_5$/L；

（2）大部分研究是在美国中西部和南部地区开展的，没有考虑温度对滴滤池性能的影响；

（3）公式推导时期，沉淀工艺流行采用高水力负荷的浅沉淀池，但现在却不是这样。浅沉淀池可能会导致$BOD_5$和SS的流失；

（4）因为没有考虑低浓度污水与高浓度污水处理效率的差异，公式或许仅适用于比正常浓度值高的生活污水。

用于第二级滴滤池的公式是基于第一级滴滤池后面设有中间沉淀池的情况。NRC公式可能与滴滤池的实际效能差距很大。由于缺乏抑制硝化的$BOD_5$试验方法，负荷低于$0.3kg/(m^3 \cdot d)$的散点数据会有偏差。水力负荷过低、通风效果差、沉淀池设计不合理等都能降低滴滤池的性能。在使用NRC公式设计滴滤池时应考虑前面所述的那些问题。

## 3.5.2 Galler和Gotaas模型

为描述碎石滤料滴滤池的性能，Galler和Gotaas（1964）对实际运行数据进行了多元回归分析的尝试。公式（3-7）是对322个案例分析后得到的。

$$S_e = \dfrac{K(QS_i + Q_R S_e)^{1.19}}{(Q+Q_R)^{0.78}(1+D)^{0.67} ra^{0.25}} \quad (3-7)$$

式中　　$K$——系数 $= \dfrac{0.464 \left[\dfrac{43560}{\pi}\right]^{0.13}}{Q^{0.28} T^{0.15}}$；

$Q$——流量（ML/d）；

$Q_R$——回流量（ML/d）；

$D$——滴滤池深度（m）；

$S_e$——20℃下的沉淀后出水$BOD_5$（mg/L）；

$S_i$——20℃下的滴滤池进水$BOD_5$（mg/L）；

$ra$——滴滤池半径（m）。

Galler和Gotaas模型的关键参数有回流、水力负荷、滴滤池深度和污水温度。根据他们的分析，增加滴滤池深度能增加$BOD_5$的去除。研究人员进一步提出回流能提高滴滤池的效果，但4:1是工程所采用的上限。在影响生物反应器效率方面，水力负荷并不具有统计学上的重要性。Galler和Gotaas（1964）进行的统计分析表明，$BOD_5$负荷是在统计学上影响生物反应器性能的最重要因素。

### 3.5.3 Kincannon和Stover模型

Kincannon和Stover（1982）建立了一个数学模型，以描述底物比利用速率和总有机负荷的关系，之后利用莫诺（Monod）曲线确定所需的生物膜面积。模型见公式（3-8）。

$$A_s = \frac{\left[\dfrac{8.345qS_i}{\mu_{\max}S_i}\right]}{S_i - S_e} - K_b \tag{3-8}$$

式中　$S_i$——进水$BOD_5$（mg/L）；
　　　$S_e$——出水$BOD_5$（mg/L）；
　　　$K_b$——比表面积比例常数（$m^2$）。

生物动力学参数，也就是底物最大利用速率和莫诺（Monod）关系式的半饱和常数（分别为$\mu_{\max}$和$K_i$）应基于中试、生产性试验或原先经验的总结。当从试验数据中推导这些参数时，可对$BOD_5$负荷和$BOD_5$的倒数绘制关系曲线，Y轴截距就是$\mu_{\max}^{-1}$，斜率就是$K_i$。根据Kincannon和Stover（1982）模型，$BOD_5$的去除与容积负荷和可处理性的关系最为敏感，但不受滴滤池深度的影响。

### 3.5.4 Velz模型

与之前基于数据分析的试验模型不同，Velz（1948）第一次提出了基于理论的模型。Velz公式认为水中$BOD_5$遵循公式（3-9）：

$$\frac{S_D}{S_i} = 10^{-K_V t} \tag{3-9}①$$

式中　$S_i$——进水$BOD_5$（mg/L）；
　　　$S_D$——滴滤池深度D处的水中$BOD_5$浓度（mg/L）；
　　　$t$——停留时间（d）；
　　　$K_V$——Velz一级反应速率常数（$d^{-1}$）。

方程（3-9）说明，$K_V$是常数，与水力负荷无关。Albertson和Davies（1984）给出的证据表明，$K_V$随着水力负荷的变化而变化。本节给出Velz模型的原因是之后开发的模型（今天设计滴滤池所用模型）是以它为基础的，这就是Eckenfelder和Barnhart（1963）方程和Schulze（1960）方程。

### 3.5.5 Schulze模型

Schulze（1960）假定与生物膜接触的水与滴滤池深度成正比，与水力负荷成反比，这表达为公式（3-10）。

$$t_c = \frac{cD}{THL^n} \tag{3-10}$$

式中　$t_c$——液体接触时间（d）；

---

① 原书公式误把$S_D$为$S_e$。译者注。

$c$——常数（无量纲）；
$D$——滴滤池深度（m）；
$THL$——水力负荷（m³/(m²·d)）；
$n$——水力负荷指数（无量纲）。

将Velz（1948）的方程改写为$BOD_5$去除的一级反应（Velze，1948），同时考虑接触时间，Schulze导出公式（3-11）。

$$\frac{S_e}{S_i} = e^{\frac{-K_s D}{THL^n}} \quad (3-11)$$

式中 $S_e$——滴滤池出水中的溶解性$BOD_5$（mg/L）；
$S_i$——滴滤池进水中的溶解性$BOD_5$（mg/L）；
$K_S$——Schulze常数（当$n=1$时，单位为$d^{-1}$）；
$D$——滴滤池深度（m）；
$n$[①]——水力负荷指数（无量纲）；
$THL$——水力负荷（m³/(m²·d)）。

公式（3-11）与Velz(1948)的公式相似，但Velz常数（$K_V$）没考虑水力负荷的影响。对浓度一定的污水，水力负荷与有机负荷是呈比例的，因此容积有机负荷依然是工艺控制的参数。对于在20℃下运行的1.8m深的碎石滤料滴滤池，Schulze认为$K_S$值为0.69$d^{-1}$（美国单位制）。对碎石滤料滴滤池，无量纲的$n$值为0.67。可利用校正系数（$\theta=1.035$）来计算不同温度下的$K_t$值，见公式（3-12）。

$$K_t = K_{20} \times 1.035^{(T-20)} \quad (3-12)^{②}$$

式中 $K_t$——温度修正系数（当$n=1$时，单位为$d^{-1}$）。

### 3.5.6 Germain模型

Germain（1966）将Schulze（1960）公式用于合成滤料滴滤池，得到公式（3-13）。

$$\frac{S_e}{S_i} = e^{\frac{-k_G D}{THL^n}} \quad (3-13)$$

式中 $S_i$——滴滤池进水中的溶解性$BOD_5$（一般为不含回流的一级处理出水）（mg/L）；
$THL$——水力负荷（m³/(m²·d)）；
$k_G$——Germain常数（当$n=1$时，单位为$d^{-1}$）。

$k_G$和$n$与滤料结构、二沉池效率和水力负荷有关。$k_G$是污水性质、滴滤池深度、滤料比表面积及其结构的函数。在数据分析时必须考虑$k_G$和$n$之间存在很强相关性的事实。对处理生活污水的深6.6m的合成滤料滴滤池，Germain（1966）认为$n=0.5$时，$k_G=0.24$（L/s）$^n$·m²。这种合成滤料未挂膜时的比表面积为89m²/m³。20℃下，塑料滤料的滴滤池在0.2~1.5kg/(m³·d)的负荷范围内运行时，对于高$BOD_5$浓度时的$k_G$修订值，CIWEM（Chartered Institution of Water and Environmental Management，水与环境管理特许协会，位于英国伦敦）模型和这两个模型给出的值是相似的。CIWEM给出的$k_G$修正值是$k_G\sqrt{\frac{150}{360}}$。

---
① 原书误为"$N$"，应为"$n$"。译者注。
② 原书公式无$A_s$，但注解有。中译本删除。译者注。

在回流如何影响BOD₅去除的试验中，Germain（1966）进行统计学分析后认为没有影响。然而对于相对较高（6.6m）的塔形滴滤池，进水负荷高则能对滤料进行良好的浸湿。浅滴滤池在小水力负荷下运行、滤料润湿不好时，采用回流的目的也与此一致。公式（3-13）被广泛应用于合成滤料滴滤池的分析和设计。$k_G$值是从Dow化学公司和其他单位的140个中试研究中得出的，这些试验采用的滴滤池滤料深度大部分为6~7m。

### 3.5.7 Eckenfelder模型

Eckenfelder和Barnhart（1963）将原有的滴滤池公式进行了扩展，并引入了滴滤池滤料的比表面积。溶解性BOD₅的去除可用公式（3-14）表示。

$$\frac{S_e}{S_i} = e^{\frac{-k'_s a^{(1+b)} D}{THL^n}} \qquad (3-14)①$$

式中 $k'_s$——基于溶解性BOD₅可处理性的总系数（$(m^3/d)^{0.5} \cdot m^2$）；
$D$——深度（m）；
$b$——表面积修正系数，用以考虑面积增加时表面积的减少。

引入回流参数，则公式（3-14）可变形为公式（3-15）。

$$\frac{S_e}{S_i} = \frac{e^{\frac{-k'_s D}{WHL^n}}}{\left[1+\frac{Q_R}{Q}\right] - e^{\frac{-k'_s D}{WHL^n}}} \qquad (3-15)$$

使用Eckenfelder公式和$k'_s = a \times k_S$，公式（3-15）可以写成公式（3-16）。这就是改良型Velz公式。

$$S_e = \frac{S_i}{\left[\frac{Q_R}{Q}+1\right] e^{\frac{k_s a D \theta^{(T-20)}}{\left[WHL\left[\frac{Q_R}{Q}+1\right]\right]^n}} - \frac{Q_R}{Q}} \qquad (3-16)$$

### 3.5.8 水与环境管理特许协会（CIWEM）模型

CIWEM模型用于碎石、随机填充合成滤料或模块化合成塑料滤料的滴滤池。通过多元回归分析，可以得到公式（3-17）。

$$\frac{S_e}{S_i} = \frac{1}{1+k_{CIWEM}\theta^{(T-15)}\frac{a^m}{VLR^n}} \qquad (3-17)②$$

式中 $S_e$——出水BOD₅（mg/L）；
$S_i$——进水BOD₅（mg/L）；
$k_{CIWEM}$——动力学系数（$m^{m-1}d^{n-1}$）；
$\theta$——温度系数；
$a$——滤料比表面积（$m^2/m^3$）；

---
① 原书没有解释公式中的a的含义，应为滤料的比表面积（$m^2/m^3$）。译者注。
② 原书公式左边变量符号上下颠倒，中译本已改正。译者注。

$m$——缩减系数，用以考虑面积增加时表面积的减少；

$VLR$——容积水力负荷（$m^3/(d \cdot m^3$ 滤料$)$）；

$n$——水力负荷系数。

据报道，公式（3-17）采用以下系数时与90%的数据是吻合的。$k_{CIWEM}$=0.0204（碎石和随机滤料），0.40（模块化塑料滤料）；$\theta$=1.111（碎石和随机滤料），1.089（模块化塑料滤料）；$m$=1.407（碎石和随机滤料），0.732（模块化塑料滤料）；$n$=1.249（碎石和随机滤料），1.396（模块化塑料滤料）。

模型是利用高浓度生活污水的试验数据得到的，所用污水的性质如下：一级出水的$BOD_5$为360mg/L、SS为240mg/L、$NH_3$-N为52mg/L。试验所用滴滤池的深度在1.74~2.10m之间、生物膜生长面积为1~5$m^2$、负荷为0.3~16kg/($m^3 \cdot$ d)。从低到高负荷，模型能够预测出一条连续的性能曲线。CIWEM模型对温度很敏感，这可能是具体的污水性质或数据简化程序导致的。进水$BOD_5$为360mg/L，负荷在1.0kg/($m^3 \cdot$ d)以下时，NRC公式和CIWEM的预测结果一致。

### 3.5.9 Logan模型

TRIFL模型，一般称之为Logan滴滤池（LTF）模型。这个模型把模块化合成滤料看做是一系列倾斜放置、部分表面长有厚生物膜的板子。该模型认为，薄层液膜到生物膜的扩散决定了生化传递的速率。通过数值模型求解这一系列的传递方程可求出溶解性化学需氧量（SCOD）的去除率。尽管此模型仅使用了一种塑料滤料的单一数据来校正，各种实验室、中试和生产规模的滴滤池研究表明，LTF模型可准确预测SCOD的去除（Bratby等，1999；Logan和Wagenseller，2000；Logan等，1987a，1987b）。与动力学模型不同，LTF模型不能用一个方程表示，因此需要计算机程序。Logan等人（1987a，1987b）的计算机模型可用来预测塑料滤料的几何形状对滴滤池去除溶解性$BOD_5$的影响。

动力学模型的一个缺点，比如Velz方程，就是对每一种类型的滤料都需要确定动力（$k_{20}$）和水力（$n$）常数。LTF模型只需要测定和输入滤料的几何形状，因此无需对其他合成滤料进行模型校正。实际的基于计算机代码的模型（加利福尼亚州圣何塞的IBM公司用Fortran语言书写）名为TRIFIL2。对某种具体的滴滤池滤料，LTF计算机程序使用表格化数据来表示其特性范围。模型将污水中组成SCOD的溶解性有机物按照分子量大小平均分为5种。当污水流过生物膜时，溶解性有机物扩散进入生物膜。模型认为小分子量有机物比大分子量的扩散的要快，也更容易去除。温度影响水的黏度（$\mu$），继而影响液膜厚度和在滴滤池滤料内的停留时间。假定$\frac{D\mu}{T}$为常数，则可确定化学扩散系数（$D$）随温度的变化（Welty等，1976[①]）。

更多的信息参见以下引自Logan（1999）原始著作的章节和Logan（1999）著作的一章。

---

[①] 模型可免费下载（宾夕法尼亚州大学公园城的宾夕法尼亚州立大学）：http://www.engr.psu.edu/ce/enve/logan/bioremediation/tricking_filter/model.htm

### 3.5.10 滴滤池模型的选择

设计工程师可能使用各种经验性标准和设计公式来确定滴滤池尺寸。NRC（1946）（公式（3-5）、公式（3-6））和Galler和Gotaas（1964）（公式（3-7））公式一般用于碎石滤料滴滤池的设计。Schulze方程（公式（3-11）、Eckenfelder方程（公式（3-14））和CIWEM方程（公式（3-17））一般用于碎石滤料滴滤池或合成滤料滴滤池的设计，适用的滤料比表面积和滴滤池深度范围都比较大，但需要相应地改变系数$k$和$n$。系数（coefficients）一词用于$k$和$n$的原因是，它们不是常数，也不是描述污水可处理的因素。因此$k$值在基于水力的方程中可表示为滤料深度的函数而进行修正，见公式（3-18）。

$$k_2 = k_1 \sqrt{\frac{D_1}{D_2}} \quad (3-18)$$

必须考虑$k$随着滴滤池深度的变化。在滴滤池某深度对应的$k$值不能不加修改地用于滴滤池的其他深度。通过对一些滴滤池和模拟试验的数据分析，Albertson和Davies（1984）证明，经过深度修正后的$k$值可用于任何结构的滴滤池。这项研究也表明滤料润湿不足会导致$k$值变小。

Eckenfelder、Germain、Schulze和Velz方程从根本上来讲是相同的，其不足之处也是相似的。因为系数$k$（$K$）是经验参数，而其依据的数据会受到水力负荷、污水投配装置、温度、污水性质、滤料构造和深度和通风（供气）情况等变量的影响；另外，即使滤料和处理的污水不变，当改变滴滤池的构造时系数$k$（$K$）也会随之变化，因此上述方程虽然能精确地描述滴滤池的性能，但也证明与实际观察到的情况偏离很大。NRC、Germain和Eckenfelder公式都可用于碎石滤料滴滤池的设计，但它们之间的结果相差很大。大多数情况下，在设计之前，设计人员将这些模型均应用一次以圈定设计参数的范围。

合成滤料滴滤池可使用Eckenfelder、Germain和（或）TRIFL模型。然而设计人员必须清楚，很多历史上的中试和生产规模的数据都是在未正确布水（比如，滤料润湿或生物膜厚度没有得到很好地控制）的情况下得到的。另外这里给出的系数从很多中试数据归纳而来，而这些中试厂均装有连续喷嘴，不能代表周期性洒水的生产性滴滤池。Eckenfelder公式常用来确定溶解性有机物的去除效率。这个公式考虑了回流的益处，但公式描述的回流是针对低负荷下用于碳氧化的碎石滤料滴滤池。文献中的$n$值来源于连续流的研究。用于比较$k$值时，建议$n$取0.5。

### 3.5.11 滴滤池和活性污泥联合工艺模型的选择

前面的章节介绍了一些常用的设计和评估滴滤池的模型，但缺少模型来描述TF/SG（滴滤池/活性污泥）系统。Daigger等人（1993）和Takács等人（1996）开发了TF/SG工艺的模型。

Daigger等人（1993）建立的模型基于对位于德克萨斯州加兰市的加兰污水处理厂的性能描述。TF/SG模型可以描述滴滤池对活性污泥反应器（SGR）自养硝化菌的接种作用。流向SGR的自养硝化菌量被认为是滴滤池内氨氮氧化的函数。模型输入变量包括污水温度、SGR的固体停留时间（SRT）和滴滤池进出水的氨氮值。公式（3-19）可用来计算

TF/SG 工艺的出水。

$$\left[\mu_{max}-\left(\frac{1}{MCRT}\right)+k_d\right]\cdot(NH_{3_{EFF}})^2+\left[\left(\frac{1}{MCRT}+k_d\right)\cdot(NH_{3_{EFE}}-K_s)-\mu_{max}\cdot NH_{3_{PE}}\right]\cdot\ldots$$

$$\ldots NH_{3_{EFF}}+\left[\left(\frac{1}{MCRT}+k_d\right)\cdot(NH_{3_{PE}}\cdot K_s)\right]=0 \quad (3-19)^{①}$$

式中 $\mu_{max}$——硝化菌最大生长速率（$d^{-1}$）；

　　MCRT——细胞平均停留时间（d）；

　　$k_d$——比衰减速率（m/d）；

　　$K_s$——氨氮半饱和常数（mg/L）；

　　$a$——滤料比表面积（$m^2/m^3$）；

　　$NH_{3_{EFF}}$——TF/SG 工艺出水氨氮（mg/L）；

　　$NH_{3_{EFE}}$——滴滤池工艺出水氨氮（mg/L）；

　　$NH_{3_{PE}}$——滴滤池工艺进水氨氮（mg/L）。

公式（3-19）所描述的关系见图3-8。图3-8中的纵坐标为出水氨氮，横坐标为SGR的SRT除以最小硝化SRT。滴滤池不同的硝化效率对应着图中不同的曲线。滴滤池内生物膜上自养硝化菌的剥落使SGR具有了硝化能力，即使在能够将自养硝化菌洗脱出去的参数下运行时，SGR依然能保持硝化能力。

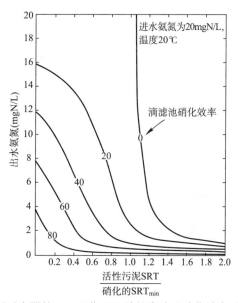

图3-8　活性污泥反应器的SRT和位于上游的滴滤池硝化效率对出水氨氮的影响

Biesterfeld等人（2005）对Daigger等人（1993）的模型进行了独立性评估。研究人员将模型应用到位于科罗拉多州玻尔得市第75街的污水处理厂，并随后使用模型进行了工艺优化。研究人员注意到Daigger（1993）模型主要与滴滤池的硝化速率和SGR的SRT有关。

---

① 原书公式有误。译者注。

## 3.6 工艺设计

前面已经给出了区别各种滴滤池类型的基本标准。本节更加详细地叙述碳氧化/硝化滴滤池、硝化滴滤池工艺的设计标准。

### 3.6.1 碳氧化/硝化滴滤池

碳氧化（如$CBOD_5$的去除）/硝化滴滤池可使用合成滤料或碎石滤料。碎石滤料滴滤池内能够发生碳氧化和硝化是降低溶解性$CBOD_5$负荷的结果。至于设计用以碳氧化/硝化的合成滤料滴滤池，还是采用基于经验的方法（Parker，1998）。

位于华盛顿特区的美国环境保护局（U.S EPA，1991）调查了10个碳氧化/硝化滴滤池，其中6个是TF/SC工艺。调查的目的是从实际观察中获得经验性指南，用以指导滴滤池实现硝化。氮控制手册（U.S EPA，1993）给出了能够在单级滴滤池内实现碳氧化/硝化的$BOD_5$负荷，本书随后也会给出这一建议值。单级滴滤池内$BOD_5$和$NH_3-N$的去除动力学非常复杂，现在也缺少碳氧化/硝化滴滤池的机理研究。因此本节给出基于经验的设计标准。

美国环境保护局（1975）总结了中试和生产规模的碎石滤料滴滤池的运行数据。这些数据来自明尼苏达州的湖滨、宾夕法尼亚州的阿伦敦、佛罗里达州的盖恩斯维尔、俄勒冈州的康瓦利斯城、马萨诸塞州的费奇伯格、印第安纳州本杰明哈里森堡垒、南非的约翰内斯堡和英国的索尔福德。图3-9（U.S EPA，1975）是用中试和生产规模的碎石滤料碳氧化/硝化滴滤池数据绘制的，用以解释$BOD_5$容积负荷和硝化效率之间的关系。这些数据表明，碎石滴滤池要达到90%的硝化需要有机负荷为$0.08kg\ BOD_5/(m^3·d)$。回流可以提高硝化效果，特别是硝化率大于50%时更加有效。

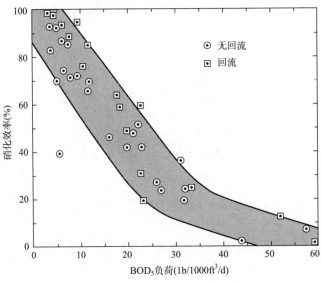

图3-9 碎石滤料滴滤池中硝化效率和有机负荷之间的关系

对中试规模的碳氧化/硝化合成滤料滴滤池，Stenquist等人（1974）介绍了有机负荷和硝化率之间的关系。研究发现超过89%的氨氮去除是在有机负荷为0.36kg/($m^3 \cdot d$)下完成的。滴滤池的硝化能力是$BOD_5$表面负荷（kg $BOD_5$/($m^2$滤料 · d））的函数。图3-10给出了在加利福尼亚州斯托克顿的研究成果（包括中试和生产规模）。

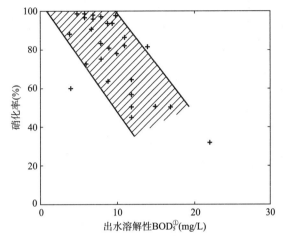

图3-10　硝化率和进水中可滤的或溶解性$BOD_5$的关系
数据来自位于加利福尼亚州斯托克顿的垂直流滤料滴滤池（U.S EPA，1975）

Daigger等人（1994）对三个生产规模的碳氧化/硝化滴滤池给出了评价。这三个滴滤池均采用旋转布水器布水和交叉流滤料（比表面积为100$m^2/m^3$）。三个滴滤池的数据见图3-11。

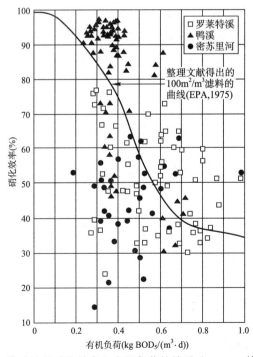

图3-11　滴滤池的硝化效率和有机负荷的关系（Daigger等，1994）

---

① 原书为$BOD_{si}$，中译本改为$BOD_5$。译者注。

## 第3章 滴滤池及与活性污泥联合工艺的设计和运行

数据表明交叉流滤料滴滤池要达到90%的氨氮转化率,有机负荷需要低于0.24kg $BOD_5/(m^3 \cdot d)$。与Stenquist等人(1974)的观察结果相似,当 $BOD_5$ 负荷是碎石滤料碳氧化/硝化滴滤池可接受值的3~4倍时,合成滤料滴滤池(特别是垂直流或交叉流滤料)的氨氮转化率能超过89%。Parker和Pichards(1986)总结了在德克萨斯州的加兰、佐治亚州的亚特兰大的试验结果,并把基于平均表面负荷的结果绘制成图3-12。Parker和Richards(1986)比较了碎石和合成滤料滴滤池的碳氧化/硝化情况:在同一表面负荷下,它们的性能基本相同。

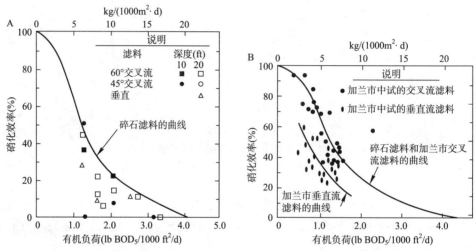

图3-12 滴滤池的硝化效率和有机负荷的关系(Parker和Pichards,1986)[①]

为了把氨氮降到最低的程度,应控制生物膜厚度以防止生物膜周期性剥落和大型动物的聚集。建议采取以下措施:
(1)水力负荷(污水投配)恒定;
(2)周期性使用高强度水力负荷(冲洗);
(3)将滴滤池灌满水(如果滴滤池的围护结构允许);
(4)综合采取上述措施。

Daigger等人(1994)建议使用公式(3-20)来描述碳氧化/硝化滴滤池的 $BOD_5$ 和 $NH_3$-N 的去除。

$$VOR = (S_i + 4.6 S_{NO_x\text{-}N}) \frac{Q}{V_M} \quad (3\text{-}20)$$

式中 $VOR$——容积氧化率[$kg/(m^3 \cdot d)$];
$S_i$——进水 $BOD_5$ 浓度($g/m^3$);
$S_{NO_x\text{-}N}$——出水硝酸盐/亚硝酸盐氮浓度($g/m^3$);
$Q$——包括回流在内的流量($m^3/d$);
$V_M$——合成滤料的体积($m^3$)。

Daigger等人(1994)使用公式(3-20)得出三个碳氧化/硝化滴滤池(塑料滤料)的

---
[①] 原书图中注解有些错误。中译本已修改。译者注。

VOR 在 0.4~1.3kg/（m³·d）之间。

### 3.6.2 硝化滴滤池

硝化滴滤池（NTF）是稳定可靠和经济有效的 $NH_3-N$ 处理方法。以下设计实践已经在实际工程中得到证明：

（1）使用中密度的交叉流滤料来优化水力分布和供氧；

（2）使用机械通风；

（3）周期性交换两级滴滤池的进水顺序，以避免在第二级滴滤池内的滤料上出现生物膜的斑状生长；

（4）进水应为二级处理出水，以减少生物膜内部不同种细菌之间的基质竞争；

（5）尽可能提高润湿效率以避免滤料上出现干点；

（6）控制污水投配率以避免大型动物的生长；

（7）调节富含 $NH_3-N$ 的污泥处理上清液，以避免 $NH_3-N$ 负荷每天出现变化（Parker 等，1995，1997）。

硝化滴滤池具有能耗低、稳定、操作简单、污泥产量低等优点。污泥产量低会使硝化滴滤池出水的 SS 也低，由此一些硝化滴滤池后面甚至不再设固液分离装置，当然这还取决于当地的处理目的和出水水质标准。控制捕食性大型动物会影响到硝化滴滤池的性能。设计人员必须考虑采取控制大型动物措施造成的出水含有大量固体物质和大型动物的问题，本书后面的章节会介绍相应在设计和运行方面采取的措施。采用 6~12.2m 模块化塑料滤料的硝化滴滤池可提高硝化性能，如果是浅滴滤池则可按照两级系统运行。应尽可能减少回流（回流仅为控制生物膜的厚度），这样可提高进水 $NH_3-N$ 浓度以提高 $NH_3-N$ 转化的驱动力。

在二级滴滤池处理系统中，两级滴滤池交替进水的方式称之为"交替式双滤池（Alternating Double-Filtration，ADF）系统"。Gujer 和 Boller（1986）、Parker 等人（1989）在中试硝化滴滤池的底部的滤料上观察到生物膜呈斑状生长。Aspegren（1992）观察到使用 ADF 可减少生物膜斑状生长并能提高硝化效果。使用 ADF 可使生物膜在两个滴滤池的滤料上都能完全生长。应每隔 3~7d 交换一次进水顺序。ADF 系统的主要缺点是能耗高，由于采用双泵系统，能耗可增加 50%。除了增加运行费用外，管道和阀门的费用也增加了投资。

Parker（1998，1999）介绍了交叉流和垂直流模块化合成滤料硝化滴滤池的硝化效率差异。表 3-4 总结了这些观察结果：交叉流滤料硝化滴滤池的零级氨氮通量要比垂直流的高，其中一个原因可能是在交叉流滤料内水流断断续续的次数多，从而提高了溶氧效果（Gujer 和 Boller，1986；Parker 等，1989）。与去除 $BOD_5$ 的异养生物膜相比，自养的硝化生物膜比较薄，因此硝化滴滤池可以使用密实些的交叉流滤料。

二级处理出水中的 SS 对硝化滴滤池有影响（Boller 等，1990；Parker 等，1989）。Andersson 等人（1994）证明（见图 3-13）中试硝化滴滤池中最大零级硝化速率从约 2.6 $gN/(m^2·d)$ 明显下降到约 1.8 $gN/(m^2·d)$。本节介绍 3 个硝化滴滤池设计模型：（1）Gujer 和 Boller 模型（1986）；（2）Parker 等人（1989）修正的 Gujer 和 Boller 模型（1986）；（3）Okey 和 Albertson（1989b）模型。

## 第3章 滴滤池及与活性污泥联合工艺的设计和运行

垂直流和交叉流滤料的零级硝化速率（来自Parker，1998，1999） 表3-4

| 地 点 | 参考文献 | 滤料类型 | $J_N^0[g/(m^2·d)]$ | 温度范围（℃） |
|---|---|---|---|---|
| 犹他州中央谷 | Parker等（1989） | XF 140 | 2.3~3.2 | 11~20 |
| 瑞典马尔默 | Parker等（1995） | XF 140 | 1.6~2.8 | 13~20 |
| 科罗拉多州李特尔顿/英格伍德 | Parker等（1997） | XF 140 | 1.7~2.3 | 15~20 |
| 密歇根州米德兰 | Duddles等（1974） | VF89[a] | 0.9~1.2 | 7~13 |
| 俄亥俄州莱马 | Okey和Albertson（1989b） | VF89[a] | 1.2~1.8 | 18~22 |
| 伊利诺伊州布鲁姆顿镇 | Baxter和Woodman（1973） | VF89[a] | 1.1~1.2 | 17~20 |

[a] 全部为波纹状

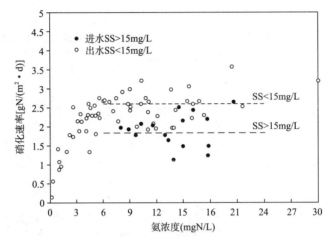

图3-13 中试硝化滴滤池的水中SS对硝化的影响（Andersson等，1986）

### 3.6.3 Gujer和Boller的硝化滴滤池模型

Gujer和Boller（1986）开发了一个半经验性质的硝化滴滤池模型，见公式（3-21）。

$$J_N(S,T)=J_{N,max}(T)\frac{S_{B,N}}{K_N+S_{B,N}} \quad (3-21)$$

式中　$J_N(S,T)$——$S_{B,N}$和$T$下的$NH_3$-N通量[g/(m²·d)]；

$J_{N,max}(T)$——温度$T$下的$NH_3$-N最大通量，$=J_{O_2,max}(T)/4.3$[g/(m²·d)]；

$S_{B,N}$——水中$NH_3$-N浓度（g/m³）；

$K_N$——$NH_3$-N半饱和常数（1.0~1.5，一般为1.0）（g N/m³）；

$T$——温度（℃）。

基于"线性拟合"关系，可通过$J_N(z,T)=J_N(0,T)e^{-k·z}$计算硝化滴滤池中任意深度的通量。此式有两种解法，一是认为硝化速率随硝化滴滤池深度变化（$k≠0$）时得到公式（3-22）；另一种是假定硝化速率不随硝化滴滤池深度变化（$k=0$），得到公式（3-23）。

$$\frac{a·J_{N,max}(T)}{k·v_h}(1-e^{-k·z})=S_{in,N}-S_{B,N}+K_N\ln\left[\frac{S_{in,N}}{S_{B,N}}\right] \quad (3-22)$$

$k=0$时，

$$\frac{z·a·J_{N,max}(T)}{v_h}=S_{in,N}-S_{B,N}+K_N\ln\left[\frac{S_{in,N}}{S_{B,N}}\right] \quad (3-23)$$

式中　　$a$——比表面积（$m^2/m^3$）；

　　　　$k$——速率下降经验参数，一般取0~16，一般为0.1（$m^{-1}$）；

　　　　$v_h$——水力负荷（可考虑回流或不考虑）[$m^3/(m^2 \cdot d)$]；

　　　　$z$——硝化滴滤池深度（m）；

　　　　$S_{in,N}$——进水$NH_3$-N浓度（$g/m^3$）。

给定$S_{B,N}$，解这些方程可以直接确定硝化滴滤池的尺寸。当采用回流时，由于回流对$v_h$和$S_{in,N}$都会产生影响，因此需要一个包含公式（3-24）的迭代计算程序。

$$S_{N,i}=\frac{S_{0,N}+RS_{B,N}}{1+R} \quad \text{或} \quad R=\frac{S_{0,N}-S_{in,N}}{S_{in,N}-S_{B,N}} \tag{3-24}$$

式中　　$S_{0,N}$——没有与回流液混合前的进水氨氮浓度（$g/m^3$）。

当有回流时，硝化滴滤池进水氨氮浓度$S_{in,N}$会比$S_{0,N}$小。

Parker等人（1989）建议对此模型修正，以考虑不同模块化塑料滤料和不同运行条件下的氧转移效率变化。修正后的模型见公式（3-25）。

$$J_N(z,T)=E_{O_2}\frac{J_{O_2,\max}(T)}{4.3}\frac{S_{B,N}}{K_N+S_{B,N}} \tag{3-25}$$

式中　　$E_{O_2}$——无量纲的硝化滴滤池滤料有效系数；

　　　　$J_{O_2,\max}(T)$——温度为$T$时的溶解氧最大通量[$g/(m^2 \cdot d)$]。

根据他们的经验，Gujer和Boller（1986）认为当温度在5~25℃、$K_{S,O_2}$=0.2g $O_2/m^3$时，$E_{O_2}$在0.93~0.96之间。但是Parker等人（1989）却观察到$E_{O_2}$比较低（0.7~1.0），并宣称$E_{O_2}$偏离1.0的原因如下：滤料润湿效率低、大型动物对生物膜的捕食或生物膜内自养硝化菌和异养菌之间对溶解氧的竞争。研究人员建议硝化滴滤池使用中密度交叉流滤料，此时对应的$E_{O_2}$可能在0.7~1.0之间。高密度交叉流滤料的$E_{O_2}$大约为0.4（Parker等，1995）。读者应注意：这些观察结果是基于通过喷嘴系统连续进水的中试硝化滴滤池。没有人研究旋转布水和间歇水力负荷对高密度滤料硝化滴滤池的性能影响。

根据Parker等人（1995）的研究，$E_{O_2} \cdot J_{O_2,\max}(T)/4.3$就是零级氨氮通量。溶解氧最大通量反映了所使用的模块化塑料滤料的氧传递效率，可用TRIFL确定（Logan等，1987b）。犹他州中央谷污水处理厂的$K_{S,O_2}$在1~2mg/L之间（Parker等，1989）。

### 3.6.4 Okey和Albertson的硝化滴滤池模型

对5个不同的但均靠自然通风的硝化滴滤池，Okey和Albertson（1989b）对其硝化率数据进行了总结。他们并没有对这些数据进行温度的修正，因此数据之间的差异可能是由于污水性质、滤料类型和水力负荷等非偶然性原因造成的。Okey和Albertson（1989b）指出负荷低于1.2 kg/($m^2 \cdot d$)时，$NH_3$-N通量会接近100%的去除。Albertson和Okey（1988）提出了基于经验的设计方法，就是将零级反应和一级反应的中密度硝化滴滤池滤料体积加和，以求出硝化滴滤池滤料的总体积。该设计方法包括以下几个步骤：

（1）使用公式（3-26），按照零级动力学确定滤料体积。滤料密度设为138$m^2/m^3$，氨氮通量（$J_N$）为1.2g/($m^2 \cdot d$)，温度为10~30℃。低于10℃时采用公式$\Theta=1.045^{(T-10)}$修正。

（2）按照一级动力学，利用$J'_N$确定滤料体积。使用公式（3-26）求解$J'_N$。在温度为

7~30℃之间时，公式（3-26）无需直接修正。

$$J'_N = J_N^{avg}\left(\frac{S_{N,e}}{S_{N,TRAN}}\right)^{0.75} = 1.2\left(\frac{S_{N,e}}{S_{N,TRAN}}\right)^{0.75} \quad (3-26)$$

式中　$S_{N,TRAN}$——$NH_3$-N临界浓度，取决于氧的饱和浓度和温度，可由图3-14确定，（mg/L）。

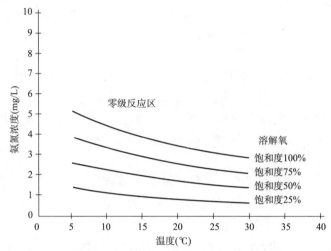

图3-14　$NH_3$-N临界浓度与温度的函数关系（Okey和Albertson，1989b）

将按照零级反应和一级反应计算出的滤料体积加和，即可求出滴滤池总的滤料体积。应用上述设计步骤时应符合下述条件：

（1）进水$BOD_5$和TKN的比值≤1.0；

（2）可滤性$BOD_5$≤12mg/L；

（3）$Q(1+R) \geqslant 0.54$ L/($m^2 \cdot s$)；

（4）对于中密度合成滤料，碳化$BOD_5$和SS≤30mg/L；

（5）使用机械通风；

（6）控制布水器转速，投配率应在25~75mm/次，冲洗强度≥300mm/次。

### 3.6.5　Gujer和Boller模型的应用举例

以下举例介绍Gujer和Boller（1986）、Okey和Alberts（1989a）模型的应用。假定硝化滴滤池处理水量219530$m^3$/d，水温16℃时的进水氨氮为9.4mg/L，出水氨氮要求为1.0mg/L。利用以下参数来确定硝化滴滤池的高度。

（1）比表面积，$a$ =138$m^2/m^3$（中密度交叉流模块化塑料滤料）；

（2）温度$T$时的氨氮最大通量，$J_{N,max}$=1.1g N/($m^2 \cdot d$)（Gujer和Boller，1986）；

（3）总水力负荷，$v_h$=65m/d（(WEF, 2009) 推荐值为35.2~88m/d）；

（4）速率下降经验参数，$k$=0 m/d（当$k$>0时为0~0.16，一般取0.11）；

（5）氨氮半饱和系数，$K_N$=1.0 g N/$m^3$（Gujer和Boller，1986）。

因为氨氮浓度没有通过回流稀释，而进水氨氮的浓度也表明二级处理中没有发生实质性的硝化,这样液相中较高的氨氮浓度(较高的驱动力)会限制氧的传递,因此 $k$ 值不会太高,故可认为是零级氨氮通量。这与氨氮通量不变是吻合的(比如速率不变,或 $k=0$),因此将公式(3-23)变形为以下式子,可用于求解为满足处理要求的硝化滴滤池高度:

$$z = \frac{v_h}{a \cdot J_{N,max}(T)} \cdot \left[ S_{in,N} - S_{B,N} + K_N \cdot \ln\left[\frac{S_{in,N}}{S_{B,N}}\right] \right]$$

$$= \frac{65 \frac{m^{①}}{d}}{138 \frac{m^2}{m^3} \cdot 1.1 \frac{gN}{m^2 \cdot d}} \cdot \left[ 9.4 \frac{g}{m^3} - 1.0 \frac{g}{m^3} + 1.0 \frac{g}{m^3} \cdot \ln\left[\frac{9.4 \frac{g}{m^3}}{1.0 \frac{g}{m^3}}\right] \right] = 11.4 m^{②}$$

当 $k \neq 0$ 时,公式(3-22)可变形为:

$$z = -\frac{1}{k} \cdot \ln\left\{ 1 - \left[ \frac{k \cdot v_h}{a \cdot J_{N,max}(T)} \cdot \left[ S_{in,N} - S_{B,N} + K_N \cdot \ln\left[\frac{S_{in,N}}{S_{B,N}}\right] \right] \right] \right\}$$

本例题假定总水力负荷为 $80^{③}$ m/d 较为理想,据此则可计算出硝化滴滤池的截面积:

$$Area = \frac{Q}{v_h} = \frac{22785 \frac{m^3}{d}}{80 \frac{m}{d}} = 3427^{④} m^2 \tag{3-27}$$

下一步需要决定硝化滴滤池的数量和尺寸。假定8个相同尺寸的硝化滴滤池分为4组平行运行(硝化滴滤池串联的两级系统)能够达到处理目标,则每个硝化滴滤池的面积可计算如下:

$$Area = \frac{A_{total}}{N_{trains}} = \frac{3427 m^2}{4} = 857 m^2 \tag{3-28}$$

每个硝化滴滤池的面积为 $857 m^2$。每个硝化滴滤池的直径可计算如下:

$$Area = \frac{\pi \cdot d^2}{4} \tag{3-29}$$

或:

$$d = \sqrt{\frac{A \cdot 4}{\pi}} = \sqrt{\frac{857 m^2 \cdot 4}{\pi}} = 33 m$$

因为每个系列均有2个硝化滴滤池组成,因此每个硝化滴滤池的高度可计算如下:

$$H = 11.4 m \div 2 = 5.7 m (18.75 ft)$$

滤料体积可计算如下:

$$3427 m^2 \times 11.4 m = 39068 m^3 \approx 39000 m^3$$

### 3.6.6 Okey和Albertson模型的应用举例

为了与Gujer和Boller(1986)模型比较,以下参数用于Okey和Albertson(1989a)模型:

---

① 原书把65的单位误写为m/h,应为m/d。译者注。
② 计算值应为4.55m。译者注。
③ 前面的前提条件说是65,这里遵照原书的说法。译者注。
④ 计算值应为284.8。译者注。

# 第3章 滴滤池及与活性污泥联合工艺的设计和运行

（1）硝化滴滤池的氨氮临界浓度 $S_{N,TRAN}$=3.0g/m³（图3-14，$T$=16℃，饱和度为75%）；

（2）氨氮最大通量 $J_{N,max}$=1.1g/(m²·d)（与上面分析所用的假设一致）。

首先计算硝化滴滤池零级反应区的生物膜面积：

$$Area=\frac{Q \cdot (S_{N,i}-S_{N,TRAN})}{J_{N,max}}=\frac{222785\frac{m^3}{d} \cdot \left[24.4\frac{g}{m^3}-3.0\frac{g}{m^3}\right]}{1.1\frac{g}{m^2 \cdot d}}=4330078^{①}m^2$$

然后利用公式（3-26），可计算出一级反应的通量：

$$J'_N=J_N^{avg} \cdot \left[\frac{S_{N,e}}{S_{N,TRAN}}\right]^{0.75}=1.1\frac{g}{m^2 \cdot d} \cdot \left[\frac{1.0\frac{g}{m^3}}{3.0\frac{g}{m^3}}\right]^{0.75}=0.48\frac{g}{m^2 \cdot d}$$

硝化滴滤池一级反应区所需的生物膜面积计算如下：

$$Area=\frac{Q \cdot (S_{N,i}-S_{N,TRAN})}{J_{N,max}}=\frac{222785\frac{m^3}{d} \cdot \left[3.0\frac{g}{m^3}-1.0\frac{g}{m^3}\right]}{0.48\frac{g}{m^2 \cdot d}}=923346^{②}m^2$$

最后，硝化滴滤池内总的生物膜面积可计算如下：

$$Area=Area_{0-ord}+Area_{1^{st}-order}=4330078m^2+923346m^2=5253424m^2$$

硝化滴滤池滤料的总体积可计算如下：

$$5252424m^2 \div 138m^2/m^{3③}=38068m^3$$

为保证总水力负荷为80m/d$^{④}$，表面积定为3427$^{⑤}$m²。另外，8个硝化滴滤池以两级工艺运行，也就是四组串联的硝化滴滤池。固定硝化滴滤池的总表面积，根据滤料体积可确定所需的硝化滴滤池总高度：

$$Height=\frac{Volume}{Area}=\frac{38068m^3}{3427m^2}=11.1m \quad\quad (3-30)$$

每个硝化滴滤池的高度（$H$）可计算如下：

$$H=11.1m \div 2=5.55m$$

Wall等人（2001）比较了Gujer和Boller（1986）、Okey和Albertson（1989a）的设计方法。他们认为在一般的氨氮负荷下，两个模型均能较好地描述硝化滴滤池的性能，但模型模拟出的峰值和低值比实际值都有所夸大，Gujer和Boller（1986）模型预测出的峰值比Okey和Albertson（1989b）的更大。没有证据表明模型无法模拟氨氮峰值负荷下的硝化滴滤池性能。Parker等人（1995）证明在氨氮负荷为平均和峰值条件下，Boller和Gujer（1986）修正模型（公式2-（35））能有效地预测硝化滴滤池出水。Parker等人（1995）的研究例

---

① 计算结果应为4334180.9。但式中的222785与前面式（3-27）中的22785也不对应。译者注。
② 应为928271。译者注。
③ 原书误写为2。译者注。
④ 原书为m/h，有误。译者注。
⑤ 3427m²应是按照总水力负荷65m/d计算得到的。译者注。

子见图 3-15，预测值来自 Gujer 和 Boller（1986）修正模型。

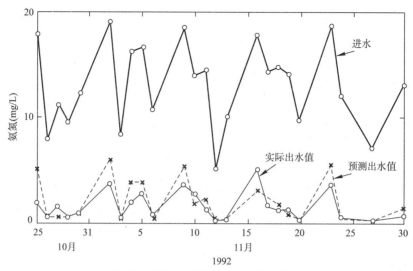

图 3-15　实际的和预测的硝化滴滤池出水

## 3.6.7　温度和水力的影响

生物膜反应器均有传质和生化转换两个过程，而这两个过程影响生物膜结构、功能和反应器性能。溶解性基质在生物膜内部的传递是受分子扩散控制的。与生化转换相比，分子扩散的速度非常慢，因此生物膜内部的传质阻力导致溶解性基质形成很大的浓度梯度（一般与生物膜滤料垂直）。在接近生物膜的水中和生物膜内均存在浓度梯度。在不同的生物反应器内（如滴滤池和活性污泥反应器），传质过程截然不同。一般来说，实际工程中的活性污泥系统受动力（如生物量）限制，而生物膜反应器受扩散（如表面积）限制（Boltz 和 Daigger，2010）。

低温会增加溶解度（增加分子扩散速率），但温度的降低也会降低生化转换速率。只有生化转换速率小于分子扩散速率时，温度才会对滴滤池效率产生实质性的影响。否则，溶解性基质则会进入更深的生物膜内从而使生物膜变厚或密度增加。

Benzie 等人（1963）观察到过度降温对碳氧化滴滤池的 $BOD_5$ 去除率有负影响。Benzie 等人（1963）报道说滴滤池去除 $BOD_5$ 的效率在冬季（平均温度 -4~-1℃）和夏季（平均温度 19~23℃）差别巨大[①]。对于二级沉淀出水，有回流滴滤池的 $BOD_5$ 去除率会有 35%~40% 的季节变化，而无回流滴滤池的 $BOD_5$ 去除率变化只有 10%。研究人员断定滴滤池冬季性能下降的一个基本原因就是回流降低了水温。Parker 等人（1990）报道了温度在 10~22℃ 范围变化时对硝化滴滤池的 $NH_3$-N 通量的影响。维持滴滤池性能的关键之一就是将温度变化限制在一定范围内，使温度不再影响并尽量减少水头损失。减少水头损失的方法有：

（1）减少滴滤池截面积，增加滴滤池深度以增加 WHL 和减少回流量；
（2）提高维护结构高度，使其比布水器高 1.5~2.0m；
（3）给滴滤池加盖；

---

① 原书把冬夏季温度写反了。译者注。

（4）增加机械曝气系统以控制空气量（Grady等，1999）；

（5）如果机械曝气系统不可行而只能采用自然通风，冬季时可利用通风孔和其他空气进口上的可调风门来控制风量。

现在还无法得知获得最大硝化率所需的水力条件。Gullicks和Cleasby（1986，1990）、Okey和Albertson（1989b）给出的研究数据表明，增加负荷[$L/(m^2·s)$]可提高$NH_3-N$的氧化速率。根据研究结果，水力负荷大于$1L/(m^2·s)$能获得最好的效果。

## 3.7 设计时的考虑因素

以下部分涉及设备选择、规范和滴滤池的施工。这里给出的信息仅供参考，建议各专业的专家（如机械、电子和结构工程师）和制造商的技术专家共同合作，对滴滤池系统的设计、接口、材料完整性、结构完整性检验或耐久性进行完整评估和定义，以最终完成滴滤池设计。

### 3.7.1 布水系统

可采用重力、虹吸和泵送等方式将污水输送至布水器，至于采用哪种输送方式则与可利用的水力坡度和布水器有关。污水输送到布水系统一般采用管道。当不需要连续投配污水时，可能只需在布水系统前设置泵或投配池和虹吸管。任何形式的滴滤池布水系统都是用一条管道来输送污水。这条管道的水力设计与采用其他工艺污水处理厂的管道设计是相同的。设计时考虑的因素有水头、泄水装置、结构、天气和腐蚀的影响等。

水量分布是滴滤池系统的重要环节。为保持滤料的润湿并防止积水和堵塞，污水必须以一定速率均匀地进入滴滤池。不均匀的布水和（或）不足以控制生物膜厚度的投配率会使滴滤池性能变坏。当滴滤池内积聚固体粒子时，靠近滤料的生物量会进入厌氧状态，滴滤池便会散发气味。另外生物膜厚度控制不好会促使大型动物生长。建议新建滴滤池采用圆形以与旋转布水器匹配。旋转布水器可有2~6个臂，但4个臂最常见。每个臂的布水可重叠以保证布水完全，也就是每个臂每旋转一周可能负担50%~100%的布水面积。当处理城镇污水时不建议采用喷嘴和虹吸布水的方式。本节重点介绍旋转布水器。如果原有矩形滴滤池要更新改造增加旋转布水器，则必须采取特殊装置来润湿布水器直径外的滤料或将这部分滤料移除，否则这些地方会成为大型动物的繁殖之地。增设旋转布水器转速控制装置是必须和有益的，这已在布水系统一节讨论过。

**1. 水力驱动旋转布水器**

如图3-16所示，传统的做法是，由泵输送来的污水从位于布水器臂尾端的孔流出，由此调节水力驱动旋转布水器的转速。滴滤池布水系统的转速历来很少受到关注。因此对水力驱动的旋转布水器，转速为0.2~1.5rpm时的投配率一般为2~10mm/次，这样的投配率远远低于表3-3给出的值。目前还没有水力驱动旋转布水器最小转速的说法，文献报道的维持滴滤池水力驱动旋转布水器旋转的最小速度（Stalling Speed）在4~20min/转之间。

## 3.7 设计时的考虑因素

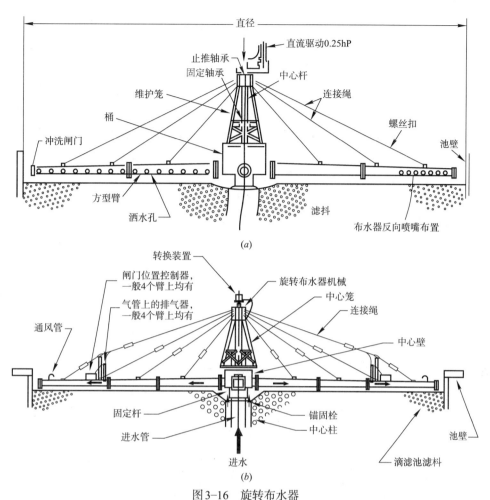

图3-16 旋转布水器
(a) 带有反向推进喷嘴和电装置的水力驱动旋转布水器；
(b) 带有变频控制闸门以开闭泄水孔的现代水力驱动旋转布水器（水流提供反向推力）（WesTech HydroDoc™惠赠）

现代水力驱动旋转布水器（比如犹他州盐湖城 WesTech 公司的 HydroDOC™）靠泵后污水的能量来控制旋转速度。传统水力驱动布水器依靠布水器臂后面的水流推动，而现代水力驱动旋转布水器则可以在臂的前面和后面的出水孔按照比例分配流量。这种控制流量的方式保证了布水器的转速，也就控制了投配率。大约30%的臂长上设有出水孔。每个臂的前后壁上都在出水孔后设有洒水器。在每排出水孔前，臂内设有面向壁的旋转闸门。臂前后的闸门可以同时升高和向相反方向降低（比如前面的闸门打开，后面的阀门关闭）。闸门联动装置可以让前后闸门始终位于各自出水孔的中央位置，从而使臂前后出水口的总面积相等，这样就能始终保持洒水均匀。闸门的位置由气缸控制。而气缸的伸缩由能接受21~103kPa（3~15psi）压力信号的气动控制器来控制。气动位置控制器感应到气缸伸缩度，据此调整气缸末端的气压。这个气压使气缸伸长或收缩，导致闸门滑动进而改变水流的冲力。闸门位置由信号空气阀指示。气缸两端均有压力从而使闸门保持在合适的位置。

现代水力驱动旋转布水器的控制包括可编程逻辑控制器（PLC）或监控及数据采集系统（SCADA）。这样的控制系统可对反馈信号（布水臂实际旋转速度）和预设值（理想旋转速度）进行比较。根据比较结果将4~20mA的信号传递到旋转布水器上。这个信号可调整闸门位置进而增加或降低旋转速度。来自PLC的4~20mA的信号进入旋转布水器中心杆的基部，由导线管穿过位于杆顶部的转环装置，然后向下穿过空气垫并被电流/动力（I/P）转换器（压力和电压可变化）接收。I/P转换器将4~20mA的电流信号转换为21~103kPa的压力信号并将之传递到位于洒水臂上的闸门位置控制器，由此来控制闸门的位置。位于中心杆顶部的转环装置处的旋转编码器可发出表示洒水臂旋转速度的反馈信号。编码器的信号可表达洒水臂的旋转速度和旋转方向。这套装置可控制旋转洒水臂的速度并能让其停止。这样在紧急情况和维护时，运行人员能尽快将布水器停下来而不必等待洒水臂慢慢降速直至自己停止。建议PLC功能包括以下几部分：（1）现场启闭开关；（2）速度显示；（3）零速度的报警灯和报警声音；（4）运行人员可设定旋转布水器旋转速度。建议算法控制包括：（1）运行人员可预定义设定基于PLC的旋转速度；（2）可编程设置点，包括：1）冲洗开始时间=0~23h, 0~59min（hh: mm）；2）冲洗历时=0~23h, 0~59min（hh: mm）；3）正常运行时的布水器额定旋转速度=最大速度的0%~100%；4）冲洗时的布水器额定旋转速度=最大速度的0%~100%。

#### 2. 电子或机械驱动的旋转布水器

电力驱动的旋转布水器一般在中心或四周设驱动器。不必花很多钱，就可以对这样的装置进行更新改造。与PLC水力驱动的旋转布水器类似，此类装置可通过程序控制设定不同的投配率，以优化碳氧化、硝化和控制生物膜厚度（可减少大型动物的积聚和减少厌氧生物膜产生的臭味）。如图3-17所示，中心驱动装置需要锚固在进水装置中不旋转的地方。当没有上部固定轴承时，轴承的支撑物必须安装一根固定轴，以提供放置驱动器的平台。平台可位于中心杆处用于固定洒水臂拉线的位置。当上部有固定轴承时，轴承中心的固定轴可以伸出来用以支撑驱动装置。也可采用周边支撑的电力驱动器。滴滤池维护结构（壁）的顶部和内部都可用于支撑驱动器。通过对驱动器的轮子施加簧上负载，可使驱动器适应滴滤池壁的坑洼不平。通过一套卷绕装置，可为驱动器提供电力。整套装置的布置类似于钢丝绳牵引的沉淀池。应该指明的是，也可使用具有同样速度范围的水力马达代替电力驱动装置。

带有远程变速控制器和时间控制器的电力驱动旋转布水装置可不依赖进水流量而独立运行。对于没有回流或回流量足够大的污水处理厂，这样的布水装置对降低布水器的旋转速度是有利的。然而，使用可调速的旋转布水器永远不能代替回流泵站。设计人员必须仔细评估最小流量时的情况。从优化滴滤池性能的角度考虑，回流是最常用的手段，而布水器的调速仅是增加了运行的灵活性。

#### 3. 旋转布水器的优化运行

通过调整投配率和检测出水水质（系统进入准稳态后的出水水质），可优化滴滤池的运行。滴滤池运行过程中应进行冲洗。最好在低负荷和低流量下进行冲洗，比如在凌晨1:00到6:00期间。如果之前没有冲洗，则可能需要在几个星期内每天都要冲洗才能控制好生物膜的厚度。通过在不同投配率下同时运行几个滴滤池，并记录总的和溶解性$BOD_5$的去除情况（如果优化碳去除和硝化，则还要记录氨氮数据），可确定最佳投配率，据此可调节每个滴滤池的布水器旋转速度。也可每天进行高强度的冲洗，以决定最佳的冲洗投配率和历时，以最大限度地提高滴滤池的性能。在最佳投配率和冲洗率下，可最大限度地减少大型动物的积聚，最大限度地提高 $BOD_5$ 和氨氮（如果有要求）的去除。

图 3-17

（a）现代水力驱动旋转布水器；（b）闸门控制器；（c）泄水孔；（d）布水器和洒水臂

## 3.7.2 旋转布水器的建造

旋转布水器的洒水臂可以是管状或矩形的。镀锌钢和铝是最常用的材料。在腐蚀环境下，可使用不锈钢。进水分配是通过洒水臂上的一系列泄水孔来完成的，每次洒水可覆盖 30%~100%的滴滤池（平面）面积。这些泄水孔装有手动或PLC控制的滑动闸门，每个孔还装有溅水盘，以提高洒水的均匀性。为了高低流量的搭配，在大多数情况下布水器设有4个洒水臂。当进水流量接近或刚刚超过设计流量时，一般只有2个臂洒水，而另外2个臂仅在峰值流量出现时才工作。这可通过在洒水臂内靠近进水管处设置挡板来实现。这样的设计提高了污水投配和冲洗的强度。驱动布水器的水头一般为410~1000mm水柱。

最低流量下所需的水头一般高于洒水孔中心线300~600mm。为适应流量的变化，有时可能需要更高的水头。有些布水器使用溢流装置（这样可在高峰期用其他洒水臂来投配污水）来降低这个水头。在流量低峰期，让水流仅通过2个洒水臂可保证洒水孔处的流速,这样就保证了洒水效果。

旋转布水器旋转速度在8~50min/转时,不必考虑离心力。尽管如此,旋转布水器需要在固定的进水部分和旋转部分之间采取密封措施。早期的设计采用各种聚水器、水银密封或机械密封材料来阻止固定件和旋转件之间漏水。现代设计则采用两种密封方式:(1)底部不设密封的溢流装置。这种方式没有摩擦,无需对密封处进行维护,但与机械密封相比,需要更高的水头;(2)采用氯丁二烯橡胶(Neoprene)密封和不锈钢密封圈的机械密封。这种密封方式同样不需要维护并且所需的水头比第一种小。当旧的密封装置更新换代时,常采用这两种方式。

### 3.7.3 滤料的选择

无论是新建或是改建的滴滤池,设计工程师都必须在充分了解的前提下选择滤料。本章之前已经有滤料选择的介绍,但都是从工艺角度来考虑的。这里从构造方面予以介绍。

Drury等人(1986)证明,与碎石滤料相比,模块化塑料滤料具有更大的比表面积、能够承担更高的水力负荷、更容易控制生物膜厚度,因此原有采用碎石滤料的滴滤池可更换为模块化塑料滤料。为了负担碎石滤料的结构负荷,碎石滤料的滴滤池维护结构非常牢固。因此当更换为模块化塑料滤料时,滴滤池的维护结构便可以在竖直方向上增高,这样就增加了滴滤池的处理能力。污水处理厂的处理能力与每个处理单元的能力、系统水力条件、附属机械设施等条件有关,因此仅仅提高生物反应器的能力并不说明污水处理厂处理能力提高了。在已充分利用既有设施的前提下,还想进一步提高处理能力、控制臭味或出现了原有滤料耗损劣化等,就可以考虑将碎石滤料更换为模块化塑料滤料。很多滤料都能适应不同的水力负荷和污染负荷以及用于处理各种污水(如格栅和沉砂等预处理后的污水、一级处理出水、二级处理出水和工业废水)。

在处理中低有机物浓度的污水时,已有足够的科学证据可断定交叉流滤料滴滤池出水水质比垂直流滤料滴滤池的好(Harrison和Daigger,1987)。但是如果总有机负荷高,生物膜厚度的控制和其他复杂因素会导致出水水质下降。因此处理程度要求低和处理高浓度工业废水时,建议采用垂直流滤料。虽然在其他研究中没有发现,但Parker(1999)认为这种效率转变说明在高有机负荷时存在转换效应(从交叉流滤料向垂直流滤料的效率转换)。然而没有详细研究指出在哪个有机负荷下开始出现这种转换。

之前已经介绍过滤料润湿的重要性和滴滤池在滤料润湿方面的固有缺陷。基于这些原因,一些设计人员将交叉流和垂直流两种模块化滤料放在同一个生物反应内。他们认为交叉流滤料在水力分配方面具有优势,可放在滴滤池上层;垂直流滤料不容易积聚过多的生物膜,因此放在滴滤池下层。设计人员应注意到滴滤池上层的有机负荷通常较高。很多报道(Boller和Gujer,1986;Crine等,1990;Gullicks和Cleasby,1986,1990;Onda等,1968;Parker等,1989)说密度大的滤料(比如随机滤料和交叉流滤料)更容易截留固体粒子和结垢。对于高浓度(工业)污水、处理程度要求低、仅仅是预处理(如仅仅通过3mm细格栅但没有初沉池)后的污水,建议采用垂直流滤料。

#### 1. 深度

北美的碎石滤料滴滤池一般为1~2m深,也可深达2.4m。碎石滤料滴滤池过深会发生通风不足（对于自然通风的滴滤池），也有可能出现积水。欧洲的滴滤池通常较深，如荷兰Arnhein的滴滤池深达4.9m，但安装了机械通风装置。现在还缺少对深的、机械通风的与浅的、自然通风的碎石滤料滴滤池之间的数据对比。

对于合成滤料滴滤池，有的深达12.8m，但此类滴滤池的深度一般为5~8m。超过9m深的滴滤池可能需要在出水之前设置特殊的污水再分配设施。影响合成滤料滴滤池深度的因素有：美学、适用性、对水泵的需求、塑料滤料的结构完整性。增加滴滤池深度并不意味着生物处理的效率会提高。然而增加滴滤池深度的确可以减少为了获得最佳润湿效率（较高的滴滤池一般直径较小，因此滤料润湿的效率高）所需的污水最小流量。滤料润湿效率的提高可减少回流量。较高的滴滤池如果负荷也高，在最上部可能会出现供氧不足。采取足量的通风和控制生物膜的措施可减少由此引发的臭味。

关于滴滤池深度对生物反应器性能的影响，在之前的设计手册里是个争论的话题。一些研究者认为是体积而非深度决定了滴滤池的性能（Bruce和Merkens，1970，1973；Galler和Gotaas，1964；Kincannon和Stover，1982；National Research Council，1946）。实际工程中影响滴滤池性能的一般是滤料润湿效率不高和限制滴滤池深度的一些物理性因素。本章前面（与此处同样主题的部分）提及的很多研究者都认为滴滤池性能随深度增加的原因在于滤料润湿效率的提高。为了达到最好的性能，滴滤池平均水力负荷应超过$0.5L/(m^2 \cdot s)$。

**2. 结构完整性**

选择碎石作为滴滤池滤料的原因通常是可就地取材，没有运输费用。基于同样的原因，大的卵石、砾石、碎石、鼓风炉碎炉渣和无烟煤均做过滴滤池的滤料。无论是哪种滤料，都应是坚固、坚硬、干净、无灰尘和不溶于污水。在确定碎石滤料最优尺寸方面，有不同的观点。但一般要求至少95%的滤料能够通过$2600mm^2$（4平方英寸）的筛网，但不能通过$1600mm^2$（2.5平方英寸）的筛网。滤料大小均一，尽可能呈球形。在运行条件下，滤料应能够保持完整性，不会破碎成小块或变为粉状。对滤料最普通的要求就是必须足够坚固，能通过硫酸钠坚固性试验。填充碎石滤料时一般要求如下：

（1）防止滤料破碎和断裂；
（2）填充时对滤料过筛和清洗，以尽可能去除细的沉积物或碎块；
（3）填充时避免让已填充的滤料承担过重的荷载；
（4）可采用传送带、手推车或吊斗起重机装填。

新建滴滤池最常使用的是合成滤料（尤其是束状合成滤料，$0.61m \times 0.61m \times 1.22m$）。应采用正确和专门的标准对滤料进行检验，以满足滴滤池对滤料的要求。束状滤料一般为聚氯乙烯（PVC）材质，而随机滤料一般是聚乙烯或聚丙烯材质。这里的检验程序适合束状滤料，但随机滤料应有足够的强度以应对由滤料、水和生物量的共同作用而导致的沉降。

应进行长时间（96h）和短时间（<2h）试验，并由此可预测滤料至少有20年寿命时的所需强度。只要变形荷载和蠕变荷载不超出范围，PVC是适合作为支撑材料的。如果荷载一直持续，变形会缓慢发生，最终导致PVC因变形而损坏。

新滴滤池的滤料比已经使用10年的滴滤池的滤料强度要大，这是因为PVC有老化问题。另外，增塑剂的散失也会使PVC变脆。因为开始时强度和重量比较高，细滤料虽然能够满足未经详细论证的标准，但却可能无法保证其使用寿命。这也表明短期实验和长期荷载下的使用寿命之间的复杂性。实验的温度非常重要，因为当温度超过18~21℃，PVC会失去强度。荷载实验应在水温最高的时候进行。厂家提供的数据是23±1℃下测定的，这个温度不一定能满足实际工程的要求。Mabbott（1982）不仅介绍了评价滤料强度的短期压缩实验，而且指出弹性模量（与滤料强度正相关）下降剧烈（随着温度升高）。如果处理污水的温度超过30℃，则所有的结构实验都应在最大运行温度下进行。设计人员应考虑当滴滤池停运时会在滴滤池内部造成温度升高，进而影响到模块化塑料滤料的结构完整性。如果滴滤池有穹顶，空气更不容易流出，则会加剧这种情况的发生。

好氧生化反应可在35~40℃下发生，这个温度是嗜温菌生长的上限温度（Grady等，1999）。这样的温度可能在活性污泥系统中遇到，但在滴滤池工艺中却不常见。孔内的温度（生物膜内部）和滴滤池内部的空气温度会达到平衡，一般为10~30℃。除了外部条件，生物量多少、生物量状态和通风模式等均会影响到滴滤池内部的温度（Harrison，2007）。在滴滤池紧急关闭时，甚至在安装滤料时必须考虑影响温度的这些因素。当采购安装滤料时，为了应对意想不到的情况，让滤料所处的温度高于水温是个好的经验办法。如果天气暖和、有机负荷高或滴滤池会出现部分堵塞或必须考虑温度的影响，此时让滤料处于32~49℃下也可能是不合理的。保护滤料的另外一个办法就是在滴滤池关闭时期或在紧急情况下，在穹顶内设散热用的旋转喷嘴。

**3.7.4 滴滤池泵站或虹吸式投配**

大多数滴滤池都使用恒速和低水头的循环泵。泵的扬程包括滴滤池滤料深度、2.0~3.0m的静水头和水头损失。水泵一般配备变频器控制的马达。淹没式和非淹没式（干井）立式泵都是最常使用的水泵。回流水一般不含堵塞性固体物质，因此通常不需要在水泵吸水口处设置筛网。水力计算是必须的：最小流量时要核算水头能否足以驱动水力旋转布水器；最大流量时要核算水头能否满足最大排水量的要求。洒水臂水平中心线和其他一些点的可利用净水头可从可利用的静水头扣除以下损失后得到：进口损失、布水管进水造成的投配池内水位跌落（虹吸式投配才考虑此值）、至布水器的管道的沿程水头损失、适当的局部水头损失、布水器中心升高处的水头损失、洒水臂内的沿程水头损失、喷嘴处的速度水头（要能足以启动水力驱动旋转布水器）。滴滤池布水器的水头需求一般由厂家提出。一般情况下，尽管滴滤池的水头损失（包括回流泵和附属设备）占污水处理厂水头损失的最大部分，滴滤池工艺的能量需求要比活性污泥工艺的低。

## 3.8 大型动物的控制机理

大型动物及其幼虫会以生物膜为食。Curds和Hawkes（1975）报道说在工程中运行的滴滤池（处理生活污水和工业废水）内，这种捕食关系受到生物膜性质和运行条件的影响。滴滤池内大型动物的存在可能会带来以下好处：减少污泥产量、提高污泥沉降性和控制生物膜厚度。Williams和Taylor（1968）在实验室证明没有大型动物的滴滤池只能转换40%的可利用有机碳，且几乎不发生氨氮转换，而有大型动物的滴滤池则转换了90%的

## 3.8 大型动物的控制机理

可利用有机碳,且发生了很大程度的硝化。滴滤池工艺污泥量的减少可以认为是动物的呼吸作用导致的。滴滤池产出的二氧化碳的10%是由动物呼吸贡献的(Curds和Hawkes,1975)。Solbe等人(1967)发现缺少大型动物时,污泥的沉降性降低了。在1h的沉淀时间内,无大型动物时沉淀了34%的固体粒子,而有大型动物时则沉淀了68%。然而滴滤池内的大型动物会有以下不利的地方:

(1)捕食硝化生物膜(见图3-18);
(2)堵塞工艺管道;
(3)破坏水泵;
(4)破坏重力带式浓缩机和带式脱水机的滤带;
(5)出水中的有机性的蜗牛可能导致出水$BOD_5$升高;
(6)出水有贝壳。这些贝壳会在消毒时保护细菌,从而导致出水细菌数增加;
(7)增加二沉池固体负荷;
(8)在TF/SG工艺中,大型动物在曝气池内积聚,会减少曝气有效体积和(或)效率(见图3-19)。

(a) (b)

图3-18 捕食硝化生物膜
(a)处理市政污水时在滴滤池内常见的"袋"状蜗牛;(b)一片附有生物膜和蜗牛捕食痕迹的模块化塑料滤料

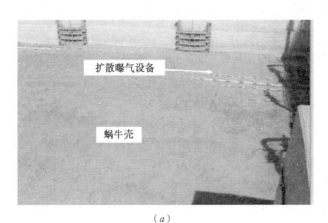

(a) (b)

图3-19 覆盖在微孔曝气器上的蜗牛壳
(a)科罗拉多州普韦布洛的活性污泥反应器;(b)德克萨斯州加兰的活性污泥反应器

## 3.8.1 控制大型动物的运行条件和设备

控制滴滤池内大型生物的积聚已经有很多方法，如物理法、化学法和物理化学联用法等。方法的关键就是创造一种条件或者对生物有毒，或不利于生物的积聚。Lee和Welander（1994）证明，使用某些对真核生物有毒的物质控制捕食性动物后可提高滴滤池的硝化性能。毒性物质必须对有益微生物没有或仅有短暂的抑制作用（Parker等，1997）。运行人员已经采取了一些方法来减少滴滤池工艺的污水处理厂内大型动物数量。如一些运行人员观察到仅仅在污水处理厂有一小块草地，就可减少滤池蝇的数量。其他的方法还有：周期性提高水力负荷、将滴滤池滤料淹没（充水）、用石灰或氢氧化钠调节水的pH值、投加高浓度氨氮、筛滤滴滤池的腐殖质或提高重力分离效果、用专用回流泵在低速渠道内进行重力分离、去除滴滤池进水中的溶解氧、投盐、放空和冷冻容易滋生大型动物的设备、迅速升温、投加软体动物杀灭剂（如硫酸铜）和对滴滤池进水加氯等。很多上述方法在实践中证明是无效的，甚至对滴滤池有害。生化反应在某种程度上受到温度、pH和碱度的影响，调整这些参数可能会抑制生化反应和降低传递速率。化学物质，如氯对滴滤池内所有生物都是有害的，可能会破坏掉一些敏感生物（Parker等，1989）。控制大型动物的方法总结如下：

（1）进行周期性高强度水力冲洗（*Spülkraft*）；

（2）将滴滤池滤料淹没（充水）和投加化学物质；

（3）化学处理（主要是投加高浓度氨氮和用氢氧化钠调节pH）；

（4）对滴滤池出水或底流筛滤，或使用除砂设备提高重力分离效果；

（5）采用专用回流泵在低速渠道内进行重力分离。

## 3.8.2 周期性高强度水力冲洗（*Spülkraft*）

*Spülkraft*就是改变布水器旋转速度来瞬时改变污水的投配强度（ATV，1983）。降低布水器转速可增加瞬时的投配和冲洗强度，可除去多余的生物量，有助于控制大型动物，而提高布水器转速会提高滤料润湿和处理效率。当机械布水器有速度控制时（比如是电力驱动的旋转布水器），*Spülkraft*要求的转速低，这与为满足冲洗强度所需的转速高是相反的。每个滴滤池的最佳*Spülkraft*在某种程度上是各不相同的。如果一定要给出数值，冲洗*Spülkraft*周期一般是24h周期的5%~10%，强度是常规*Spülkraft*的6~15倍。这些数字也说明了布水器转速必须能在很大范围内变化。加设布水器调速而改造的那些污水处理厂会观察到滴滤池出水沉淀后的$BOD_5$和SS较高（2~10周内），这是因为脱落下来的固体不容易沉淀的缘故。这与很多滴滤池的生物膜周期性脱落时发生的情况类似（Albertson，1995）。

Hawkes（1955，1963）证明瞬间提高水力负荷和投配率可控制滤池蝇的繁衍。如图3-20所示，提高水力负荷能够提高滴滤池滤料的润湿效率，减少滴滤池滤料的干点、去除滤池蝇的理想产卵点。Gujer和Boller（1984）通过调整水力负荷将滤池蝇的幼螨减少到对硝化滴滤池没有影响的程度。水力负荷必须能保证滤料的完全润湿。使用中密度交叉流滤料和装有固定布水器的中试硝化滴滤池需要的水力负荷为3m/h。Grady等人（1999）后来报道水力负荷为1.8~2m/h时，采用旋转布水器也可保证滤料的完全润湿。与此相反，

Andersson（1994）对三个冲洗强度（$SK$ 值为 5mm/次、40mm/次和 80mm/次）进行了中试试验，证明冲洗强度的变化对滤池蝇和蠕虫没有明显的影响。

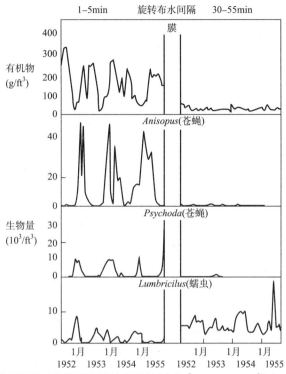

图 3-20 低频率投配对生物膜和滤池蝇的控制（$ft^3 \times 0.02832 = m^3$）（Hawkes，1963）

### 3.8.3 充水法

充水法需要有足够数量的滴滤池以便能使其中一个停运 3~6h。冲水法要求滴滤池必须设计成可存水的，但这样的滴滤池比较少见。冲水方式有两种：充盐水、充碱水并反冲。对于科罗拉多州的 Littleton-Englewood 污水处理厂的两个直径 32m、深 7.3m，采用中密度 XFM 的硝化滴滤池，Parker 等人（1997）采用冲水法来控制滤池蝇，同时采用碱水反冲来控制其他的大型动物。通过在线 pH 探头和氢氧化钠计量系统可调节滴滤池内某点的 pH。碱水由硝化滴滤池底部泵入，在滴滤池溢流槽排出，然后流至污水处理厂头部去处理。pH 为 9 时，碱法处理可去除 76% 的幼螨，而 pH 为 10 时，则可以去除 99% 的幼螨（Parker，1998）。随后的控制蜗牛生长的试验研究表明，冲水和反冲（pH=9，4h）能减少蜗牛数量的 2/3，可将硝化滴滤池恢复到高硝化率状态（Parker，1998）。

### 3.8.4 化学处理

Everett 等人（1995）总结了几种化学处理方法，包括调整 pH 和加氯、投加氯化钠和软体动物杀灭剂（如硫酸铜、蜗牛敌（多聚乙醛）、贝螺杀（氯硝柳胺）和蜗螺杀）。决定化学药剂使用率的关键因素有 pH、浊度和软体动物杀灭剂投量。位于路易斯安那州拉斐特的生物转盘投加 10mg/L 的氯化钠 24h，有效控制了蜗牛数量。俄克拉荷马州的俄克拉荷马城 Deer Creak 污水处理厂，投加 60~70mg/L 的次氯酸钙 2~3d，有效控制了生物转盘内的蜗牛。低浓度的硫酸铜（0.45kg 硫酸铜每 3.785m$^3$ 水）也可有效控制蜗牛的积聚。

氨对蜗牛是有毒的（Artuur 等，1987）。Lacan 等人（2000）在实验室和实际工程中使用非离解的氨溶液（$NH_3-N_{(aq)}$）和升高 pH 的方法来控制硝化滴滤池内蜗牛（P. Gyrina）的生长。非离解氨溶液（$NH_3-N_{(aq)}$）——不是铵离子——是蜗牛 P. Gyrina 的发器团。蜗牛能否达到 100% 死亡率受接触时间和 $NH_3-N_{(aq)}$ 浓度的制约。实验室研究表明氯化铵（$NH_4Cl$）溶液（$NH_3-N_{(aq)}$=150mg N/L）在 pH9.2 时可导致蜗牛 100% 死亡。滴滤池进水中的氨浓度（1000~1500mg N/L）应该更高才能保证所需的 $NH_3-N_{(aq)}$=150mg N/L。这是因为受到轴向消散、生物膜扩散（内部和外部）和生物反应（与滴滤池生物反应器的水动力学有关）的影响，水进入滴滤池后氨浓度会迅速下降。Lacan 等人（2000）估计进水氨浓度为 1080mg N/L 时，硝化滴滤池内的氨平均浓度为 185mg N/L。在市政污水处理厂污泥处理回流液中，可以很容易得到如此之高的氨浓度。但有些时候可能需要花钱购买 $NH_3-N_{(aq)}$。

Gray 等人（2000）报道了第一个采用这种控制蜗牛方式的工程。这是个使用高密度（215m$^2$/m$^3$）滤料的滴滤池，位于内华达州 Reno Sparks 的 Truckee Meadows 污水处理厂。他们将富含氨的厌氧消化液引入硝化滴滤池的回流泵站，然后在回流中加入氢氧化钠将 pH 提高到 9.05（9.0~9.5 之间）来提高消化液的 $NH_3-N_{(aq)}$。操作时硝化滴滤池不再进水，而是将消化液回流 2h 左右。这样的操作每月进行一次。回流时初始 20~50min 用来达到水动力学稳定，后面的时间则是建议的用以 100% 杀死蜗牛成虫和幼虫所需的最少时间。处理完毕后，将用过的消化液返回到污水处理厂头部，然后用二级出水以回流的模式将硝化滴滤池冲洗 10h。整个冲洗程序如图 3-21 所示。为确保硝化滴滤池在重新投入工作之前出水 $NH_3-N$ 浓度能低于或等于进水 $NH_3-N$ 浓度，在冲洗时应定期取瞬时样或使用在线仪表监测 $NH_3-N$ 浓度。Lucero 等人（2002）观察到对碳氧化滴滤池进行类似的操作所需的时间少于 8h。

Lacan 等人（2000）将用氨控制蜗牛的方法用于了碳化滴滤池，并认为此种方式不会对碳化滴滤池的性能造成伤害。这是因为异养菌对 pH 和 $NH_3-N$ 不是那么敏感，而异养生物膜自我修复能力很强。如果污水处理厂没有出水 $NH_3-N$ 浓度限制且出水 pH 的标准是典型的 "6~9"，那么不仅可减少对碳化滴滤池冲洗的时间，甚至可取消 10h 的反冲洗步骤（Lacan 等，2000）。Lucero（2002）将这种蜗牛控制模式用于 TF/SC 工艺的碳氧化/硝化滴滤池（位于德克萨斯州加兰 Duck Creek 污水处理中心）。控制蜗牛的措施使滴滤池的硝化性能受到一定的影响，但随后就恢复到了最好状态。进水中由于存在抑制物质导致硝化性能降低的介绍见后面章节。

### 3.8.5 物理法

这里介绍的物理法包括：
（1）滴滤池出水或底流（腐殖质）筛滤；
（2）用专用回流泵在低速渠道内进行重力分离；
（3）使用除砂等专用设备提高重力分离效果。

## 3.8 大型动物的控制机理

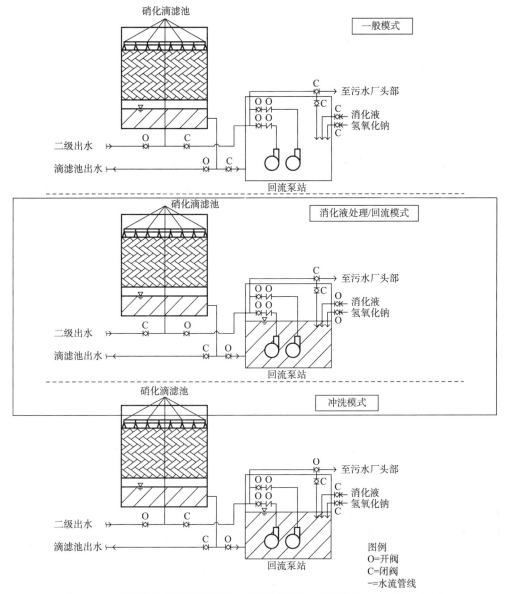

图3-21 高浓度非离解氨溶液投加于硝化滴滤池的程序（Lacan等，2000）

路易斯安那州首府巴吞鲁日的Central污水处理厂采用滴滤池工艺。为了防止蜗牛破坏污泥处理设备或在里面积聚，这个污水处理厂对二沉池底流进行了筛滤。在位于路易斯安那州首府巴吞鲁日的另一个采用滴滤池的污水处理厂，Lin和Sansalone（2001）通过一系列统计分析，发现蜗牛的蔓延并没有影响碳化滴滤池对$BOD_5$的去除。然而蜗牛爬满了重力浓缩池、堵塞了污泥管道、破坏了污泥浓缩滤布和脱水设备。为此增设了2个平行的固定筛，并用滴滤池的底流泵将含有腐殖质的滴滤池出水打入固定筛。尽管这样能有效保护污泥处理设备，但固定筛却成为了一个臭味源。

俄克拉荷马州劳顿市的污水处理厂（49000$m^3$/d）、加利福尼亚州南圣路易斯-奥比斯波市地方卫生局的Oceana Regional污水处理厂（19000$m^3$/d）、加利福尼亚州圣路易斯-奥比斯波市的圣路易斯-奥比斯波污水再生水厂（9000m³/d）均采用了滴滤池工艺。他们均将二沉池底流泵送到旋流分离器来去除蜗牛壳，以防止这些蜗牛壳在消化池内过量积聚。三个污水处理厂的这套系统可分别去除0.69m³蜗牛/d、0.076m³蜗牛/d和0.23m³蜗牛/d。

在氯消毒工艺中，蜗牛壳会成为致病菌的保护伞，因此位于阿拉巴马州首府蒙哥马利的Econchate水污染控制污水处理厂考虑将二级出水中的蜗牛壳去掉。他们将氯接触池改造为两个渠道，使其成为低流速的沉淀池。这样，没有被二沉池截住的蜗牛壳会沉淀下来进入集水坑内，然后被泵提升到固定筛。在重力作用下，这些蜗牛壳坠入收集箱内，污水则回到氯接触池，经消毒后进入最终的处置单元。

据Tekippe等人（2006）报道，加利福尼亚州瓦列霍市的Ryder Street污水处理厂使用挡板、排砂泵和分选机去除污水中的蜗牛。这个污水处理厂采用TF/SG工艺，设有2个直径32m、深7.3m的XFM滴滤池。滴滤池产生的蜗牛壳如此之多，以致影响了曝气池空气扩散器的性能。为了清洗和维护，曝气池和二沉池不得已停产。该厂采用周期性高密度水力冲洗（*Spülkraft*）的方式也不能控制蜗牛的积聚。蜗牛壳的性质与砂子的性质类似，都比较轻，可用传统的离心泵输送。少部分蜗牛的壳里会包裹空气，也有的蜗牛与壳是分开的。因此在滴滤池出水中，一些蜗牛会浮在水面上或浮于水中。为了解决蜗牛带来的问题，对Ryder Street污水处理厂的曝气池进水进行了改造，在曝气池辟出一块地方让大部分蜗牛壳能沉淀下来，并利用自动装置将沉淀下来的蜗牛壳清除出去（Tekippe等，2006）；为了分散进水流速，在曝气池进口插入了红杉木挡板。曝气池后面设置的挡板则能把蜗牛壳限制在矩形曝气池的前6m范围内。为了防止蜗牛壳在曝气池角落内积聚，曝气池底设了一定的坡度，这样也能使蜗牛壳滑向集水坑。为了加强沉淀，对这一区域的曝气系统也进行了改造，使这里的污水呈旋流状态（类似于曝气沉砂池内的水流状态）。清除出来的蜗牛壳经由输砂泵送至位于曝气池进水泵站旁边的旋流除砂器和分选系统。经过分选后，蜗牛壳落到料斗里，然后被运送出去进行最终的处置。据Tekippe等人（2006）报道，在运行的最初几天，这套蜗牛壳分选系统要通过49000m³/d的污水。系统启动后，蜗牛壳的量大约稳定在1.53m³/d。

## 3.9 滴滤池的启动

能够理解滴滤池内生物膜的形成过程和组成将有助于设计人员更好地在工艺优化、设计、启动和紧急情况下关闭滴滤池等方面做出最好的决策。滴滤池内成熟生物膜的系统发育组成是由生物膜的形成过程和生命循环过程决定的。从时间系列来看，滴滤池生物膜的形成过程遵循S型曲线，可分为：（1）初期活跃；（2）指数积聚；（3）稳态（Characklis和Marshall，1990）三个阶段。完整的生物膜生存过程包括有机分子被转移和吸附到滤料表面（表面调节）；微生物细胞输送和吸附到滴滤池滤料表面（形成）；细菌转化过程（生物膜生长和分泌胞外聚合物）；在流体剪切应力作用下的部分生物膜剥落（Trulear和Characklis，1982）。在滤料与污水接触的最初几分钟内会在滤料表面形成有机层。Baier（1973）的试验证明，因为存在基质调节效应，这种有机质的吸附是生物膜形成的前提。细菌输送到滤料表面的有机层（基质层）的情况取决于主体水流的流态。在滴滤池水动力

## 3.9 滴滤池的启动

学的作用下，一些细菌的细胞会剥离开滤料，这些细菌是可逆附着的。另外一些则会不可逆地吸附在滤料上，并利用主体水流中的底物和营养。这是个连续的过程，其速率最适合用生物膜形成反应动力学描述。如果存在胞外聚合物（EPS），则会加快这一吸附过程。不可逆吸附细菌产生的EPS会凝聚其他细菌的细胞和颗粒物质（包括有机和无机的），从而加速生物膜的形成，也就使生物膜进入对数形成期。Thörn等人（1996）对处理市政污水的硝化滴滤池进行了中试，图3-22给出了这部分研究者的结果。与此类似，在处理市政污水的硝化滴滤池污水处理厂，Biesterfeld和Figueroa（2002）研究了自养硝化生物膜在玻璃片上的形成过程。

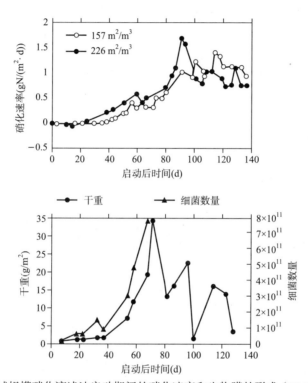

图3-22 中试规模硝化滴滤池启动期间的硝化速率和生物膜的形成（Thörn等，1996）

Thörn等人（1996）观察到滤料密度不同的两个硝化生物膜的形成和成熟过程是完全相同的。Biesterfeld和Figueroa（2002）提高了研究深度，他们不是测滴滤池的宏观速率，而是测定滴滤池不同深度的这些参数。尽管滴滤池各部分的速率不同，但趋势还是很明显的。硝化一般在1个月后才会发生，但研究认为最大转化速率在2.5~3个月时才会出现。有趣的是，在最大转化速率发生之前会观察到生物量增加，而最大转化速率出现时却发现生物量略微减少。生物膜的减量是由捕食、脱落和细菌水解等作用造成的。硝化生物膜的形成速率要低于碳氧化生物膜。虽然组成碳氧化生物膜的异养菌在挂膜的几天之内就会表现出去除能力，但要定义滴滤池碳氧化生物膜确切的成熟期却很困难。Stenquist等人（1974）观察到处理高浓度罐头废物的碳氧化/硝化滴滤池（合成滤料、中试规模）启动后1.5周内，$BOD_5$的去除率已相当稳定。几乎没有证据能表明接种活性污泥可加速滴滤池挂膜。事实上，主体液相中的悬浮絮体和滤料上的生物膜会竞争基质，这或许会延缓生物膜的形成。

## 3.10 滴滤池和活性污泥的联合工艺

包括滴滤池和活性污泥反应器在内的生物工艺,都来源于一些基本工艺且具有那些基本工艺的性能和运行特征。受基本工艺类型、负荷和生物污泥或回流污泥回流到何处等因素的影响,TF/SG工艺可有多种多样(Harrison等,1984)。大多数TF/SG工艺由生物膜反应器、活性污泥反应器(SGR)和二沉池按照顺序组成。TF/SG工艺可依据其活性污泥部分的特征进行分类,当SGR被用作生物絮凝而非用于氧化溶解性有机物的主要场所时称之为TF/SC工艺。其他的TF/SG工艺均将SGR作为氧化的主要场所。工艺中如果滴滤池的尺寸相对较小,则SGR的尺寸要大些(Grady等,1999)。至于哪个单元的体积大一些基本上是经济权衡的结果。滴滤池具有能效高、维护简单和能抵抗冲击负荷的优点。设计人员发现,将能抵抗冲击负荷的滴滤池和以出水水质好而著称的活性污泥工艺合并起来能够产生比单独使用二者更好的效果。最常使用的TF/SG工艺根据滴滤池的有机负荷可分为中低负荷型和高负荷型(如粗滴滤池)。图3-5给出了典型的TF/SG工艺最常使用的回流二沉污泥的方法,即再曝气和不曝气。设计人员使用不同的术语来区别不同的工艺模式。当有中间沉淀池时,一般称之为分段工艺,也就是说各处理单元并没有耦合在一起。以下对常见的双段工艺进行介绍。表3-5列出了各种TF/SG工艺的设计标准。这些标准已经得到广泛的认可。

部分TF/SG工艺的设计标准(数据针对圆形絮凝沉淀池和快速排泥模式) 表3-5
(lb/d/1000 cu ft × 0.01602 =kg/(m³·d);gpd/sq ft × 0.0016984 =m/h)[①]

| 参 数 | 设计标准 | |
|---|---|---|
| | 范 围 | 常 用 值 |
| 活性生物滤池(塑料滤料) | | |
| 污泥产量(mg VSS/mg 去除的$BOD_5$) | 0.7~0.9 | 0.7 |
| 滴滤池水力负荷 [$m^3/(m^2·d)$](gpm ft²) | 47~293(0.8~5.0) | 82(1.4) |
| 滴滤池进水总有机负荷 [$kg/(m^3·d)$](lb/d/1000 ft³) | 0.16~1.20(10~75) | 0.48(30) |
| 平均日流量下沉淀池溢流率 [$m^3/(m^2·d)$](gpd ft²) | 33~49(800~1200) | 41(1000) |
| 底流浓度(总固体的百分数) | 0.6~1.2 | 1.0 |
| 滴滤池/固体接触工艺(模块化合成滤料) | | |
| 污泥产量(mg VSS/mg 去除的$BOD_5$) | 0.7~0.9 | 0.7 |
| 滴滤池水力负荷 [$m^3/(m^2·d)$](gpm ft²) | 5.9~117(0.1~2.0) | 59(1.0) |
| 滴滤池进水总有机负荷 [$kg/(m^3·d)$](lb/d/1000 ft³) | 0.32~2.08(20~130) | 1.28(80) |
| 固体接触池边水深(m)(ft) | 3.7~6.1(12~20) | 4.9(16) |
| 固体接触池在平均日流量下的HRT(min) | 10~60 | 45 |
| 固体接触池在峰值流量下的HRT(min) | 10~60 | 20 |
| 固体接触池SRT(d) | 1.0~2.0 | 1.5 |
| 固体接触池MLSS(mg/L) | 1500~3000 | 2200 |
| 峰值流量下沉淀池溢流率(gpd ft²) | 1200~1800 | 800 |
| 底流浓度(总固体的百分数) | 0.6~1.2 | 0.8 |
| 滴滤池、粗滴滤池或生物滤池/活性污泥(塑料滤料) | | |
| 污泥产量(mg VSS/mg 去除的$BOD_5$) | 0.8~1.2 | 1.0 |

① 表中部分数据根据单位换算公式由译者计算给出。译者注。

续表

| 参　　数 | 设计标准 | |
|---|---|---|
| | 范　　围 | 常　用　值 |
| 滴滤池水力负荷 [m³/(m²·d)] (gpm ft²) | 47~293 (0.8~5.0) | 59 (1.0) |
| 滴滤池进水总有机负荷 [kg/(m³·d)] (lb/d/1000ft³) | 1.2~4.8 (75~300) | 2.4 (150) |
| 曝气池边水深 (m) (ft) | 3.7~6.4 (12~21) | 5.5 (18) |
| 曝气池在平均日流量下的HRT (min) | 30~240 | 120 |
| 曝气池在峰值流量下的HRT (min) | 10~40 | 30 |
| 曝气池SRT (d) | 1.0~8.0 | 3.0 |
| 曝气池MLSS (mg/L) | 1500~6000 | 2500 |
| 平均日流量下沉淀池溢流率 (m³/m²·d) (gpd ft²) | 20.4~40.7 (500~1000) | 32.6 (800) |
| 底流浓度 (总固体的百分数) | 0.6~1.2 | 0.8 |

## 3.10.1 活性生物滤池 (ABF)

活性生物滤池 (activated biofilter, ABF) 是中等有机负荷的滴滤池。由于回流污泥和初沉池出水混合后洒到滤料上，因此ABF必须采用模块化塑料或红杉木做滤料，而不能采用碎石做滤料。一些设计人员认为ABF能够提高污泥的沉降性能，较低的SVI确能带来一些益处。对此，有理论认为滴滤池具有较高的食物和微生物比 (F/M) 和分散的推流式流态，这使异养菌比丝状菌更具有竞争优势，从而导致了细菌选择的发生。尽管在低有机负荷下性能良好，ABF工艺一般不能始终满足容许的出水水质要求（管理部门提出的）。ABF工艺有机负荷为0.9~1.6kg $BOD_5$/(m³·d) (60~100 lb $BOD_5$/d/1000ft³) 时，出水$BOD_5$和SS可小于30mg/L。在滴滤池总有机负荷为这个负荷的150%~200%时，TF/SC工艺的出水水质比ABF工艺能更好一些，因此人们通常认为ABF是落后工艺而不选用它。在低温季节，如果没有短期曝气，ABF工艺也不能保证良好的性能。为了解决这些问题，人们在ABF系统内增加了一个小的曝气池，从而构成了生物滤池/活性污泥的单元（人们普遍称为BF/AS）(Harrison and Timpany, 1988)。

## 3.10.2 滴滤池/固体接触 (TF/SC)

市政污水中的大多数有机物呈胶体或颗粒状态 (Boltz和La Motta, 2007; Levine等, 1985, 1991)。与其他生物膜反应器类似，滴滤池的生物絮凝作用很差 (Boltz等, 2006)，因此TF/SC工艺基于的前提是: 滴滤池出水含有高浓度的不易沉淀的胶体和颗粒型有机物，这些有机物可通过在固体接触池内的生物絮凝来去除 (La Motta等, 2004); 通过污泥处理中的生物过程，这些被截获的颗粒和胶体可被水解和去除。TF/SC工艺包含以下部分:

(1) 一个碎石或模块化塑料滤料滴滤池;
(2) 一个曝气固体接触池和（或）回流污泥或底流的再曝气池;
(3) 一个能够迅速排泥的圆形絮凝沉淀池。

美国环境保护局（来自Matasci等人 (1986) 准备的一个报告）描述了TF/SC工艺的独有特征:

(1) 滴滤池内发生大部分溶解性$BOD_5$的去除;
(2) 回流污泥与滴滤池出水混合，而不是与一级出水混合;

# 第3章 滴滤池及与活性污泥联合工艺的设计和运行

（3）固体接触池用以提高滴滤池出水中分散性固体的生物絮凝作用（如固体捕捉）；

（4）固体接触池的SRT少于2d；

（5）固体接触池好氧水力停留时间（HRT）为1h或更少（以含回流的总流量计）；

（6）滴滤池内生长的硝化生物膜脱落后提高了固体接触池内悬浮生物的量，因此会使固体接触池具有硝化作用。但在设计上却不要求固体接触池能发生硝化。

固体接触池的体积一般只有单独使用活性污泥法的曝气池体积的5%~20%。

TF/SC工艺有3种操作模式：模式Ⅰ、模式Ⅱ和模式Ⅲ。模式Ⅰ完全依靠固体接触池来完成胶体和颗粒性有机物的生物絮凝和剩余溶解性有机物的氧化。模式Ⅱ完全依靠回流污泥曝气池：曝过气的回流污泥与滴滤池出水混合后发生胶体和颗粒性有机物的生物絮凝。模式Ⅲ既利用固体接触池，也利用回流污泥曝气池。典型的TF/SC工艺按照模式Ⅰ运行。但截至2001年，超过一半的TF/SC工艺按照模式Ⅲ运行（或者具有操作上的灵活性，可按照模式Ⅰ或模式Ⅲ运行）。应当说明的是，因为模式Ⅱ没有固体接触池而只有一个污泥再曝气池，因此模式Ⅱ很少使用，一般也不建议使用。当考虑到滴滤池的有机负荷较高，会发生溶解性$BOD_5$泄露到固体接触池时，常采用模式Ⅰ。在模式Ⅲ中，污泥再曝气池能够起到增长污泥量的作用继而起到以下效果：适应较长的SRT、弥补剩余污泥排放计量不准确带来的问题、防止雨季时悬浮生物量被冲走（Parker和Bratby，2001）。上述三种操作模式见图3-23。

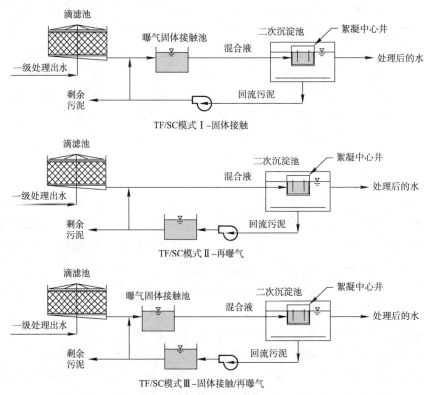

图3-23 TF/SC工艺的三种操作模式（依据Parker和Merrill，1984）

TF/SC工艺中碎石滤料滴滤池的有机负荷可达到0.4kg $BOD_5$/（$m^3·d$）（25 lb $BOD_5$/

d/1000ft$^3$)。Matasci 等人（1988）证明对于采用碎石滤料滴滤池的 TF/SC 工艺，当负荷为 0.9kg BOD$_5$/(m$^3$·d)(55-lb BOD$_5$/d/1000ft$^3$)时，出水 SS 和 BOD$_5$ 平均值分别为 19 和 15mg/L。对于采用模块化滤料滴滤池的 TF/SC 工艺，其有机负荷也高于滴滤池工艺的相应数值。Parker 和 Bratby（2001）表明，对于 TF/SC 工艺的交叉流滤料滴滤池，有机负荷可为 0.2~2.1kg BOD$_5$/(m$^3$·d)(20~130 lb BOD$_5$/d/1000ft$^3$)（低值用于碳氧化/硝化滴滤池）。对于交叉流滤料的滴滤池，随着有机负荷的增加，出水 SS 会随之增加。当负荷为 1.3~1.8kg BOD$_5$/(m$^3$·d)(80~110 lb BOD$_5$/d/1000ft$^3$)时，交叉流滤料滴滤池会有严重的气味问题。采用 TF/SC 工艺时，必须因地制宜地确定导致碎石滤料滴滤池产生较大气味的有机负荷值。这一有机负荷值可作为不产生较大气味的上限。当滴滤池的有机负荷较大时，建议采用加盖、通风和气体收集处理等措施。至于 TF/SC 工艺能否抵抗冲击负荷或当有机负荷增加时是否具有可靠性和稳健性，尚缺乏足够的研究。

固体接触池的 HRT 一般在 10~60min 之间。Parker 和 Bratby（2001）报道，设计指南中的固体接触池最低溶解氧值为 2.0mg/L。Motta 等人（2003）证明，当减少曝气导致的速度梯度时，Marrero 污水处理厂（路易斯安那州的 Marrero 区）的 TF/SC 工艺出水 SS 会降低。由于气泡直径会影响到 TF/SC 工艺的性能，研究人员将粗气泡曝气器更换为微气泡曝气器，并把溶解氧控制在 1.0~1.4mg/L。对于一个实际工程中的 TF/SC 工艺，当固体接触池的好氧 SRT 为 1.0~1.5d 时，SVI 值较低。

当絮体从固体接触池到絮凝沉淀池时，絮体可能会受到机械力剪切和氧气不足的影响。固体接触池内空气的轻度扰动也能破坏絮体的结构。无论是破坏絮体结构的完整性还是让生物量重新处于厌氧状态，都会影响 TF/SC 工艺的性能。因此良好的生物量控制是 TF/SC 工艺成功运行的重要特征。如果固体接触池和沉淀池之间的距离过长，可能需要对渠道曝气或采用其他措施保证絮体的好氧状态。在絮凝沉淀池的中心井部位会再次发生絮凝，此处也会按照絮凝工艺的要求设计。为了防止絮体再次出现厌氧状态，尽快将生物量回到固体接触池也很重要。Parker 等人（1996）已经讨论过絮凝沉淀池的设计。絮凝沉淀池有很多特殊之处，如絮凝中心井、堰的设置、加大的池边水深和系统中污泥量的控制等。Wahlberg 等人（1994）给出的数据表明，絮凝中心井内的停留时间为 20min（旱季平均流量，额外允许 50% 的污泥回流量）时，92% 的絮体就是在这里形成的。中心絮凝井的直径一般为沉淀池直径的 32%~50%。在正常运行条件下，应维持污泥床处于最小的厚度（如 0.15m 或更少）。在雨季峰值流量时，系统内的生物量被陡增的流量从固体接触池带入沉淀池。生物量在沉淀池积聚会增加污泥床厚度。回流污泥泵则会将这些积聚的生物量打回固体接触池。絮凝沉淀池比通常的沉淀池要深，池边深度一般为 5.5~6.0m。这些多出的体积是为了存储雨季流量导致的生物量（Parker 等，1996）。工艺设计人员应注意到使用刮泥机增加了污泥在沉淀池污泥床的停留时间。因此存在这样的风险：回流污泥会出现厌氧状态和出水 SS 升高。

### 3.10.3 粗滴滤池/活性污泥（RF/AS）

对现有采用活性污泥污工艺的污水处理厂，常用的改造方式就是在活性污泥池前加装粗滴滤池，这称之为粗滴滤池/活性污泥（RF/AS）工艺。粗滴滤池属高负荷滴滤池，其滤料体积只有滴滤池单独使用时相应体积的10%~40%。曝气池的HRT也只有单独使用曝气池工艺的相应HRT的30%~50%。尽管设计人员混用TF/AS和RF/AS这两个术语，但这里使用RF/AS这种说法。TF/SC和RF/AS工艺具有相同的流程。但是，RF/AS工艺中的滴滤池主要用来减少活性污泥单元的有机负荷，其体积要小一些。RF/AS工艺中的活性污泥单元是去除$BOD_5$的主要场所。

### 3.10.4 生物滤池/活性污泥（BF/AS）

除了回流污泥像ABF工艺的那样回流到滴滤池顶部，BF/AS工艺类似于RF/AS工艺。特别是处理食品加工废物时，将回流污泥回流到滴滤池顶部的做法能减少丝状菌带来的污泥膨胀。尽管污泥回流有时能提高污泥沉降性，但没有证据表明能提高生物滤池氧的传递能力。

### 3.10.5 滴滤池/活性污泥（TF/AS）

与RF/AS和BF/AS工艺类似，TF/AS工艺的有机负荷也比较高。TF/AS可能会在滴滤池和SGR之间设置中间沉淀池，用以在污水进入SGR前去除滴滤池产生的SS。与取消中间沉淀池节省的投资和运行费用相比，增设中间沉淀池能减少下游水处理单元对氧的需求这一好处微不足道。因此大多数设计人员不喜欢采用TF/AS工艺，而喜欢采用RF/AS或TF/SC工艺。

# 第4章 生物转盘

## 4.1 引言

生物转盘[①]（rotating biological contactor，RBC）是广泛用于污水二级和二级半（advanced secondary wastewater treatment）处理的生物工艺，被用于单独去除$BOD_5$、单独硝化或者同时去除$BOD_5$和硝化。在要求出水平均$BOD_5$和悬浮固体（SS）为30mg/L时，生物转盘被广泛作为二级处理工艺。当$BOD_5$和SS的限值≤10mg/L，氨氮要求低于1mg/L时，作为二级半处理工艺的生物转盘出水常需要进行过滤。生物转盘已经被用于工业废水的好氧处理，也被用于缺氧反硝化中。

生物转盘是一种固定膜[②]（fixed-film）或附着生长（attached-growth）的生物处理工艺。生物转盘就是把聚苯乙烯或聚氯乙烯的圆形盘子固定在水平轴上，其中部分盘子（一般为40%）淹没在盛有污水的池子中。也有的生物转盘把塑料填料放在圆柱形篮子或笼子里，而这些篮子或笼子固定在水平轴上。盘子对着进水缓慢旋转（1~1.6rpm），这样可以将生物膜与其食物和营养接触，并给其提供必要的氧气。多余的生物膜会从载体上脱落下来，然后被后面的沉淀池去除。图4-1给出了生物转盘工艺的示意。

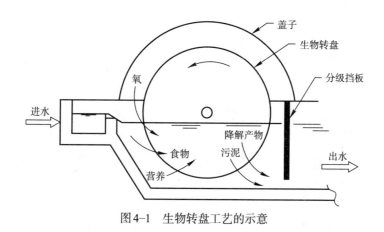

图4-1 生物转盘工艺的示意

淹没式生物转盘（submerged biological contractor，SBC）是生物转盘工艺的一种变形，转盘的70%~90%被淹没在污水中。这种工艺的可能优点有：降低轴的负荷、适合现有活

---
① Rotating Biological Contactors，直译为"旋转生物接触器"。考虑到"生物转盘"的说法在国内更为普遍，本书译为"生物转盘"。译者注。
② 考虑到汉语的习惯，本书有的地方将Fixed Film译为"生物膜"。译者注。

性污泥曝气池的改造、使用空气双汇管（header）冲刷系统（减少生物膜厚度）和载体可绑成大直径束等。淹没式生物转盘（SBC）的设计方法与空气驱动生物转盘的类似。淹没式生物转盘也被用于反硝化，此时轴采用机械驱动，并应降低进入水中的空气量。但总的来说，淹没式生物转盘并未得到广泛应用。

生物转盘一般由标准单元组成。每个标准单元的直径为3.5m，长7.5m。如果采用标准密度载体，则标准单元的表面积为每轴9300m$^2$。如果采用高密度载体，则标准单元的表面积大约为每轴13900m$^2$。标准密度载体的生物转盘一般用于BOD$_5$的去除，此时生物膜相对较厚，因此要求载体的开放性要好，这样才能使污水流入载体并与之接触。高密度载体的生物转盘多用于硝化，此时生物膜相对较薄。采用多级生物转盘时，有些设计在前级采用的载体表面积较小，但后级则采用具有相对较大表面积的载体。生物转盘最近的一个进展就是采用塑料束代替圆盘，将束状载体放在固定在轴上的圆柱形篮子里。这样的载体对生物膜生长而言，具有很高的比表面积。

为防止藻类生长、冬季热量散失和紫外对聚乙烯载体的伤害，生物转盘一般加盖。尽管传统的建筑结构也用作盖，但最常使用的是预制玻璃纤维和活动房屋。

生物转盘工艺一般由多级组成。为了提供足够的表面积，每级有一个或多个轴，各级轴可布置成多行或一行。布置成一行时，多个轴一般共用一个池子，通过在轴之间安装挡板可将每个轴严格地分为不同的级。应根据处理程度确定需要的级数：粗处理时一般为1~2级，而硝化时则需要6个或更多的级。轴一般与来水方向垂直，用挡板分级。对于处理水量小的污水处理厂，轴可沿着进水方向设置，用挡板分成多个级从而形成一轴多级的模式。图4-2给出了生物转盘的常见布置方式。

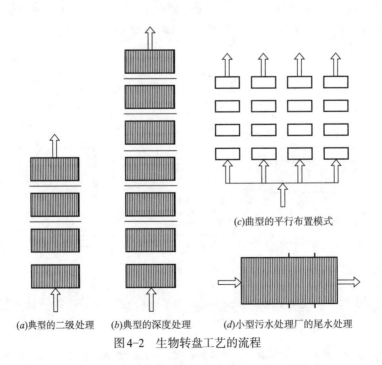

(a)典型的二级处理　(b)典型的深度处理　(c)曲型的平行布置模式　(d)小型污水处理厂的尾水处理

图4-2　生物转盘工艺的流程

轴的旋转一般是机械驱动的，但也使用空气驱动的方式。空气驱动由扩散空气和杯组成。杯固定在载体圆周上,能俘获扩散空气由此借助浮力的作用使轴旋转。机械驱动系统可认为是恒速/变转矩模式,就是轴的转速相对不变,但随着生物量的增长和其他条件的变化,驱动轴转动所需的转矩是变化的。空气驱动系统可认为是恒转矩/变速模式,就是空气速率一定的前提下,对轴的转矩是相对不变的,但随着生物量的增加和其他条件的变化,轴的转速是变化的。

生物转盘有许多优点:简单、维护量少、能耗低、总投资小、冲击负荷后恢复快。然而,以下原因也导致了大量生物转盘工艺的失败:

(1)轴、载体或载体支撑系统的结构破坏;
(2)处理效果低于预期效果;
(3)有害生物体过多生长;
(4)生物量的过多或不均匀生长;
(5)空气驱动系统无法正常驱动轴转动;
(6)中试试验数据的错误应用。

上述失败主要是以下情况导致的:

(1)错误使用工艺或设计标准不够;
(2)起初的轴和载体支撑系统设计不足;
(3)上游处理不足;
(4)工艺设计时没有考虑侧流带来的负荷;
(5)对生物转盘的长期运行效能和实际工程中的工艺特点没有彻底理解;
(6)基于有限数据(且数据主要来源于小型系统)确定了设计标准和规范;
(7)缺乏一种安全的方法来建立生物转盘工艺参数之间的关系。

对早期安装的生物转盘所遇到的问题,现在都已经有了更深的理解。生物转盘也已经在很多地方成功运转。然而一些管理机构出台了政策,限制或禁止在他们的管辖区使用生物转盘。因此,在考虑工艺之前,设计人员应调查生物转盘工艺在该地区是否允许使用。

除了可预计的益处或优点外,设计人员必须考虑到生物转盘工艺的不足、实际工程长期运行的效能和过去20年积累的实践性知识。像任何工艺的设计一样,正确地确定尺寸和工艺、采用保守且富有灵活性的设计方法、对材料和组件规格的仔细考虑,是生物转盘能够成功运行的保证。

## 4.2 工艺设计

污水中的溶解性和颗粒性碳化$BOD_5$($CBOD_5$)通过生物转盘的生物膜氧化和新细胞合成被去除掉。溶解性污染组分、营养物和氧气从污水主体中转移到生物膜,而降解产物从生物膜转移到污水主体中。颗粒性污染组陷入生物膜后先被水解,然后被降解。生物转盘宏观上的成功运行必须依靠恰当的工艺和环境条件。设计生物转盘时的主要考虑因素有:载体表面积、pH和营养平衡、氧的传递、流量和负荷变化、运行温度、多余生物量、毒性和抑制物质。

## 4.2.1 载体表面积

足够的载体表面积是生物膜是否够用的基本条件。当基质利用速率保持不变时,生物膜量会影响工艺处理和运行的效果。底物去除速率必须与系统的氧传递能力相匹配。为了减少出现一些有害生物和减少过量生物膜的生长(会破坏轴或载体的结构),必须有足量的载体和保证系统正常运行。

在满足设计目的的前提下,载体面积的选择就是在经济性和保守地估计工艺性能之间的一场博弈。当污水中基质浓度较高时,底物比利用速率也高,因此为达到同样的处理程度,将生物转盘分级后所需的载体面积小于不分级时的生物转盘载体面积。单级系统可能需要将水中$BOD_5$浓度减少到相对较低的水平,而这会降低$BOD_5$去除速率,因为当$BOD_5$浓度较低时,底物利用比速率与$BOD_5$浓度有关(一级动力学)。将生物转盘分级是个经济的设计方法。分级后前端生物转盘的有机负荷、水中的$BOD_5$浓度和底物去除速率都相对较高。然而应注意的是,不要让前端生物转盘的负荷过高,以致氧气传递不足,进而导致一些有害生物出现、轴负担过重和出现其他工艺问题。

为满足$BOD_5$去除的要求,早期利用图表(生物转盘厂家提供)确定的载体表面积比利用污水处理厂长期运行的数据所确定的表面积要小。然而利用最少的数据和试验装置得到的图表法后来证明在确定生物转盘尺寸时却是最有利的。当用于确定去除$BOD_5$和硝化所需的生物转盘表面积时,最近开发的模型更加可靠。本章随后会介绍这些模型。本书第3章讨论的滴滤池模型,同样也适合生物转盘工艺的设计。另外,第11章给出了生物膜模型的通用概念。

对回流造成的负荷(如固液分离或滤池反冲洗)考虑不周是一些污水处理厂的运行效果不佳的原因。然而这不是生物转盘工艺所特有的,也不是生物转盘工艺本身导致的。设计人员应当对整个生物转盘工艺进行完整的物料衡算,以此确定回流对生物转盘的进水流量和有机负荷的影响程度,并由此确定载体的面积。

## 4.2.2 pH和营养平衡

同任何生物处理工艺一样,生物转盘也需要合适的pH和营养平衡才能运行良好。细菌生长的最佳pH是6.5~7.5(Metcalf和Eddy,1979)。当需要硝化时,偏碱性会好一些。对于活性污泥系统,最佳pH为7.5~8.5(Sawyer等,1973)。对于生物转盘系统,当pH从7.0降低到6.0时,硝化速率迅速降低(Brenner等,1984)。驯化良好的生物转盘系统,如果pH能维持在很窄的范围内运行,可能能忍受低于7.0的pH。但在此pH下,系统的缓冲能力很差,系统的pH值很难保持稳定。

硝化系统消耗碱度,因此污水的碱度非常重要。具有硝化作用的自养生物消耗无机碳(碱度)。碱性氨($NH_3$)转化为硝酸盐会释放氢离子($H^+$),因此会产酸(氧化铵,$NHO_3$)。氧化每毫克氨氮大约需要7mg/L的碳酸钙($CaCO_3$)。早有建议说硝化污水处理厂的出水剩余碱度应保持在50~100mg/L(Envirex公司,1989)。这一浓度的碱度会使水的pH在7.0或以上。当原水碱度不够时,可能需要投加化学物质。

参与污水处理的微生物需要营养才能使细胞生长,因此必须给它们提供足够的营养才能维持工艺的正常性能。典型的质量比是100：5：1（BOD：N：P）。

### 4.2.3 氧的传递

氧的传递速率必须足够大才能维持生物转盘的完全好氧状态。有机负荷超过了系统的氧传递能力会导致生物转盘性能下降、出现气味和一些令人讨厌的生物。在实际工程中，对于机械驱动的生物转盘系统，氧的最大传递速率可达到6.8~7.3g $O_2$/（$m^2 \cdot d$）（1.4~1.5 lb/d/1000$ft^2$）（Scheible和Novak，1980）。如果对机械驱动的生物转盘进行额外的曝气，氧的传递效率会有2%~2.5%（以供气量计）（Chou，1978）。假定气动生物转盘的氧传递效率为2.5%，空气量为7$m^3$/min，面积为9300$m^2$（100000$ft^2$）的生物转盘的氧传递速率约为8.3g $O_2$/（$m^2 \cdot d$）（1.7 lb/d/1000$ft^2$）。如果氧化1kg氨氮需要4.6kg氧，则1.5g/（$m^2 \cdot d$）（0.3 lb/d/1000$ft^2$）的最大氨氮去除速率与6.8~8.3g $O_2$/（$m^2 \cdot d$）（1.4~1.7 lb/d/1000$ft^2$）的最大氧传递速率是对应的。

历史上，生物转盘的中试采用小规模装置，但圆周速度（大约为18m/min）与实际工程的相同。与实际工程中的大直径生物转盘相比，小直径生物转盘的氧传递能力高，因此中试得到的数据有误导性。Reh等人（1977）估计，直径0.5m的生物转盘的氧传递速率是直径3.2m生物转盘的1.6倍。其他人也报道了类似的放大问题（Brenner等，1984）。基于这些原因，小规模生物转盘得到的数据只可用于评估污水能否采用生物转盘处理的可行性，但不能用于生物转盘的实际尺寸设计。

过去，厂家建议第一级生物转盘的最大有机负荷约为20g 溶解性$BOD_5$（$SBOD_5$）/（$m^2$载体 · d）（4 lb/d/1000$ft^2$）。对于典型生活污水的一级处理出水，溶解性$BOD_5$占总BOD的50%。因此厂家的建议值相当于有机负荷为39g $BOD_5$/（$m^2$载体 · d）（lb/d/1000$ft^2$）。但当第一级生物转盘的负荷超过15g $BOD_5$/（$m^2 \cdot d$）时（3 lb/d/1000$ft^2$），氧气转移能力还是富裕的（McCann和Sullivan，1980）。对23个污水处理厂的调查表明，由于第一级生物转盘的负荷超过约31.2g $BOD_5$/（$m^2 \cdot d$）（6.4 lb/d/1000$ft^2$）导致了氧气传递受限，进而出现了令人讨厌的生物（Weston公司，1985）。现在，有生物转盘厂家建议，对于不曝气的生物转盘，第一级的最大负荷约为12~15g $BOD_5$/（$m^2 \cdot d$）（2.5~3.0 lb/d/1000$ft^2$）（Envirex公司，1989）。假定$SBOD_5$/$BOD_5$为50%（15g $SBOD_5$/（$m^2 \cdot d$）或3 lb/d/1000$ft^2$），则这一负荷相当于24~29g总$BOD_5$/（$m^2 \cdot d$）（5~6 lb/d/1000$ft^2$）。厂家（Envirex公司，1989）表明，低于此负荷的设计能给不可预见的负荷和预防硫化物的产生提供保障空间。另一厂家（Lyco公司，1992）建议第一级生物转盘最大负荷为12~20g $BOD_5$/（$m^2 \cdot d$）（2.5~4.0 lb/d/1000$ft^2$）。

无论哪级生物转盘，设计人员都应将负荷限制在约29g总$BOD_5$/（$m^2 \cdot d$）以内。这一数值在氧的传递能力范围之内，也减少了不良生物出现的可能性。

### 4.2.4 流量和负荷变化

一般而言，生物转盘高负荷时出水浓度较高，但会被低负荷时较低的出水浓度所平衡。但是进水流量或进水有机负荷变化较大可能会使生物转盘工艺遭到破坏。一般来说，在高的冲击负荷下，生物膜工艺比活性污泥工艺更容易出现底物泄漏。当单位表面积的底物负荷超过单位表面积的底物去除负荷时，生物转盘工艺出水就会出现底物泄漏。进水的日变化可能会导致这一情况出现。此时增设流量均衡池比修建额外的生物转盘可能更经济有效。另外，也可把白天的高峰负荷存储到晚上低负荷时段再处理。

当峰值和均值流量比超过2.5时，应考虑设计流量调节池（Envirex公司，1989）。设计人员也应注意到包括固液分离中回流的负荷等导致的有机负荷变化，更应特别注意脱水回流的SBOD浓度。增设流量调节池可应对流量和负荷的变化，从而避免额外增设生物转盘和相应的载体。如果出水限制严格，增设流量调节池的方法是切实有效的。没有流量调节池时，水力负荷或有机负荷变化过大则需要增设生物转盘载体和池子。

除了每日之内的变化外，设计人员应考虑由于工业生产或其他可变条件导致的流量逐日变化。因为在平均负荷和峰值负荷下都要满足出水要求，所以设计时应考虑合适的安全系数或峰值系数。对任何工艺而言，设计采用的安全系数与污水排放标准的详细规定有关（瞬时值、月均值和排放物的年配额等）。

### 4.2.5 运行温度

对于生物转盘系统，水温降低会减少$BOD_5$和硝化的速率。设计人员应掌握水温的长期数据并合理选择寒冷天气运行时的污水设计温度，这一点非常重要。如果出水标准是季节变化的，应对每个季节进行计算以确定哪个时期是决定设计的关键时期。

据生物转盘厂家的说法，生化需氧量的去除和硝化速率在13℃以上时是相对不变的，但低于13℃则会急剧下降（Envirex公司，1989；Lyco公司，1992；Walker工艺公司，1992）。本章后面会介绍温度和载体尺寸之间的关系。

### 4.2.6 污泥产量

为了确定污泥处理设施的尺寸，必须对剩余污泥量进行估计。生物转盘工艺的产泥量与新细胞合成、内源呼吸导致的细胞分解、污水中惰性固体的存在、出水中含有SS等有关。

一般而言，生物转盘工艺的产泥量与其他生物膜工艺的产泥量相似。有厂家（Envirex公司，1989）说按照沉淀池底流计算，剩余污泥量大约为0.4-0.6kg/（kg去除的$BOD_5$），负荷低和细胞内源氧化高时取低值，负荷高时则取高值。污泥净产量一般为0.5~0.8kg/（kg去除的$BOD_5$）。考虑会出现载体上生物膜大量脱落和低温下内源呼吸减弱时的情况，设计人员应采用保守的方法估计污泥产量。

连续流、小体积排泥的沉淀系统可把生物转盘的污泥处理到浓度为2.5%~3%（Envirex公司，1989）。Envirex公司（1989）报道说通过重力浓缩或与初沉污泥一起在初沉池里浓缩，生物转盘污泥的浓度可达到4%~5%。与其他好氧生物处理系统一样，生物转盘污泥的可挥发固体量在80%~95%之间。

对于生物转盘系统而言，传统的机械排泥沉淀池是非常好的，当然也可考虑螺旋桨集泥装置。虹吸型沉淀池会把沉淀后的污泥稀释，因此一般不考虑采用。在沉淀池内浓缩污泥会带来问题。因为污泥的位置较低且比较浓，因此吸取污泥的管道和开口容易堵塞。

### 4.2.7 有毒和抑制性物质

进水中的有毒或抑制性物质的浓度如果足够高，则会对污水处理造成影响。另外，由于污水处理过程中会出现泄漏，过多的这类物质会对污泥管理和出水水质造成有害的影响。如果怀疑此类物质的浓度足以影响到生物处理系统，设计人员应去查阅当前的相关技术文献资料。

## 4.3 生物转盘的设计方法

关于生物转盘工艺去除$BOD_5$的性能，目前有很多的预测模型和方程。本节介绍其中的一些，并对由两个生物转盘厂家发表的设计曲线、模型和污水处理厂的实际运行数据进行比较。有些模型和厂家的设计方法是基于$SBOD_5$的，而有的是基于$BOD_5$的。为了统一表示，这里假定生物转盘进水（一级处理出水）和沉淀后的出水中$SBOD_5$占总$BOD_5$的50%，这样所有模型和设计方法都换算成基于总$BOD_5$并绘制成曲线。

### 4.3.1 莫诺动力学模型

作为美国环境保护局（U.S. EPA）资助的部分研究（Westong公司，1985），Clark等人（1978）给出了基于莫诺（Monod）生长动力学的设计方法。假定为稳态并简化了其他一些条件，通过物料衡算得出以下关系式：

$$R=(F_i/A_i)(S_0-S_i)=P_iS_il(K_i+S_i) \tag{4-1}$$

式中[①]  $R$——单位时间单位载体表面积去除的底物；

$F_i$——进入第$i$级生物转盘的污水流量（加仑/天，gpd）；

$A_i$——第$i$级生物转盘的面积（平方英尺，$ft^2$）；

$S_0$——第0级生物转盘的进水$SBOD_5$（mg/L）；

$S_i$——第$i$级生物转盘的出水$SBOD_5$（mg/L）；

$P_i$——第$i$级生物转盘的面积容量常数（$gpd/ft^2$·mg/L）；

$K_i$——第$i$级生物转盘的半速率常数（mg/L）；

基于11个生物转盘设施的$SBOD_5$数据，利用公式（4-1）的线性形式（$1/R=K/PS+1/P$），可以确定最大去除率$P$和半速率常数$K$。这些生物转盘大多数是空气驱动的，没有一个的有机负荷是超载的（第一级生物转盘的总$BOD_5$负荷低于31g $BOD_5/(m^2·d)$（6.4 lb/d/1000$ft^2$））。第一级到第四级的$P$和$K$值如下：

（1）第一级——$P_1$=1000（$gpd/ft^2$·mg/L），$K_1$=161mg/L；

（2）第二级——$P_2$=667（$gpd/ft^2$·mg/L），$K_2$=139mg/L；

（3）第三级——$P_3$=400（$gpd/ft^2$·mg/L），$K_3$=82mg/L；

（4）第四级——$P_4$=100（$gpd/ft^2$·mg/L），$K_4$=25mg/L。

采用上面的系数，利用公式（4-1）可计算出任意级生物转盘的$S_i$值（公式（4-2））。公式（4-2）中分子上的三项从左到右分别表示第一级、第二级和第三极生物转盘。

---

[①] 公式中的$l$，原书未做解释。根据下面内容推断，公式中不应有此字母。译者注。

$$S_i = \frac{\{[HL_1(S_0-K_1)]-P_1\}+\{[HL_2(S_0-K_2)]-P_2\}^2+[4(HL_3)^2(K_3\times S_0)]\}^{0.5}}{2(HL_1)} \quad (4-2)$$

式中 $HL_1$、$HL_2$、$HL_3$——分别代表各级生物转盘的水力负荷（m³/(m²·d)或gpd/ft²）。

如果用上述模型进行生物转盘的设计，则必须知道或假设溶解性$BOD_5$占总$BOD_5$的比例。美国环境保护局（Weston公司，1985）假定生物转盘的进水和出水沉淀后的$SBOD_5$均占总$BOD_5$的50%（采用生物转盘处理生活污水时的典型值）。美国环境保护局的研究（Weston公司，1985）认为这个模型过于保守（模型预测的有机负荷低于观测值），在生物转盘进水$BOD_5$约为100mg/L或以下时相关性最强。该研究被认为是"第一步收集的进水数据，应该用于各种流量和负荷下的模型验证。"

图4-3给出了Clark模型的图示，表示了生物转盘不同进水浓度与有机负荷率的关系。图4-3采用了之前提及的假设，认为$SBOD_5$是总$BOD_5$的50%。

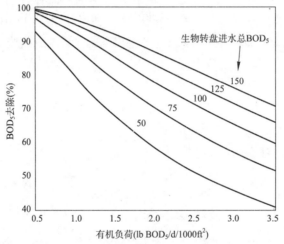

图4-3 Clark生物转盘预测模型（基于莫诺动力学的$BOD_5$去除模型）（lb/d/1000ft²×4.882=g/(m²·d)）
（1）图中给出的数值是总$BOD_5$；（2）假定$SBOD_5$占总$BOD_5$的50%；（3）温度>13℃；
（4）三级生物转盘，第一级的载体面积占50%；（5）标准密度载体。（lb/d/1000ft²×4.822=g/(m²·d)）

### 4.3.2 二级模型

根据两个实际工程中的中间生物转盘的数据，得到了二级动力学模型（Opatken，1980）。此模型预测的数据与9个其他的实际工程数据基本吻合（Brenner等，1984）。基于Levenspiel方程（Levenspiel，1972）的公式如下：

$$C_n = \frac{-1+[1+4kt(C_{n-1})]^{0.5}}{2kt} \quad (4-3)$$

式中 $C_n$——第$n$级生物转盘出水$SBOD_5$（mg/L）；
$k$——反应常数（L/(mg·h)）；
$t$——第$n$级生物转盘的平均停留时间（HRT）（h）。

对市政污水，$k=0.083$L/(mg·h)是合适的，可用池容积/载体面积为4.9L/m²（0.12gal/ft²）来确定HRT。

图4-4是Opatken模型（1980）的图解。该图反映了不同进水$BOD_5$浓度和有机负荷的关

系。图4-4同样采用了之前提及的假设，认为生物转盘进出水SBOD$_5$均为总BOD$_5$的50%。

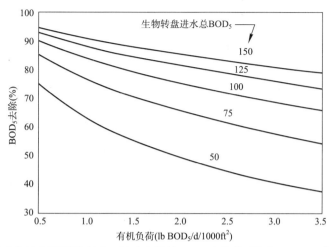

图4-4 Opatken的生物转盘预测模型（二级动力学的BOD$_5$去除模型）（lb/d/1000ft$^2$×4.882=g/（m$^2$·d））
（1）图中给出的数值是总BOD$_5$；（2）温度>13℃（55 ℉）；（3）假定SBOD$_5$占总BOD$_5$的50%；
（4）三级生物转盘，第一级的载体面积占50%；（5）标准密度载体。（lb/d/1000ft$^2$×4.822=g/（m$^2$·d））

### 4.3.3 经验模型

因为生物转盘是与好氧生物塔和滴滤池相似的生物膜工艺，因此好氧生物塔和滴滤池的数学关系也可用于预测生物转盘的性能。Benjes（1977）给出了预测生物转盘性能的经验关系式，如式（4-4）所示。这个关系式基于用于滴滤池和生物塔的Velz方程（1948，见第3章）和Schulze（1960）的。该关系式认为生物转盘出水中的剩余BOD$_5$与载体体积和水力负荷有关：

$$\frac{S_e}{S_i}=e^{-k(V/Q)^{0.5}} \quad (4-4)$$

式中　$S_e$——出水总BOD$_5$（mg/L）；
　　　$S_i$——进水总BOD$_5$（mg/L）；
　　　e——自然对数，2.71828；
　　　V——载体体积（m$^3$或ft$^3$）；
　　　Q——平均流量（m$^3$/（m$^2$·d）或gpm）；
　　　k——反应常数，0.30。

为了确定反应常数，Benjes（1977）总结了一些污水处理厂的运行数据。图4-5 是Benjes模型的图解，反映了进水浓度与有机负荷的关系。

### 4.3.4 生产厂家的设计曲线

厂家利用从试验和生产运行数据得来的关系曲线来设计生物转盘。Envirex公司（1989）使用一组曲线来预测出水BOD$_5$。该组曲线认为出水BOD$_5$是水力负荷和进水BOD$_5$的函数。与机械驱动的生物转盘相比，对于空气驱动的生物转盘，预测值比实际值要高一些。通过对出水SBOD$_5$和有机负荷的试验关系可得到生物转盘的设计曲线，见图4-6。位于威斯

## 第4章 生物转盘

康星州沃基沙的 Envirex 公司将上游生物处理的出水作为生物转盘的进水（生物转盘的进水 $BOD_5$ 相对较低，小于 100mg/L），也得到了图 4-6 的这条曲线。位于新泽西州万宝路的 Lyco 公司也使用图 4-6 的曲线，但这家公司采用总 $BOD_5$。第三家制造商，Walker 工艺公司，没有公布他们的设计曲线而是利用计算机来完成设计（Walker 工艺公司，1992）。

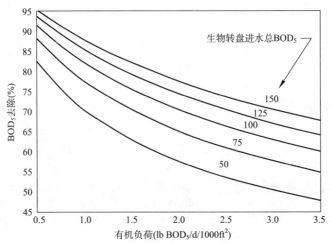

图 4-5　Benjes 的生物转盘预测模型（$BOD_5$ 去除模型）

（1）图中给出的数值是总 $BOD_5$；（2）温度 >13℃（55 ℉）；（3）标准密度载体。（lb/d/1000ft² × 4.882=g/(m²·d)）

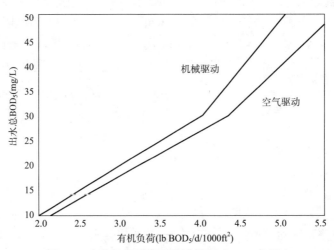

图 4-6　生物转盘厂家的设计依据（$BOD_5$ 去除）

（1）图中给出的数值是总 $BOD_5$；（2）温度 >13℃（55 ℉）；
（3）假定 $SBOD_5$ 占总 $BOD_5$ 的 50%（Envirex 公司，1989）（lb/d/1000ft² × 4.882=g/(m²·d)）。

除了采用上述方法确定生物转盘所需的载体表面积外，厂家还考虑其他因素，如每级生物转盘的最大有机负荷、寒冷季节的温度修正、污水性质和当地的具体条件等。有时当地的具体条件决定了确定载体面积时的安全系数（Envirex 公司，1992）。

### 4.3.5 模型的比较

假定处理程度相同的前提下，可对前面提到的各种模型计算出的有机负荷进行比较。

## 4.3 生物转盘的设计方法

典型的生活污水经过一级处理后总$BOD_5$为125mg/L,其中50%是溶解性的。假定总$BOD_5$的去除率分别为76%(二级处理效果)和90%,则不同模型计算出的有机负荷见表4-1。

不同模型计算出的有机负荷　　表4-1

| 模型或设计方法 | 负荷[kg总$BOD_5$/($m^2 \cdot d$); $lb/d/ft^2$] | |
| --- | --- | --- |
| | 去除率为76% | 去除率为90% |
| Clark模型 | 12.7 (2.6) | 6.8 (1.4) |
| Opatken模型 | 15.1 (3.1) | 3.9 (0.8) |
| Benjes模型 | 11.2 (2.3) | 3.4 (0.7) |
| Envirex公司,机械驱动型 | 19.5 (4.0) | 10.7 (2.2) |
| Envirex公司,空气驱动型 | 21.0 (4.3) | 12.2 (2.5) |
| Envirex公司,进水<100mg/L | 13.2 (2.7) | 7.3 (1.5) |
| Lyco公司 | 17.6 (3.6) | 8.8 (1.8) |
| Walker工艺公司 | 15.1 (3.1) | 8.3 (1.7) |

如表4-1所示,处理率不同时的有机负荷差别很大。在各种模型中,Benjes模型计算出的载体表面积最大,二级处理时是最小值的1.9倍,而深度处理时则为最小值的3.0倍。因此,设计工程师在选用模型时应该慎重。

### 4.3.6 预测数据和实际数据的比较

图4-7比较了根据厂家提供的设计方法(Envirex公司,1989;Lyco公司,1992)得到的计算值和27个污水处理厂的实际运行数据。27个污水处理厂中,Weston公司(1985)有16个污水处理厂,而Doran(1994)有11个污水处理厂。在给定的有机负荷下,27个污水处理厂的性能远远低于根据厂家的设计方法得到的数值(Envirex公司,机械和空气驱动型;Lyco公司)。Envirex公司的出水$BOD_5$设计曲线和低浓度进水$BOD_5$(总$BOD_5$<100mg/L)下的设计曲线与实测数据更加吻合,但$BOD_5$去除率依然比实测值高。

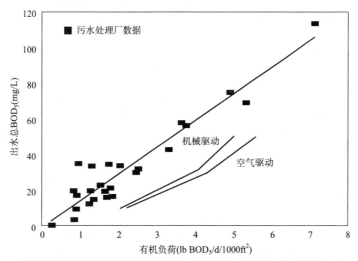

图4-7　生物转盘厂家的计算值和污水处理厂实际运行数据的比较($BOD_5$去除)
[$lb/d/1000ft^2 \times 4.882 = g/(m^2 \cdot d)$]

图4-8比较了Benjes模型与前述27个污水处理厂（见图4-7）的数据。图4-8中，Benjes模型将进水总$BOD_5$分为75mg/L、125mg/L和175mg/L三种情况，而来自27个污水处理厂的数据则按照进水总$BOD_5$分为50~100mg/L、100~150mg/L和>150mg/L三种情况。图4-8表明，在很宽的进水$BOD_5$范围内，Benjes模型和实测数据吻合较好。

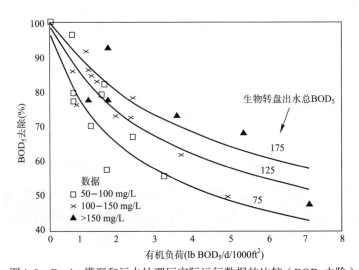

图4-8　Benjes模型和污水处理厂实际运行数据的比较（$BOD_5$去除）

（1）图中给出的数值是总$BOD_5$；（2）$k$=0.30；（3）温度>13℃（55℉）；（4）标准密度载体。（lb/d/1000ft² × 4.882=g/（m²·d））

如图4-8所示，污水处理厂的实际运行数据有些比Benjes模型计算的好些，有些则要差一些。Benjes模型在$k$=0.30时的计算结果为平均值，由于没有考虑安全系数，因此并不适用于保守设计。

图4-9是在27个污水处理厂的数据（见图4-7和图4-8）点上绘出的$k$=0.2~0.4时的Benjes模型曲线。$k$=0.27时的曲线能囊括大约75%的数据点，据此确定载体体积时，与$k$=0.30相比，相当于增加了25%的安全系数。$k$=0.25时的曲线能囊括大约85%的数据点。如果每日或每周的最大允许出水浓度限制比较严格、有机负荷变化较大或受其他当地条件的限制，则应选用较大的安全系数。

### 4.3.7　温度修正

降低污水温度后会减少微生物生长和底物利用的速率。生物系统一直使用范特霍夫-阿伦尼乌斯（Van't Hoff-Arrhenius）关系式来确定温度对动力学常数的影响。

$$\frac{K_T}{K_{20}}=\theta^{(T-20)} \tag{4-5}$$

式中　$K_T$——温度为$T$℃时的反应速率；

　　　$K_{20}$——温度为20℃时的反应速率；

　　　$\theta$——温度系数。

对于生物膜的生物处理系统，$\theta$值一般为1.01~1.05。对生物转盘工艺，由于实际运行数据不足，还不能对温度系数进行校正（Weston公司，1985）。

## 4.4 生物转盘的硝化模型

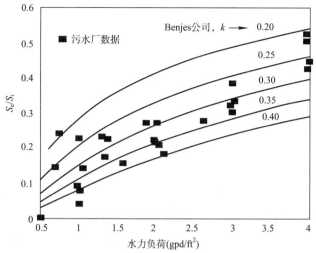

图4-9 Benjes模型中k对预测结果的影响（假定采用标准密度载体）（Envirex公司，1989）
（gpd/ft² × 40.74=L/（m²·d））

Benjes（1977）对一些污水处理厂和中试装置的数据进行了评估，试图确定公式（4-4）中的k值。温度超过13℃时k的典型值为0.3，但温度降至7℃和5℃时，k值分别减小到0.2和0.15。

主要的生物转盘厂家（Envirex公司，1989；Lyco公司，1992；Walker工艺公司，1992）都在他们的设计方法里提供了在确定载体表面积时的温度修正系数（见表4-2）。

确定载体表面积时的温度修正系数　　表4-2

| 温度（℃；℉） | 计算$BOD_5$去除时的温度修正系数 | | |
|---|---|---|---|
| | Envirex公司 | Lyco公司 | Walker工艺公司 |
| 18（64） | 1.00 | 1.00 | 1.00 |
| 13（55） | 1.00 | 1.00 | 1.00 |
| 10（50） | 0.87 | 0.83 | 0.87 |
| 7（45） | 0.76 | 0.71 | 0.73 |
| 6（42） | 0.67 | 0.66 | 0.65 |
| 4（40） | 0.65 | 0.62 | — |

在13℃时确定的载体表面积除以表4-2中的相应系数，就可得到设计温度下所需的载体表面积。与悬浮工艺的情况相同，用于硝化的系统比用于去除$BOD_5$的系统更易受到温度的影响。根据工艺的条件，低温时的固体停留时间（SRT）会是温暖季节时的两倍（美国环境保护局，1977）。

## 4.4 生物转盘的硝化模型

生物转盘也被用于硝化，当有足够的载体面积时，$BOD_5$去除和氨氮氧化都可发生，从而构成碳化/硝化生物转盘系统。生物转盘偶尔也被用于硝化其他生物处理系统的出水。

因为在好氧阶段大多数有机氮会转为氨氮，所以确定氨氮浓度时应采用总凯氏氮。

对于典型的生活污水，一些厂家（Envirex公司，1989；Lyco公司，1992；Walker 工艺公司，1992）认为总$BOD_5$降低到30mg/L或以下（$SBOD_5$为15mg/L或以下）时才会在生物转盘工艺中发生硝化。Brenner等人（1984）对污水处理厂的数据进行分析后报道说，有些污水处理厂的$SBOD_5$降低到大约为5mg/L时才可能出现最大硝化速率。

Pano等人（1981）基于莫诺（Monod）动力学得到的公式如下：

$$Z=k_n\left[\frac{C_i}{K_n+C_i}\right] \qquad (4-6)$$

式中　$Z$——某级生物转盘的氨氮去除率（$g/(m^2·d)$或$lb/d/1000ft^2$）；
　　　$k_n$——氨氮最大去除率（$g/(m^2·d)$或$lb/d/1000ft^2$）；
　　　$C_i$——某级生物转盘的氨氮浓度（mg/L）；
　　　$K_n$——氨氮半饱和常数（mg/L）。

基于15℃（59 ℉）下的中试数据，$k_N$和$K_N$分别为0.478和0.4（Brenner等，1984）。

有生物转盘厂家（Envirex公司，1989）的设计是基于以下认识：在13℃（55 ℉）、载体负荷$1.5g/(m^2·d)$下，氨氮浓度高于5mg/L时的氨氮氧化为零级反应，而氨氮浓度低于5mg/L时为一级反应。Envirex公司使用图4-10所示的一组曲线来确定硝化所需的载体表面积。

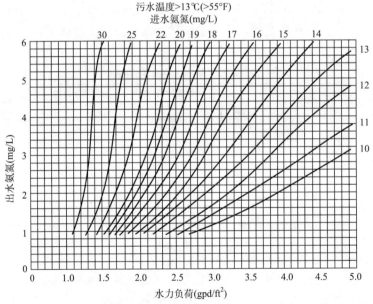

图4-10　厂家的设计方法：生活污水的硝化（Envirex公司，1989）（$gpd/ft^2 \times 40.74 = L/(m^2·d)$）

根据不同温度下的污水处理厂实测数据，Brenner等人（1984）认为温度超过13℃时，最大零级反应速率为$1.5g/(m^2·d)$（$0.3lb/d/1000ft^2$），不再随温度的升高而升高。这与两家生物转盘厂家（Envirex公司，1989；Lyco公司，1992）的建议相吻合。这两家公司认为温度超过13℃后确定载体面积时不必考虑温度的修正。氨氮去除速率超过$1.5g/(m^2·d)$时，氧传递将成为限制性因素。另外，温度升高后出现的捕食作用增强也会降低硝化的速率。

基于有限的数据，Brenner等人（1984）得出结论：尽管污水处理厂的数据比较分散，有些数据表现出的氨氮去除率显著低于1.5g/（m²·d）（0.3lb/d/1000ft²），但污水处理厂的平均性能接近某厂家的设计值（Envirex公司）。这说明设计时需要考虑安全系数。

Lyco公司（1992）建议不同的氨氮去除范围应采用对应的硝化速率：氨氮的去除从45~5mg/L、5~3mg/L和从3~2mg/L时，氨氮去除速率分别为1.5g/（m²·d）、1.2g/（m²·d）和0.75g/（m²·d）。

采用上述方法，Lyco公司进一步建议计算出每个氨氮去除范围内的氨氮去除量（kg/d），然后将之除以氨氮去除速率，就得到每个氨氮去除范围所需的载体面积（m²）。然后将所有氨氮去除范围对应的载体面积相加，就得到了硝化所需的载体总面积。这种方法与Envirex公司（1989）的方法类似。Envirex公司假定氨氮最大去除速率为1.5g/（m²·d）（0.3lb/d/1000ft²），当氨氮浓度低于5mg/L时就减少氨氮去除速率。

在设计硝化生物转盘时，应注意到因为有机氮可水解为氨氮，因此硝化也会利用系统中的有机氮。Randtke等人（1978）确定活性污泥法污水处理厂的溶解性有机氮平均为1.5mg/L，而其中有1mg/L是进水中的惰性（Refractory）有机氮。如果进水中有工业废水，则惰性有机氮的数量会变化很大。基于这些研究，Barth and Bunch（1979）建议设计生物转盘时，采用以下公式计算进水的TKN：

$$TKN_a = TKN_t - 1mg/L - (0.055 BOD_{5r}) \tag{4-7}$$

式中 $TKN_a$——硝化可利用的TKN（mg/L）；

$TKN_t$——生物转盘进水总的TKN（mg/L）；

$BOD_{5r}$——生物转盘工艺去除的$BOD_5$（mg/L）。

公式（4-7）假定进水TKN（总基耶达氮）中约有1mg/L为惰性TKN（不能被硝化所利用）。另外假定用于新细胞合成的TKN占被去除$BOD_5$的5.5%。扣除这些后剩余的TKN（$TKN_a$）会被用于硝化，因此应以$TKN_a$作为生物转盘设计的依据。Brenner等人（1984）强调了污泥处理回流液（消化上清液、脱水滤液、热处理液等）中的TKN成分，并认为应在生物转盘设计时考虑这些回流负荷。

关于生物膜工艺设计时所用的各种动力学模型的更多信息，见第3章。

## 4.5 生物转盘的反硝化

淹没式生物转盘（SBC）几乎全部淹没在水中，氧的传递受到最大程度地限制，所以能够出现适合反硝化反应的缺氧环境条件。采用淹没式生物转盘做反硝化的应用案例不多，但位于康涅狄格州的Wallingford污水处理厂却是一个值得关注的例子（Bradstreet等，2009）。这个污水处理厂原有规模为30000m³/d（8.0 mgd）。他们在原有生物转盘的基础上，在终沉池沉淀后污泥回流（水力停留时间为2.1h，规模为25000m³/d）的池子里进行前置反硝化。中试表明池子里的混合液能够满足工艺的要求。经过一段时期的优化运行后，该厂年均出水总氮低于8.0mg/L。优化脱氮性能的途径集中在以下几个方面：减少进入前置反硝化区的回流液中的溶解氧、保证污水中有足够的碳源用于反硝化、保证最佳的污泥浓度（冬季为1800~2000mg/L，夏季为3800~4000mg/L）。因为生物转盘污水处理厂一般不会按照较高的负荷来设计,因此过高的MLSS会过度增加终沉池负荷。该厂正在考虑采用淹没式生物转盘的后置反硝化系统,想通过外加碳源的方式把出水总氮降低到5mg/L以下。厂家考虑安全系数后建议的负荷为 $14.4 \text{ g/m}^3$(($0.9 \text{ lb NO}_3^-/1000\text{ft}^3$))。

## 4.6 物理参数的设计

### 4.6.1 平面布置

在平面布置时,设计人员应考虑到设备维护对空间的需求和将来污水处理厂扩容的要求。污水处理厂工作人员应能安全和方便地对轴承、测压元件、驱动、气阀及其他设备实施例行检查和维护。设计人员应考虑轴的更换和维修所需及起重机的操作空间等。为了方便池子的检查和维护,池子应设放空设施。为了能安全地进入某些狭窄空间,应有用以保证足够的通风量的移动式风机或其他设备。

为了扩容,将来可能会在现有工艺流程的旁边平行增设一套,也可能采用另外的工艺或对原有设施挖潜改造,这些在设计时都应考虑到。设计时应预留足够和合适的空间以供将来扩容之需。在渠道、配水井和其他"节点"可预留进出口,以方便将来的扩建增容。

### 4.6.2 池子体积

对于低密度载体,生物转盘所需的池子体积一般为 $4.9 \text{L/m}^2$ 载体($0.12\text{gal/ft}^2$)。高密度载体的生物转盘所需池子的大小和布置与低密度载体的相同。这是因为无论密度高低,轴的几何尺寸是相同的。另外这样做也可简化布置和节约基建费用。

### 4.6.3 水力和流量控制

生物转盘的进出水都是重力流的。在水力设计时,设计人员应考虑以下几个方面:在平行的生物转盘之间设置有效的配水设施;为了方便维护,流程的部分设施能够独立出来或能超越。为调节第一级生物转盘的负荷,在第一级生物转盘要能实现多点进水。对于多轴的第一级生物转盘,多点进水的设计非常重要,因为这可以实现各轴之间的负荷均衡。

通常在生物转盘流程(水流)的垂直方向上设水头损失很小的进水渠,然后通过自由出流堰将污水平行引入每个生物转盘系列。进水渠流速较低,因此为了避免悬浮物的沉淀和不让污水腐败,通常在沟渠内曝气。进水渠最好采用对称进水方式,这样可以使各个生物转盘系列的负荷均匀,由此减少了负荷不均带来的问题。

为了能将某个生物转盘系列隔离,可在进出水处设置闸门或叠梁闸。出水端为自由出流和进水段为低水头的宽进水堰对生物转盘的水力间隔是有利的,这是因为自由出流可防止出水逆行回到被隔离的渠道(没装隔断闸门时),而低水头宽堰会减少其他生物转盘系列的水面上升程度。

### 4.6.4 载体

生物转盘有低、中和高密度之分。低密度是指载体表面积约为 $118\text{m}^2/\text{m}^3$($36 \text{ ft}^2/\text{ft}^3$),

而高密度为180m²/m³（55 ft²/ft³）。这分别相当于100m²/m³（30 ft²/ft³）（标准密度）和140m²/m³（42 ft²/ft³）的塑料生物塔载体。

用于去除$BOD_5$的第一级生物转盘采用低密度载体可减少载体的堵塞和过多生物量积聚导致的超重问题。为获得相对较低的$BOD_5$和适应硝化，后级生物转盘常采用高密度载体。有生产厂家（Lyco公司，1992）建议把中密度载体安装在初级生物转盘（采用低密度载体）后和低$BOD_5$负荷的生物转盘（采用了高密度载体，用以硝化）前，作为过渡载体之用。

### 4.6.5 驱动系统

生物转盘既可采用机械驱动系统也可采用空气驱动系统。机械驱动系统包括马达、减速器和带式或链式驱动器（每个轴独立）。也可采用多级减速器代替带式或链式驱动器。一般而言，对于载体直径约为3.5m，长度为7.5m的标准尺寸的生物转盘，需要3.7kW（5hp）的机械驱动装置。空气驱动系统用远处的风机将空气送至位于每个轴下面的汇管系统。汇管装有粗气泡扩散器，每个标准尺寸的轴的空气量约为4.2~11.3m³/min（150~400 scfm）。这个数值与载体密度、轴的转速、污水温度、微生物黏液厚度和性质以及其他因素有关。空气驱动装置所需的空气量非常难以预测，轴和轴之间以及不同的时间之间会有很大的差异，这与环境和负荷有关。现有机械驱动系统的转速为1.2~1.6rpm，而现有空气驱动系统的转速为1.0~1.4rpm。

为了防止轴的承重出现不均衡，转速应保持一致，生物膜也应保持均匀。在机械驱动系统中，生物膜的不均匀生长会成为交变荷载，而在空气驱动系统中则会导致转盘出现脉动（不均匀旋转）。如果不加以处理，脉动会使污水处理效果下降和转盘无法正常转动。

对机械驱动系统，设计时应选择合适的材料和马达，以防止在潮湿的运行环境出现腐蚀。为了能够灵活地调整转速，应有可换滑轮或大小不同的齿轮，或变速马达。

对于空气驱动系统，考虑到维持转速稳定、转盘的启动、轴的偶尔高速旋转（为了控制生物膜的过量或不平衡生长），供气量应富裕充足。有资料显示，在负荷较大的情况下，为了维持1.2rpm的转速，每轴的供气量应需11.3m³/min（400 scfm）或更高的数值（Brenner等，1984）。在第一级生物转盘，一般会设有很多大容量（150mm）的空气杯。这些空气杯可对轴施加更大的转矩从而减少了轴的脉动。对于$BOD_5$负荷低和用于硝化的生物转盘，空气杯容量（100mm）要小一些（Envirex公司，1992）。

对于空气驱动系统，手动调整某轴的空气速率会影响到其他轴的空气量进而改变其转速。为了避免出现这种情况，有些生物转盘安装了转速传感器，每个轴也装有自动调整阀以稳定转速。为了避免轴的不稳定旋转或脉动，也有类似的传感和报警装置。

### 4.6.6 盖子

为了避免大气条件的影响，如紫外光对载体的破坏和藻类的生长，生物转盘需要加盖。生物转盘可安装在屋内或预制玻璃钢（FRP）盖子下。为了方便检查载体上生物膜的生长，玻璃钢盖子应有门。屋子可用砌石、处理过的木材和预制成型的金属材料建造。玻璃钢盖子一般分成块，这样方便运输。生物转盘或其轴维修时，也可方便地只移除相应部分的玻璃钢而无需全部移开。对于屋子，屋顶应可拆除，应考虑到轴的维修和更换以及其他主要部件维修时的方便。

设计人员还应考虑到屋子或盖子的通风、冷凝和湿气的控制、热损失、潮湿空气导致的腐蚀等问题。因为这些原因，有些玻璃钢盖子的设计将轴承和马达等放在了室外。

### 4.6.7 生物量的控制

生物膜过厚会导致以下问题出现从而影响生物转盘的性能：过量的或不均衡的轴荷载、空气驱动系统的脉动、载体堵塞、能耗高、黏液层厌氧导致出现臭味和一些令人厌恶的生物生长。

在设计阶段，应考虑设置检测轴重的设施，这样在生物膜的生长超出厂家建议的范围时，能够指示生物量的过度积累，同时这也是控制轴重的方法。一般会设置负荷传感器，这样就能用水力泵和压力传感装置对轴进行手动称重。也可使用电子应变计的负荷传感器。

可通过下述方法控制生物膜量：去除各级生物转盘之间的挡板、多点进水减少每级生物转盘的负荷、增加转速、短期停运一个系列让生物膜饥饿一段时间、曝气、交替反转生物转盘、采用化学药剂处理载体。设计时应考虑将来生物转盘运行时能够采用一种或多种上述措施。

## 4.7 生物转盘设计举例

### 4.7.1 二级处理

一级处理后进入生物转盘的水量和水质情况如下（包括了回流带来的负荷）：

平均流量 19000m$^3$/d（5.0mgd）；

进水 $BOD_5$=125mg/L；

峰值流量 37900m$^3$/d（10.0mgd）；

最低温度 10℃（50 ℉）；

出水总 $BOD_5$ 要求达到 30mg/L。

（1）按照温暖季节考虑，根据公式（4-4），反应常数取 0.30：

$\ln(S_e/S_i)=-k(V/Q)^{0.5}$

$\ln(30/125)=-1.43=-0.30(V/Q)^{0.5}$

$4.77=(V/Q)^{0.5}$

$22.7=V/Q$，ft$^3$/gpm

$V=22.7 \times 5.0 \times \left[\dfrac{10^6}{1440}\right]=78900$ft$^3$

（2）假定轴负荷为 2750ft$^3$/轴，则轴数量计算如下：

78900ft$^3$/2750ft$^3$/轴=28.7 轴

增加 25% 的安全系数：

28.7 轴 × 1.25=35.9 轴

考虑温度修正系数，10℃（50 ℉）时取0.87：

35.9轴/0.87=41.3轴（4150000ft²）

（3）假定第一级生物转盘的负荷取6 lb BOD/d/1000ft²，则第一级生物转盘的计算如下：

5mgd × 8.34 lb/gal × 125mg/L=5212 lb BOD$_5$/d

5212 lb BOD$_5$ × 6 lb BOD/d/1000ft²=868700ft²

如果每轴负担100000ft²，则需要9根这样的低密度载体轴。

（4）生物转盘设四级，每级设10个轴排成一行，则安全系数降为21%，有：

$$\frac{5212 \text{ lb BOD}_5/d}{[(10\text{轴})(100000\text{ft}^2/\text{轴})]} = 5.2 \text{ lb BOD}_5/d/1000\text{ft}^2$$

这个负荷是可以接受的。可把第一级的轴和第二级的轴之间的挡板去掉，从而进一步降低负荷，但这样生物转盘就变为三级。

### 4.7.2 二级半处理

某污水处理厂的设计负荷和流量如上面例题所示。假定生物转盘的出水氨氮和TKN分别为25mg/L和35mg/L。现在要满足处理标准：出水BOD$_5$=20mg/L，出水NH$_4^+$-N=5mg/L。

解题：

根据上面的例题，BOD$_5$降低到30mg/L（硝化才能开始）需要40根轴。

（1）计算设计氨氮值

35mg/L进水TKN减去1mg/L不可降解的出水TKN，再减去6mg/L由于细菌合成去除的TKN（0.055 ×（125–20））为28mg/L。

（2）因为出水氨氮=5mg/L，负荷设为0.3 lb NH$_4^+$-N/d/1000ft²：

[5mgd × 8.34 lb/gal ×（28–5）mg/L]/（0.3 lb NH$_4^+$-N/d/1000ft²）=3197000ft²

增加25%的安全系数：

3197000ft² × 1.25=4000000ft²

考虑温度修正系数，10℃（50 ℉）时取0.78[①]：

4000000ft²/0.78=5150000ft²

每轴负担150000ft²，则有：

5150000ft²/150000ft²=34轴

（3）布置方式

生物转盘设11行，每行由4个低密度和3个高密度的轴组成。这样载体总表面积达到869000m²（9350000ft²）。计算出的载体总面积为86400m²（9300000ft²）（386000m²+478000m²或4150000ft²+5150000ft²）。

（4）核算为了达到BOD$_5$=20mg/L所需的载体面积

BOD$_5$去除率=（125–20）/125 × 100%=84%

根据图4-5，有机负荷选择1.25 lb/BOD$_5$/d/1000ft²。

温度修正：

1.15 lb/BOD$_5$/d/1000ft² × 0.87[①]=1.00 lb/BOD$_5$/d/1000ft²

---

① 表4-2为0.87，下面的第（5）步也采用了0.87。译者注。

考虑增加25%的安全系数：

1.00 lb/BOD$_5$/d/1000ft$^2$ ÷ 1.25=0.80 lb/BOD$_5$/d/1000ft$^2$

根据上面的设计计算负荷：

5212 lb BOD$_5$/[9350(1000ft$^2$)]=0.57 lb BOD$_5$/1000ft$^2$

由此，按照生物转盘总面积计算的BOD$_5$负荷来看，选择的参数是合适的。

## 4.8 生物转盘的问题和解决办法

本节讨论生物转盘工艺应用期间曾出现的重大问题及相应的解决方法。本节着重介绍的问题有：由于负荷降低或污水处理厂扩容导致的处理能力不足、出水悬浮物和相应的BOD$_5$浓度过高、载体支撑材料的腐蚀等。

当处理性能出现不足时，在设计应对措施之前，应深入了解和掌握其原因。比如：

（1）出水溶解性物质浓度过高可能意味着生物转盘处理能力不足、负荷过高或工艺出现故障；

（2）出水溶解性物质浓度过低，但总浓度过高，意味着悬浮物去除出现了问题；

（3）营养出现不平衡、pH摆动过大、有机负荷变化大等意味着有工业废水进入；

（4）硝化生物转盘中出现pH下降和碱度降低意味着需要补充碱度；

（5）由于停留时间过短和对沉淀池的冲击，短时洪峰流量会对工艺造成破坏。

为了充分掌握生物转盘系统的性能，应对污水处理厂进行检测。为了在污水处理厂性能出现下降时及时采取有效的补救措施，应收集污水处理厂的重要来水（负荷）数据以提供重要的信息。在对污水处理厂进行大规模扩建改造之前，设计人员应调查以下内容能否用以提高污水处理厂的整体性能：进水负荷的可控性、一级处理的强化、回流的控制或单独处理、悬浮物的有效控制等。

### 4.8.1 处理能力不足

有些生物转盘设施的处理程度没有达到设计的预期值。这可能是以下原因导致的：对污泥处理回流的负荷考虑不足、生物转盘厂家的设计曲线对处理程度的预期过高、没有预计到的工业废水或其他负荷。

应对处理能力不足的方法有增加处理单元或采用其他降低系统有机负荷的正确步骤，可采用以下方法：

（1）单独处理或控制回流负荷；

（2）增加工业废物的预处理；

（3）提高预处理和一级处理的程度；

（4）额外新建的生物转盘；

（5）建造与生物转盘平行或呈系列的生物塔；

（6）建造与生物转盘平行或呈系列的活性污泥设施。

额外新建生物转盘能降低原有生物转盘的有机负荷和水力负荷，增加污水的处理程度。降低负荷还能缓解诸如供氧不足、不良生物的生长、轴承重过大等负荷过高带来的问题。在现有生物转盘的上游或与之平行增设生物处理系统可以达到同样的效果。

无论采取上述何种扩容措施，都应评估生物转盘系统的最大能力、何种措施是最经济和最适用的。有时也采取将水质不好的生物转盘出水和其他工艺（如活性污泥法）出水混合的方法。

### 4.8.2 首级转盘负荷过大

解决第一级生物转盘负荷过大的方法有：
（1）去掉每级间的隔板，以增加第一级生物转盘的载体面积；
（2）提高生物转盘的转速，以增加氧的传递和加快载体上生物膜的脱落；
（3）对机械驱动系统曝气；
（4）采用多点进水，将部分流量和负荷绕过第一级生物转盘；
（5）原水中投加化学药剂，强化一级处理中$BOD_5$的去除。

### 4.8.3 生物量过度生长

生物量的过度生长一般是有机负荷过高导致的。如果系统能力不足，无法采用之前所述的方法，则可考虑采用以下措施应对生物量的过度生长：
（1）用苛性钠擦洗载体或采用其他恰当的化学处理除去生物黏液；
（2）交替更换生物转盘旋转方向；
（3）对负荷过高生物转盘系列，停止或减少进水，使微生物处于饥饿状态，利用内源代谢的方式使其减量。

采用上述方法会对生物转盘的处理效率产生短期负影响。另外上述方法会短期增加其他生物转盘（未停运的）的负荷，由此可能加剧生物量在这些生物转盘上的生长。对长期超载运行的生物转盘，尤其是在冬季（内源呼吸速率低）和负荷高的污水处理厂，对轴重通过压力传感器进行定期检测是非常重要的。

### 4.8.4 空气驱动系统的脉动

脉动是由于生物量的不均衡生长导致的，也就是转速不能稳定。脉动一旦形成就很难控制。降低生物转盘的负荷或增加空气流速和轴的转速有时候能解决脉动的问题。在刚过旋转最高点处将水引入空气杯（防水型）可增加轴的旋转力矩，这可增加轴的有效负荷。如果轴重复性出现脉动且空气杯为100mm（4 in.），则可以将空气杯替换为150mm（6 in.）的。如果脉动严重，采用化学清洗或饥饿疗法可能是必须的。

### 4.8.5 沉淀池出水悬浮物过多

在生物处理系统中，细的胶体颗粒一般会被捕获并发生絮凝，然后在二沉池内被去除。在考虑能否达标时，细小悬浮物的溢流一直是个问题。威斯康星州兰开斯特曾成功地强化了沉淀池对悬浮物的去除。他们将终沉池的回流液回到空气驱动的生物转盘的进水中，从而形成了混合液。混合液的絮凝特性强化了细小悬浮物的捕获，从而使出水水质有了巨大提高（Doran，1994）。

有些生物转盘工艺为了增强出水悬浮物的控制，将生物转盘安装在曝气池内或将二沉污泥回流到生物转盘接触区。这方面已经有了专利。

在沉淀和对沉淀出水进行过滤时使用聚合物或其他混凝剂也是控制出水悬浮物的方法。沉淀池设计时选用了高的溢流率可能是出水悬浮物浓度过高的原因。

#### 4.8.6 载体支撑物的腐蚀

有些污水处理厂由于载体支撑系统的腐蚀导致了工艺失败。这可能是以下原因引起的：当地的水质、生物降解产物、起初的材料选型和焊接错误等。一些污水处理厂报道说腐蚀只发生在流程的某部分或某级生物转盘，这说明生物活性可能是个重要因素。载体腐蚀后，为了保证系统的完整性，可能需要修复焊接或更换材料，阴极保护也曾获得成功。通过更换材料和建造方式，厂家一直在努力提高生物转盘的结构设计。

## 4.9 中试研究

如果工业废水或城镇污水中含有大量的工业污染成分，则建议在建造生物转盘之前进行中试研究。应采用实际尺寸的载体进行中试，以减少放大问题。中试的时间要足够长，能反映季节的变化、有机和无机物质在载体上积聚的长期效应和其他影响工艺应用的重要因素。

设计中试厂时应包含可预计到的影响实际尺寸生物转盘的所有因素，如污水流量和浓度的日变化等。另外，污泥处理的上清液回流和污水处理厂内其他侧流的影响都应考虑在内。

为了能够全面评价工艺的性能，中试应适当地采集以下数据：

（1）每级生物转盘的进出水总$BOD_5$和溶解性$BOD_5$；
（2）每级生物转盘的溶解氧、TKN、氨、硝酸盐/亚硝酸盐；
（3）温度变化图和趋势；
（4）流量及其变化；
（5）轴重的趋势；
（6）空气驱动系统的空气需求量。

# 第5章 移动床生物膜反应器（MBBR）

## 5.1 引言

过去20年里，移动床生物膜反应器（moving-bed biofilm reactor，MBBR）已经发展成为简单、稳健、灵活和紧凑的污水处理工艺。不同构型的MBBR已经成功地用于去除BOD、氧化氨氮和脱氮，并能满足包括严格的营养物限制在内的不同出水水质标准。

移动床生物膜反应器使用特殊设计的塑料作为生物膜载体，通过曝气扰动、液体回流或机械混合可使载体悬浮在反应器中。大多数情况下，载体填充在反应器的1/3到2/3之间。反应器的出水端设置多孔盘或筛，这样可把载体截留在反应器内而让处理后的水进入下一单元。大家或许对MBBR印象最深的是它的多样性，这能让设计工程师充分发挥其想象力。与其他生物膜反应器相比，MBBR的最大不同就是它结合了活性污泥法和生物膜法的诸多优点，同时又尽可能地避免了它们的缺点：

（1）与其他淹没式生物膜反应器一样，MBBR能形成高度专性的活性生物膜，能适应反应器内的具体情况。高度专性的活性生物膜使反应器单位体积的效率较高，且增加了工艺的稳定性，从而减少了反应器的体积；

（2）与其他淹没床生物膜反应器不同，MBBR是污水连续通过的工艺，无需为了保证效果和产水量所需的载体反冲洗，因此减少了水头和运行的复杂性；

（3）移动床反应器的灵活性和工艺流程与活性污泥法非常相似，可将多个反应器顺序沿着水流方向布置以满足多种处理目标（比如去除BOD、硝化、前置或后置反硝化）而不需要中间设泵；

（4）大多数活性生物量持续性滞留在反应器内，因此与活性污泥工艺不同，MBBR的生物作用与泥水分离无关。MBBR出水固体浓度至少比反应器内的固体浓度低一个数量级，因此除了传统的沉淀池外，MBBR可采用各种不同的固液分离工艺；

（5）MBBR具有多样性，反应器可有不同的几何形式。对于改造工程，MBBR非常适合既有池子的改造。

## 5.2 移动床反应器

在污水处理领域，已有各种形式的载体（介质）和不同形式的反应器等很多的概念应用于活动床（载体）反应器（Lazarova和Manem，1994）。然而在市政污水处理中的活动床（mobile-bed）反应器中，当前人们感兴趣的是移动床（moving-bed）反应器。这种反

## 第5章 移动床生物膜反应器（MBBR）

应器使用了特殊设计的塑料载体。最早研究和开发塑料载体移动床反应器的是挪威特隆赫姆市的挪威科技大学（Norwegian University of Science and Technology，NTNU）。这项独创性的工作是在20世纪80年代中期开展的，最初是想经过国际共同努力以减少点源向北海的氮排放。在挪威，工程师和研究人员意识到很多情况下，利用紧凑的生物膜工艺是升级原有处理设施的最经济有效的方式（Odegaard等，1991）。由此，他们开发了塑料载体的移动床反应器。在20世纪80年代末期，位于日本东京的NKK公司也开发了名为生物管（Biotube）的柱状中空载体。

在20世纪80年代后期，挪威科技大学开发了最早的Kaldnes移动床工艺。随着该工艺的开发，根据与挪威滕斯贝格市Kaldnes的协议，成立了Kaldnes Miljøteknolgi AS子公司，移动床生物膜技术在1989年申请了专利并商业化。1994年，位于英国汉丁顿市的Anglian Water Services公司收购了这家子公司，把这项技术推广到全世界。2002年，瑞典Anox AB公司面向纸浆和造纸工业，开发了自己的移动床载体。

过去几年里，采用不同的几何形状、不同的材质和不同的制造技术，AnoxKaldnes和一些其他的制造商开发了很多载体（见表5-1）。迄今为止，世界上安装的大多数AnoxKaldnes MBBR采用K型载体。根据公司的实践经验，AnoxKaldnes的载体截留网不断发展：早期采用垂直固定的不锈钢平板网，现在则在曝气的MBBR中水平放置楔形不锈钢丝网。水平放置网时，其位置和朝向有利于利用载体和曝气管道进行网的擦洗。在没有曝气管道时（比如缺氧反应器），AnoxKaldnes还继续使用垂直固定的平板网。此时，沿着板的底部设气流喷射装置，这样可对筛网进行周期性脉冲以去除积聚在网上的杂物。图5-1展示了垂直和水平安装的截留网。

塑料生物膜载体    表5-1

| 制造商 | 名称 | 主体比表面积[①] | 载体额定尺寸（高度；直径） | 载体照片 |
|---|---|---|---|---|
| 威立雅公司 | AnoxKaldnes™ K1 | 500 m²/m³ | 7 mm; 9 mm | |
| | AnoxKaldnes™ K3 | 500 m²/m³ | 12 mm; 25 mm | |
| | AnoxKaldnes™ biofilm chip (M) | 1200 m²/m³ | 2 mm; 48 mm | |
| | AnoxKaldnes™ biofilm chip (P) | 900 m²/m³ | 2 mm; 48 mm | |
| Infilo得利满公司 | ActiveCell™ 450 | 450 m²/m³ | 15 mm; 22 mm | |

续表

| 制造商 | 名称 | 主体比表面积[①] | 载体额定尺寸（高度；直径） | 载体照片 |
|---|---|---|---|---|
| 西门子水技术公司 | ActiveCell™ 515 | 515 m²/m³ | 15 mm; 2 mm | |
| | ABC4™ | 600 m²/m³ | 14 mm; 14 mm | |
| | ABC5™ | 660 m²/m³ | 12 mm; 12 mm | |
| Entex 技术公司 | Bioportz™ | 589 m²/m³ | 14 mm × 18 mm | |

[①] 根据厂家资料。

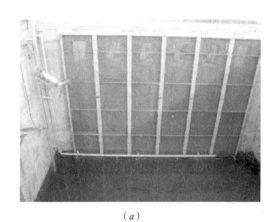
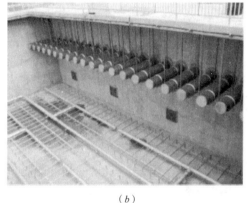

(a) (b)

图 5-1 截留网

(a) 带有气流喷射系统的垂直固定平板网；(b) 位于曝气管道上面的水平网

在曝气方面，AnoxKaldnes 采用可定制的曝气网格装置。该曝气网格由布气管和底部设有 4mm 曝气孔的小直径扩散器组成。这种结实但简单的曝气网格适应能力很强：无论是反应器工作时的恶劣环境，还是反应器停止工作放空后载体的重量都压在池底，这种曝气网格都能适应。粗气泡的设计、不锈钢材质和结实的构造保证了这种曝气网格无需日常维护，也无需周期性地更换扩散组件。图 5-2 是个典型的曝气网格。

近年来，一些采用其他塑料载体的移动床系统出现在美国市场上。美国的供应商提供的产品是 20 世纪 90 年代在加拿大和 2000 年早期在以色列开发的。下面介绍这两种产品的开发历史。随着 MBBR 被接受并逐渐流行，最近 10 年来，其他的制造商也进入了市场。

1994 年，位于加拿大新布伦兹维克的加拿大环境（Environment Canada）资助了一项污水处理技术的研究，其目的是给加拿大有硝化的市政污水处理厂在冬季低温时提供一种高效低耗的升级改造技术。研究的结果是对传统的活性污泥法进行生物膜改造［如生物膜和活性污泥组合工艺（integrated fixed-film activated sludge），简称为IFAS］，这样的改造投资和处理效果都是可接受的。这项研究最终开发出的载体首次应用于实际工程是在加拿大下游镇（Waterdown）的安大略污水处理厂。1997年~1998年，在该厂展开了IFAS工艺的硝化研究。

图5-2 典型的曝气网格
（a）曝气格网和布气管；（b）底部设有4mm曝气孔的不锈钢扩散器

2003年，以色列Herzliya的Aqwise（Wise Water Technologies，聪慧水技术）公司将生物膜气提反应器（Attached Growth Airlift Reactor，AGAR）工艺引入美国市场。成立于2000年的Aqwise公司开发了最早的AGAR反应器并有小型装置在以色列商业化。AGAR工艺的亮点之一就是开发和使用了一种塑料载体。这种载体能够提供最大的保护面积，同时提高了从主体液相到生物膜的传质速率。最早的几个AGAR工艺为了避免使用格网或筛子，曾试图使用特殊设计的挡板墙并结合水力阻障将载体截留在反应器内。但这样的方法最终还是被筛网所代替。

## 5.3 MBBR的设计

MBBR的设计是基于这样的概念：多个MBBR组成一个系列，每个MBBR都有特定的功能，这些MBBR共同完成污水处理的任务。这样的概念是合适的，因为在提供的独特条件（如可用的电子供体和电子受体）下，每个反应器都能培养出能够用于达到某个处理任务的专性生物膜。这种模块化的方式可看作是由多个完全混合式反应器顺序组成，每个反应器都有特定的处理目的，因此其设计简单明了。反观活性污泥系统的设计，就非常复杂：由于总是发生竞争性反应，为了在池子的每个部分（曝气区和非曝气区）所限的停留时间内达到理想的处理目标，必须使总生物固体停留时间（SRT）维持在合适的水平，从而保证细菌能混合（与细菌生长速率和原水性质有关）在一起生长。

正是MBBR具有简单性，使得我们可通过研究人员、工程师和污水处理厂运行人员的观察很好地从实践上理解MBBR中的生物膜。本节的大部分内容介绍MBBR的观测例

## 5.3 MBBR的设计

子,由此可证明哪些是MBBR设计和运行中的关键性部分和应考虑的因素。第11章讨论的工艺模型和污水处理厂模拟器可用于MBBR的工艺设计、优化和模拟。

### 5.3.1 生物膜载体介绍

任何生物膜反应器成功的关键都是在反应器内维持高比例的活性生物量。如果把MBBR载体上的生物量浓度换算成悬浮固体浓度,其数值一般是1000~5000mg/L左右。从单位体积来看,MBBR的去除率比活性污泥系统的去除率高得多(Rusten等,1995)。这可归功于以下几个方面:

(1)混合能(比如曝气)施加在载体上的剪切力能有效控制载体上的生物膜厚度,从而保持了较高的总生物活性;

(2)能在每个反应器内的特定条件下保持较高的专性生物量,且不受系统总的HRT影响(见图5-3);

(3)反应器内的紊流状态维持了所需的扩散率。

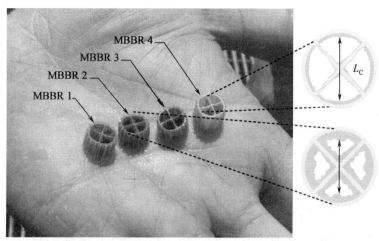

图5-3 从一个系列的4个移动床反应器内取出的载体,展示了功能和运行条件不同导致的生物膜颜色变化

移动床反应器可用于去除BOD、硝化和反硝化,由此可组合成不同的连续流流程。表5-2总结了MBBR的各种流程。最有效流程的确定与以下因素有关:

(1)当地条件,包括平面布置和污水处理厂水力断面(高程)情况;

(2)现有的处理流程和改造现有设施、池子的可能性;

(3)目标水质。

MBBR的工艺流程总结　　　　　表5-2

| 处理目的 | 工艺 |
|---|---|
| 去除碳类物质 | 单独MBBR |
|  | 活性污泥工艺前放置高负荷MBBR |
| 硝化 | 单独MBBR |
|  | 二级处理后设置MBBR |
|  | IFAS(见第6章) |

续表

| 处理目的 | 工艺 |
|---|---|
| 脱氮（反硝化） | 单独MBBR和前置反硝化 |
| | 单独MBBR和后置反硝化 |
| | 单独MBBR和前置、后置反硝化 |
| | 硝化出水后置MBBR进行反硝化 |

对移动床反应器而言，有效生物膜净面积是关键的设计参数（Odegaard等，2000），而负荷和反应速率可表示为载体表面积的函数，因此载体表面积就成为表达MBBR性能的常用和方便的参数。MBBR的负荷常表示为载体表面积去除率（SARR）或载体表面积负荷（SALR）。当主体基质浓度较高（比如$S>>K$）时，MBBR的基质去除率为零级反应。当主体基质浓度较低（比如$S<<K$）时，MBBR的基质去除率则为一级反应。在可控条件下，载体表面积去除率（SARR）可表达为载体表面积负荷（SALR）的函数，见公式（5-1）。

$$r=r_{max}\left[\frac{L}{K+L}\right] \tag{5-1}$$

式中　　$r$——去除率（g/(m²·d)）；
　　　　$r_{max}$——最大去除率（g/(m²·d)）；
　　　　$L$——负荷率（g/(m²·d)）；
　　　　$K$——半饱和常数。

### 5.3.2 碳类物质的去除

去除碳类物质所需的载体表面积负荷（SALR）取决于其最重要的处理目的和泥水分离方法。表5-3给出了常用的针对不同应用目的的BOD负荷范围。当下游为硝化时，应采用较低的负荷值。只有当仅考虑碳类物质去除时才可采用高负荷。经验表明，对于碳类物质的去除，主体液相中的溶解氧为2~3mg/L是足够的，再增加溶解氧浓度对提高载体表面积去除率（SARR）并无意义。

典型的BOD负荷值　　　　　　　　　　　　　　表5-3

| 应用（目的） | 单位载体表面积的BOD负荷（SALR）[g/(m²·d)] |
|---|---|
| 高负荷（75%~80%的BOD去除） | >20 |
| 常规负荷（80%~90%的BOD去除） | 5~15 |
| 低负荷（硝化前） | 5 |

### 5.3.3 高负荷MBBR的设计

要满足二级处理基本标准但需紧凑的高负荷系统时，可考虑采用移动床反应器。当MBBR为高负荷运行时，其载体表面积负荷（SALR）值较高，此时的主要目的是去除进水中溶解性和易降解的BOD。在高负荷下，脱落生物膜丧失了沉降性（Odegaard等，2000），因此对高负荷MBBR的出水，常采用化学混凝、气浮或固体接触工艺来去除悬浮固体。虽然如此，但总的来说，此工艺是能在较短的HRT下可满足二级处理基本标准的简洁工艺（Melin等，2004）。图5-4给出了高负荷MBBR的研究结果。图5-4（a）说明MBBR对COD的去除非常有效，在很大的负荷范围内基本上是线性关系。图5-4（b）说明MBBR出水的沉淀性非常差，甚至在很低的表面溢流率下沉降性也依然不好，这说明确实需要采用加强固体捕获的策略。新西兰的Mao Point污水处理厂采用了MBBR/固体接触工艺。图5-5是该厂溶解性BOD去除与进水总BOD负荷的关系。图5-5说明高负荷MBBR的BOD去除率典型值是70%~75%。生物絮凝和采用固体接触工艺的进一步处理使该工艺能满足二级处理基本标准（参见新西兰Mao Point污水处理厂的案例研究）。

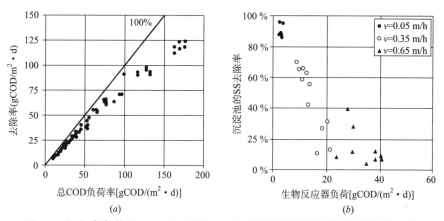

图5-4 （a）高负荷下COD的去除率；（b）高负荷下脱落生物膜的沉降性很差

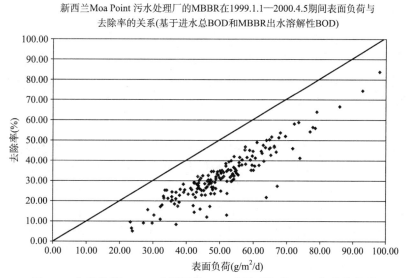

图5-5 在高负荷MBBR中溶解性BOD去除率与总BOD负荷的关系

## 5.3.4 常规负荷MBBR的设计

当考虑采用传统的常规二级处理工艺时，可选择移动床反应器。此时采用顺序排列的

2个MBBR可达到处理要求（二级处理程度）。表5-4总结了4个污水处理厂的BOD$_7$[①]（7日生物化学需氧量）的去除情况。这4个污水处理厂均采用了常规负荷的MBBR，其MBBR有机负荷为7~10g BOD$_7$/（m$^2$·d）（10℃下）；在MBBR之前，投加化学药剂进行絮凝除磷，同时也采取了强化悬浮物分离的措施。

常规负荷MBBR与化学除磷工艺的运行结果（改编自Odegaard等，2004） 表5-4

| 污水处理厂（年份） | BOD$_7$均值（mg/L） | | COD均值（mg/L） | | 总磷均值（mg/L） | |
|---|---|---|---|---|---|---|
| | 进水 | 出水 | 进水 | 出水 | 进水 | 出水 |
| Steinsholt（1996~1997） | 398 | 10 | 833 | 46 | 7.1 | 0.3 |
| Tretten（2000~2002） | 361 | 4 | — | — | 7.3 | 0.1 |
| Svarstad（2000~2002） | — | — | 403 | 44 | 5.1 | 0.25 |
| Frya（2000~2002） | 181 | 5 | | | 8.6 | 0.21 |

## 5.3.5 低负荷MBBR的设计

当MBBR置于硝化反应器之前时，最经济的设计方案是去除有机物时考虑采用低负荷MBBR。这样其下游的硝化移动床反应器可获得较高的硝化速率。如果硝化MBBR的BOD负荷没能降低到足够程度，硝化速率会大幅降低，从而使反应器处于低效状态。

图5-6（a）表示了增加BOD负荷对载体硝化率的影响。这是在前段去除有机物时，BOD负荷过高导致后段硝化负荷过重的例子。此例中，当BOD负荷为2g/（m$^2$·d）和主体液相的溶解氧为6mg/L时，硝化率为0.8g/（m$^2$·d）。但当BOD负荷升至3g/（m$^2$·d）时，硝化率下降了大概有50%。为了应对这样的情况，运行人员可以提高主体液相中的溶解氧浓度或增加填充比来减少表面负荷率。但是必须注意的是，由于缺乏经济性和有效性，设计时千万不可采用这样的方法。进一步讲，设计去除BOD的MBBR时，应采用保守的做法，选择低负荷率来确定其尺寸，这样才能在其下游的硝化MBBR中获得最大的效率。

图5-6（b）是序列的二个好氧MBBR的硝化速率情况。在图5-6（b）的研究中，将每一个MBBR内的载体取出进行了硝化率的小试。小试持续6周并进行了2次。在每次小试中，三个小试反应器的条件几乎完全相同（比如溶解氧、温度、pH和氨的初始浓度）。试验结果表明，第一级反应器溶解性COD（SCOD）的负荷最高（5.6g/（m$^2$·d）），几乎没有硝化效果，但在去除SCOD负荷方面却是成绩斐然。这表现在以下2个方面：

（1）第二级反应器的硝化率很高，与第三级的接近；

（2）第二级和第三极的溶解性COD负荷差别不大。

对于低负荷反应器的设计，保守地选择载体表面积负荷（SALR）非常重要。可采用下述公式根据污水的温度对载体表面积负荷（SALR）进行修正：

$$L_T = L_{10} 1.06^{(T-10)} \quad (5-2)$$

式中 $L_T$——温度$T$时的负荷；

$L_{10}$——10℃时的负荷，为4.5g/（m$^2$·d）。

---

[①] 有些国家测BOD$_7$，也有些国家测BOD$_5$。BOD$_7$与BOD$_5$的关系与水质有关，一般可按照BOD$_7$≈1.15×BOD$_5$计算。译者注。

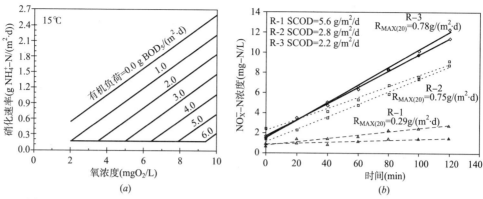

图 5-6 （a）15℃时BOD负荷和溶解氧对硝化率的影响（改编自Hem等人（1994））；
（b）MBBR系列中不同MBBR的硝化率差别

### 5.3.6 硝化

有些因素对硝化MBBR的性能影响很大，设计硝化MBBR时必须考虑。最重要的因素有：

（1）有机负荷；
（2）溶解氧浓度；
（3）氨浓度；
（4）污水温度；
（5）pH或碱度。

图 5-6 说明，要在处于下游的硝化MBBR中获得满意的硝化率，在上游的MBBR中去除污水中的有机物是非常重要的，否则，异养生物膜会与之竞争空间和氧，从而减少（灭绝）生物膜的硝化活性。在溶解氧成为限制性因素之前，硝化率会随着有机负荷的降低而增加。只有氨的浓度非常低（<2mg N/L）时，可利用基质（氨）才会成为限制性因素。由此，需要完全硝化时，氨的浓度才是个问题。此时可考虑采用2个序列反应器，第一级反应器受氧的限制而第二级受氨的限制。正如所有的生物处理工艺面临的问题一样，温度对硝化率影响甚大，但可通过提高MBBR内的溶解氧来缓解。当碱度降低到很低的水平时，生物膜内的硝化率开始受到限制。以下将讨论影响硝化的每一个重要因素。

在碱度和氨浓度足够（至少刚开始足够）时，硝化率会随着有机负荷的减少而增加，直至溶解氧成为限制性因素。在硝化生物膜生长良好的生物膜内，只要$O_2$和$NH_4^+-N$的比值低于2.0，溶解氧浓度将限制载体上的硝化速率（Hem等，1994；Odegaard等，1994）。与活性污泥系统不同，在氧限制条件下，移动床反应器的反应速率与液相主体中的溶解氧浓度表现出线性或近似线性关系。这可能是因为：氧穿过静止的液膜进入生物膜内可能是限制氧传递的关键步骤（Hem等，1994）。增加主体液相中的溶解氧浓度会增加生物膜内的溶解氧浓度梯度。在较高的曝气速率下，增加的混合能也有助于氧从主体液相向生物膜传递。从图5-6（a）可以看出，如果有机负荷维持不变（比如生物膜厚度和组成不变），可预计硝化率与溶解氧浓度之间会呈现线性关系。图5-7解释了当主体液相中的氨浓度降低到非常低的水平之前，提高主体液相中的溶解氧都有助于提高硝化率。

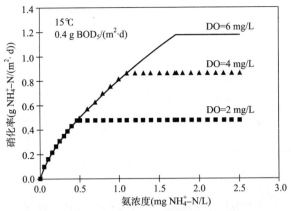

图 5-7 氨浓度较低时溶解氧的影响（Rusten 和 Odegaard，2007）

对于生长良好的"纯"硝化生物膜，在 $O_2$：$NH_4^+$-N 达到 2~5 之前，主体液相中的氨浓度不会影响反应速率。表 5-5 给出了 $O_2$：$NH_4^+$-N 的一些例子。

$O_2$：$NH_4^+$-N 的一些例子  表 5-5

| 参考文献 | $O_2$：$NH_4^+$-N |
|---|---|
| Hem 等（1994） | <2（氧限制） |
| | 2.7（临界 $O_2$ 浓度=9~10mg/L） |
| | 3.2（临界 $O_2$ 浓度=6mg/L） |
| | >5（氨限制） |
| Bonomo 等（2000） | >3~4（氨限制） |
| | <1~2（氧限制） |

设计 MBBR 时常以临界值 3.2 为起点开始进行设计。临界值是可调的。采用公式（5-3），利用此临界值下的氨浓度可估计出合适的硝化率，并以此作为设计基础。

$$r_{NH_3\text{-}N}=k \times (S_{NH_3\text{-}N})^{(n)} \tag{5-3}$$

式中 $r_{NH_3\text{-}N}$——硝化率（g $NH_3$-N/($m^2 \cdot d$)）；

$k$——反应速率常数（与地点和温度有关）；

$S_{NH_3\text{-}N}$——限制反应速率的基质浓度；

$n$——反应级数（与地点和温度有关）。

在给定溶解氧浓度下，反应速率常数（$k$）与生物膜厚度和限制性基质的扩散系数有关。反应级数（$n$）与毗邻生物膜的液膜有关。当紊流剧烈、静止液膜层比较薄时，反应级数趋向于 0.5；当紊流缓慢、静止液膜层比较厚时，反应级数趋向于 1.0，此时扩散成为速率的限制性因素（Salvetti 等，2006）。

临界值下的氨浓度（$S_{NH_3\text{-}N}$）可通过临界比和主体液相中的设计溶解氧浓度来估计，如下所示。提高主体液相中的溶解氧浓度有助于减少临界比，但收效甚微（Hem 等，1994）。另外，还应考虑这样的情况：在某种反应器负荷和混合条件下，异养菌对空间有竞争从而使氧通过生物膜上的异养层时减少。

$$(S_{NH_3-N}) = 1.72\text{mg-N/L} = \frac{6\text{mg O}_2/\text{L} - 0.5\text{mg O}_2/\text{L}}{3.2\dfrac{O_2}{NH_3-N}}$$

以 $S_{NH_3-N}$ 取 1.72 为基础，假定反应速率常数 $k=0.5$，反应级数为 0.7，公式（5-3）可计算如下：

$$r_{NH_3-N} = 0.73\text{g/(m}^2\cdot\text{d)} = 0.5 \times 1.72^{0.7}$$

当考虑温度对硝化MBBR的影响时，有几个因素非常重要。应考虑到MBBR内的污水温度会从本质上影响到生物硝化动力学过程；影响到基质扩散进出生物量的速率；影响到液体的黏度，反过来可能波及到剪切能对生物膜厚度的影响。温度对上面介绍的宏观反应速率的影响可用下述关系表示：

$$k_{T_2} = k_{T_1} \cdot \theta^{(T_2-T_1)} \tag{5-4}$$

式中 $k_{T_1}$——温度为 $T_1$ 时的反应速率常数；
$k_{T_2}$——温度为 $T_2$ 时的反应速率常数；
$\theta$——温度系数。

表5-6列出了文献中报道的一些温度系数。

文献中报道的一些温度系数　　　　表5-6

| 参考文献 | 温度系数 $\theta$ |
|---|---|
| Rusten等（1994） | 1.09（氨限制） |
| Salvetti等（2006） | 1.098（氨限制） |
| Salvetti等（2006） | 1.058（氧限制） |

虽然冬季设计温度下硝化动力学对温度的依赖性会降低MBBR的硝化速率，但低温时可观察到载体上的生物膜浓度增加，另外可提高反应器内的溶解氧浓度，这都能减轻温度对硝化速率的负影响。在污水温度较低时，可观察到生物量（g/m²）较高。另外，无需提高曝气速率就可使主体液相的溶解氧浓度增加，这是因为氧在低温液体的溶解度较高的缘故。这样导致的最终结果就是：虽然比生物膜活性（g NH$_3$-N/（m²·d）÷g SS/m²）降低，但单位载体表面积的硝化活性依然可维持在较高水平。

图5-8（a）给出了某三级硝化MBBR的生物量随污水温度的季节性变化。当在五月和六月间，污水温度从<15℃升高到>15℃时，生物量浓度陡然下降。图5-8（b）按照污水温度（<15℃和>15℃）将数据分为两个区。尽管在<15℃的区域，生物膜比活性降低，但由于总的生物量浓度较高和溶解氧浓度较高（低温下气体溶解度升高导致的），反应器宏观上的性能依然很高。观察到的这个现象说明在低温条件下，尽管硝化菌生长速率下降，但由于生物膜的适应性，载体上的宏观表面反应速率依然可以保持在较高的水平。

## 5.3.7 反硝化

移动床反应器已经被成功应用于前置、后置和组合反硝化工艺中。与其他的生物反硝化工艺相同，在设计时必须考虑的因素有：

（1）反应器内有合适的碳源和恰当的碳氮比；

(2) 所需的反硝化程度；

(3) 污水温度；

(4) 回流或上游来水中的溶解氧。

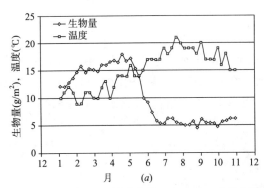
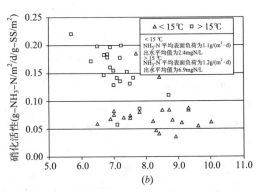

图 5-8 （a）三级硝化的 MBBR 中，生物量浓度和温度的季节性变化（Zimmerman，2007）；
（b）不同温度条件的硝化活性与溶解氧浓度的关系（Zimmerman，2007）

**1. 前置反硝化的移动床生物膜反应器**

当需要去除 BOD、硝化和中等程度的脱氮时，前置反硝化的 MBBR 非常适合。为了充分利用缺氧反应器的容积，进水中的易生物降解 COD 和氨氮（C∶N）比值应合适。因为 MBBR 的硝化阶段需要升高溶解氧，因此回流中的溶解氧对 MBBR 的性能有很大影响。由此在生产上产生了一个最经济回流比（$Q_{回流}∶Q_{进水}$）的上限值。超过此值再增加回流时，反硝化的总体效率就会下降。如果污水性质适合前置反硝化，在回流比为（1∶1）～（3∶1）时，脱氮率一般在 50%～70% 之间（见后面的科罗拉多州亨德森的 Williams Monaco 污水处理厂的案例）。表 5-7 给出了一些城镇污水前置反硝化速率的数据。

城镇污水前置反硝化速率的典型数据　　　　　　　　表 5-7

| 参考文献 | 反硝化速率（以 $NO_3^-$-N 计） |
| --- | --- |
| Rusten 和 Odegaard（2007） | 0.40～1.00g/(m²·d)（挪威 Ullensaker 的 Gardemoen 污水处理厂生产性数据） |
| Rusten 等（2000） | 0.15～0.50g/(m²·d)（挪威 FredrikstadFREVAR 污水处理厂的中试） |
| McQuarrie 和 Maxwell（2003） | 0.25～0.8g/(m²·d)（怀俄明州夏延 Crow Creek 污水处理厂的中试） |

在生产实践中，反硝化速率会受到以下因素的影响：地点、污水性质（比如 C∶N）的季节性差别、带入反应器的溶解氧浓度和污水温度等。

**2. 后置反硝化的移动床生物膜反应器**

当污水中的可降解碳天然不足、或已被上游工艺所消耗，或污水处理厂占地受限需要简洁高速的反硝化时，可考虑后置反硝化的 MBBR。因为反硝化性能不受内循环或碳源的影响，因此后置反硝化工艺可在较短的 HRT 下获得很高的脱氮率（>80%）。

如果出水 BOD 和硝酸盐的要求比较严格，在后置反硝化的后面或许会需要一个小型的曝气 MBBR。运行经验表明，如果上游有沉淀工艺，则可能在后置反硝化中会出现磷浓度无法满足细胞合成之需，此时会使反硝化性能受到抑制（见后面瑞典 malmö 市

Klagsham污水处理厂的案例)。

当碳的投加过量时,外加碳源的最大硝酸盐载体表面积去除率(SARR)可大于 2g/(m²·d)。图5-9给出了不同碳源和不同温度下的硝酸盐载体表面积去除率。

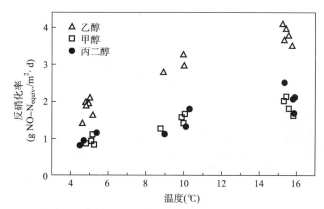

图5-9 不同碳源的载体表面积去除率与温度的关系(Rusten等,1996)

**3. 前置/后置组合反硝化移动床生物膜反应器**

可将前置和后置反硝化的移动床反应器组合起来,从而利用前置反硝化的经济性和后置反硝化的良好脱氮性能。设计时可考虑在冬季将前置反硝化反应器作为曝气池使用。这是因为:

(1)增加曝气反应池体积有助于提高硝化效果;

(2)较低的水温会导致溶解氧浓度上升和溶解性COD减少,从而影响前置反硝化的效能。

冬季时,后置反硝化反应器可承担所有的脱氮任务(见后面挪威Gardemoen的Gardemoen污水处理厂例子)。

## 5.3.8 搅拌器

在反硝化MBBR中,一直使用轨行潜水机械搅拌机来循环和混合反应器内的液体及载体。设计搅拌器时应专门考虑以下方面:(1)搅拌器的位置和方向;(2)搅拌器类型;(3)搅拌能量。

生物膜载体的相对密度大约为0.96,因此在没有外加能量时会漂浮在水中,这与活性污泥工艺不同。活性污泥工艺没有外加能量时,固体(污泥)会沉淀下来。由此,在MBBR中,搅拌器应放置在接近水面的位置但不能离水面太近,否则会在水面产生漩涡从而将空气带入反应器内。如图5-10所示,搅拌器应略微向下倾斜,这样可把载体推到反应器的深处。一般来说,不曝气的MBBR需要25~35W/m³的能量来搅动全部载体。

反硝化MBBR的搅拌应特殊考虑。并不是所有搅拌器都适合在MBBR内长时间地使用。搅拌器制造商(位于康涅狄格州梅里登的ABS公司)和AnoxKaldnes合作,利用几个MBBR装置开发了专门适合移动床反应器的ABS 123K搅拌器。这种搅拌器采用不锈钢材质的、向后弯曲的搅拌桨,这样能够耐受载体对搅拌桨的研磨。为了防止破坏载体和磨损搅拌桨,ABS 123K搅拌器沿着螺旋桨的翼焊上了12mm的圆棒。用于移动床反应器时,ABS 123K搅拌器的转速相当低(50Hz时为90rpm,60Hz时为105rpm)。

(a) (b)

图5-10 (a)朝向水面并向下倾斜30度以将载体推向反应器深处的ABS 123K搅拌器;(b)瑞典malmö市Sjölunda污水处理厂运行中的反硝化MBBR

搅拌反硝化MBBR所需的混合能与载体填充比和预期的生物膜生长情况有关。实践经验表明,低载体填充比(比如<55%)下搅拌的效率较高。填充比较高时,搅拌器很难将载体循环起来,因此应避免采用高的载体填充比。低填充比和相应的高载体表面负荷会加大生物膜浓度,从而使载体下沉,使搅拌器更容易搅动载体并使之在反应器内循环。从这个角度考虑,选择恰当的反硝化反应器尺寸是非常重要的,因为合适的反应器尺寸能使填充比和机械搅拌相适应。

### 5.3.9 预处理

正如其他的淹没式生物膜技术一样,MBBR的进水也需要适当的预处理。为了避免诸如碎屑、塑料和砂子等讨厌的惰性物质在MBBR内长期积聚,好的格栅和沉砂是必须的。由于MBBR内充填了部分载体,因此这些惰性物质一旦进入MBBR就很难清除。有一级处理时,MBBR厂商一般会建议格栅的空隙不能大于6mm。如果没有一级处理,则必须安装3mm或更小的细格栅。另外对于在原有工艺的基础上新增加的MBBR,如果原有处理程度已经很高,就无需再增加格栅。表5-8给出了一些采用MBBR的污水处理厂的格栅数据。

MBBR所采用的格栅数据　　　　　　　　　　　表5-8

| MBBR设备 | 预处理 | 格栅参数 |
|---|---|---|
| 挪威Lillehammer污水处理厂 | 阶梯式格栅、除砂、沉淀 | 粗格栅15mm,细格栅3mm |
| 挪威Gardemoen污水处理厂 | 阶梯式格栅、除砂、沉淀 | 6mm |
| 怀俄明州夏延的Crow Creek污水处理厂 | 滤网、除砂、沉淀 | 10mm×15mm |
| Western污水处理厂 | 阶梯式格栅、除砂 | 3mm |
| 新西兰Mao Point污水处理厂 | 阶梯式格栅、除砂、沉淀 | 3mm |

## 5.4 MBBR的固液分离

与活性污泥工艺相比，从后续的固液分离角度来看，移动床工艺的灵活性非常大。移动床工艺的生物处理效果与固液分离的步骤无关，因此其固液分离单元可多种多样。另外MBBR出水的固体浓度至少比活性污泥工艺的低一个数量级。故此多种固液分离技术都已成功应用于MBBR，表5-9给出了一些具有代表性的例子。在用地紧张的地方，MBBR可以和诸如气浮或斜板沉淀等简洁高效的固液分离技术联用。在既有污水处理厂改造时，原有的沉淀池或许可用于MBBR的固体分离。

MBBR所采用的固体分离方式　　　　　　　　　表5-9

| MBBR设备 | 分离工艺 | 设计值（平均-峰值） |
|---|---|---|
| Lillehammer污水处理厂（多级MBBR） | 絮凝/沉淀 | 1.3~2.2$m^3/(m^2 \cdot h)$ |
| Nordre Follo污水处理厂（多级MBBR） | 絮凝/气浮 | 5~7.5$m^3/(m^2 \cdot h)$ |
| Gardemoen污水处理厂（多级MBBR） | 絮凝/气浮 | 3.1~6.4$m^3/(m^2 \cdot h)$ |
| Crow Creek污水处理厂（多级MBBR） | 利用原有沉淀池 | 1.1~2.2$m^3/(m^2 \cdot h)$ |
| 明尼苏达州Moorhead污水处理厂（三级硝化MBBR） | 无 | 未知 |

## 5.5 设计MBBR时的考虑因素

以下内容对MBBR的设计非常重要。

### 5.5.1 行进流速（水平流速）

设计时必须考虑高峰流量通过MBBR时的峰值流速（流量除以反应器截面积）。行进流速较小（比如20m/h），载体就能在反应器内均匀分布。行进流速过大（比如>35m/h），载体就会堆积在截留网处，产生较大的水头损失。有时峰值流量时的水力条件会决定MBBR的几何尺寸和系列的数量。与厂家咨询并确定合适的行进流速对MBBR的设计非常重要。反应器的长宽比也是一个因素。总的来说，长宽比小（比如1∶1或更小）有助于减少峰值流量下载体向截留网漂移，使载体更加均匀地分布在反应器内。

### 5.5.2 泡沫问题

泡沫问题在MBBR中并不常见，但启动或运行不良时，却容易出现。由于两个连续池子中间的隔墙比水面高，因此泡沫会限于MBBR内。如果必须控制泡沫，建议采用消泡剂。使用消泡剂将会覆盖载体并阻碍基质向生物膜的扩散，从而可能影响MBBR的性能。由于硅化物消泡剂与塑料载体不相容，因此不可使用此类消泡剂。

### 5.5.3 载体的清床和暂存

对于设计和建造良好的移动床反应器，虽然很少出现故障，但从谨慎的角度出发，依然应考虑由于维护等原因造成反应器停产时，如何将载体移出反应器和储存的问题。反应器内包括载体在内的所有液体，都可用10cm（14 in.）的凹轮漩涡泵（Recessed Impeller Pump）[①]排出。如果设计的填充比合适，则可将一个反应器内的载体暂时移到另外一个反应器。但这种方法的缺点是将载体移回时，很难把两个反应器都恢复到原来的填充比。当把载体泵送回反应器后，唯一精确测量载体填充比的合理方法就是把反应器放空，测量两个反应器内的载体高度。最好的是，能有另外一个池子或其他闲置的单元可作为暂时存放载体的容器，这样就很容易保证原来反应器的载体填充比。

## 5.6 案例

为了说明移动床反应器如何能满足各种不同的处理要求和适应不同的环境条件，这里选择了6个案例。这些案例有助于说明此项技术的创新性和创造性。6个案例是：

（1）去除BOD

新西兰惠灵顿市Moa point污水处理厂——MBBR/固体接触。

（2）硝化

宾州哈里斯堡市的哈里斯堡污水处理厂——MBBR三级处理（中试研究）；

明尼苏达州穆尔黑德市的穆尔黑德污水处理厂——MBBR三级处理。

（3）脱氮

科罗拉多州亨德森市Williams Monaco污水处理厂——前置反硝化的多级MBBR；

瑞典malmö市Klagsham/Sjölunda污水处理厂——后置反硝化的MBBR；

挪威Gardemoen污水处理厂——前置和后置反硝化的多级MBBR。

### 5.6.1 新西兰惠灵顿市的Moa point污水处理厂

1998年，MBBR/固体接触（SC）工艺在新西兰惠灵顿Moa point污水处理厂投产运行。Moa point污水处理厂之所以选择这个工艺是因为这个活力非常强的简洁工艺在非常狭小的面积上能处理71000$m^3$/d（18.75mgd）（峰值为259000$m^3$/d（68.5mgd））左右的污水，且对BOD和SS的去除率达到80%。这一工艺还带来另外的好处，就是反应器如此之小，可方便地通过加盖的方式控制臭味。Moa point污水处理厂处理的水来自惠灵顿北岛市，处理后通过1.9km的排水管道送至库克海峡。雨季时大约259000$m^3$/d（68.5mgd）的峰值流量则超越MBBR/固体接触工艺。图5-11是Moa point污水处理厂的简单流程。表5-10是MBBR/SC工艺的一些参数总结。

作为在固体接触反应器之前和一级处理之后的粗处理步骤，MBBR可迅速去除一级出水中的绝大部分易生物降解的溶解性有机物和易水解有机物。之后，脱落的生物膜随着MBBR的未经沉淀的出水，与来自二沉池的回流污泥混合后一起进入固体接触反应器。混合液在沉淀池完成絮凝和沉淀过程。

---

① 泵的叶轮凹在泵壳内不占据流道，不会与输送颗粒物发生机械碰撞而损坏颗粒物。该泵通过叶轮旋转产生的漩涡输送液体或颗粒物。译者注。

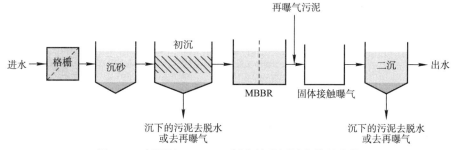

图 5-11 新西兰 Moa point 污水处理厂污水处理流程

新西兰 Moa point 污水处理厂的 MBBR/SC 工艺　　　表 5-10

| 类　别 | 设计参数 |
|---|---|
| MBBR/SC 流程 | |
| （1）系列数量 | 3 |
| （2）每个系列的 MBBR 数量 | 1 |
| （3）每个 MBBR 的体积 | 919980L（32485ft$^3$） |
| （4）每个系列的 SC 反应器数量 | 2 |
| （5）每个系列的 SC 反应器体积 | 1940000L（68500ft$^3$） |
| 载体 | |
| （1）类型 | Kaldnes K1（AnoxKaldnes 公司）|
| （2）反应器填充比 | 30% |

二级处理的标准要求对于 90 个连续的水样，BOD 的几何平均值不超过 20mg/L，BOD 超过 45mg/L 的水样数量不允许超过 10%。对于 SS，则要求几何平均值不超过 30mg/L，SS 超过 68mg/L 的水样数量不超过 10%。由于是逐步投产，从 1999 年 1 月～2000 年 3 月，3 个系列（MBBR/SC 流程）中的 2 个负担了全部进水。这段时期是观察 MBBR 高负荷运行的好机会（见图 5-5）。图 5-12 给出了这段时期（1999 年 1 月～2000 年 3 月）Moa point 污水处理厂各级处理单元的进出水 BOD 情况。

## 5.6.2　宾州哈里斯堡市的哈里斯堡污水处理厂

哈里斯堡市管理局实施了一项扩大化的中试研究，来评价 MBBR 可否追加在原有工艺的后面用于三级硝化。为了达到更高的二级处理目标，哈里斯堡市管理局在哈里斯堡污水处理厂已经建造了 88900m$^3$/d（23.5mgd）的高纯氧（HPO）活性污泥工艺，但氨氮未能达标（要求 <3mg N/L）。此项研究就是想能否用 MBBR 改造原有的高纯氧工艺以满足出水氨氮的要求。

中试装置由 2 个 MBBR 串联组成，来水为哈里斯堡污水处理厂高纯氧工艺沉淀后的二级出水（水泵提升）。6 个月的粗略研究可分为 9 个阶段。为了增加载体表面负荷，阶段 3 之后减少了载体的填充比例，同时中试的进水流量也多次上下调整，相应地改变了 HRT 和负荷。图 5-13 是中试的 2 个反应器在 9 个阶段的氨氮变化情况。需要说明的是，在试验的第一个阶段（见图 5-13（a）），2 个反应器的负荷很小，第一级反应器的大部分出水氨氮值已经低于 1mg N/L。在阶段 2 和 3，负荷增加后造成部分氨氮从第一级反应器流到第二级反应器，但对总体的氨氮出水值没有影响。阶段 4~9 是在降低了载体填充比下运行的，因此载体负荷较高，但2个串联的反应器保证了足够的硝化水平，满足了出水氨氮为3mg $NH_3$-N/L 的要求。

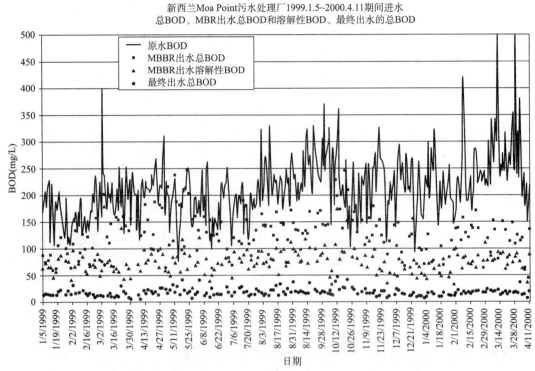

图5-12 Moa point 污水处理厂的BOD变化

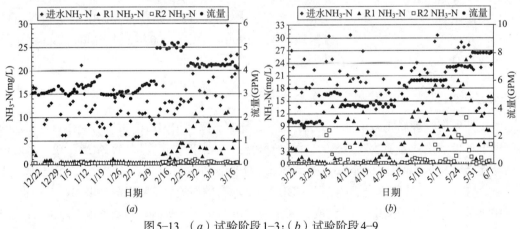

图5-13 （a）试验阶段1-3；（b）试验阶段4-9

图5-13说明，采用2个硝化反应器串联运行可以保证出水氨氮能满足更加严格的要求。如图5-13所示，采用串联的2个反应器时，第一级反应器的负荷可以很高，而第二级反应器能应对氨氮在很大范围内变化，从而保证了良好的硝化效果并将出水氨氮维持在很低的水平。为了表示载体表面积去除率（SARR）和载体表面积负荷（SALR）之间的函数关系，将9个试验阶段的数据按照第一级反应器、第二级反应器和2个反应器组合在一

起的三种情况，成组地绘制在了图5-14中。图5-14可告诉我们以下内容：

（1）在负荷低于0.7g $NH_3$-N/($m^2 \cdot d$)时，单一反应器（第一级反应器R1）就可完成充分完全的硝化；

（2）2个反应器串联时，第二级反应器（反应器R2）负荷低于1.2g $NH_3$-N/($m^2 \cdot d$)时，可完成充分完全的硝化；

（3）高氨氮负荷下的氨氮最大去除率约为1.8$NH_3$-N/($m^2 \cdot d$)。

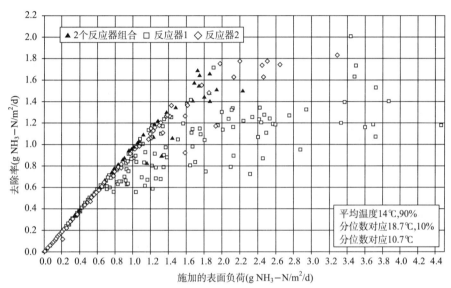

图5-14 用于三级处理的MBBR中，氨氮去除率与负荷的关系（Kaldate，2007）

### 5.6.3 明尼苏达州穆尔黑德市的穆尔黑德污水处理厂

本节内容改编自Zimmerman等人（2004）的文献资料。

2003年，明尼苏达州的穆尔黑德市完成了穆尔黑德污水处理厂23000$m^3$/d（6mgd）污水处理设施升级改造工作：增加了MBBR作为三级硝化处理设施，将高纯氧（HPO）工艺沉淀后的未经硝化的二级出水引入MBBR。改造的目的是为了满足在北部红河出现季节性低流量时，污水处理厂能对氨氮达到中等程度的去除水平（要求出水氨氮排入红河时大约为8mg N/L）。之所以选择移动床工艺而没有选择其他工艺的原因如下：可保持原污水处理厂的处理能力；无需增加占地面积；可方便地增加载体以适应未来的要求；可使用原有的池子；能适应原有的水力高程；价格与其他工艺具有可比性。图5-15是穆尔黑德污水处理厂工艺的简单示意。表5-11给出了MBBR的参数。

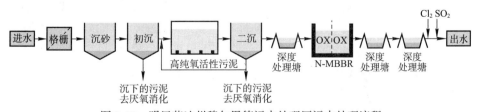

图5-15 明尼苏达州穆尔黑德污水处理厂污水处理流程

明尼苏达州穆尔黑德污水处理厂用于三级处理的MBBR  表5–11

| 类  别 | 设计参数 |
| --- | --- |
| MBBR系列 |  |
| （1）系列数量 | 1 |
| （2）每个系列的MBBR数量 | 1 |
| （3）每个MBBR的体积 | 2970200L（104880ft$^3$） |
| （4）尺寸（长×宽×深） | 42m×24m×2.9m（138ft×80ft×9.5ft） |
| 载体 |  |
| （1）类型 | IDI ActiveCell（弗吉尼亚州首府里士满） |
| （2）反应器填充比 | 32% |

图5–16是MBBR对氨氮的去除情况。穆尔黑德污水处理厂用于三级处理的MBBR是由一个旧池子改造的。该池子位于两个深度处理塘之间。

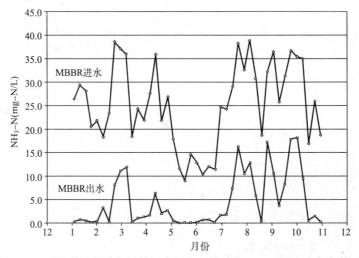

图5–16 明尼苏达州穆尔黑德污水处理厂的硝化MBBR进出水氨氮情况

## 5.6.4 科罗拉多州亨德森市Williams Monaco污水处理厂

2003年，由南亚当斯郡水和卫生局负责，多级MBBR在Williams Monaco污水处理厂投产运行。Williams Monaco污水处理厂使用了多级MBBR来完成基本二级处理、硝化和部分脱氮。新建的MBBR是升级改造工程的一部分，而此升级改造工程是为了将污水处理厂的总处理能力提升至26000m$^3$/d（7mgd）左右，并满足新的排放要求（氨氮的30d平均值不超过10mg N/L）。另外，升级改造的另一项同样重要的任务就是提高污水处理厂的处理能力，使之能可靠地满足BOD 25mg/L和SS 30mg/L的要求。为了能使污水处理厂满足将来的硝酸盐和氮的出水要求，南亚当斯郡水和卫生局选择了前置反硝化MBBR。在升级改造前，Williams Monaco污水处理厂有三个平行的系列，分别是碎石载体滴滤池、生物塔和生物转盘。三个系列中只有生物塔有硝化作用，但还是季节性的。因此南亚当斯郡水和卫生局需要升级改造原有工艺，以满足一直未能满足的出水氨氮要求。南亚当斯郡水和卫生局曾经考虑了很多的升级改造工艺，比如活性污泥法。但是基于下述原因：MBBR

的经济性、能跟原有的二沉池匹配、员工们具有生物膜工艺的经验,他们最终还是选择了MBBR,其实从运行性能角度来看,MBBR可满足近期的氨氮要求,也能满足远期的总氮要求。图5-17是Williams Monaco污水处理厂工艺的简单示意。图5-18是反应器的鸟瞰图。Williams Monaco污水处理厂在升级改造过程中,拆除了生物转盘,但保留了滴滤池。表5-12给出了MBBR的参数。

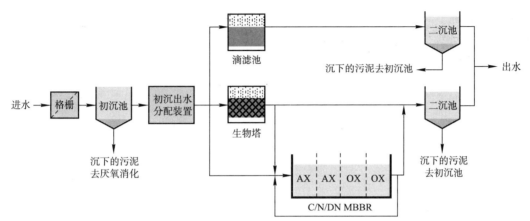

图5-17　Williams Monaco污水处理厂污水处理流程(科罗拉多州)

图5-18　反应器鸟瞰图(包括2个MBBR系列,每个系列有4个反应器,右侧为缺氧,左侧为好氧)

科罗拉多州Williams Monaco污水处理厂的多级MBBR　　　　表5-12

| 类　　别 | 设计参数 |
| --- | --- |
| MBBR系列 | |
| (1)系列数量 | 2 |
| (2)每个系列的MBBR数量 | 4(2个缺氧、2个好氧) |
| (3)每个MBBR的体积 | 579990L(20480ft$^3$) |
| (4)尺寸(长×宽×深) | 42m×24m×2.9m |
| 载体 | |
| (1)类型 | Kaldnes K1(AnoxKaldnes公司) |
| (2)反应器填充比 | 55%(缺氧反应器),60%(好氧反应器) |

# 第5章 移动床生物膜反应器（MBBR）

每个MBBR系列由4个反应器序列组成，其中前2个为缺氧反应器，后2个为好氧反应器。对于每个系列，来自出水端的富含硝酸盐的回流液回流到前端的末尾处，与进水混合在一起。碎石载体滴滤池是原有处理设施的一部分，当MBBR投入运行后便停运了。根据与生物塔的关系，MBBR设计成两种运行模式。在第一种模式（生物塔和MBBR前后序列关系）下，生物塔用于粗处理，以减少MBBR的有机负荷，这样MBBR可完成彻底的硝化。为了有利于前置反硝化，有些一级处理出水可超越生物塔后直接进入MBBR。MBBR的出水进入原来的二沉池完成沉淀。在第二种（生物塔和MBBR平行运行）模式下，一级处理出水分开后一部分进入生物塔，另一部分则进入MBBR。之后生物塔和MBBR的出水合并后一起进入二沉池。在二沉池，无需投加化学药剂，MBBR脱落的生物膜就可自然发生絮凝沉淀。

图5-19和图5-20给出了MBBR从启动到2007年中期，沉淀后出水的BOD和SS情况。在2004年的大部分时间，生物塔对一级处理出水进行粗处理后再进入MBBR。但是污水处理厂员工发现，生物塔的蜗牛进入MBBR并占据了载体。尽管没有观察到蜗牛影响MBBR的性能，但污水处理厂还是决定将生物塔和MBBR平行运行，以避免蜗牛在MBBR内群集。改为平行运行不久MBBR内的蜗牛消失了，这说明蜗牛是不能在MBBR内繁殖的。2005年3月，污水处理厂员工决定简化污水处理厂的运行，把生物塔彻底废掉，将所有的一级处理出水直接送入MBBR，这显著增加了MBBR的有机负荷。因此从2005年3月之后的数据反映了MBBR在高负荷下运行的情况。

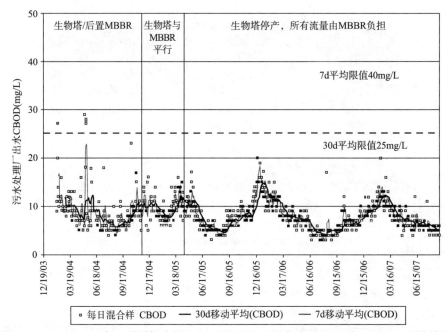

图5-19 2004~2007年，科罗拉多州Williams Monaco污水处理厂MBBR的BOD去除情况

夏季平均出水氨氮的典型值在5mg/L以下。冬季平均出水氨氮的典型值则在5~10mg N/L。

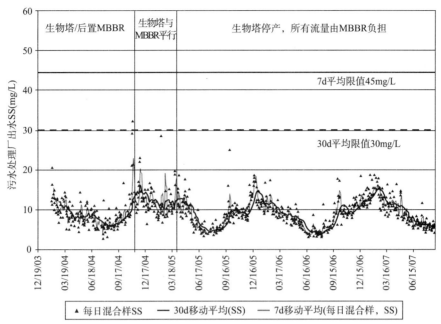

图5-20 2004~2007年，科罗拉多州Williams Monaco污水处理厂沉淀后出水的SS情况

### 5.6.5 瑞典malmö市Klagsham污水处理厂

本节内容改编自Taljemark等人（2004）的文献资料。

在20世纪90年代中期，瑞典malmö市开展了一项计划：给原有的Klagsham污水处理厂和Sjölunda污水处理厂增加后置反硝化MBBR，以满足一直没能完成的脱氮要求。由于MBBR的经济性和灵活性最高，所以没有选择其他的脱氮工艺。在这两个污水处理厂的升级改造中，新增设施与原有设施结合良好，也无需新增用地。从1997年开始，Klagsham污水处理厂的后置反硝化MBBR一直在水量为24000$m^3$/d（6.3mgd）（峰值流量为42400$m^3$/d（11.2mgd））下运行。

在最终安装后置反硝化MBBR之前，Klagsham污水处理厂对其活性污泥法工艺进行了生产性试验。试验结果表明，一级处理出水中碳的天然不足会限制后置反硝化设施内氮的去除。另外，试验证明，活性污泥工艺只要按照单污泥系统运行，通过硝化和外加碳源的后置反硝化就可满足出水氮的要求。但是增加后置MBBR反硝化后，活性污泥工艺可通过前置反硝化去除部分氮，最后用外加碳源的MBBR对氮做进一步处理。这样的方案可节约部分碳源，使整体工艺得到优化。另外，前置反硝化所需的反应器体积可以根据硝化所需反应器体积的季节变化而变化。升级改造时，为了提高磷的去除能力也增加了传统的双层滤料下向流滤池。在流程上，则将后置反硝化MBBR放置在活性污泥工艺和滤池之间。Klagsham污水处理厂的运行过程表明，砂和无烟煤滤池对截留MBBR出水中的悬浮物非常有效。Klagsham污水处理厂的出水要求非常严格，总磷<0.3mg/L、无机氮小于12mg/L、BOD小于12mg/L。

图5-21是Klagsham污水处理厂工艺的简单示意。表5-13给出了后置反硝化MBBR的参数。

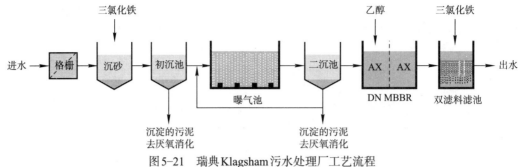

图5-21 瑞典Klagsham污水处理厂工艺流程

**瑞典Klagsham污水处理厂的后置反硝化MBBR**　　　　表5-13

| 类　别 | 设计参数 |
|---|---|
| MBBR系列 | |
| （1）系列数量 | 2 |
| （2）每个系列的MBBR数量 | 2 |
| （3）MBBR总体积 | 约144000L（约51000ft$^3$） |
| 载体 | |
| （1）类型 | Kaldnes K1（AnoxKaldnes公司） |
| （2）反应器填充比 | 36% |

后置反硝化MBBR有2个系列。每个系列由前后2个隔室组成。反硝化MBBR的设计值在12℃下为440kg $NO_3$-N/d，折合负荷为1.7g N/($m^2$·d)。反硝化MBBR采用了相对较低的填充比，这可保证反应器良好的混合效果。因为前后2个隔室大小不一，前隔室采用了2个淹没式螺旋桨搅拌器，后隔室则采用了1个。搅拌器的功率为31W/$m^3$。外加碳源的投加位置是每个系列的前隔室进口处。

1990年代，Klagsham污水处理厂对各种外加碳源进行了广泛研究。与甲醇相比，乙醇的优势明显，COD值高（乙醇为2.1 COD/g，甲醇为1.5COD/g）、反硝化速率也高。另外细菌也更容易适应乙醇。Klagsham污水处理厂使用的乙醇来自制药废物，且量上也能满足要求。Klagsham污水处理厂建立了基于进水流量和在线硝酸盐分析仪的控制系统，每个反硝化系列都有自己独立的用以控制碳源投加的投配泵和流量计。这套控制系统可计算硝酸盐负荷，然后根据进水硝酸盐的重量和COD设定值以及二者的重量比来确定碳源投加量。利用这套控制系统，Klagsham污水处理厂将出水中硝酸盐维持在较低的水平，且减少了碳泄露的风险。这一点非常重要，因为Klagsham污水处理厂的出水BOD限制非常严格。碳源投加值比反硝化所需的理论值要稍高一些，具体值应通过实践经验确定。有时2个污水处理厂的MBBR进水的溶解氧很高。反硝化工艺一直是按照BOD受限运行的，这是因为出水BOD的限制非常严格。因此反硝化MBBR进水中的硝酸盐并不是全部被反硝化，出水硝酸盐在4~6mg/L之间。

MBBR进水中的磷浓度对反硝化至关重要。当溶解性磷为0.3mg/L左右时，经验表明，此时出水中的磷大约为0.1mg/L，出水磷浓度再增加不会再显著提高反硝化速率。但是曾观察到出水磷浓度从0.1mg/L再继续降低时，反硝化性能随之下降。由此把磷对反硝化影响的分界点定在0.3mg/L左右（以溶解性磷计）。如果不能正确处理磷受限的问题，则由于COD∶N∶P的失衡，出水BOD会增加，反硝化速率也会下降。当磷不足时，可偶尔投加磷酸来刺激一下反硝化工艺。投加磷酸的效果非常快，反硝化性能几天之内就能得到提升。投加磷酸后的刚开始阶段，投加的所有磷都会用以抵消反硝化系统中磷的不足，因此会全部消耗掉。然后磷的需求逐渐趋于饱和，缓冲性能也逐渐恢复，出水溶解性磷开始缓慢增加。最后（很快），磷的平衡完全恢复。通过在前面的预沉阶段调整混凝剂投加量，可避免再次发生磷缺乏的问题。

图5-22、图5-23和图5-24分别是出水BOD、出水总无机氮和出水总磷的情况（2000~2003年后）。如图所示，该工艺可达到脱氮的要求，同时也能满足严格的出水BOD和磷的要求。磷的去除是通过在初沉池和MBBR出水进入多层滤料滤池之前投加化学药剂完成的。因为对出水的磷限制严格，所以要求滤池必须能截留大部分悬浮物。滤池出水的悬浮物正常情况下低于3mg/L。2000~2003年期间，后置反硝化工艺的负荷平均为310kg $NO_3^-$-N/d，相当于1.05g N/($m^2 \cdot$ d)。C∶N的典型值平均为3.9g COD/g $NO_3^-$-N。

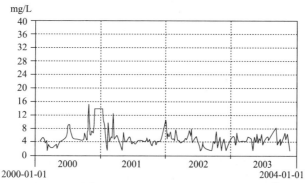

图5-22　瑞典Klagsham污水处理厂的出水$BOD_7$[①]

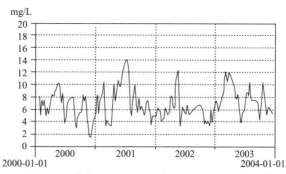

图5-23　瑞典Klagsham污水处理厂的出水总氮

## 5.6.6　挪威Gardemoen的Gardemoen污水处理厂

Gardemoen污水处理厂用以处理奥斯陆机场和其周围市政设施的污水，其MBBR投产于1998年。Gardemoen污水处理厂的额定处理能力为22000$m^3$/d（5.8mgd）（旱季平均流量），排放标准非常严格，BOD要求为10mg/L、总氮要求去除70%、总磷要求达到0.2mg/L。

---

① 有些国家测$BOD_7$，也有些国家测$BOD_5$。$BOD_7$与$BOD_5$的关系与水质有关，一般可按照$BOD_7 \approx 1.15 \times BOD_5$计算。译者注。

# 第5章 移动床生物膜反应器（MBBR）

Gardemoen污水处理厂将多级MBBR和投加化学药剂、高速沉淀相结合，在占地面积非常小的情况下实现了对氮的高效去除。Gardemoen污水处理厂的MBBR有2个系列，每个系列由7个反应器串联而成。有些反应器即可好氧也可以缺氧状态运行，这给污水处理厂运行人员以极大的灵活性，可在不同季节变化下以最经济有效的方式完成处理的要求。图5-25是Gardemoen污水处理厂工艺的简单示意。表5-14给出了后置反硝化MBBR的参数。

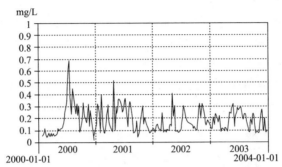

图5-24 瑞典Klagsham污水处理厂的出水总磷

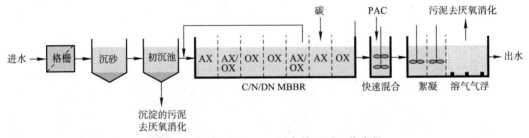

图5-25 挪威Gardemoen污水处理厂工艺流程

**挪威Gardemoen污水处理厂的多级反硝化MBBR** 表5-14

| 类 别 | 设计参数 |
|---|---|
| MBBR系列 | 2 |
| 每个系列的MBBR数量 | 7 |
| （1）反应器1 | 420000L（14830ft³）（缺氧） |
| （2）反应器2 | 420000L（14830ft³）（缺氧或好氧） |
| （3）反应器3 | 695000L（24540ft³）（好氧） |
| （4）反应器4 | 695000L（24540ft³）（好氧） |
| （5）反应器5 | 180000L（6360ft³）（氧受限或好氧） |
| （6）反应器6 | 375000L（13240ft³）（缺氧） |
| （7）反应器7 | 109900L（3880ft³）（缺氧） |
| 载体类型 | Kaldnes K1（AnoxKaldens公司） |
| 载体填充比 | |
| （1）反应器1、2、3、4和6 | 60% |
| （2）反应器5 | 42% |
| （3）反应器7 | 51% |

Gardemoen污水处理厂的MBBR有2个系列，每个系列有7个MBBR串联而成。反应器1是缺氧反应器，利用一级处理出水作为碳源，将来自反应器5的富含硝酸盐的回流液

反硝化。反应器2即可为缺氧状态，也可为好氧状态，这取决于污水的温度和为彻底脱氮所需的好氧体积。反应器3和4是曝气的，用于去除BOD和硝化。反应器5即可由搅拌器混合的氧受限模式运行，也可作为曝气池，这取决于污水的温度和为彻底硝化所需的好氧体积。反应器6用于外加碳源的后置反硝化。为了提高反应速率，反应器6可以让碳稍有富余（较高的C∶N）。剩余的碳可通过反应器7的曝气而去除。

至于磷的去除，则是采取了向MBBR出水（未经沉淀）投加凝聚剂的方法。投加化学药剂后的污水进入絮凝池，之后利用溶气气浮进行固液分离。Gardemoen污水处理厂也季节性地使用飞机消冰水作为后置反硝化的外加碳源。

图5-26和图5-27总结了MBBR的性能（在要求去除70%氮的情况下）。图5-26给出了进出水氨氮12个月的变化。图5-26中，除了中间几个数据点外，其他时间的脱氮都很彻底。图5-27是MBBR在相同12个月的进出水氨浓度的变化。冬季时，Gardemoen污水处理厂来水的温度能降低至10℃或以下，但表5-15总结的全年数据说明该工艺能够满足处理要求。应当说明的是，Gardemoen污水处理厂是在满足当前的要求（氮的去除>70%）。当要求出水中氮浓度较低时，后置反硝化的可利用的碳源数量成为限制因素。在2000年的前6个月，Gardemoen污水处理厂进行了外加碳源的保证性试验，结果表明该工艺的出水总氮远远低于允许标准，可降到非常低的水平。试验过程中污水处理厂出水总氮的平均值为2.2mg N/L，中值为1.33mg N/L（Rusten 和 Odegaard，2007）。

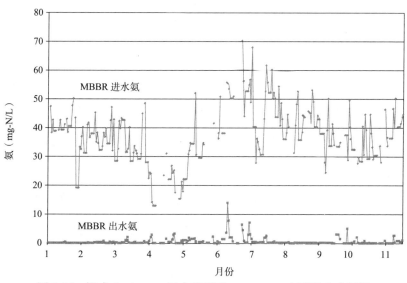

图5-26　挪威Gardemoen污水处理厂MBBR 2001年的进出水氨氮

挪威Gardemoen污水处理厂全年的性能总结（说明可满足要求）　　表5-15

| 参　　数 | 进　水 | 最终出水 |
|---|---|---|
| 总COD（mg/L） | 605 | 29 |
| 悬浮物（mg/L） | 279 | 8 |
| 氨氮（mg N/L） | 30.6 | 0.6 |
| 总氮（mg N/L） | 44.4 | 8 |
| 总磷（mg P/L） | 7.1 | 0.2 |

## 第5章 移动床生物膜反应器（MBBR）

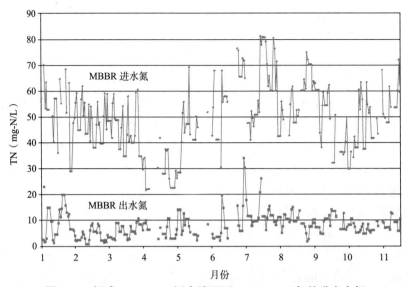

图5-27　挪威Gardemoen污水处理厂MBBR 2001年的进出水氮

# 第6章 生物膜/活性污泥组合式工艺（IFAS）

## 6.1 生物膜/活性污泥组合工艺（IFAS）简介

"混合（hybrid）"可用来描述任意一种综合了几个不同工艺特征的处理工艺。本章的重点是介绍一种复合工艺——生物膜[①]/活性污泥组合工艺（IFAS，integrated fixed-film activated sludge process），就是将生物膜和悬浮生长的活性污泥合并在一起的一种工艺。

IFAS的初衷是在原有活性污泥反应器内增加额外生物量，以提高系统的处理能力或提升其性能（见图6-1）。事实上，在IFAS中使用载体可使有效MLSS的浓度翻倍。因为固定在载体上的生物量不增加活性污泥的混合液浓度，因此下游沉淀池的性能并不会受到反应器内固体负荷增加的负面影响。事实上在很多实例中，生物膜的生长导致SVI降低，从而使沉淀池的性能得以提高。

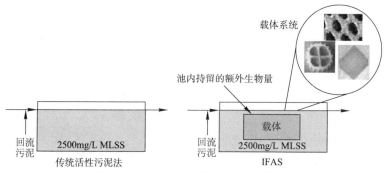

图6-1 IFAS和传统活性污泥工艺的对比

IFAS一般用于既有污水处理厂必须去除营养物质时的升级改造。IFAS中的载体以及上面的生物量使好氧处理能在更小的空间内完成，因此原有反应池的一部分节省出来可用作缺氧区或用作生物强化除磷的厌氧区。尽管增加系统处理能力后，沉淀池可能会受到水力方面的制约，但沉淀池并不受混合液浓度增加的影响，因此采用IFAS来增加絮体的处理能力也是可能的。基于以上原因，在用地紧张但又必须提高其性能的污水处理厂，IFAS成为一种实用、经济有效的工艺选择。

任何形式的工艺和反应器构造几乎都可采用IFAS。但迄今为止，IFAS主要用于处理工艺的好氧区，用以提高BOD的去除和硝化。也就是说，IFAS主要用在改良Ludzack-Ettinger[②]（MLE或强化MLE）型工艺中。然而采用不同类型的载体，IFAS也已用于缺氧区

---

① 原文为fixed-film，过去直译为"固定膜"。考虑到现在的中文说法，本书译为"生物膜"。译者注。
② 改良Ludzack-Ettinger工艺，国内多称之为A/O（前置反硝化）脱氮工艺。译者注。

用以强化反硝化。尽管也可将IFAS引入生物强化除磷（BEPR），但迄今为止，还没将载体置于厌氧区，因为BEPR要求将生物量交替置于厌氧和好氧之中。但已有相关的研究，他们在厌氧区采用IFAS以提高生物强化除磷所需的挥发性脂肪酸浓度。

前已述及，适用于IFAS的反应器结构多种多样。根据所使用的载体类型，每种反应器都有自己独特的设计。IFAS已经被用于完全混合式和推流式反应器，也已经被用于稳定塘和SBR反应器。

因为使用的载体相同，有时会把IFAS和移动床生物膜反应器混淆。然而，MBBR（移动床生物膜反应器）不需要污泥回流，因此是纯粹的生物膜反应器。IFAS需要污泥回流来维持混合液浓度，而这是传统活性污泥工艺的特征。

根据以往经验，IFAS的一些优缺点总结如下。这里列出的优缺点有些是与载体有关的，会在本章的后面详细解释。

### 6.1.1 IFAS的优点

IFAS的优点有：
（1）可通过增加载体逐步提高系统的处理能力或性能；
（2）能增加生物量但不增加沉淀池的固体负荷；
（3）可提高处理效率，因此可在较小的占地面积下获得较高的处理能力；
（4）能提高沉淀性能（减少SVI）；
（5）减少污泥产量；
（6）可同时硝化反硝化；
（7）工艺运行出现不正常时容易恢复。

### 6.1.2 IFAS的缺点

IFAS的缺点有：
（1）可能会产生臭味（当池子排水时）；
（2）增加了运行设备；
（3）载体需要多次装填；
（4）截留载体的格网增加了水头损失。

## 6.2 载体类型

IFAS使用过很多类型的载体，有些载体已经成为工业标准。一般来说，载体可分为固定型和自由漂浮型两大类。固定载体有被编成绳子或六角形的。固定载体固定在框架上，在活性污泥池子内保持静止状态。自由漂浮型载体有海绵立方体或像货车轮子的小的塑料载体。

任何生物膜载体基本上都能用于IFAS。在IFAS的早期开发过程中，曾试验采用塑料板和滴滤池载体。决定某特定载体能否应用的性质有：比表面积（SSA）、是否易于堵塞、控制载体上生物膜生长的能力、耐久性、安装要求和运行要求。

有些采用生物转盘的污水处理厂改造时增加了回流污泥和扩散曝气，从而将纯粹生物膜法的生物转盘工艺彻底改为活性污泥和生物膜的组合工艺。有些污水处理厂采用的是淹没式生物转盘（SBC）。淹没式生物转盘就是生物转盘的淹没深度更大一些。生物转盘的载体一般淹没40%，而淹没式生物转盘70%~90%的载体淹没在水中。加大淹没深度后，对生物转盘的轴而言，载体及其上面生物量所形成的荷载减少了，因此淹没式生物转盘的载体表面积可更大一些。淹没式生物转盘可由工艺所需的空气在水下曝气驱动。如果采用机械驱动，SBC可在缺氧下运行，从而可用于脱氮。

### 6.2.1 固定式载体系统

尽管已经对各种类型的生物膜载体进行了试验，但市场上流行的是一种称之为绳状（rope-type）的载体。绳状载体，也称作环状绳索（looped-cord）或绞股载体（strand media），就是以编织绳的形式形成环状，生物膜生长在在绳状载体的表面。这种载体的材质是聚乙烯、聚酯或聚乙烯（PE）。绳状载体的制造商有俄勒冈州Troutdale的Ringlace产业公司、宾夕法尼亚州里丁市的Brentwood工业公司、北卡罗来纳州查布尔希尔的Entex技术公司、罗德艾兰州（罗得岛州）普罗维登斯的Biomatrix技术公司和加拿大魁北克蒙特利尔的Eimco水公司的Cleartec。Ringlace产业公司的载体由固定在支架上的很多绞股垂直排列组成。Brentwood工业公司的载体成筛状，称之为Accu Web。Entex技术公司的载体称之为Bioweb，也编成网状。这些载体都是悬挂在支架上的。Eimco的Ceartec载体也可制成片状，但其设计目的是促进薄层生物膜更加均衡地生长，以提高硝化的效果，这与其他厂家的设计目的不同。另外，Entex技术公司的Webitat系统（Bioweb载体）也是用于促进硝化菌的生长。其他产品都用来支撑更厚生物膜的生长。根据所处的位置，这些载体可处于好氧、缺氧或厌氧状态。

绳状载体已被用于碳化BOD（CBOD）的去除和硝化，偶尔也被用于反硝化。一般来说，绳状载体安装在活性污泥系统的好氧区，用以增强BOD的去除和硝化。载体表面硝化生物膜产生的硝酸盐会扩散到生物膜的缺氧层，因此在好氧区也会发生一定程度的反硝化。反硝化程度变化很大，与主体液相中的溶解氧和可利用的碳有关，但的确可以大量发生。

### 6.2.2 自由漂浮式载体系统

#### 1. 塑料载体

滴滤池载体和笼式填充载体等固定式塑料载体已有很多的应用。此类载体遇到的问题就是污水中的碎块和其他大块物质可能会堵塞载体。尽管固定式塑料载体在工业废水处理领域的应用非常普遍且有成功的经验，但在市政污水处理领域，使用一些能够自由漂浮的塑料载体（塑料载体元件）也已成为趋势。

能够制造自由漂浮型塑料载体的厂家很多，有Veolia（威立雅）/Kruger（瑞典兰德市的AnoxKaldnes公司）、德克萨斯州休斯敦市的Headworks BIO、弗吉尼亚州首府里士满的Infilco Degremont（得利满）、宾夕法尼亚州Warrendale的Siemens（西门子）/USFilter和北卡罗来纳州查布尔希尔的Entex技术公司。尽管各个厂家的载体尺寸不同，但基本上都像是"货车轮子"。生物膜长在载体的表面，但处于载体外表面的生物膜会被磨损掉，而在轮子内部则会留下活性的生物量。

由于密度略小于水，在好氧区借助于曝气，在缺氧区借助于淹没式的搅拌器（如慢速的香蕉型叶片），自由漂浮型塑料载体可布满全部混合液。此类载体即可适用粗气泡曝气系统，也适用于微气泡曝气系统。在正常运行条件下，特别是制造时加入了紫外抑制剂时，高密度聚乙烯塑料载体不会降解，也无需定期更换。

此类载体需要设置截留网。截留网的尺寸通常要比载体相应的最小尺寸小1mm。网的形状可以是平板型，也可是带凸缘的圆柱形。为了减少水头损失，设计截留网时必须保证有足够的网面积。有时可能需要安装一把气刀，对截留网进行连续擦洗。为了防止无机碎屑在池子内积聚，建议上游设置细格栅（栅隙比截留网小1mm或2mm）。

### 2. 海绵载体

海绵载体通常为网状聚乙烯泡沫制成的小立方块，可自由漂浮在水中。海绵载体的密度接近水的密度，在搅拌良好的情况下，可遍布全部混合液。为了让海绵载体维持在载体区，在活性污泥曝气池上下游的尾部都需要设置格网。因为海绵载体会随水流向下游格网，因此需要用水泵（通常采用气提泵）把下游的海绵载体连续地打到载体区的上游。海绵上的生物量变化很大，因此，为了防止海绵沉底必须控制好海绵上的生物量。一般气提回流泵会附带一块用以控制生物膜生长的碰撞板。当载体离开出水管时会撞击到板子上，这样可把海绵立方体内的混合液和部分附着的生物量甩出来。另外也可使用海绵清洗泵来控制生物量。将潜水泵周期性地开启可将载体上的生物量剥离，从而达到防止过多生物量生长的目的。格网处可设气刀，对格网进行连续清洗，以减少堵塞的可能。

海绵载体的主要制造商是宾夕法尼亚州斯泰特科利奇镇的搅拌和传质技术公司（Mixing & Mass Transfer Technologies）。

## 6.3 IFAS的历史

在曝气反应器内利用固体的表面和生物膜附着的载体是个古老的概念。这一概念起初是用于设计新工艺，但最近几年已经被用于原有活性污泥设施的处理水量扩容和提高营养物质的去除能力。淹没式生物膜载体的早期研究工作始于接触曝气工艺的开发。20世纪30、40年代，接触曝气工艺在美国得到广泛应用。接触曝气工艺由初沉池和后面两个大小相等的曝气池组成（各自有沉淀池，即中间沉淀池和终沉池），但没有污泥回流，总HRT一般在1.7~3.0h之间。接触曝气工艺的曝气池内垂直悬浮着石棉板，石棉板一般悬浮在曝气池内水面10cm以下到接近底部水平曝气管的位置。石棉板沿着曝气池长度方向设置，间距为3.8cm，由此给漂浮物提供了弯弯曲曲的通道。曝气池底部的曝气器不仅可提供氧气，还同时在石棉板之间起到混合作用。石棉板上附着生物膜的生长影响着接触曝气工艺的处理效果。美国国家研究委员会（The National Research Council Report，1946）在开发活性污泥和滴滤池工艺设计标准的同时，提出了接触曝气工艺的设计标准。接触曝气工艺与扩散曝气法的费用相当，但出水水质低于活性污泥法。另外，实心石棉板限制了氧的水平扩散，增加了曝气费用。因此接触曝气工艺最终以失败告终，在20世纪60年代彻底停用。

另一个在曝气池内使用生物膜载体的努力始于20世纪60年代的日本。Kato和Sekikawa（1967）开发了一个他们命名为固定活性污泥（Fixed Activated Sludge，FAS）的工艺。FAS工艺主要用于工业废水的处理，特别是处理碱性和缺氮的污水，比如软饮料生产和灌装污水。FAS工艺在曝气反应器内放置悬浮开孔的塑料板，一般没有污泥回流。20世纪60年代，FAS工艺在日本安装了60多套。Kato和Sekikawa（1967）证明，FAS工艺能利用丝状微生物，比活性污泥法需要的氮要少，可处理进水pH为9~10的污水。

最早的绳状载体是日本开发的，当时的目的是为了仅通过原有曝气池内部的改造就能够去除更多的CBOD，另外一个目的是给偏远地区开发一种运行简单、小尺寸的处理装置。后来，德国采用绳状载体升级改造硝化处理设施。绳状载体之后又被引入北美，用作碳的去除和硝化。20世纪90年代早期，绳状载体的中试试验出现在美国（Sen等，1993），之后有了生产性装置。马里兰州Anne Arundel郡的Annapolis水回用设施采用绳状载体，利用生物法去除营养物质（BNR），是北美最早采用绳状载体的生产性装置之一。

自由漂浮的塑料载体最早是由Kaldnes-Miljoteknologi（Odegaard等，1994）在挪威开发的。他们将自由漂浮的塑料载体用在他们称之为KMT的移动床生物膜反应器中。这种载体由小的圆柱形生物膜载体单元组成，材质为聚乙烯或聚丙烯。在挪威的几个污水处理厂中，采用此种载体的MBBR被成功用作低浓度和低温度的污水处理。在这些污水处理厂中，有的在工艺组合和操作上具有很大的灵活性，因此提供了研究此种载体的机会。挪威Lillehammer污水处理厂就是个例子。继在挪威的应用之后，这种自由漂浮的塑料载体在全世界的市政和工业废水处理系统中得以应用。最终，美国将其用于去除碳和硝化的IFAS中。最近该载体又被成功置于后置缺氧区，以强化反硝化的效果。

海绵载体最早是在20世纪70年代后期由欧洲开发的，并有两种基本的系统在市场上出现。一种称为之捕快工艺（Captor Process），是由Simon-Hartley基于在英国曼彻斯特大学的工作而开发的（Austin和Walker；Cooper，1989）。Simon-Hartley联合一些大学、英国考文垂市的水环纯（Severn Trent）和英国斯温顿市水环境研究中心将捕快工艺商业化。捕快（Captor）海绵的大小一般为25mm×25mm×12mm。第二种海绵类型的系统由德国慕尼黑市的Linde AG公司在20世纪70年代中期开发，20世纪80年代的早期在欧洲开始商业化。很快，纽约Mount Kisco的Lotepro公司以LINPOR系统的名义在欧洲和北美将其推广。采用LINPOR系统的第一个实际工程是用来去除CBOD的。用于脱氮的工艺有两种——LINPOR-CN（碳氮同时去除）和LINPOR-N（单独硝化），二者的区别主要是碳负荷的不同。另外，LINPOR-N系统有时后面不采用沉淀池而用于三级处理的硝化。LINPOR海绵几乎是立方体的，边长约为10~12mm。

## 6.4 固定式载体IFAS的应用

### 6.4.1 固定式载体的一般要求

绳状载体安装在架子上，而架子则固定在反应器内。架子为铝制或不锈钢材质，其上装有支撑杆，绳状载体则环绕在支撑杆的顶部和底部。有些固定式载体也由杆支撑，但为片状，其顶部和底部像六角形模式的网状编织物。铝制架子一般不会在池底固定，有时可利用池壁上的结构从上面来固定。架子顶部一般在水面下0.3m，底部则在池底以上0.6m，这样可方便清洗架子下面的空气扩散器。池子内混合液的前进和曝气搅拌可能会使架子的位置发生移动。当反硝化产生的气体滞留在生物膜内会增加浮力时，这种情况更容易发生。为此，应将架子锚固在池子内。

架子上绳状载体的密度是一个设计参数。当确定了所需载体的长度后，载体的密度，也就是每个支撑杆上的绳子所占据的空间、架子上的支撑杆占据的空间，可以在限定范围内变化。

活性污泥混合液的细胞平均停留时间（MCRT）应大于最低温度下硝化菌生长所需的最短时间，这是设计的出发点。如果MCRT少于最短时间，由于载体上的生物量剥落后会被排出系统，那么经过几个污泥龄的运行后，系统最终会失去硝化能力。这曾经在一些绳状载体系统内发生过。但也有文献说虽然活性污泥对应的MCRT不足以支持硝化，但由于载体的存在，污水处理厂也能进行硝化。最近发现生物膜载体上的硝化菌占了更大的比例，这可能是上述现象出现的原因。另外，含有硝化菌的生物膜从载体脱落后会起到给混合液接种硝化菌的作用。设计时应让约一半的氨氮被活性污泥细菌氧化，而大约另一半氨氮被生物膜氧化。这样的设计可实现之前提及的处理目标，当然要保证混合液的最小MCRT。

### 6.4.2 生物膜在固定式载体上的生长

在介绍IFAS历史一节时已经说过，绳状载体源于开发一种适合农村地区的、紧凑、容易操作的污水二级处理工艺。尽管绳状载体的确能去除BOD（比如在前置缺氧区或任何好氧反应器内），但现在则是更多地用于硝化作用的强化。因为载体是静止的，因此固定载体上生物膜的生长类型取决于载体周围基质的性质和载体在池子内的位置。如果固定载体位于推流式活性污泥反应池的前端，则此处相对较高的碳浓度会使生物膜变得很厚，且生物膜主要由异养菌组成。此时我们可能会看到不希望的事情发生：生物膜过度生长导致毗邻的载体粘在一起，很多生物量处于厌氧状态，由此减少了曝气池的有效体积（本来这些体积是供活性污泥生物量的）。如果载体处于推流式反应器的末端，可能由于基质浓度不够，导致无法形成良好的生物膜。正如在工艺设计一节所讨论的，载体的位置和主体液相中各种基质的浓度是设计时的重要考虑因素。

载体的位置适当，大约是推流式活性污泥池三分之二的中间位置，会促进硝化生物膜的生长。正如在动力学一节所讨论的（见6.4.3节），碳氮比对自养硝化菌和异养菌的生长比例非常重要。

采用绳状载体时，好氧区可发生大量反硝化。氨氧化为硝酸盐进而被反硝化的程度，取决于生物膜厚度、可利用的碳量和溶解氧浓度。

### 6.4.3 动力学问题

正如任何的生物膜系统，动力学与基质的浓度有关。如果载体系统的作用是增强硝化作用，载体置于活性污泥池的位置就非常重要。应让载体暴露在一定浓度的氨氮内，这样才可把硝化速率最大化。根据载体和污水的性质，这个氨氮浓度的数值会有变化，但之前的研究表明最佳浓度范围大约是2~8mg/L。如果把载体置于更高浓度的氨氮中，此时的COD浓度很可能也很高，这样会使异养菌的生长超过硝化自养菌的生长。

因为动力学也跟温度有关，因此载体的最佳位置是季节性变化的。然而，一旦载体置于能使污水处理效果保持良好的位置，再根据季节改变载体的位置也没必要。可在限度范围内调整MCRT，由此影响载体区碳和氨氮的数量。

### 6.4.4 虫子的生长问题

在一些采用绳状载体的IFAS中，曾经爆发过红虫。这些红虫以载体上的生物量为食，因此降低了处理效果甚至使系统丧失了处理能力。污水处理厂发生红虫时的运行经验能给红虫的引发原因和处置方式带来一些启示，但这些经验是有限的。关于红虫生长的详细资料是缺乏的，或者说，我们并不理解红虫发生的确切原因。这些虫子是严格好氧的，因此较高的溶解氧浓度会促进它们的生长。污水处理厂运行时，如果从高负荷和低溶解氧转变为低负荷和高溶解氧，可能会促进这些虫子的生长。高负荷运行时会形成相当厚的生物膜，当降低负荷并提高溶解氧后，可能会形成虫子生长的理想环境。

控制这些虫子的方法是在虫子爆发的区域，将曝气关掉几个小时以创造缺氧的环境。另外回流污泥应该加氯，这可以杀死虫子。但是这样的加氯处理应重复到一个虫卵周期（大约2周）。

在运行良好的IFAS中，会存在一定数量的红虫。它们的存在会减少污泥产量。我们可以肉眼看见它们。这些虫子会形成小的群落随机散布在载体绳上。这些群落有10美分或25美分硬币的大小[①]。

### 6.4.5 载体的破损

正常运行条件下，载体绳的破损不是个问题。然而，生物量的过度生长和过度曝气会对载体绳形成一定的压力。为了检查载体或维护位于载体下部的空气扩散器，而用高架起重机把载体架吊出池子时，就容易将载体损坏。使用负载能力更大的载体架子，并且在架子上设置足够的支架，可防止因架子过度变形而导致的载体断裂。

### 6.4.6 溶解氧浓度

活性污泥工艺通常在溶解氧为2.0mg/L或更高一点的浓度下运行。但较高浓度的溶解氧对生物膜工艺是有利的，这是因为所有基质必须渗入生物膜，而主体液相中的基质浓度较高会加大渗透力；基质渗入生物膜的越多则参与工作的生物膜越多。但是，绳状载体的IFAS在与纯活性污泥工艺相同溶解氧水平或稍高一点的情况下也能良好地运行。在这个溶解氧水平下，IFAS会发生大量的同步硝化反硝化，而溶解氧水平太高则会减少好氧区的反硝化。曝气不仅用于控制溶解氧水平，还可控制混合程度和生物膜的剥落。为了保持混合效果和含有溶解氧的混合液能够顺利进出载体区，保持一定的曝气是必须的。生物膜存在一定程度的剥落是理想的，但混合液的过度紊乱会使生物膜的剥落过度，进而降低处理效率。在绳状载体系统中，粗气泡和微气泡的曝气器均有采用。

---

① 10美分的硬币直径为17.91mm；25美分的硬币直径为24.26mm。译者注。

### 6.4.7 混合

淹没在活性污泥反应器内的载体支架会影响水流模式，混合液更倾向于绕着架子流动而非全部渗入载体。无论是采用粗气泡还是微气泡曝气，都应形成交叉流的混合液，让混合液循环起来流向载体。为了强迫顺着边墙流动的混合液能转向载体，可在曝气池壁上加设导流挡板。另外，如果载体刚好处于导流挡板墙的下游，为了让混合液能均布在曝气池的断面上，可在导流挡板墙上开孔。

### 6.4.8 载体支架对空气扩散器维护的影响

空气扩散器位于载体以下，需要周期性地维护。此时可通过滑轨等方式将载体支架挪到曝气池内的其他位置。空气扩散器并不需要经常维护，因此采用起重机吊起载体支架的方式更为简单和经济，这时需要起重缆绳能缚住支架且能将其移动到曝气池壁。紫外照射会破坏载体，因此池子放空时应保护载体免受阳光的照射。

### 6.4.9 臭味

当池子放空或将附有生物膜的载体暴露在空气中时会产生强烈的臭味，其他时候则不会出现臭味。建议池子停运时，应停止进水并持续曝气一段时间将活性生物量"烧死"。这一方法不会根除臭味的来源，但可能会减少臭味。

## 6.5 自由漂浮式（海绵）载体IFAS的应用

### 6.5.1 一般要求

海绵类型的载体常安装在好氧区内。为了能将载体留在好氧区，常在其上游和下游分别安装筛网。如果载体区是完全混合式反应器则是最理想的，这样能使载体区达到最大的混合，也能防止海绵载体流向下游的格网。在推流式反应器中，载体区可以做成由多个完全混合区序列组成。但事实上，在进水、回流污泥和硝化液内循环的作用下，载体会向格网处流动，因此需要用载体回流泵将载体从格网处打回载体区的头部。载体回流泵常用气提泵。

以载体区计的载体填充比通常限制在35%左右。太多的载体会堵塞下游筛网。为了能将载体悬浮并保持良好的混合效果，太多的载体也会需要更多的曝气能量。

活性污泥的混合液和海绵内部的空间存在大量的交换。海绵载体具有多孔的结构、海绵载体和气提泵碰撞板的经常撞击会将其内部的液体挤出去，这都促进了这种交换。从实践的设计观点来看，海绵载体可看作是具有很高混合液浓度的立方体。据估计，海绵立方体的生物量相当于15000~20000mg/L。

### 6.5.2 格网的堵塞

海绵载体会自然地向下游漂移并到达格网处。如果曝气池被分成很多载体区，每个载体区都像是一个小的、完全混合的池子，并且混合搅拌的能量足够将海绵在整个区域内完全混合而不受流过池子的水流影响，则不会发生海绵载体流向格网的现象。

运行人员应当每天观察池子内的格网。如果格网来水面的水位升高，运行人员应检查气刀，看其是否运行正常可射出足够的空气。另外也应检查气提回流泵，以保证其运行正常。也应检查流经池子的流量，看其是否太高。雨季流量加大、池子之间的配水不均匀、硝化液回流过多等原因，都可导致过池流量加大。为了避免加大池子内的水流速度，硝化液回流的内循环比不能太高。池子的水流速度是必须考虑的设计参数。

在正常运行范围内，为了检查格网是否被生物膜堵塞，可将池子内的水位降低0.9~1.5m并持续几个小时。当气刀工作不正常、池子内混合液所形成的旋流过弱、海绵过长时间的饥饿（缺少有机碳供给）时，都会导致格网的堵塞。海绵过长时间的饥饿和混合液的搅拌强度低会导致长尾柄纤毛虫的积聚。积聚的长尾柄纤毛虫就像海绵载体的"皮肤"。当这层皮肤从海绵载体脱落后就会堵塞格网，这时可用水龙带从格网下游表面处冲洗。为了避免再次出现这些情况，之后应加强气刀的空气流量和混合液的旋流强度。

为了工艺的安全，当格网堵塞时应有超越措施。可在池子侧边设置溢流堰将水导入毗邻的池子，也可在池内设管道将上游区的水避开载体区后直接导入下游区。

## 6.6 IFAS的生物量控制

为了防止微生物在海绵载体上过度生长导致海绵下沉到池子底部，通会采用出水管处设有碰撞板的空气提升回流泵。当海绵撞击到碰撞板时，海绵内的混合液和一些附着固体会被挤出海绵。另外一种防止海绵沉淀的方法是定期开启潜水泵。潜水泵放置在载体区，当海绵经过水泵的蜗壳时，水的紊流作用会把部分生物量从海绵上剥离下来。泵的运行应能足以控制海绵上的生物量，但生物量的剥离也不能过多。通常水泵在一个池子内运行一次时，以池内MLSS增加100~300mg/L为宜。应根据泵的流量和池子大小来决定泵的运转策略。

### 6.6.1 海绵载体的流失

海绵载体会持续地与曝气池壁摩擦。经过一段时间后，海绵立方体会变圆，从而减少了表面积。一般来说，至少在工程投产前几年，更换部分载体是必须的。之后随着海绵变圆，就没有必要再更换海绵了。

### 6.6.2 池子的停运

对海绵载体类型的IFAS而言，如果体积填充比相对较低，比如在20%~25%，当池子放空时，就可把海绵留在池内。此时可将塑料载体堆积到侧边，以便对曝气器进行维护。如果填充比超过40%，则建议将海绵载体泵送到其他没有载体的池子或分配到其他正在运行的池子。分配载体以及将它们再打回放空的池子时，应保证海绵载体在每个池子内的质量平衡。如果大概知道海绵载体的浓度，则可通过测量泵送液体的体积来推算海绵的数量。

因为紫外照射会造成海绵的分解，所以不能将海绵载体长时间地置于阳光下。

### 6.6.3 污泥流失

如果暴雨把MLSS冲刷出去，运行人员可利用海绵系统的优势，利用生物膜来补充MLSS。把载体内的生物量挤出来可能会恢复系统。

### 6.6.4 曝气系统的配气

IFAS所需的空气不仅用于工艺，也用于气刀和空气提升泵。如果气刀和空气提升泵所需的空气来源与工艺空气来自同一根主管，则系统会变得水力不稳定。此时水头稍有增加，为了平衡压力，空气就会在主管重新分配。这种情况下，当工艺需要更多的空气时，供气系统可能供的更少，因此建议设置独立的鼓风系统。对空气提升泵和气刀，最好采用容积式风机。

### 6.6.5 塑料载体的相关问题

#### 1. 一般要求

塑料载体通常安装在反应器的曝气区，用以去除CBOD和硝化。然而已经证明，塑料载体可成功用于缺氧区（尤其是在外加碳源的后置缺氧区）以强化反硝化。

载体区的上下游均需设置格网。格网一般为不锈钢材质。格网种类较多，有带筛孔的平板、楔形钢丝和迎着水流方向水平放置的圆柱等。

塑料载体IFAS的填充比最大可为65%。与其他自由漂浮的载体相比，塑料载体的允许填充比较大。这是因为塑料载体更不容易堵塞下游格网，另外，在完全混合反应器内，塑料载体的维护更加容易。

一般来说，塑料载体的曝气池采用在不锈钢管子上钻小孔的中气泡曝气系统，而不采用膜式的微孔曝气器。这种中气泡曝气系统不仅能提供充足的混合能量，而且氧传递速率也高。在IFAS中，由于气泡会粘在载体上从而增加了气泡和水接触的时间，使中气泡曝气系统的氧传递速率与活性污泥工艺的膜式微孔曝气器的相当。然而也有证据表明，载体上的气泡会合并变大从而降低了氧传递速率。因此，由于载体存在而提高的氧传递速率或许并不显著。

对此问题，MBBR采用塑料载体的建议中也有述及，请参见第5章的相关内容。

#### 2. 生物量的生长

运行人员应监测塑料载体中空部分内的微生物生长和聚集情况。如果生长过度，可能是混合液形成的旋流太弱，也可能是有机负荷过高。为了纠正这种情况，可能需要降低有机负荷或安装额外的载体。另外也可提高混合液旋流强度，或在负荷最高的区域增设大直径载体。根据负荷、温度和运行条件，生物量可在5~30mg SS/$m^2$之间。

处于上游的载体，其生物膜较厚且异养菌的比例高一些。而处于下游的载体，其生物膜较薄，自养菌的比例要高一些。

因为载体是自由漂浮且在整个池子内是完全混合的，生物膜会自我调整以适应主体液相的条件。如果负荷持续过高，则生物膜会变厚。如果负荷持续过低，生物膜则会变薄。一般来说，即使曝气池被分为多个单元，但整个曝气池都会有载体的存在。因此负荷改变

## 6.6 IFAS的生物量控制

时没有必要把载体调配到其他区域以适应负荷的变化。

**3. 载体的混合**

无论是采用粗气泡还是微气泡的空气扩散器，都应该在池子形成一个或多个旋流，以保证载体在池子内的完全混合和防止出现明显的死区。

**4. 格网或格栅**

为了防止载体流失或流出曝气池，曝气池每个载体区的出水边都需要安装格网。格网的设计已经从早期固定在壁面上的平板格网转变为现在对着水流水平放置的圆柱形格栅。水平圆柱形格栅能有效地防止堵塞，载体本身会把格网擦洗干净，这早已得到证明。为了加强载体对格网的擦洗作用和防止由于格栅表面的积聚物导致的水头损失增加，需要给平板格网安装气刀。应采取对格栅进行检查和清理的预防性措施。

对于采用海绵载体的IFAS，其预处理应有格栅且最好是开孔为6mm或以下的细格栅。

**5. 泡沫**

系统启动时可能会出现泡沫问题。但常见的情况是，当运行出现问题尤其是曝气量过大时，会发生泡沫问题。应监测溶解氧浓度，当溶解氧浓度大于3mg/L时可降低供气量。因为曝气还有混合载体的作用，因此运行人员应心中有数：过度减少供气量会影响载体的运动。

活性污泥的一些参数，如MLSS、食物微生物比（$F/M$）和进水流量低，都可能引发泡沫问题。为了实现最优的处理方案，也应精密地监测这些参数。

**6. 载体的破碎**

如果载体是在敞口池子内并且没有防紫外的设施，那么载体断裂就会成为一个问题。载体断裂后会发生载体的泄露：载体碎片可能会穿过格网漂到下游沉淀池的表面。

**7. 池子的停运**

如果塑料载体IFAS的体积填充比相对较低，比如在20%~25%，当池子放空时，就可把塑料载体留在池内。此时可塑料载体堆积到侧边，以便对曝气器进行维护。如果填充比超过25%，则建议将海绵载体泵将送到其他没有载体的池子或分配到其他正在运行的池子。

把载体分配到其他运行中的池子以及再将载体弄回来时，可采用西奇盘（透明度板）。将西奇盘沉入正在曝气的载体区，然后停止曝气再将它升起。当西奇盘遇到载体的阻力时就可根据西奇盘此时所处的位置推算出漂浮载体的厚度。重新启用曝气池时，利用西奇盘就可恢复载体的厚度。

**8. 蠕虫的生长**

只要对载体进行稳定和均匀的搅拌，不出现能生长蠕虫的死区，自由漂浮载体系统就不存在蠕虫问题。由于分散生长且不能忍受生物膜载体的紊动，因此蠕虫很难在载体之间游动。

**9. 启动**

尽管加大曝气量会加快载体与水的混合，但在载体安装的初始阶段，在没有被完全润湿之前，载体有漂浮在水面上的趋势。生物膜形成后就可减少曝气量。根据污水的温度，启动后的2~4个星期，载体就会显示出效果。

在启动的最初几周内，可能会出现泡沫问题。此时可采用消泡剂，也可启动泡沫消除系统（如果污水处理厂已经安装）。当微生物建立起来后，就不会再有大量泡沫出现的问题。

## 6.7 IFAS的设计

### 6.7.1 概述

采用IFAS的主要目的就是增强BOD和氮的去除，使其对它们的去除率超过单独使用混合液时的相应去除率。IFAS内的生物膜和活性污泥都有去除的能力，因此与活性污泥工艺和MBBR工艺比较，IFAS的设计就复杂多了。膜生物反应器的MLSS如果很低，由此混合液几乎没有去除能力时，则可以看做是纯粹的生物膜系统。但是，IFAS就必须考虑生物膜和混合液之间的作用。

### 6.7.2 影响生物膜去除有机物的因素

#### 1. 生物膜通量

生物膜的通量是指某特定物质或电子受体在液相和生物膜界面的传递速率。通量的常用单位是单位平方米生物膜表面积每天去除的基质质量（$g/(m^2 \cdot d)$ 或 $kg/(1000m^2 \cdot d)$），其中生物膜表面积是载体上生物膜的表面积，但不是未长生物膜的载体的表面积。通量可以是各种参数，如COD、溶解氧、氨氮、氧化态的氮、挥发性悬浮固体（VSS）和惰性固体。

掌握生物膜通量的影响因素非常重要。通量，比如是COD，随着混合液内（生物膜外的主体液相）基质（COD）浓度和电子受体浓度（如溶解氧和氧化态氮）的增加而增加。通量也受到生物膜厚度、生物膜内的生物量密度、静止液层的厚度等因素的影响。减少静止液层的厚度，比如在搅拌强度很大或载体的结构更加开放时，会增加基质在生物膜内的浓度和通量。如果生物膜深处有电子供体可用，则较厚的生物膜会增加基质利用的生物膜层数并可增加通量。生物量密度较高（生物膜的MLVSS，以mg/L计算）时也会增加COD的通量。

#### 2. 以单位池子体积计算的生物膜贡献的基质去除量

与生物膜通量相同，单位池子体积的去除量与生物膜的比表面积（单位池子体积的生物膜表面积，$m^2/m^3$）和载体填充比（$mf$）有关。

单位池子体积的去除量（$kg/(m^3 \cdot d)$）可计算如下：

生物膜通量（$kg/(1000m^3 \cdot d)$）× 载体填充比为100%时的生物膜比表面积 × 载体填充比（$mf$）

载体填充比为100%时的生物膜比表面积与很多因素有关：

（1）载体种类。在某固定的填充比下，从固定床到海绵载体的移动床载体，再到某些类型的塑料柱状载体，比表面积逐渐增加；

（2）随着主体液相中有机物基质（溶解性可生物降解COD）浓度的增加，载体上生物膜的厚度增加。对大多数载体来说，当生物膜厚度超过了某确定的最优值后，其表面积会减少（见图6-2）。大多数情况下，强烈的搅拌可增加生物膜的剪切速率，从而可减少生物膜的厚度；

（3）生物膜在载体上的覆盖程度。这可通过投加COD来改变。

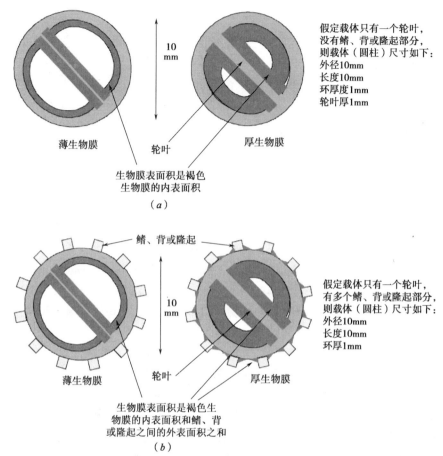

图6-2　生物膜厚度对微生物生长位置和生物膜表面积的影响（来自Sen等，2007）
（a）移动床或IFAS载体上薄厚生物膜的巨大差别；（b）移动床系统载体上薄厚生物膜的巨大差别

表6-1给出了各种载体的性质，包括尺寸和比表面积等。应当说明的是，海绵立方块载体可供生物膜生长的物理面积是非常大的。由于是开孔的结构，内部体积的97%都可利用，搅拌和传质技术公司（Mixing & Mass Transfer Technologies）LinPor载体的比表面积为$2800m^2/m^3$。表6-1给出的比表面积是小试动力学研究的结果，其中生物膜的硝化速率（$kg/(1000m^3 \cdot d)$）是基于海绵立方块的外部表面积计算的。如果海绵立方块内部的表面积也计算在内，则相应的硝化速率更低。

载体填充比（$mf$）是活性污泥池子填充载体的比例。如果填充比是100%，则$mf$的值为1.0。对于固定床载体，载体的填充比是指载体架子占据池子底板和高度的比例。对移动床载体，填充比则是指生物膜载体颗粒所占空池体积的比例。

## 第6章 生物膜/活性污泥组合式工艺（IFAS）

载体的特性总结　　　　　　　　　　　　　　　表6-1

| 载体 | 直径（mm） | 填充比为100%时的比表面积（$m^2/m^3$） |
|---|---|---|
| 北卡罗来纳州卡雷克镇留格尔的AnoxKaldens | | |
| （1）K1 | 9 | 500 |
| （2）K2 | 15 | 350 |
| （3）K3 | 25 | 500 |
| （4）biofilm Chip M | 48 | 1200 |
| （5）biofilm Chip P | 45 | 900 |
| 德克萨斯州休斯敦的Headworks | 22 | 402~680 |
| 弗吉尼亚州里士满市的Infilco Degremont（得利满） | | |
| （1）ActiveCell 515 | 22 | 515 |
| （2）ActiveCell 45015 | 22 | 450 |
| 北卡罗来纳州查布尔希尔镇的Entex技术公司的Bioportz | 19 | 575 |
| 宾夕法尼亚州Warrendale的西门子/USFilter | | |
| （1）AgWise ABC4 | 14 | 600 |
| （2）AgWise ABC5 | 12 | 600 |

移动床载体的填充上限取决于通过载体区的流量（包括回流和进水在内的总流量）。回流增加了通过载体的流量，因此在好氧搅拌和载体循环中必须予以考虑。由于在二级处理系统中存在硝酸盐和污泥的回流，二级处理系统填充比的上限一般低于三级系统（无污泥回流）和强化营养物去除系统（ENR）后置反硝化区（无硝酸盐回流）填充比的上限。

各种类型塑料载体的比表面积见表6-1。不同类型载体的填充比和生物膜比表面积见表6-2。

不同载体的生物膜比表面积　　　　　　　　　　　　表6-2

| 系统类型 | 载体 | 载体的体积填充比（%） | 比表面积 [a]（$m^2/m^3$） | MLSS建议值（mg/L） | 12℃下的好氧HRT最小值（h） |
|---|---|---|---|---|---|
| 活性污泥 | 无 | 0 | 0 | 3000 | 7 |
| IFAS-固定床 | Bioweb, Accuweb | 70~80 | 50~100 | 3000 | 5 |
| IFAS-移动床-海绵 | LinPor, Captor | 20~40 | 100~150 | 2500 | 4 |
| IFAS-移动床-塑料 | K1Kaldens Entex, Hydroxyl | 30~60 | 150~300 | 2500 | 4 |
| MBBR-K1 | K1 Kaldnes | 40~67 | 200~335 | <1000 | 3 |

[a] 为填充比与填充比为100%时的比表面积的乘积（$m^2/m^3$）

### 6.7.3 影响活性污泥去除能力的因素

跟活性污泥系统一样，随着IFAS中MLVSS、混合液中基质（溶解性可生物降解的COD）和溶解氧（或氧化态氮）浓度的增加，单位池子体积的COD去除量也增加。对于同样的体积，混合液悬浮固体平均细胞停留时间（MLSS MCRT）的增加会增加MLVSS。MLVSS增加后，COD去除速率[$kg/(m^3·d)$]会增加，这样减少了生物膜去除COD的负担，进而减少了所需的生物膜表面积。

### 6.7.4 生物膜和混合液悬浮固体的相互影响

在设计IFAS时，理解生物量与MLVSS和生物膜对基质去除之间的关系是非常重要的。正如在较高的混合液悬浮固体平均细胞停留时间（MLSS MCRT）下观察到的那样，混合液对基质的去除能力增加会降低好氧区内所有位置的COD浓度。这会降低相应位置处生物膜对COD的吸收率（通量）。在同样的MLSS MCRT下，温度升高会有类似的效果。减少MLSS MCRT或温度降低会有相反的效果：生物膜内的COD去除率和去除份额（与混合液相比）增加。

另外，设计污水处理厂时可充分利用沉淀池的能力，在较高的MLVSS和混合液悬浮固体平均细胞停留时间（MLSS MCRT）下运行IFAS。这样可减少所需的生物膜量，由此可采用小比表面积的载体。与活性污泥系统和MBBR相比，这样的IFAS所需的池子体积也会减少。

除了利用沉淀池的能力外，增加MLVSS后，还应对池子内筛网处的泡沫拦截问题（见图6-3和图6-4）进行评估。如果污水处理厂有泡沫积聚的倾向（季节性或进水性质的变化所导致），应考虑限制MLVSS和混合液悬浮固体平均细胞停留时间（MLSS MCRT），并使用更多的载体。固定床系统不在池内使用格网（见图6-5）所以不存在这个问题。

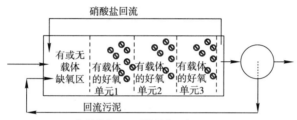

塑料载体IFAS系统的典型布置

载体不会沿着好氧区长度方向上移动。不同好氧单元内生物膜厚度和硝化菌的比例不同。与下游的单元相比，好氧单元1的生物膜厚但硝化菌的比例小。

图6-3 典型的塑料载体IFAS

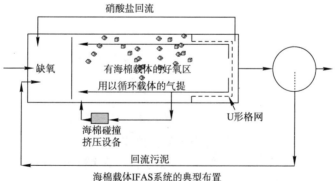

海棉载体IFAS系统的典型布置

载体在好氧区移动，因此池子内各处生物膜厚度和性质相同。

图6-4 典型的海绵载体IFAS

### 6.7.5 异养菌和硝化菌的关系

对IFAS而言，理解异养菌和硝化菌之间的关系是最有趣的挑战之一。跟活性污泥系统一样，增加主体液相中的溶解性可生物降解COD（5~20mg/L）会使异养菌生长率明显高于硝化菌。这会降低生物膜内硝化菌的比例，进而影响生物膜内的硝化速率。

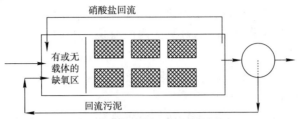

载体放在架子里,池内无格网。通过载体强烈翻滚模式控制生物膜厚度。在载体架子下设扩散器或利用曝气网格使载体翻滚。与海棉和塑料载体系统相比,此系统硝化时可在较高的MLSS MCRT下运行。一般情况下,其MLSS MCRT也比海棉和塑料载体系统高一些。

图6-5 典型的绳状或网状载体固定床IFAS

在一个活性污泥系统中,把混合液悬浮固体平均细胞停留时间(MLSS MCRT)降低到能够洗脱硝化菌的MCRT时,就会降低MLVSS中的硝化菌比例,系统的硝化能力最终也会丧失。安装载体后,载体上生物量的MCRT会增加,这样载体上的生物膜内会生长一些硝化菌。生物膜内硝化菌的比例依赖于生物膜外主体液相中的溶解性可生物降解物质的浓度和溶解氧水平。

当IFAS中的生物膜内存在硝化菌时,生物膜的剥落会给混合液接种。当混合液悬浮固体平均细胞停留时间(MLSS MCRT)接近能够洗脱硝化菌的MCRT时,与在同样MCRT下运行的活性污泥系统相比,这种生物膜剥落和接种会显著增加MLSS中的硝化菌比例。因此生物膜载体的存在有助于增加单位池子体积的硝化率,这不仅依靠了生物膜内硝化率的增加,而且也依靠了混合液内硝化率的增加。与活性污泥系统相比,只要生物膜的硝化能力没有损害,就能减少IFAS恢复全部硝化能力的时间(比如冬季或雨季水温降低后的恢复)。

### 6.7.6 设计方法和步骤

历经演变,最终形成了2种IFAS的设计方法。这2种方法是:
(1)基于厂家或工艺供应商的经验方法;
(2)将活性污泥和生物膜的动力学进行不同程度结合的过程动力学方法。

经验法可能部分基于活性污泥和生物膜的动力学,是厂家的惯用方法。一般而言,基于他们对自己设备的观察,厂家或工艺供应商会简化生物膜的贡献和其动力学。

应谨慎使用基于经验的方法。另外,经验法应仅限用于开发和试验这个经验法的同类型载体和系统。举例来说,如果在三级处理系统中观察到低进水COD时会有硝化作用,那么相应的速率和模型就不能用于二级处理。

过程动力学采用不同的生物膜模型,这些方法有:
(1)生物膜速率模型;
(2)半经验生物膜模型。如莫诺(Monod)扩展模型,考虑了主体液相基质浓度对生物膜厚度和生物膜内硝化菌比例的影响;
(3)生物膜单层模型、传质(扩散系数)与莫诺(Monod)动力学的结合;
(4)生物膜多层模型。

如用户能将模型修正后用于他们的载体并进行校正，上述4个模型均可达到所需的精度。

1. **经验模型**

（1）等价污泥龄法

一些海绵载体的供应商采用这种方法。他们将海绵载体上的生物量质量加到混合液的质量上。厂家可提供每个海绵立方块的生物量浓度。搅拌和传质技术公司（Mixing & Mass Transfer Technologies）说他们海绵载体的生物量为18000mg/L。因此，如果活性污泥池的混合液浓度为3000mg/L，海绵载体的填充比是20%，那么活性污泥池内总的生物量浓度为3000mg/L+18000mg/L×0.2。将总生物量（生物膜和混合液）除以每天的排放量，就得到等价污泥龄（或MCRT）。针对这种方法，工艺供应商已经开发了用以描述等价MCRT和污水处理厂性能之间的关系曲线。

建议等价污泥龄法仅用于海绵载体系统。这是因为海绵载体去除多余生物量的方法特别（挤压海绵而非采用剥落的方法）。另外，由于生物膜表面积的原因，海绵载体的生物膜密度和厚度较大，因此与塑料移动床载体相比，海绵载体的生物量相对要高。如果允许载体沿着好氧区长度方向移动，那么沿着好氧区长度方向，载体上生物膜的厚度和硝化菌比例会相同。

只要应用条件（和性能）与得到此方法数据的那些条件相同，那么这种等价污泥龄法就是可靠的。因此，采用等价污泥龄法时可进行中试，然后将中试结果用于设计。

（2）载体数量（长度或网的表面积）法

一些固定床载体的供应商采用此种方法。实心载体可用长度（如Ringlace产业公司的Ringlace）或网的表面积（宾夕法尼亚州雷丁Brentwood工业公司的Accuweb；北卡罗来纳州查布尔希尔Entex技术公司的Bioweb）来度量载体的数量。供应商对他们运行的污水处理厂和中试进行了速率检测，然后将之应用到其他污水处理厂。

再次提及，在应用这些方法时应小心谨慎。只有应用条件与得到此方法数据的那些条件相同时才可使用这样的方法。应明确安装载体后系统性能提高的原因，为此应查看测定的速率或浏览运行数据，以确定性能的提高是由于生物膜的硝化速率，还是由于安装固定床载体装置后使混合液流动呈现推流式而导致SVI值提高引起的。推流式的运行方式和生物膜上剥落的生物量都可使SVI值升高。

2. **基于中试计算速率的方法**

这种方法采用中试来模拟拟建的实际规模污水处理厂。这种方法有以下优点：

（1）可熟悉工艺；

（2）可基于试验结果确定未来污水处理厂性能的保证情况；

（3）为深入地校正工艺模型提供数据；

（4）精炼设计细节。

如果中试研究的数据能够代表实际污水处理厂的条件，则这种方法是非常好的。应注意由于固定床载体系统的中试研究无法与实际工程中的池子深度和扩散器的类型相同，因此利用中试来模拟实际工程是很困难的，中试的效果要差一些。

### 3. 生物膜速率模型

下述方法可用于初步确定系统的尺寸。此种方法基于实际规模、中试规模研究以及工艺校正模型得到的速率。

（1）确定速率范围

对于COD/TKN在（7.5~15）：1的一级处理出水（反应器出水），当混合液温度为15℃，好氧区溶解氧为3mg/L时，可采用下述速率：

好氧下的COD摄取率=0.5~5kg/（1000m$^2$·d）

硝化率=0.05~0.5 kg/（1000m$^2$·d）

至于其他温度下的速率，可采用0.05/℃的阿伦尼乌斯温度修正系数进行修正。

下面讨论载体位置的实际速率及其应用。

（2）不同混合液悬浮固体平均细胞停留时间（MLSS MCRT）下的去除量

在确定IFAS所需的生物膜表面积时，可采用下面的混合液和生物膜之间的去除比例。这些比例是基于过程动力学模型分析，是15℃下的数值。

1）MLSS MCRT为2d时，生物膜负担50%的COD和80%的硝化，其余由MLVSS承担。

2）MLSS MCRT为4d时，生物膜负担25%的COD和50%的硝化。

3）MLSS MCRT为8d时，生物膜负担20%的硝化。

温度每上升1℃，上面提及的MLSS MCRT会增加3%。

据此，可计算出需要生物膜硝化的氨量。

（3）根据好氧区长度方向的位置选定速率

第三步是把好氧区在长度方向分为前后三部分。

对于第一区、第二区和第三区，COD最大摄取率分别为75%、50%和25%。

出水氨氮要求达到1mg/L时，对于第一、第二和第三区，氨氮最大摄取率分别为25%、50%和75%。

当出水氨氮要求低于1mg/L时，好氧区的第二和第三区的硝化率应降低到与混合液内的氨氮浓度相适应的水平。举例来说，出水氨氮浓度为0.5mg/L时的第三区硝化率应为出水氨氮为1mg/L时的0.75×0.5/1.0=0.375倍。

（4）计算所需的载体量

已知所需硝化的氨量和校正后的速率，可计算出所需的载体量。应计算出COD去除和硝化所需的生物膜表面积，二者取其大作为系统所需的生物膜表面积。基于BOD的速率一般是基于COD的速率的一半。

（5）冗余分析，完成设计

建议采用第11章讨论的软件模型。对于IFAS，建议采用多种模型来评价结果，以此提高预测结果的置信水平。

（6）基于动力学的方法和IFAS设计软件的应用

第11章讨论了动力学方法使用的设计方程。第11章也对软件的应用结果和IFAS（科罗拉多州Broomfield污水处理厂）长期运行数据进行了对比和评价。被评价的3个软件在COD去除、硝化和脱氮方面均得到了满意的结果。在预测诸如生物膜厚度和污泥产量等生物膜参数方面，3个软件有些差异。

## 6.8 IFAS的案例

### 6.8.1 马里兰州Anne Arundel郡Annapolis污水回用厂

Annapolis污水回用厂最早为达到二级处理标准的活性污泥法污水处理厂，处理规模为38000m³/d（10mgd），处理后的水排至Chesapeake湾。为满足日益严格的营养物排放标准，该厂几经升级改造。起初的升级改造是根据Chesapeake湾提案（www.chesapeakebay.net）的要求，要达到营养物去除（BNR）水平或总氮达到8mg/L，总磷达到2mg/L。之后要执行基于污染负荷分配的营养物限制方案，要求总氮为6mg/L，总磷1.5mg/L。最后要求采用强化营养物去除（ENR），总氮要求为3mg/L，总磷为0.3mg/L。在此期间，Annapolis污水回用厂的处理水量增至50000m³/d。

在起初改造为能够去除营养物（BNR）时，Annapolis污水回用厂采用了在传统活性污泥工艺内增加生物膜载体的IFAS。Annapolis污水回用厂经过仔细的试验研究后，认为IFAS无需新建活性污泥池而能有效地提高原有工艺的性能。对Anne Arundel郡来说，IFAS是一个经济有效的选择。

当Annapolis污水回用厂扩容到50000m³/d并且处理水平要升级到强化营养物去除（ENR）时，除了新建反应池（采用IFAS或不采用）外，已经别无选择。此时Annapolis污水回用厂决定放弃载体系统，采用活性污泥工艺，即采用更加传统的前置和后置反硝化工艺。虽然IFAS能够通过减少新建反应器的体积而减少升级改造费用，但Annapolis污水回用厂认为在更加常规的HRT下运行污水处理厂更为重要。另外，如果采用IFAS，未来更换载体的费用也值得关注。

**1. 早期的Annapolis污水回用厂**

Annapolis污水回用厂最早修建于1972年，有两个平行的系列，每个系列由两廊道的马蹄形曝气池和圆形二沉池组成。工艺单元有前端的格栅和沉砂、初沉池、活性污泥、氯化和脱氯。Annapolis污水回用厂的设计能力为38000m³/d，出水要求满足二级处理的要求。该厂的基本设计参数见表6-3。

| Annapolis污水回用厂早期的设计标准 | 表6-3 |
|---|---|
| 构 筑 物 | 尺 寸 |
| 活性污泥池（2个） | |
| （1）体积（m³） | 每个4370m³ |
| （2）长度（m） | 每个廊道120m |
| （3）宽度（m） | 11.0 |
| （4）深度（m） | 3.6 |
| （5）前置缺氧比例 | 0.27 |
| （6）好氧区比例 | 0.73 |
| 终沉池（2个） | |
| （1）直径（m） | 32 |
| （2）边墙处深度（m） | 3.0 |

## 2. 半生产性试验研究（1993-1996）

Chesapeake湾提案（www.chesapeakebay.net）要求污水处理厂去除营养物质，出水总氮要达到8mg/L，总磷要达到2mg/L。采用传统方法需要新建昂贵的池子，因此Anne Arundel郡采用半生产性试验对IFAS进行了研究。半生产性试验是跟弗吉尼亚州布莱克斯堡的弗吉尼亚技术（Virginia Tech）公司在污水处理厂和实验室合作进行的。图6-6是半生产性试验研究的整体布局。

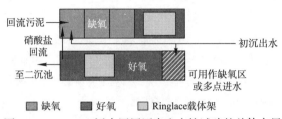

图6-6 Annapolis污水回用厂半生产性试验的总体布局

半生产性试验研究的第一阶段（1993），Annapolis污水回用厂将回流污泥分开，从而将原来的污水处理厂改造为完全独立的两个厂子。第一个厂子（污水处理厂1）仅用活性污泥工艺来脱氮。第二个厂子（污水处理厂2）改为IFAS。

IFAS中使用的生物膜载体为Ringlace产业公司生产的绳状载体。Ringlace为柔软的聚氯乙烯材材料织成的绞线。绞线有突出的环，环的直径大约为5mm。在第二廊道的好氧区，473m³的池子内安装了30000m的Ringlace载体。载体挂在组件顶部和底部的支架上，组件则由铝架支撑。在Ringlace载体区前部末端的缆索上安装了两个轻质试验架，每个试验架上装有15m载体。试验期间定期将试验架拉出，以检查Ringlace载体上生物膜的生长情况。

污水处理厂被改造成了MLE工艺[①]。曝气池前部末端分开后成为四个带有搅拌器的缺氧单元，其中两个缺氧单元也可变为好氧单元。为了将硝酸盐回流到缺氧区，在好氧区的末端安装了硝酸盐回流泵。污水处理厂1的改造与此类此。污水处理厂1没有安装生物膜，而是将曝气池前端的25%~40%关闭曝气，并将好氧区末端的硝酸盐回流，以此完成脱氮的任务。在研究的某段时期，污水处理厂1作为对比。

从1993年的1~6月，半生产性试验按照MLE模式运行。1993年7月~1993年12月，污水处理厂改造为多点进水并带有硝酸盐回流的方式运行。

在半生产性试验研究的下一阶段（1994~1996年），好氧区第一廊道大约安装了63000m的Ringlace载体，而在第二廊道的好氧区，增加了约46000m Ringlace载体。这使IFAS中Ringlace载体的总量达到109000m。

### 3. 污水处理厂改造为生物去除营养物（BNR）系统（1997~2000年）

Annapolis污水回用厂根据试验结果对污水处理厂进行了升级，将活性污泥池改造为IFAS。包括生物去除营养物（BNR）系统在内的整个污水处理厂的流程见图6-7。

---

① MLE工艺，国内常称之为A/O（前置反硝化）脱氮工艺。译者注。

## 6.8 IFAS的案例

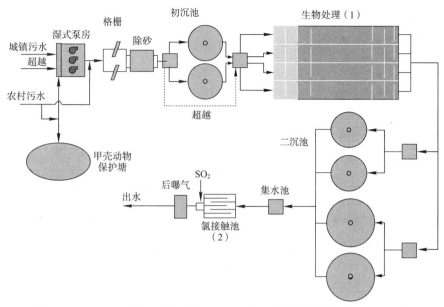

图6-7 Annapolis污水回用厂升级为IFAS的生物去除营养物（BNR）系统

图6-8说明，2个二廊道反应器被改造成了4个平行运行的单廊道反应器。表6-4给出了缺氧区和好氧区的大小，其中缺氧区体积占总体积的20%。每个反应器安装了总计61000m的Ringlace载体。另外，污水处理厂增加了2个直径39.6m的二沉池。污水处理厂1997年开始改造，2000年竣工。在这段时期的大部分时间内，为了进行改造，将其中1个反应器或活性污泥池的一半体积停运，由此造成HRT在3.5~8h之间变化。表6-5是HRT、MCRT和出水氨氮的情况。

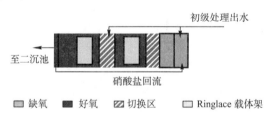

图6-8 升级改造后的BNR工艺构成

升级改造后BNR的设计参数　　　　　　表6-4

| 分　区 | 体积（%） | 体积（m³） |
| --- | --- | --- |
| 缺氧区1.1 | 10 | 230 |
| 缺氧区1.2 | 10 | 230 |
| 缺氧区1.3（切换） | 10 | 230 |
| 好氧区1 | 26.5 | 613 |
| 缺氧区2（切换） | 13.8 | 318 |
| 好氧区1.1 | 26.5 | 613 |
| 脱氧区 | 3.2 | 72 |
| 总　计 |  | 2306① |

① 原文为2309，是单位换算导致的误差。译者注。

## 第6章 生物膜/活性污泥组合式工艺（IFAS）

Annapolis污水回用厂IFAS的部分参数    表6-5

| 时间 | BNR阶段描述 | 季节 | MLSS MCRT (d) | HRT (h) | 运行的载体 ($10^4$m) | 出水$NH_4^+$-N (mg/L) |
|---|---|---|---|---|---|---|
| 1997年~2000年 | 建造 | 夏季到冬季 | 4.6 | 4.0 | 1092① 122.3 | 1.1 |
| 1997年~2000年 | 建造 | 冬季到春季 | 5.2 | 4.6 | 1092② 122.3 | 1.5 |
| 2001年~2005年 | 建造和运行 | 夏季到秋季 | 6.2 | 8.1 | 244 | 0.35 |
| 2001年~2005年 | 建造和运行 | 冬季到春季 | 6.5 | 8.8 | 244 | 0.9 |

（1）半生产规模试验

关于半生产规模试验的结果已有很多报道（Copithorn等，1995；Sen等，2000；Sen等，1994a；Sen等，1994b），这里对这些研究的结论总结如下：

1）对单污泥脱氮系统，好氧区绳状（Ringlace）载体上的生物量可增强反应池单位体积的硝化和反硝化率；

2）硝化率是每个单元内氨浓度和绳状载体的函数。氨浓度为3~5mg/L时，最佳硝化率为1.7kg/d/1000m载体（直线长度）。氨浓度低于或高于此范围，硝化率均下降。这里的硝化率适用条件为：推流式系统、活性污泥的MCRT等于或超过持留硝化菌所需的最短时间且温度为14~19℃；

3）在最佳条件下，发生在载体上的硝化占总硝化量的60%。这一数字针对的载体密度是：每立方米活性污泥池内的Ringlace载体为0.8m直线长度；

4）对于有载体的反应区，当溶解氧浓度超过3.0mg/L时，被硝化的氨中大约有20%被反硝化。

（2）改造期（1997~2000年）

2个二廊道反应器要改造成4个单廊道反应器，由此导致了污水处理厂几乎在整个改造期只能运行一半的活性污泥池。但在此期间，污水处理厂要满足出水水质的要求。最初投入使用的是半生产性试验所用的带有Ringlace载体的池子。表6-6展示了IFAS在MCRT和HRT分别低至3.2d和3.2h下的运行结果。在改造期，有时会由于停池和重新启动扰乱了正常运行，但是一般来说，污水处理厂一直维持了BNR状态，全年的平均出水总氮保持在8mg/L以下。表6-6给出了进出水的月平均值，其中有几个月的氨氮高于2mg/L，这是由于在码头搬运含有甲醛的废物、鼓风机故障和其他施工问题引起的工艺波动导致的。

（3）改造后（2000~2003年）

从BNR的启动（2000）到升级扩容为强化营养物去除（BNR）（2003年7月），污水处理厂一直进行着硝化和脱氮，其中的数据见表6-6。在BNR改造时，采取了将混合液泵入重力浓缩池的方式，这虽然浪费了水力坡度但却很好地控制了MCRT。

---

① 原书有1092和1223两行数，应有误。译者注。
② 原书有1092和1223两行数，应有误。译者注。

## 6.8 IFAS的案例

运行数据

表6-6

| 年份 | 日期 | 进水流量 | | 原水 | | | | 最终出水 | | | | | 备注 |
|---|---|---|---|---|---|---|---|---|---|---|---|---|---|
| | | mgd | m³/d① | BOD mg/L | SS mg/L | TKN mg/L | NH₃-N mg/L | BOD mg/L | SS mg/L | NH₃-N mg/L | TKN mg/L | TN mg/L | |
| 1995 | 一月 | 7.5 | 28388 | 232 | 218 | 31.7 | 19.0 | 13 | 12 | 0.4 | 2.8 | 10.2 | |
| | 二月 | 7.6 | 28766 | 208 | 197 | 26.9 | 16.8 | 13 | 11 | 0.4 | 2.7 | 9.8 | |
| | 三月 | 7.6 | 28766 | 240 | 236 | 31.5 | 18.0 | 11 | 9 | 0.2 | 1.7 | 6.8 | |
| | 四月 | 7.5 | 28388 | 207 | 219 | 31.4 | 17.2 | 15 | 9 | 0.4 | 2.4 | 11.0 | |
| | 五月 | 7.8 | 29523 | 209 | 227 | 31.6 | 15.6 | 6 | 6 | 0.3 | 2.4 | 9.9 | |
| | 六月 | 7.5 | 28388 | 196 | 233 | 25.7 | 14.0 | 8 | 6 | 0.2 | 1.3 | 7.3 | |
| | 七月 | 7.8 | 29523 | 178 | 224 | 22.0 | 12.0 | 5 | 4 | 0.2 | 1.0 | 8.1 | |
| | 八月 | 8.2 | 31037 | 213 | 303 | 20.6 | 16.0 | 5 | 8 | 1.7 | 2.9 | 8.3 | |
| | 九月 | 8.2 | 31037 | 228 | 261 | 19.4 | 16.3 | 11 | 9 | 6.4 | 7.1 | 12.3 | |
| | 十月 | 8.4 | 31794 | 228 | 230 | 21.1 | 16.3 | 5 | 9 | 0.2 | 1.6 | 7.2 | |
| | 十一月 | 8.3 | 31416 | 213 | 220 | 20.8 | 15.0 | 7 | 8 | 0.2 | 1.5 | 7.6 | |
| | 十二月 | 7.7 | 29145 | 188 | 166 | 23.8 | 16.6 | 10 | 8 | 0.6 | 2.7 | 8.5 | |
| 1996 | 一月 | 5.8 | 21877 | 172 | 173 | 36.8 | 15.7 | 16 | 15 | 0.8 | 3.3 | 8.8 | |
| | 二月 | 5.5 | 20893 | 190 | 198 | 22.0 | 16.4 | 14 | 13 | 1.3 | 4.6 | 11.0 | |
| | 三月 | 5.5 | 20780 | 194 | 228 | 23.6 | 17.2 | 18 | 12 | 11.9 | 15.0 | 18.5 | |
| | 四月 | 5.7 | 21650 | 173 | 206 | 17.2 | 13.8 | 34 | 12 | 7.2 | 7.9 | 12.3 | 污泥处理液回流 |
| | 五月 | 5.8 | 21764 | 174 | 226 | 12.8 | 9.1 | 16 | 11 | 3.9 | 4.9 | 12.8 | Marina废物倾倒进来 |
| | 六月 | 5.7 | 21461 | 193 | 225 | 13.9 | 8.2 | 6 | 6 | 0.2 | 0.9 | 6.7 | |
| | 七月 | 5.7 | 21650 | 225 | 237 | 14.3 | 8.9 | 4 | 4 | 0.2 | 0.6 | 7.2 | |
| | 八月 | 5.7 | 21726 | 232 | 219 | 23.3 | 15.9 | 4 | 3 | 0.2 | 2.3 | 11.1 | |
| | 九月 | 6.2 | 23353 | 303 | 149 | 18.5 | 14.0 | 9 | 4 | 0.9 | 2.1 | 8.7 | |
| | 十月 | 5.9 | 22483 | 232 | 209 | 19.0 | 13.4 | 7 | 5 | 0.6 | 2.2 | 9.1 | |
| | 十一月 | 5.5 | 20818 | 169 | 153 | 17.1 | 13.7 | 7 | 6 | 0.4 | 1.6 | 8.6 | |
| | 十二月 | 5.9 | 22047 | 209 | 223 | 15.9 | 12.2 | 8 | 8 | 0.2 | 1.3 | 7.9 | |

续表

| 年份 | 日期 | 进水流量 | | 原水 | | | | 最终出水 | | | | | 备注 |
|---|---|---|---|---|---|---|---|---|---|---|---|---|---|
| | | mgd | m³/d | BOD mg/L | SS mg/L | TKN mg/L | NH₃-N mg/L | BOD mg/L | SS mg/L | NH₃-N mg/L | TKN mg/L | TN mg/L | |
| 1997 | 一月 | 8.4 | 31908 | 204 | 194 | 25.4 | 13.8 | 10 | 9 | 0.5 | 2.1 | 9.3 | |
| | 二月 | 8.7 | 32854 | 221 | 152 | 18.7 | 15.0 | 16 | 11 | 1.2 | 3.1 | 11.7 | |
| | 三月 | 8.8 | 33346 | 144 | 132 | 16.3 | 12.0 | 14 | 10 | 0.6 | 2.0 | 12.6 | |
| | 四月 | 8.8 | 33157 | 156 | 174 | 13.6 | 10.8 | 15 | 10 | 1.6 | 2.9 | 13.7 | |
| | 五月 | 8.5 | 32097 | 170 | 175 | 13.3 | 10.8 | 14 | 9 | 0.7 | 2.4 | 10.4 | |
| | 六月 | 8.5 | 32097 | 201 | 187 | 12.6 | 11.0 | 11 | 9 | 0.3 | 1.2 | 9.3 | |
| | 七月 | 8.1 | 30583 | 193 | 185 | 11.7 | 9.1 | 7 | 5 | 0.2 | 1.2 | 8.0 | |
| | 八月 | 8.0 | 30431 | 296 | 270 | 19.3 | 15.6 | 8 | 6 | 0.3 | 1.2 | 9.1 | |
| | 九月 | 7.7 | 29069 | 181 | 144 | 15.1 | 13.5 | 6 | 4 | 0.5 | 1.1 | 10.0 | |
| | 十月 | 7.5 | 28539 | 191 | 172 | 21.4 | 17.6 | 3 | 5 | 0.9 | 2.2 | 14.8 | |
| | 十一月 | 8.1 | 30469 | 155 | 126 | 19.7 | 17.3 | 13 | 12 | 0.6 | 1.9 | 9.6 | |
| | 十二月 | 7.2 | 27176 | 175 | 150 | 19.5 | 17.7 | 11 | 7 | 1.6 | 2.8 | 11.5 | |
| 1998 | 一月 | 8.2 | 30886 | 219 | 185 | 19.0 | 17.4 | 14 | 9 | 1.4 | 1.9 | 11.5 | |
| | 二月 | 9.3 | 35238 | 192 | 155 | 18.1 | 16.7 | 14 | 11 | 1.3 | 1.4 | 10.6 | |
| | 三月 | 9.4 | 35428 | 170 | 153 | 15.4 | 12.9 | 12 | 12 | 0.8 | 2.1 | 7.4 | |
| | 四月 | 8.3 | 31567 | 131 | 126 | 18.4 | 15.4 | 10 | 9 | 0.5 | 1.8 | 9.8 | |
| | 五月 | 8.5 | 32324 | 165 | 120 | 15.8 | 13.1 | 8 | 6 | 0.5 | 1.7 | 10.1 | |
| | 六月 | 8.0 | 30242 | 192 | 172 | 16.6 | 14.1 | 8 | 7 | 0.6 | 1.5 | 9.6 | |
| | 七月 | 7.8 | 29409 | 159 | 183 | 17.8 | 13.8 | 6 | 5 | 0.4 | 1.1 | 8.2 | |
| | 八月 | 7.6 | 28842 | 170 | 168 | 14.5 | 13.4 | 4 | 4 | 0.2 | 1.0 | 8.4 | |
| | 九月 | 7.4 | 27933 | 212 | 186 | 18.2 | 12.2 | 9 | 8 | 1.1 | 3.2 | 9.9 | |
| | 十月 | 7.0 | 26457 | 237 | 184 | 20.1 | 14.4 | 15 | 8 | 3.1 | 4.5 | 11.6 | |
| | 十一月 | 6.7 | 25170 | 252 | 206 | 23.6 | 17.4 | 16 | 5 | 4.8 | 6.6 | 12.8 | 为持留固体粒子，关闭了风机 |
| | 十二月 | 6.3 | 23846 | 251 | 256 | 29.6 | 20.8 | 11 | 4 | 7.6 | 10.1 | 15.2 | |

续表

## 6.8 IFAS的案例

| 年份 | 日期 | 进水流量 | | 原水 | | | | 最终出水 | | | | | | 备注 |
|---|---|---|---|---|---|---|---|---|---|---|---|---|---|---|
| | | mgd | m³/d | BOD mg/L | SS mg/L | TKN mg/L | NH₃-N mg/L | BOD mg/L | SS mg/L | NH₃-N mg/L | TKN mg/L | TN mg/L | | |
| 1999 | 一月 | 6.5 | 24474 | 291 | 221 | 25.3 | 19.0 | 8 | 7 | 0.4 | 1.8 | 10.1 | | |
| | 二月 | 6.5 | 24659 | 215 | 209 | 23.4 | 16.6 | 8 | 7 | 0.4 | 1.8 | 10.1 | | |
| | 三月 | 6.7 | 25262 | 228 | 215 | 19.0 | 15.0 | 6 | 4 | 0.8 | 2.8 | 10.6 | | |
| | 四月 | 6.6 | 25145 | 201 | 194 | 18.0 | 13.0 | 6 | 3 | 1.0 | 2.4 | 10.1 | | |
| | 五月 | 6.6 | 24993 | 193 | 193 | | | 8 | 3 | 0.7 | 1.1 | 8.4 | | |
| | 六月 | 6.8 | 25700 | 232 | 210 | 18.8 | 10.8 | 6 | 3 | 0.6 | 1.5 | 9.6 | | |
| | 七月 | 6.7 | 25360 | 224 | 183 | 13.9 | 10.1 | 21 | 2 | 6.5 | 7.8 | 13.8 | | |
| | 八月 | 6.5 | 24567 | 212 | 217 | 20.3 | 11.0 | 14 | 3 | 2.9 | 6.6 | 14.1 | | |
| | 九月 | 8.2 | 31093 | 286 | 252 | 18.5 | 8.7 | 10 | 3 | 0.8 | 1.7 | 9.2 | | |
| | 十月 | 7.7 | 29258 | 225 | 199 | 17.7 | 10.7 | 4 | 2 | 0.2 | 1.1 | 8.0 | | |
| | 十一月 | 7.3 | 27682 | 247 | 196 | 24.4 | 15.2 | 3 | 2 | 0.2 | 0.9 | 8.0 | | |
| | 十二月 | 7.1 | 26926 | 258 | 230 | 22.8 | 14.6 | 4 | 2 | 0.2 | 1.2 | 6.8 | | |
| 2000 | 一月 | 6.8 | 25749 | 254 | 230 | 32.9 | 14.6 | 7 | 3 | 0.6 | 2.8 | 8.9 | | |
| | 二月 | 7.1 | 26874 | 289 | 220 | 30.7 | 19.4 | 7 | 3 | 0.2 | 2.3 | 8.2 | | |
| | 三月 | 7.2 | 27252 | 231 | 202 | 27.5 | 14 | 2 | 6 | | | | | |
| | 四月 | 7.7 | 29145 | 308 | 263 | 29.7 | 16.9 | 7 | 3 | 0.2 | 1.2 | 6.6 | | |
| | 五月 | 7.4 | 28009 | 231 | 213 | 29.9 | 14.8 | 4 | 2 | | 1.2 | 5.5 | | |
| | 六月 | 7.1 | 26874 | 270 | 170 | 33.4 | 16.2 | 3 | 1 | 0.2 | 1.2 | 6.4 | | 运行故障使处理效果下降 |
| | 七月 | 7.6 | 28766 | 245 | 219 | 23.9 | 18.5 | 3 | 2 | 0.2 | 1.0 | 5.2 | | |
| | 八月 | 7.6 | 28766 | 225 | 178 | 24.3 | 16 | 3 | 2 | 0 | 1.1 | 4.7 | | |
| | 九月 | 7.7 | 29145 | 287 | 200 | 27.5 | 15.8 | 3 | 2 | 0.3 | 1.5 | 6.0 | | |
| | 十月 | 6.7 | 25360 | 192 | 183 | 26.9 | 17.0 | 6 | 3 | 7.8 | 10.7 | 16.0 | | |
| | 十一月 | 6.5 | 24603 | 241 | 190 | 28.9 | 19.9 | 6 | 3 | 0 | 2.0 | 8.7 | | |
| | 十二月 | 6.6 | 24981 | 299 | 158 | 30.3 | 19.8 | 5 | 2 | 0.3 | 1.7 | 7.7 | | |

# 第6章 生物膜/活性污泥组合式工艺（IFAS）

续表

| 年份 | 日期 | 进水流量 | | 原水 | | | | 最终出水 | | | | | 备注 |
|---|---|---|---|---|---|---|---|---|---|---|---|---|---|
| | | mgd | m³/d | BOD mg/L | SS mg/L | TKN mg/L | NH₃-N mg/L | BOD mg/L | SS mg/L | NH₃-N mg/L | TKN mg/L | TN mg/L | |
| 2001 | 一月 | 6.3 | 23846 | 198 | 144 | 28.3 | 20.9 | 8 | 3 | 0.4 | 1.6 | 6.5 | |
| | 二月 | 6.4 | 24224 | 223 | 155 | 27.3 | 18.2 | 9 | 3 | 0.4 | 1.7 | 6.5 | |
| | 三月 | 6.8 | 25738 | 233 | 166 | 26.9 | 16.4 | 5 | 3 | 0.2 | 1.1 | 5.5 | |
| | 四月 | 6.9 | 26117 | 261 | 148 | 28.6 | 14.0 | 4 | 2 | 0.2 | 1.5 | 6.2 | |
| | 五月 | 6.9 | 26117 | 256 | 184 | 23.1 | 13.2 | 3 | 2 | 0.2 | 1.3 | 5.5 | |
| | 六月 | 7.2 | 27252 | 263 | 193 | 19.4 | 10.1 | 2 | 1 | 0.2 | 1.2 | 5.4 | |
| | 七月 | 7.2 | 27252 | 277 | 180 | 16.6 | 10.3 | 2 | 1 | 0.2 | 1.3 | 6.2 | |
| | 八月 | 7.1 | 26874 | 238 | 173 | 20.1 | 10.7 | 2 | 1 | 0.2 | 1.4 | 6.6 | |
| | 九月 | 6.8 | 25738 | 297 | 194 | 21.9 | 13.9 | 7 | 2 | 0.4 | 2.0 | 7.2 | |
| | 十月 | 6.5 | 24603 | 252 | 168 | 23.4 | 12.0 | 5 | 3 | 0.2 | 2.1 | 7.2 | |
| | 十一月 | 6.2 | 23467 | 306 | 190 | 21.5 | 13.0 | 10 | 2 | 0.3 | 2.4 | 7.8 | |
| | 十二月 | 6.0 | 22710 | 257 | 181 | 28.6 | 11.1 | 8 | 2 | 0.3 | 3.0 | 8.0 | |
| 2002 | 一月 | 6.0 | 22710 | 337 | 201 | 32.6 | 18.4 | 6 | 2 | 0.2 | 1.5 | 6.5 | |
| | 二月 | 5.9 | 22332 | 240 | 134 | 27.5 | 13.5 | 5 | 3 | 0.2 | 1.7 | 6.3 | |
| | 三月 | 6.0 | 22710 | 345 | 297 | 42.6 | 19.1 | 7 | 3 | 0.2 | 1.8 | 6.3 | |
| | 四月 | 6.3 | 23846 | 316 | 161 | 27.0 | 18.9 | 5 | 2 | 0.2 | 1.8 | 6.0 | |
| | 五月 | 6.4 | 24224 | 335 | 173 | 37.5 | 20.6 | 4 | 2 | 0.2 | 1.5 | 5.8 | |
| | 六月 | 6.6 | 24981 | 292 | 223 | 29.5 | 21.6 | 3 | 2 | 0.2 | 0.7 | 5.8 | |
| | 七月 | 6.7 | 25360 | 296 | 209 | 26.2 | 17.2 | 4 | 2 | 0.2 | 1.2 | 7.2 | |
| | 八月 | 6.8 | 25738 | 217 | 158 | 22.6 | 14.7 | 6 | 2 | 0.2 | 1.7 | 7.5 | |
| | 九月 | 6.8 | 25738 | 315 | 188 | 30.8 | 19.5 | 6 | 3 | 0.2 | 2.0 | 7.2 | |
| | 十月 | 7.0 | 26495 | 241 | 181 | 34.9 | 18.4 | 14 | 5 | 1.0 | 3.9 | 13.1 | |

续表

| 年份 | 日期 | 进水流量 | | 原水 | | | | 最终出水 | | | | 备注 |
|---|---|---|---|---|---|---|---|---|---|---|---|---|
| | | mgd | m³/d | BOD mg/L | SS mg/L | TKN mg/L | NH₃-N mg/L | BOD mg/L | SS mg/L | NH₃-N mg/L | TKN mg/L | TN mg/L |
| 2002 | 十一月 | 6.9 | 26117 | 326 | 224 | 28.0 | 22.8 | 11 | 4 | 0.5 | 2.0 | 7.8 |
| | 十二月 | 6.9 | 26117 | 357 | 195 | 39.4 | 28.2 | 14 | 4 | 0.5 | 2.6 | 7.5 |
| 2003 | 一月 | 6.9 | 26117 | 285 | 140 | 30.5 | 26.5 | 9 | 4 | 0.4 | 1.3 | 6.6 |
| | 二月 | 7.3 | 27631 | 222 | 111 | 32.3 | 22.6 | 16 | 7 | 0.7 | 4.3 | 9.6 |
| | 三月 | 8.2 | 31037 | 218 | 172 | 36.6 | 20.2 | 9 | 3 | 0.2 | 1.6 | 5.2 |
| | 四月 | 7.7 | 29145 | 212 | 178 | 34.5 | 23.5 | 6 | 2 | 0.2 | 1.7 | 6.3 |
| | 五月 | 8.0 | 30280 | 223 | 208 | 33.2 | 24.6 | 7 | 3 | 2.0 | 3.7 | 11.0 |
| | 六月 | 8.9 | 33687 | 188 | 202 | 26.8 | 23.3 | 6 | 3 | 0.2 | 1.3 | 6.0 |
| | 七月 | 7.9 | 29902 | 216 | 202 | 25.4 | 16.7 | 5 | 2 | 0.2 | 1.1 | 5.7 |

注：进水流量单位 m³/d。原文误作 ML/d。译者注。

### 6.8.2 罗得岛州 Westerly 污水处理厂

**1. 概述**

自从 Westerly 污水处理厂的排放标准修改为氨氮和总氮有季节性要求时,该厂的生物处理工艺就需要进行彻底改造。在改造前,Westerly 污水处理厂的活性污泥处理只设计为去除 CBOD。为了满足新的排放要求,Westerly 污水处理厂采用了带有缺氧反应区的 IFAS。

**2. 原有工艺**

Westerly 污水处理厂归属 Westerly 镇,由位于新罕布什尔州奥本的 Aquarion 运行服务公司负责运营。该厂的设计每月日均流量为 12500m³/d (3.3mgd)。改造工程由位于罗得岛州林肯市的 Beta 集团公司设计,由罗得岛州林肯市 Smithfield 的 Hart 工程公司负责施工。

在 2002 年 3 月改造之前,Westerly 污水处理厂采用的工艺如下:人工齿耙格栅、除砂、初沉、机械曝气、二沉和次氯酸钠消毒。

**3. 改造**

每个曝气池安装了由搅拌和传质技术公司 (Mixing & Mass Transfer Technologies) 提供的 LINPOR-CN IFAS。这套系统由悬浮的、多孔的、柔软的载体——15mm 的聚氨酯立方体和自由悬浮的活性污泥组成。载体增加了曝气池内的生物量和污泥停留时间 (SRT)。由此可使硝化在曝气池内发生并可将部分曝气池体积改为缺氧反硝化区。

为了实现脱氮,对现有的 2 个曝气池进行了结构和工艺设备的改造。每个曝气池前部增设了潜水搅拌器,改造为带有挡板的缺氧区。为了减少短流和提高混合效果,每个缺氧区安装了 1 块玻璃钢挡板。每个缺氧区设有 2 个潜水不锈钢搅拌器(图 6-9)。

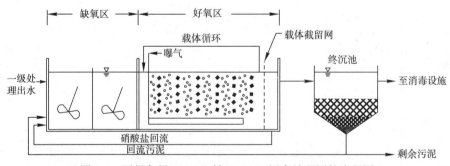

图 6-9 罗得岛州 Westerly 镇 Westerly 污水处理厂的流程图

每个曝气池的另外 2 个单元变为带有 IFAS 载体的好氧区。在好氧区安装了管状、膜状、微气泡状的空气扩散器。扩散器以渐缩的方式安装,这样最大密度的空气能在最需要的地方(反应器的进水末端)被释放出来(见图 6-10)。

为了防止多孔载体流出反应器进入二沉池,在出水堰前部安装了不锈钢多孔截留网。在每个反应器的全部深度方向上,截留网的圆孔直径为 8mm,圆孔中心距为 10mm。为了防止载体卡在截留网上,每个截留网两侧的基部各安装了一排粗气泡扩散器(通常称之为气刀)。气刀可对截留网进行周期性地擦洗,这样可使混合液能自由地流过截留网进入二沉池。

## 6.8 IFAS的案例

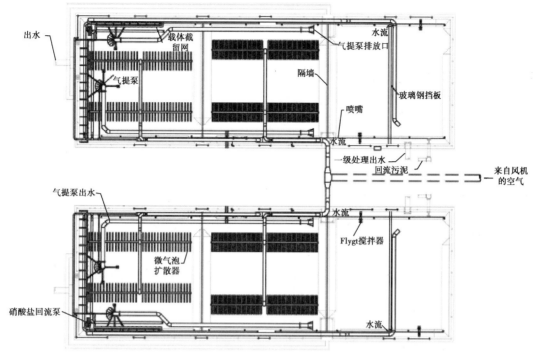

图6-10 罗得岛州Westerly镇Westerly污水处理厂的IFAS平面图

好氧区的气提泵有以下两个作用:
（1）挠曲载体以控制污泥浓度；
（2）保证载体在整个好氧区均匀分布。

气提泵所需的空气由工艺曝气的风机提供。

硝化混合液由混合型潜水轴流泵从好氧区末端提升到缺氧区。这些泵安装在载体截留网的下游，这样泵不会与载体接触。泵的流量由基于人工设置转速控制点的变频器来控制。每个反应器都装有检测水位的传感器。如果传感器检测到某个反应器内的水位过高，则会关闭那个反应器的硝酸盐回流泵。

IFAS所需的空气由2台1用1备的多级离心风机提供。IFAS在平均设计负荷下运行时的风机（1台）流量为122$m^3$/min，压力为49.6kPa。风机的出风量由变频电子器控制，而变频电子器由与溶解氧浓度关联的PLC控制。风机的风量根据两个好氧区的溶解氧水平（溶解氧设定点约为2mg/L）来确定，而风机转速则有空气主管的压力来确定。风机装有可对主PLC进行故障报告的震动和电力波动报警系统。通过局域遥感和拨号系统，报警系统可将报警信号传递给运行人员。

4. 设计标准

表6-7是排放标准，表6-8是Westerly污水处理厂的IFAS升级改造系统的设计参数。

5. IFAS的性能

自2003年7月启动，Westerly污水处理厂的IFAS开始进行硝化、去除总氮并稳定运行了4个月。启动后污水迅速满足了新的排放标准。2003年10月~2007年3月的性能数据说明，在寒冷的季节，Westerly污水处理厂依然能满足总氮的要求（见表6-9）。这些3年半的

## 第6章 生物膜/活性污泥组合式工艺（IFAS）

运行数据也证明了在2002年寒冷季节，从LINPOR-CN试验系统收集到的数据是有效的。

Westerly污水处理厂的排放标准　　　　　　表6-7

| 参　数 | 排放标准（月平均） |
|---|---|
| BOD | 30mg/L |
| SS | 30mg/L |
| 总氮 | 15mg/L，6~10月 |
| 氨氮 | 5.5mg/L，6~10月 |
|  | 30.9mg/L，11~5月 |
| 粪大肠菌群 | 200个/100ml，MPN法 |
| 余氯 | 65μg/L |

Westerly污水处理厂LINPOR-CN系统的设计参数　　　　　　表6-8

| 参　数 | 排放标准（月平均） |
|---|---|
| 设计流量 |  |
| （1）平均日 | 13000m$^3$/d（3.3mgd） |
| （2）最大日 | 21000m$^3$/d（5.5mgd） |
| （3）最大时 | 30000m$^3$/d（7.8mgd） |
| 二级处理的设计负荷 |  |
| （1）平均$CBOD_5$ | 2110kg/d（4651 lb/d） |
| （2）平均SS | 1311kg/d（2890 lb/d） |
| （3）平均TKN | 375kg/d（826 lb/d） |
| （4）平均$NH_3$ | 249kg/d（550 lb/d） |
| （5）最大日$CBOD_5$ | 4526kg/d（9979 lb/d） |
| （6）最大日SS | 2781kg/d（6131 lb/d） |
| （7）最大日TKN | 596kg/d（1314 lb/d） |
| （8）最大日$NH_3$ | 400kg/d（883 lb/d） |
| 缺氧区 |  |
| （1）池子长×宽×边墙处水深 | 21m×5.2m×4.3m（68ft×17ft×14ft） |
| （2）2个系列的总缺氧区体积 | 916m$^3$（0.242mil. gal） |
| （3）不计算回流污泥的HRT | 1.8h |
| Linpor反应器 |  |
| （1）池子长×宽×边墙处水深 | 21m×10m×4.3m（68ft×34ft×14ft） |
| （2）2个系列的总好氧区体积 | 1832m$^3$（0.484mil. gal） |
| （3）平均F/M | 0.25/d |
| （4）平均悬浮MLSS | 2500mg/L |
| （5）平均附着MLSS | 18000mg/L |

雨季高峰流量时，IFAS也展示了其优良的性能。因为载体截留网能够阻止固定在载体上的生物量流出系统，所以流量变大对工艺的影响甚微。2004年，雨季流量超过了污水处理厂的设计最大时流量，但依然没有对污水处理厂造成影响。由于反应器内有约计10000mg/L的固定生物量，因此系统遭受雨季洪峰流量冲击后，也无需重新接种，也无需更多的污泥回流。表6-9给出的42个月的运行数据中，有6个月的月均流量超过了设计值。

值得一提的是，在硝酸盐回流比显著低于文献报道的2~4的情况下，系统可将总氮处理到出水值低于6mg/L。IFAS的硝酸盐总回流量固定在约7550m$^3$/d，这相当于一些传统脱

## 6.8 IFAS的案例

表6-9 Westerly污水处理厂运行数据总结[①]

| 参数 | | 4Q03 | 1Q04 | 2Q04 | 3Q04 | 4Q04 | 1Q05 | 2Q05 | 3Q05 | 4Q05[a] | 1Q06[a] | 2Q06 | 3Q06 | 4Q06 | 1Q07[a] | 42个月均值 |
|---|---|---|---|---|---|---|---|---|---|---|---|---|---|---|---|---|
| 进水 | | | | | | | | | | | | | | | | |
| 流量 | mgd | 2.147 | 2.147 | 2.906 | 1.952 | 2.530 | 3.107 | 3.021 | 1.892 | 2.994 | 3.071 | 3.098 | 2.504 | 2.725 | 2.977 | 2.648 |
| BOD$_5$ | mg/L | 250 | 207 | 202 | 293 | 202 | 168 | 195 | 292 | 200 | 189 | 251 | 227 | 223 | 171 | 219 |
| BOD | lb/d | 4547 | 3655 | 4640 | 4827 | 4207 | 4439 | 4601 | 4599 | 4994 | 4749 | 6120 | 4696 | 4862 | 4127 | 4647 |
| SS | mg/L | 256 | 159 | 154 | 204 | 159 | 130 | 248 | 283 | 182 | 149 | 278 | 193 | 166 | 146 | 193 |
| SS | lb/d | 4409 | 2834 | 3341 | 3318 | 3312 | 3338 | 5691 | 4446 | 4553 | 3672 | 6315 | 4073 | 3705 | 3376 | 4027 |
| NH$_3$ | mg/L | 13.8 | | | 16.0 | | | | | 7.9 | 6.3 | | | | 8.2 | 10.4 |
| TKN | mg/L | 27.0 | | | 30.0 | | | | | 15.0 | 128 | | | | 19.0 | 20.8 |
| 平均温度 | °C | 18.1 | 13.5 | 17.4 | 22.7 | 18.6 | 13.8 | 17.7 | 23.7 | 18.7 | 14.5 | 18.3 | 22.7 | 18.5 | 14.2 | 18.0 |
| 最小温度 | °C | 15.1 | 11.1 | 14.8 | 20.0 | 15.8 | 11.8 | 14.8 | 20.8 | 15.3 | 12.3 | 16.2 | 20.9 | 15.5 | 11.7 | 15.4 |
| 出水 | | | | | | | | | | | | | | | | |
| BOD$_5$ | mg/L | 4.6 | 4.6 | 5.8 | 5.6 | 10.3 | 7.1 | 4.9 | 5.9 | 7.4 | 7.0 | 6.4 | 6.2 | 5.9 | 6.5 | 6.3 |
| SS | mg/L | 12.0 | 11.3 | 10.1 | 9.4 | 13.9 | 10.5 | 14.2 | 10.2 | 18.9 | 17.1 | 13.3 | 12.1 | 12.8 | 162 | 13.0 |
| NH$_3$ | mg/L | 0.5 | 0.5 | 0.7 | 0.9 | 0.9 | 2.3 | 1.7 | 0.6 | 0.8 | 1.0 | 0.6 | 0.4 | 1.6 | 2.3 | 1.0 |
| TKN | mg/L | 22 | 2.1 | 2.0 | 2.6 | 3.0 | 4.9 | 3.7 | 2.5 | 2.4 | 2.6 | 2.4 | 2.4 | 3.7 | 5.1 | 3.0 |
| TN | mg/L | 4.2 | 5.4 | 4.3 | 5.1 | 5.6 | 6.5 | 5.0 | 6.4 | 4.5 | 4.3 | 3.8 | 4.8 | 5.5 | 7.1 | 5.2 |
| 反应器 | | | | | | | | | | | | | | | | |
| Q-RAS | mgd | 1.70 | 1.66 | 1.62 | 1.67 | 1.67 | 1.63 | 1.68 | 1.67 | 1.62 | 1.78 | 1.60 | 1.64 | 1.65 | 1.73 | 1.67 |
| Q-IMLR | mgd | 2.12 | 2.12 | 2.12 | 2.12 | 2.05 | 2.02 | 2.02 | 2.02 | 1.68 | 1.01 | 2.02 | 2.02 | 2.02 | 0.34 | 1.83 |
| 缺氧D.T.(Q) | hr | 5.50 | 5.41 | 4.20 | 5.95 | 4.66 | 3.74 | 4.01 | 6.15 | 3.89 | 3.91 | 3.95 | 4.68 | 4.33 | 4.01 | 4.60 |

[①] 表中有些参数可能有误。译者注。

## 第6章 生物膜/活性污泥组合式工艺（IFAS）

续表

| 参数 | | 4Q03 | 1Q04 | 2Q04 | 3Q04 | 4Q04 | 1Q05 | 2Q05 | 3Q05 | 4Q05[a] | 1Q06[a] | 2Q06 | 3Q06 | 4Q06 | 1Q07[a] | 42个月均值 |
|---|---|---|---|---|---|---|---|---|---|---|---|---|---|---|---|---|
| 缺氧 D.T. (Q+R+IMLR) | h | 1.95 | 1.96 | 1.76 | 2.02 | 1.86 | 1.72 | 1.74 | 2.08 | 1.85 | 1.99 | 1.75 | 1.89 | 1.82 | 2.37 | 1.91 |
| 厌氧 D.T.(Q) | h | 2.75 | 2.71 | 2.01 | 2.98 | 2.33 | 1.87 | 2.01 | 3.07 | 1.94 | 1.96 | 1.98 | 2.34 | 2.16 | 2.00 | 2.30 |
| 厌氧 D.T. (Q+R+IMLR) | h | 0.98 | 0.98 | 0.88 | 1.01 | 0.93 | 0.86 | 0.87 | 1.04 | 0.93 | 1.00 | 0.87 | 0.94 | 0.91 | 1.18 | 0.96 |
| 悬浮 MLSS | mg/L | 2866 | 2753 | 2815 | 3078 | 2650 | 2645 | 3362 | 3216 | 2939 | 2751 | 2842 | 2947 | 2913 | 2777 | 2897 |
| 附着 MLSS | mg/L | 6452 | 8171 | 10633 | 10877 | 10368 | 8733 | 11360 | 11514 | 9344 | 10210 | 12977 | 11897 | 11789 | 11671 | 10428 |
| SVI, | | 81 | 77 | 72 | 63 | 60 | 65 | 64 | 55 | 46 | 54 | 57 | 57 | 63 | 62 | 63 |
| 剩余污泥 | | 0.023 | 0.031 | 0.018 | 0.028 | 0.034 | 0.052 | 0.032 | 0.032 | 0.027 | 0.025 | 0.026 | 0.026 | 0.022 | 0.014 | 0.028 |
| RSS | mg/L | 5684 | 5835 | 6633 | 5548 | 5232 | 6208 | 7310 | 5737 | 6918 | 6618 | 6947 | 5850 | 6407 | 6463 | 6242 |
| 剩余污泥 | lb/d | 1108 | 1520 | 964 | 1284 | 1460 | 2713 | 1944 | 1540 | 1587 | 1377 | 1490 | 1268 | 1149 | 785 | 1442 |
| ESS | lb/d | 213 | 202 | 243 | 153 | 292 | 273 | 373 | 159 | 472 | 448 | 346 | 251 | 299 | 396 | 294 |
| 悬浮污泥 SRT | d | 7.6 | 5.2 | 7.6 | 7.1 | 5.0 | 2.9 | 4.8 | 6.1 | 4.6 | 5.0 | 5.2 | 6.6 | 6.6 | 7.9 | 5.9 |
| 总 SRT | d | 11.8 | 9.0 | 14.8 | 13.4 | 9.8 | 5.2 | 8.8 | 11.6 | 8.3 | 9.6 | 11.2 | 13.2 | 13.3 | 16.6 | 11.2 |
| 剩余污泥 b/lb | | 0.39 | 0.66 | 0.34 | 0.43 | 0.57 | 0.99 | 0.68 | 0.52 | 0.51 | 0.46 | 0.40 | 0.44 | 0.38 | 0.31 | 0.50 |
| BODrem | | 68.0% | 30.7% | 66.7% | 51.6% | 59.1% | 72.3% | 80.4% | 15.0% | 73.0% | 80.6% | 77.0% | 63.3% | 69.5% | 77.4% | 63.2% |
| %SDN | | | | | | | | | | | | | | | | |

注：[a] 当关闭混合液内循环以试验同步反硝化时只开启1/4。
IMLR=混合液内循环；D.T.=停留时间；SDN=同步反硝化。

氮系统的硝酸盐回流比和相应回流泵能耗的一半。IFAS的硝酸盐回流比之所以低，是因为好氧区发生了同时硝化反硝化的缘故。IFAS内发生同时硝化反硝化是可能的，这是因为载体内部可提供微小的缺氧环境，好氧反应器的硝酸盐可以无需通过硝酸盐回流泵回到缺氧区而在这里发生反硝化。

IFAS的运行表明，甚至是在雨季和冬季条件下，出水氨氮和总氮可始终低于排放要求的数值。

**6. 运行问题**

2003年10月~2004年4月，工艺出现了问题：出现了过量的泡沫。这些泡沫是由于化粪池污水进入污水处理厂前面的处理单元后，其中的脂肪、油和油脂引起的。尽管这不影响出水水质，但污水处理厂还是对其前面的处理单元进行了改进，以控制化粪池污水的流量和去除泡沫。

与该厂之前的传统活性污泥工艺相比，IFAS无需更多的维护。另外，运行人员说，自从IFAS投产以来，污水处理厂的SVI值显著提高，导致悬浮固体的去除一直很多，相应地污泥的处理量也增加了。

**7. 费用**

整个污水处理厂的升级改造费用是700万美元。IFAS（风机、管道、载体、载体回流系统、格网、仪表和自控、混合液内循环泵、缺氧搅拌器和附属设备）的安装费用约占其中的200万美元。

Westerly污水处理厂的运行费用并没有按照处理单元分开统计。但是，污水处理厂运行人员表示，他们污水处理厂的运行费用与其他传统脱氮活性污泥系统的费用相当。

### 6.8.3 科罗拉多州布鲁姆菲尔德污水处理厂

**1. 概述**

布鲁姆菲尔德污水处理厂所在的郡和市在1988年进行了扩充。布鲁姆菲尔德污水处理厂采用的二级处理工艺包括由粗滤池（滴滤池）和后面的活性污泥单元组成，排放标准是流量为20000$m^3$/d（5.4mgd）时，CBOD为25mg/L，SS为30mg/L。

由于人口的增加和关于氨氮的新规定，该市需要对布鲁姆菲尔德污水处理厂进行升级改造。另外，该市想对大部分污水作为灌溉用水进行回用。这就需要把总磷和总氮降低到很低的水平。表6-10给出了布鲁姆菲尔德污水处理厂要满足回用水储存时的出水标准。

布鲁姆菲尔德污水处理厂出水标准　　　　表6-10

| 参　　数 | 出水要求（mg/L） |
|---|---|
| BOD | <10 |
| SS | <10 |
| 氨氮（夏季） | <1.5 |
| 氨氮（冬季） | <3.0 |
| 总无机氮 | <10 |
| 总磷 | <1.0 |

基于以下方面，布鲁姆菲尔德市和郡对6个可选处理工艺进行了评价。

(1)未来扩容的可能性;
(2)类似的处理工艺;
(3)用地(污水处理厂最终扩容到约61000m³/d,所选工艺需要留出地方);
(4)总造价。

布鲁姆菲尔德市和郡最终选择了自由漂浮塑料载体的IFAS。

2002年夏季改造了第一系列。2002年9月第一系列开始进水。2002年11月,第一系列首次投加载体。2003年夏季改造了第二系列,秋季投加了载体。

**2. 运行效果**

污水处理厂改造是根据冬季的污水温度和一级处理出水的月最大浓度设计的。具体的升级改造设计参数见表6-11。

布鲁姆菲尔德污水处理厂升级改造的设计参数　　　　　　　　　　表6-11

| 参　　数 | 数　　值 |
|---|---|
| 月平均流量 | 25000m³/d(6.7 mgd) |
| 夏季最大月流量 | 30000m³/d(8.0 mgd) |
| 冬季最大月流量 | 25000m³/d(6.7 mgd) |
| 最大月SS | 97.5mg/L(6504 lb/d) |
| 最大月BOD | 145.8mg/L(9725 lb/d) |
| 最大月溶解性BOD | 90.0mg/L(6005 lb/d) |
| 最大月氨氮 | 37.2mg/L(2480 lb/d) |
| 最大月TKN | 40.8mg/L(2724 lb/d) |
| 最大月硝酸盐氮 | 5.2mg/L(350 lb/d) |
| MLSS | 3500mg/L |
| SRT | 4.7d(活性污泥部分) |
| 温度 | 13~25℃ |

图6-11是布鲁姆菲尔德污水处理厂改造后的处理工艺流程。

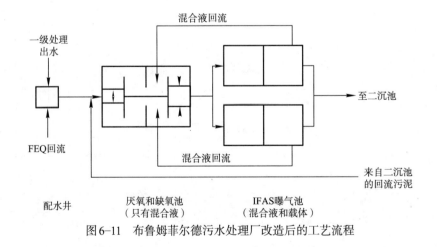

图6-11　布鲁姆菲尔德污水处理厂改造后的工艺流程

表6-12和表6-13分别是布鲁姆菲尔德污水处理厂进出水的主要参数的月均值。过去3年内布鲁姆菲尔德污水处理厂的进水非常稳定,在15000~19000m³/d之间。应当说明的

## 6.8 IFAS的案例

是进水只有氨氮而没有有机氮的数据。这是因为该厂没有检测TKN。由此，实际的硝化负荷要高一些。

布鲁姆菲尔德污水处理厂进水数据　　　　　表6-12

| 年.月 | 进水流量(mgd) | 原水水质 | | | | | | | | |
|---|---|---|---|---|---|---|---|---|---|---|
| | | SS (mg/L) | $BOD_3$ (mg/L) | $NH_3-N$ (mg/L) | $NO_3^--N$ (mg/L) | $NO_2^--N$ (mg/L) | TP (mg/L) | $PO_4^{3-}-P$ (mg/L) | 碱度(以$CaCO_3$计)(mg/L) | 温度(℃) |
| 2003.7 | 4.73 | 349.70 | 185.30 | 30.71 | 2.57 | 2.17 | 7.02 | 1.39 | 246.00 | 20.63 |
| 2003.8 | 4.85 | 321.81 | 195.35 | 32.15 | 2.74 | 2.42 | 6.62 | 1.66 | 238.00 | 21.61 |
| 2003.9 | 4.76 | 337.59 | 202.32 | 33.61 | 2.81 | 2.17 | 7.38 | 1.39 | 245.20 | 21.11 |
| 2003.10 | 4.48 | 464.50 | 221.38 | 35.16 | 3.44 | 2.75 | 8.38 | 1.78 | 244.25 | 19.98 |
| 2003.11 | 4.35 | 337.33 | 218.90 | 33.85 | 3.81 | 2.80 | 7.32 | 1.27 | 230.75 | 17.80 |
| 2003.12 | 4.09 | 322.13 | 216.83 | 33.76 | 3.80 | 2.77 | 7.12 | 1.79 | 229.40 | 15.93 |
| 2004.1 | 4.28 | 308.10 | 206.86 | 34.88 | 4.18 | 2.86 | 7.36 | 2.64 | 204.25 | 14.62 |
| 2004.2 | 4.34 | 236.71 | 202.38 | 35.88 | 4.36 | 3.18 | 7.35 | 1.57 | 214.50 | 14.21 |
| 2004.3 | 4.25 | 376.22 | 217.35 | 37.00 | 4.09 | 3.03 | 7.72 | 2.27 | 225.40 | 15.32 |
| 2004.4 | 4.52 | 406.29 | 223.05 | 34.83 | 3.44 | 2.71 | 8.56 | 1.81 | 234.00 | 16.18 |
| 2004.5 | 4.59 | 422.77 | 221.23 | 36.39 | 2.99 | 2.31 | 8.39 | 0.93 | 241.00 | 17.91 |
| 2004.6 | 4.58 | 421.05 | 187.73 | 32.92 | 2.23 | 2.10 | 7.70 | 1.10 | 245.00 | 19.50 |
| 2004.7 | 4.90 | 420.32 | 188.24 | 28.41 | 1.96 | 2.19 | 7.12 | 0.82 | 242.00 | 20.77 |
| 2004.8 | 5.06 | 370.22 | 192.05 | 29.66 | 1.72 | 1.81 | 6.91 | 0.92 | 244.25 | 21.51 |
| 2004.9 | 4.93 | 368.82 | 224.00 | 32.27 | 1.72 | 2.04 | 6.95 | 1.18 | 243.33 | 21.02 |
| 2004.10 | 4.93 | 299.29 | 226.62 | 34.48 | 2.21 | 1.84 | 7.66 | 1.37 | 249.00 | 19.80 |
| 2004.11 | 4.56 | 309.82 | 200.45 | 36.48 | 2.57 | 3.01 | 7.67 | 1.86 | 242.20 | 17.11 |
| 2004.12 | 4.49 | 315.23 | 217.14 | 36.52 | 2.97 | 3.45 | 7.29 | 1.98 | 254.50 | 15.25 |
| 2005.1 | 4.37 | 374.32 | 201.27 | 40.43 | 3.17 | 3.45 | 8.24 | 3.87 | 297.00 | 14.27 |
| 2005.2 | 4.38 | 368.21 | 214.53 | 40.59 | 3.25 | 2.63 | 9.66 | 5.05 | 283.00 | 14.13 |
| 2005.3 | 4.41 | 380.12 | 199.60 | 39.07 | 3.25 | 2.88 | 8.61 | 3.67 | 284.00 | 14.87 |
| 2005.4 | 4.75 | 323.20 | 169.05 | 44.30 | 2.00 | 1.72 | 7.90 | 4.29 | 274.50 | 15.85 |
| 2005.5 | 4.89 | 375.57 | 189.57 | 34.29 | 1.87 | 2.38 | 9.97 | 6.67 | 301.00 | 17.03 |
| 2005.6 | 5.18 | 372.09 | 203.32 | 39.46 | 0.06 | 0.12 | 9.86 | 4.75 | 303.40 | 18.59 |
| 2005.7 | 4.83 | 379.29 | 197.57 | 31.08 | 0.11 | 0.15 | 9.50 | 3.79 | 254.50 | 20.61 |
| 2005.8 | 5.25 | 428.22 | 204.57 | 29.46 | 0.06 | 0.08 | 8.74 | 3.10 | 246.60 | 21.58 |
| 2005.9 | 5.07 | 419.41 | 210.82 | 30.10 | | | 7.58 | 3.08 | 251.25 | 21.26 |
| 2005.10 | 5.53 | 344.74 | 185.65 | 31.12 | | | 7.00 | 2.89 | 262.50 | 19.75 |
| 2005.11 | 5.10 | 292.09 | 213.36 | 34.89 | | | 9.04 | 4.93 | 296.80 | 18.06 |
| 2005.12 | 4.93 | 285.26 | 220.43 | 37.88 | | | 10.56 | 6.77 | 273.50 | 15.68 |
| 2006.1 | 4.75 | 375.76 | 232.29 | 38.27 | | | 12.38 | 7.22 | 255.75 | 15.16 |
| 2006.2 | 4.49 | 373.37 | 218.10 | 35.50 | | | 8.69 | 3.51 | 250.75 | 14.09 |
| 2006.3 | 4.31 | 313.02 | 221.91 | 41.88 | | | 9.06 | 4.24 | 256.60 | 14.35 |
| 2006.4 | 4.47 | 375.76 | 229.17 | 39.02 | | | 9.98 | 5.11 | 258.50 | 15.83 |

从这些数据可以看出，布鲁姆菲尔德污水处理厂的运行稳定可靠。当SRT为3~4d（去除CBOD的污水处理厂的典型值）时，污水处理厂出水氨氮可维持在较低的水平。另外，当混合液的温度低至14℃时，出水氨氮依然很低（图6-12）。

布鲁姆菲尔德污水处理厂出水数据　　　　表6-13

| 年.月 | SS (mg/L) | BOD$_3$ (mg/L) | 最终出水 | | | | |
|---|---|---|---|---|---|---|---|
| | | | NH$_3$–N(mg/L) | NO$_x^-$–N(mg/L) | TP(mg/L) | PO$_4^{3-}$–P (mg/L) | 温度（℃） |
| 2003.7 | 2.37 | 2.58 | 0.25 | 7.16 | 0.15 | 0.01 | 20.63 |
| 2003.8 | 2.74 | 1.60 | 0.17 | 6.80 | 0.74 | 0.48 | 21.61 |
| 2003.9 | 2.55 | 2.23 | 0.18 | 5.78 | 1.69 | 0.99 | 21.11 |
| 2003.10 | 2.96 | 2.66 | 0.25 | 6.33 | 1.53 | 0.90 | 19.98 |
| 2003.11 | 2.63 | 1.62 | 0.22 | 7.70 | 1.12 | 0.56 | 17.80 |
| 2003.12 | 4.11 | 1.88 | 0.25 | 8.62 | 1.42 | 1.01 | 15.93 |
| 2004.1 | 5.73 | 2.75 | 0.77 | 10.48 | 1.37 | 1.15 | 14.62 |
| 2004.2 | 4.96 | 2.33 | 0.95 | 9.28 | 1.17 | 0.55 | 14.21 |
| 2004.3 | 3.25 | 2.24 | 1.02 | 9.33 | 2.15 | 1.45 | 15.32 |
| 2004.4 | 5.58 | 2.36 | 0.32 | 6.78 | 1.25 | 0.80 | 16.18 |
| 2004.5 | 4.00 | 1.85 | 0.23 | 7.20 | 0.18 | 0.01 | 17.91 |
| 2004.6 | 3.64 | 1.72 | 0.16 | 7.20 | 0.29 | 0.08 | 19.50 |
| 2004.7 | 3.70 | 1.78 | 0.26 | 6.15 | 0.24 | 0.03 | 20.77 |
| 2004.8 | 2.85 | 1.91 | 0.16 | 5.79 | 0.23 | 0.05 | 21.51 |
| 2004.9 | 3.12 | 1.62 | 0.17 | 5.77 | 0.16 | 0.03 | 21.02 |
| 2004.10 | 2.22 | 1.68 | 0.14 | 5.93 | 0.58 | 0.38 | 19.80 |
| 2004.11 | 3.33 | 1.67 | 0.16 | 7.55 | 0.48 | 0.29 | 17.11 |
| 2004.12 | 4.48 | 2.13 | 0.17 | 7.65 | 0.78 | 0.46 | 15.25 |
| 2005.1 | 4.93 | 2.19 | 0.17 | 8.21 | 1.04 | 0.71 | 14.27 |
| 2005.2 | 5.91 | 2.66 | 0.25 | 8.26 | 2.63 | 2.03 | 14.13 |
| 2005.3 | 4.85 | 2.21 | 0.25 | 7.20 | 1.18 | 0.87 | 14.87 |
| 2005.4 | 4.92 | 2.34 | 0.41 | 8.03 | 0.79 | 0.46 | 15.85 |
| 2005.5 | 4.08 | 2.51 | 0.26 | 8.37 | 1.48 | 1.19 | 17.03 |
| 2005.6 | 2.57 | 2.43 | 0.14 | 11.56 | 1.33 | 1.11 | 18.59 |
| 2005.7 | 2.54 | 2.10 | 0.18 | 10.89 | 1.54 | 1.50 | 20.81 |
| 2005.8 | 3.32 | 2.10 | 0.16 | 11.70 | 1.17 | 0.92 | 21.58 |
| 2005.9 | 3.09 | 1.88 | 0.11 | 10.78 | 0.44 | 0.38 | 21.26 |
| 2005.10 | 3.76 | 1.93 | 0.10 | 11.42 | 1.31 | 1.34 | 19.75 |
| 2005.11 | 4.87 | 3.33 | 0.19 | 12.85 | 2.43 | 2.06 | 18.06 |
| 2005.12 | 6.20 | 3.57 | 0.21 | 10.80 | 1.81 | 1.18 | 15.68 |
| 2006.1 | 5.87 | 3.94 | 1.21 | | 1.83 | 1.31 | 15.16 |
| 2006.2 | 5.36 | 3.58 | 0.04 | 11.20 | 1.79 | 1.42 | 14.09 |
| 2006.3 | 8.17 | 4.33 | 0.52 | 11.78 | 3.12 | 2.38 | 14.35 |
| 2006.4 | 7.30 | 3.00 | 0.18 | 12.28 | 2.05 | 1.68 | 15.83 |

从好氧SRT来看，IFAS的稳定性在布鲁姆菲尔德污水处理厂IFAS 13号工程中得以证明。活性污泥系统污泥的SRT在能够使硝化菌洗脱出系统和低温条件下，IFAS的硝化性能依然稳定。在低温时期，生物膜生物量的SRT会增加，因此补偿了活性污泥生物量硝化能力的下降。

## 6.8 IFAS的案例

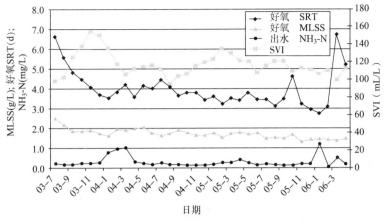

图6-12 布鲁姆菲尔德污水处理厂的逐月运行数据

### 6.8.4 德克萨斯州Colony污水处理厂

**1. 概述**

德克萨斯州Colony市，毗邻路易斯维尔湖，是位于达拉斯市北的一个正在发展中的市郊社区。Colony污水处理厂处理能力为13000m³/d（3.4mgd）的工艺可稳定满足最初的设计值：BOD 20mg/L和SS 20mg/L。事实上，该厂在进水的平均日流量较低时，可满足BOD 10mg/L和SS 15mg/L的排放标准。2004年的进水负荷和出水排放水质情况见表6-14。虽然在温暖季节，该厂能进行部分硝化，但原设计的接触稳定工艺不包括硝化，因此无法满足新的氨氮出水标准3mg/L。另外，Colony市迅速增长的人口使原有污水处理厂超负荷运转，从而减低了处理效率。因此Colony市需要对其污水处理厂的处理能力进行大幅度提升。

德克萨斯州Colony污水处理厂2004年进出水情况  表6-14

| 参　数 | 进水负荷 | 出　水 |
|---|---|---|
| 年均流量 | 8400m³/d（2.22mgd） | 8400m³/d（2.22mgd） |
| BOD | 236mg/L | 6.5mg/L |
| SS | 324mg/L | 4.2mg/L |
| 氨氮 | 30mg/L | 9.4mg/L |

在出水氨氮3mg/L的限制下，Colony市面临2个选择：缩小现有设施的水量到约9100m³/d，利用现有池子实现氨氮的去除；现有污水处理厂扩容，实现氨氮的去除和处理能力的增加。显然应该扩容现有污水处理厂而非缩小现有设施的处理能力。因此，必须扩容现有污水处理厂。

对改造工艺进行评价后认为，原有接触稳定池改为推流式模式，并采用IFAS。

改为推流式池子和IFAS后会增加氨的硝化，使污水处理厂能重新满足排放标准，也能增加污水处理厂的处理能力。除此之外，采用IFAS不需新建池子，因此与采用传统处理工艺相比极大地降低了费用。通过这些改造，Colony市能够满足氨氮的排放标准，并在这些条件下将污水处理厂的处理能力由9100m³/d（为了满足氨氮排放要求而减少到的处理水量）增加到了17000m³/d（处理能力增加1倍）。

Colony污水处理厂曾考虑过固定式绳状载体和自由漂浮的塑料载体。自由漂浮载体需要中孔曝气系统和拦截载体的格网。Colony污水处理厂原有的曝气方式为膜式空气扩散系统,计划在改造后继续使用。另外,原有水力条件使得截留网的使用更加困难。因此,Colony污水处理厂最终选择了固定载体系统,这样可以适应原有的微气泡曝气系统,能提高风机效率并能避免漂浮载体所用的截留网带来的水头损失增加。Colony污水处理厂最终选择的载体系统为Entex 技术公司的Bioweb,这是一种安装在钢制架子上的聚酯纤维载体(图6-13)。载体下面有粗气泡搅拌器,用以保证良好的混合和氧的传递,使得生物膜保持较薄,也能控制红虫。

图6-13 Colony污水处理厂采用的聚酯纤维载体

Colony污水处理厂原有工艺的布局为"公牛眼"形,曝气池在外环,而二沉池在"公牛眼"的中心。曝气池由2个独立的处理系列组成——系列Ⅰ和系列Ⅱ。系列Ⅰ占Colony污水处理厂处理能力的约60%,系列Ⅱ约为40%。改造工程要去掉接触区、再曝气区和消化区的隔墙,以创造出推流式的模式。污泥不再进行好氧消化而是直接进入污泥贮存池,然后脱水送入市政填埋场。新的推流式设计包括2个可变区,以作为生物除磷的厌氧区或用于增加IFAS的好氧区体积。每个曝气池增设了出水分流器,将出水分配至位于中心的二沉池和其他位于外部二沉池。图6-14和图6-15给出了原有和改造后的构筑物布置及工艺流程。

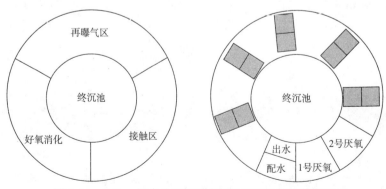

图6-14 Colony污水处理厂原有和改造后的构筑物布置

## 6.8 IFAS的案例

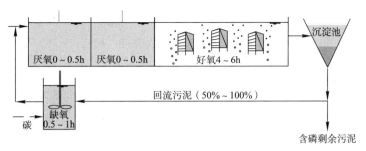

图6-15 Colony污水处理厂改造后的工艺流程

### 2. 设计条件的突变

在Colony市政厅签订Colony污水处理厂的改造建设合同的当天，德克萨斯州管理局通知Colony市政厅，说污水处理厂出水需要增加磷的限制，基本定为1mg/L。增加磷限制的主要原因是Colony污水处理厂的排放水量增加到了约170000m³/d（4.5mgd）。在此流量条件下，德克萨斯州认为由于营养物负荷的增加，排放点无法保证足够的溶解氧和水质。因此增加处理水量后Colony污水处理厂必须减少总磷负荷。

Colony市立即修改了设计，增加了厌氧区。这些新增体积既设有粗气泡空气扩散器，也设有搅拌系统。这样厌氧区也可变为好氧区，在运行上更加灵活。Colony市通过设计变更单的方式将上述内容追加到原有合同上。使用IFAS使得将原有工艺改造为Johannesburg工艺①变得非常方便。正是IFAS的硝化和额外增加的处理能力，才使得原有池子可分出一部分体积作为厌氧区。

新的除磷要求是针对未来水量达到17000m³/d（4.5mgd）的，因此除磷任务可以分阶段实施。Colony市有时间对新工艺进行仔细调整以保证能满足新的1mg/L要求。在改造期，工艺就表现出了出水磷可维持在1mg/L以下。污水处理厂运行人员正在对工艺进行微调，以便除磷能像该厂的硝化一样能始终满足出水要求。

### 3. 污水处理厂建造和运行

在建造期，每个曝气系列需要停运几个月以改造成推流式模式。这也意味着某段时期一个系列改造时，所有污水只能利用另外一个系列进行处理。2005年9月，原系列Ⅰ的接触和再曝气区增加了IFAS载体作为临时性处理设施，而系列Ⅱ则停运改造。在池子内安装IFAS单元很简单。临时性处理设施总计安装了10个载体模块，只用1d即完成了安装（见图6-16），这还包括了池子放空、放置支架和池子再充水的时间。池子在48h内就恢复了工作，之后在大约5个月的时间内，所有污水都是通过这个小的生物膜式接触稳定IFAS反应器处理的。

2006年2月，系列Ⅱ开始以推流式IFAS模式运行，共计安装了10个IFAS载体模块。在启动期，污水处理厂经历了几个挑战，这包括原微气泡空气扩散器网格的故障和剩余污泥排放故障。虽然这些问题与IFAS载体的安装无关，但这些故障影响了系列Ⅱ能始终满足出水氨氮低于3mg/L的要求。这段时间的日均流量约为8520m³/d，进水BOD负荷平均约为530kg/m³曝气池体积。

---

① 约翰内斯堡工艺，也称JHB工艺，即在$A^2/O$工艺的前面增设预缺氧池。我国西安邓家村污水处理厂采用了此工艺。——译者注。

图6-16　Colony污水处理厂在原有池子内安装10个IFAS载体模块的施工过程

在这一流量和负荷下，系列Ⅱ的水力条件几乎接近了最大值，以日平均流量计的生物负荷也非常大。但是，虽然在建设期间遇到了上述提及的一些故障，虽然污水处理厂反应器40%的体积负担了100%的处理流量，污水处理厂依然能满足BOD和SS的出水要求。图6-17给出了系列Ⅱ启动后的出水BOD的7天均值。

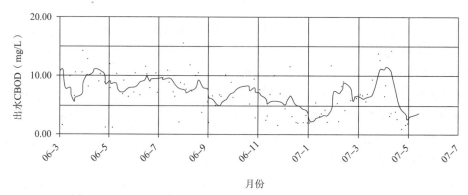

图6-17　Colony污水处理厂系列Ⅱ启动后出水CBOD的浓度变化

2006年9月，系列Ⅰ开始以IFAS模式运行并遇到了系列Ⅱ曾经遇到的曝气器和剩余污泥问题。在此期间，为了修复破坏的曝气器网格，系列Ⅱ停运，这样所有处理任务都由系列Ⅰ承担，也就是60%的反应器体积承担了100%的处理量。这段期间的日均流量约为8520m³/d，进水BOD负荷平均约为500kg/m³曝气池体积。BOD和氨氮的去除效果很快上升，启动后几天就达到了氨氮的排放标准3mg/L。

在此期间，系列Ⅰ的流量接近了最大设计值的85%，BOD、SS和氨氮能始终满足排放要求的10mg/L、15mg/L和3mg/L。这是非常有意义的，因为这段时间正好是冬季低温期。

图6-18展示了污水处理厂改造前、中和后的氨氮7d出水均值。数据清晰地证明系列Ⅰ改造后出水氨氮有了显著降低，这一直持续到2007年3月。2007年3月，污水处理厂再次要面临一次挑战。

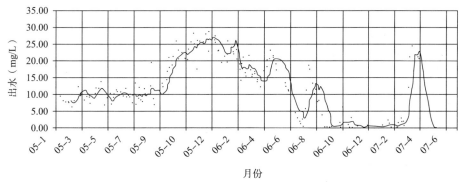

图6-18 Colony污水处理厂出水氨氮的7d均值

#### 4. 系统灵活性

2007年3月，Colony污水处理厂再次面临工艺上的挑战。原有的曝气扩散器配气格网在扩散器连接点上断裂，造成其中1个IFAS单元释放出大量空气。大量空气和由此造成的浮力使得IFAS单元从其锚固节点上松开。系列Ⅰ由此认定为出现紧急情况而被迫停产。更为糟糕的是回流污泥阀也出现了问题，由此造成的自动排泥使系列Ⅱ的MLSS低至500mg/L以下。污水处理厂由此失去了硝化效果。

然而应当说明的是，虽然悬浮生物量如此之低，污水处理厂的出水BOD和SS依然能达到排放要求。IFAS上的生物量在整个时期依然能保持完整，没有被排泥问题所影响，从而成为处理污染物的主战场。这使得系统在其余池子内重建自养细菌的同时，还能让出水满足BOD和SS的要求。在这一关键时期，正如我们期待的那样，IFAS发挥了它的作用，没有造成出水水质严重超标。

#### 5. 红虫的捕食

从2006年2月~9月，对系列Ⅰ进行了永久性改造，只运行了系列Ⅱ。这段时期安装了IFAS载体的试块，以观察IFAS的生物量生长情况。为了进行肉眼和显微镜观察分析，定期取出这一小试块。观察发现小试块中有红虫捕食者。污水处理厂运行人员指出，甚至在没有安装IFAS之前，每到夏季就会爆发红虫。因此观察到混合液内的红虫并没有当做问题。

为了控制虫子的生长和协助控制生物膜厚度，IFAS制造商对现有的载体模块进行了改进，增加了一个专利产品：粗气泡系统。这个系统可对模块进行周期性空气擦洗。粗气泡系统通过简单的电磁阀与空气扩散管相连，通过简单的时间控制来调整空气的释放。粗气泡系统的扩散器安装在IFAS单元下面，可周期性突然释放大量空气，这样空气可交替通过每个IFAS单元。系列Ⅰ和系列Ⅱ均安装了这套粗气泡曝气系统。

正如2007年4月系统紧急关闭后的表现，虽然红虫在载体上出现生长，但并没有对IFAS生物量的生长或处理效率造成影响。红虫对污水处理厂性能也没有其他坏的影响。在二沉池，红虫沉入底流并由于缺乏氧气而死亡。逃过二沉池的红虫会被污水处理厂的盘式滤布滤池所截获，却不会对滤池的性能造成影响。

# 第7章 生物活性滤池（BAF）

## 7.1 引言

生物活性滤池（Biological Active Filters，BAF）可以在好氧或缺氧条件下完成污水的生物处理和悬浮物的去除。BAF中的滤料作为生物生长的场所并起过滤作用，而反冲洗可将BAF内积聚的固体粒子去除。滤料的性质对BAF工艺有直接影响，如BAF的构型与滤料形式有关（淹没滤料或漂浮滤料），而过滤和反冲洗策略则与滤料的比重有关。天然矿物、结构化塑料（Structured Plastic）或随机塑料都可以作为BAF的滤料。

BAF反应器可用于碳氧化（去除BOD）、去除BOD和硝化、硝化和反硝化、三级硝化或三级反硝化。污水经过格栅、沉砂和初沉的一级处理后，就可使用BAF作为二级处理，或将BAF与其他原有二级处理工艺平行运行。将BAF作为三级处理的硝化或（和）反硝化是对二级处理升级改造时的常用方法。图7-1给出了BAF的4种不同工艺。

历史上，首字母缩写词BAF的意思是曝气生物滤池（Biological Aerated Filter），表示用于二级处理和硝化的曝气的生物滤池。这里，将BAF的意思扩展，用以表示生物活性滤池（Biological Active Filters），这就将缺氧条件下运行的用于反硝化的滤池包括在内（此类滤池过去称之为反硝化滤池（Denitrification Filters））。根据滤料构形和水流模式，BAF反应器分为以下几种：

（1）滤料密度大于水的下向流BAF

此类BAF包括法国巴黎OTV公司的Biocarbon反应器和用于三级反硝化的填充床反应器。Biocarbon反应器在20世纪80年代商业化，被用于二级或三级处理。Tera Denite滤池是用于三级反硝化的填充床反应器的典型代表。这种滤池是由位于宾夕法尼亚州华盛顿城堡（Ft. Washington）的水环纯净水公司（Severn Trent Water Purification，Inc）生产的。此类滤池均采用间歇异向流（反冲水的方向与过滤方向相反）进行反冲洗。

（2）滤料密度大于水的上向流BAF

此类BAF包括使用膨胀黏土或其他矿物类滤料的用于二级或三级处理的BAF反应器。位于法国Rueil-Malmaisson Cedex的得利满（Degremont）公司的Degremont Biofor是此类BAF的典型代表。此类BAF采用间歇同向流（反冲水的方向与过滤方向相同）进行反冲洗。

（3）采用漂浮滤料的BAF

此类BAF采用聚苯乙烯、聚丙烯或聚乙烯滤料。位于法国巴黎的威立雅（Veolia）公司的Kruger Biosyr是此类BAF的典型代表。此类BAF采用间歇异向流进行反冲洗。

## 7.2 BAF及设备

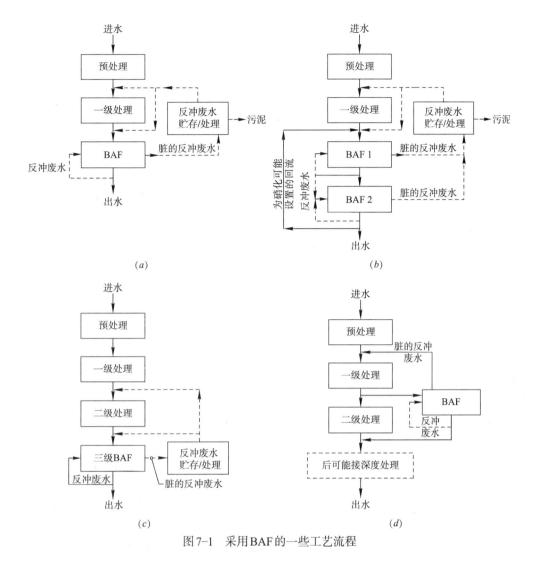

图7-1 采用BAF的一些工艺流程

（4）连续反冲洗滤池

此类滤池采用上向流模式。滤料密度比水大，滤料会连续地向下移动（与水的流向相反）。滤料连续地进入位于滤池中心的气提装置进行擦洗和漂洗，之后回到滤床的顶部。

（5）不反冲的淹没型滤池

虽然最近被用于缺氧反硝化，此类滤池还是常被称为淹没型曝气滤池（Submerged Aerated Filters，SAF）。SAF的滤料为淹没型静止滤料。在设计上，会让固体粒子通过SAF，然后通过固液分离装置将其去除。

## 7.2 BAF及设备

### 7.2.1 BAF的历史

淹没式生物膜反应器最早用来在缺氧条件下去除硝酸盐。美国（Chen，1980）、法国

# 第7章 生物活性滤池（BAF）

和德国是首批应用淹没式生物膜反应器的国家。法国巴黎的OTV/Veolia将淹没式生物膜反应器用于生物反硝化，而德国则采用漂浮滤料滤池脱氮。砂滤池最早也用于脱氮而非用于好氧条件。20世纪70年代后期，生产规模的静态床反硝化滤池首次在佛罗里达州得到应用（Pickard等，1985）。

BAF及其相似工艺出现在不同时期的文献。Smith和Hardy（1992）引用过了加拿大的专利。在美国，该工艺早期用于造纸厂的废水处理（Brown，1992）。法国则将BAF首次应用于较大规模的市政污水处理。20世纪70年代后期，法国基于意大利的专利开发了BAF工艺，随后的1982年，在法国巴黎北部的苏瓦松（Soissons），巴黎的OTV/Veolia公司的第一个商业化Biocarbone启动。与此同时，该工艺也被用于饮用水处理，通过对下向流滤池鼓风，滤池的硝化功能得以强化（Sibony，1982）。

早期的BAF采用淹没式矿物滤料。塑料滤料则是20世纪80年代后期由法国（Rogalla和Bourbigot，1990）和英国（Meaney，2007；Whitaker等，1993）开发的。尽管大多数BAF都是间歇反冲模式，对连续反冲洗的BAF，已经进行了多种尝试：

（1）Stephenson（1996）介绍了一个称为之回流塑料滤料曝气生物滤池（REBAF）的装置。通过螺旋输送机可将REBAF的塑料滤料从反应器上部取出，然后将之清洗后送回到反应器的底部。

（2）斯堪的纳维亚半岛最早开发了连续反冲砂滤池并将其广泛用于小型污水处理厂的三级深度处理。20世纪80年代后期连续反冲砂滤池首次得到应用，当时被作为缺氧生物反应器用以反硝化。通过向滤床内注入空气，此类移动床滤池也被改造后用于三级硝化。

欧洲城镇污水处理导则（European Union，1991）实施后，一些地区需要升级污水处理设施，这推动了BAF技术在欧洲的广泛应用。法国的私人运营公司迅速开发了BAF技术，但每家的BAF各不相同。1989年，英格兰和威尔士开始水业私立化后，BAF也在这两个地方得到迅速发展。

为了追求更高效的技术和更低的成本，法国和英国企业采取了私立化模式。这促进了采购程序的发展，从而出现了交钥匙投标和很多供应商之间的竞争。大部分BAF污水处理厂都在法国和英国。最近一些污水处理厂开始关注营养物的去除，这促进了BAF技术在美国的发展。

开放式结构的无反冲生物滤池（也称作淹没式曝气滤池，SAF）是与采用间歇或连续反冲洗的BAF技术同期发展起来的。1984年的专利就有一个无反冲BAF工艺。为了去除悬浮物，在出水进入下个处理工序之前，该工艺将出水与空气混合后回流到装有结构化塑料滤料的滤池（Tolley Process Engineering公司，1981）。这样的工艺最初在英国用于高浓度污水和工业废水的粗处理（高负荷运行）（Churchley，Jarvis和Pickett，1990）。在德国，这样的工艺则采用固定生物膜滤料并进行曝气（Schlegel和Teichgraber，2000）。欧洲曾开发了一种采用模块化滤料的SAF。此工艺主要流行于瑞士和德国（Ryhiner等，1992），经常被用于大规模的二级出水的硝化。在工艺下游，为了截留固体粒子，经常采用曝气的或者反硝化的粒状滤料BAF。

20世纪90年代，SAF工艺得到进一步发展。一些制造商采用了不同的滤料和技术，如随机或结构化的滤料、不同的滴滤池滤料等。这些技术进步反映在当时的一些专利中（比如Froud, 1994）。

### 7.2.2 滤料淹没型下向流BAF

图7-2是下向流BAF的常用布置方式。空气由下向流淹没型颗粒（膨胀页岩）滤床的底部注入，这样气液之间的异向流动和气体在滤料间的曲折流动会提高氧的传递效率。污水由颗粒滤料的上部进入，这样在气流和水头损失的作用下，污水会均布在整个滤床。在下向流BAF中，大部分大粒径悬浮颗粒会截留在滤床的上部。因为截留的大粒径颗粒会迅速集聚并被反冲水带走，因此这些颗粒不会堵塞位于底部的滤池喷嘴。由此，下向流BAF的前面可不设细格栅。

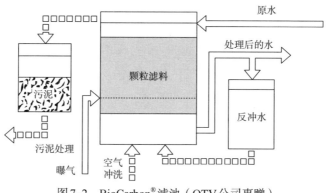

图7-2 BioCarbon®滤池（OTV公司惠赠）

当滤料开始堵塞时，滤池的水头损失会增加，这样滤床上部的水深随之增加。反向的冲洗可去除滤池截留的固体粒子和过多的生物膜。一般基于水头和时间来控制反冲洗。反冲洗应避开在污水峰值流量到来时进行。

20世纪80年代早期，100多个市政污水处理厂采用了OTV公司的商业化BioCarbon®系统（下向流BAF），处理水量从2000m³/d（0.5mgd）到80000m³/d（21mgd）不等。日本的一些小型污水处理设施也采用了这一工艺，将之用于建筑内部的水循环和工业废水处理。这些BioCarbon®系统有的是二级处理和深度处理，也有的采用生物法来去除营养物质。

随着工程的不断实践，下向流BAF反应器的性能逐渐提高，但气水异向流限制了BOD的去除和硝化。夹在滤料表面和上部积聚的固体粒子内的空气会使水头损失不可预见地增加，从而导致滤池不得不进行反冲洗。间歇性地提高曝气强度来松动滤床或采用微冲洗清除滤床表面过多的固体粒子等方式可以应对这样的问题。对于二级处理来说，下向流的BAF最终被上向流BAF所代替。上向流BAF能以更高的水力负荷运行，并能应对更宽的水力变化范围。

然而下向流的滤料淹没型BAF却成功用于三级硝化中。这是由Tetra Process Technologies公司（现在为位于英国考文垂的Severn Trent（水环纯）公司）开发的（见图7-3）。Denite工艺自20世纪70年代后期就被应用，其出水可在达到过滤水水质的同时能满足更加严格的总氮要求。为了给反硝化提供基质，一般会在滤池的进水中加入甲醇或其他碳源。典型的滤池装填1.8m（6ft）厚，粒径为2~3mm的砂子，承托层为457mm（18in）的级配卵石。位于美国宾夕法尼亚州Zelienople的F.B Leopold公司也有类似的反硝化BAF产品。过去几年，一些传统的深床滤池也被改造用来脱氮。就底部配水支撑结构而言，这些滤池各式各样，但底部配水的设计必须与生物膜生长相适应。举例来说，早期试验证明喷嘴型配水装置容易堵塞（Pickard等，1985）。

对于下向流反硝化BAF，典型的反冲周期包括短时空气擦洗、气水同时冲洗和单独水漂洗三步。反冲洗的设计水流量和设计气流量一般分别为 $15m^3/(m^2 \cdot h)$（6gpm/ft²）和 $90m^3/(m^2 \cdot h)$（5cfm/ft²）。反冲洗水流量一般占处理水平均流量的2%~3%。

图7-3　下向流反硝化滤池
（Severn Trent惠赠）

下向流反硝化BAF进水和反冲洗管道与传统滤池的类似。可通过泵将反冲水打入滤床内并持续一小段时间来去除滤床内积聚的氮气。每个氮气释放周期内，反硝化的量在 $0.25 \sim 0.5 kg NO_x\text{-}N/m^2$（$0.05 \sim 0.10 lbs NO_x\text{-}N/ft^2$）之间（McCarty，2008）。

### 7.2.3　滤料淹没型上向流BAF

全世界的滤料淹没型上向流生物活性滤池已经超过了185座。作为商业化的上向流BAF，得利满的Biofor反应器可用于去除BOD、硝化和反硝化。图7-4是Biofor反应器的工艺布置方式。在正常操作下，大部分固体粒子会积聚在滤床底部，之后通过提高水力负荷和增加空气擦洗反冲出去。因为反冲是擦洗空气和反冲水的同向流动，因此积聚的固体粒子会穿过过滤料然后从滤床上部离开。

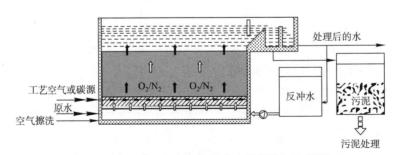

图7-4　Biofor® 上向流生物滤池（得利满公司惠赠）

根据滤池的用途，有3种滤料可用于Biofor：球形（有效尺寸为3.5~4.5mm）或有角（有效尺寸为2.7mm）的膨胀黏土或膨胀页岩颗粒。滤料在反应器的底部形成淹没型的固定床。固定床高度一般为3~4m（9.8~13.1ft），滤床上面一般留有1m（3.3ft）高的自由空间。洁净滤料颗粒的比表面积大约为 $1640m^2/m^3$（$500ft^2/ft^3$）。Biofor的进水是通过滤床底部空间和空气/水喷嘴布置系统来完成的。喷嘴安装在离滤池底板1m（3.3ft）高的假底上。

为了防止喷嘴堵塞，进水必须经过细格栅。反冲洗的水和气也是通过相同的滤床底部空间和喷嘴进入滤床的。工艺所需的供气则通过进水喷嘴以上的位于滤床里面的空气扩散器来完成。

为了减少反冲洗用水量和滤料损失的风险，反冲洗的同时就进行排水。排水持续时间与固体粒子积聚的高度有关，也决定了是否需要更强的反冲洗。同向反冲洗由用于松动滤料的空气擦洗、气水同时冲洗和水漂洗三步顺序组成。反冲洗过程中，固体粒子从滤床底部被推动到位于滤床顶部和排水点之间的滤床上部空间，然后排出BAF。

反冲水会直接排掉，因此为了把反冲水中的固体粒子浓度降低到允许的排放水平，反冲水的量会是滤床上部自由空间的数倍。排放这些固体粒子对BAF的影响与实际的处理目的和BAF单元的数量有关。可以在反冲周期的最后增加一步"初滤水直排"措施或者可能需要加大反冲洗水量以提高反冲后的过滤水质（Michelet等，2005）。

淹没型滤料系统反冲洗时的一个关键问题就是"沸腾"是否出现。为了反冲均匀，反冲水必须在BAF的平面上均匀分布，由此反冲时配水系统的水头损失必须大于滤床的水头损失。如果过高的负荷或反冲不足造成滤床堵塞，滤床的水头损失将会成为控制性因素。反冲水会沿着水头损失最小的路线形成短流。这就造成在水头损失最小的点出现"沸腾"或出现强烈的喷流。喷嘴堵塞也会出现类似的沸腾和短流现象。反冲洗过程中出现沸腾后会造成滤料的过度损失。

### 7.2.4 漂浮型滤料上向流BAF

此类工艺采用漂浮滤料做滤床。这些漂浮滤料不仅起到过滤作用，其表面还可供微生物生长。这种工艺首先用于工业过滤和饮用水的反硝化（Roennefahrt，1986），后来为了加强气、水和微生物的接触，在滤料的底部增加了粗气泡曝气装置（Rogalla和Bourbigot，1990）。再后来，采用非常轻的膨胀聚苯乙烯的Biostyr工艺和采用比重稍小于1的回收聚丙烯的Biobead（位于英国赫特福德郡的Brightwater F.L.I.公司产品）在英国得到广泛应用。

法国巴黎威立雅公司的Biostyr（图7-5）是个装填小粒径（2~6mm）聚苯乙烯小珠的反应器。小珠的大小由工艺的处理目的决定。大些的小珠负荷可以高一些，但小些的小珠工艺性能更好。这些小珠的比重小于水，因此会在反应器的上部形成漂浮床。漂浮床的高度一般为3~4m（9.8~13.1ft），下部有大约1.5m（4.9ft）的自由空间。漂浮床的上部有个带滤嘴的顶盖压着床顶，滤嘴可将滤后水均匀地收集起来。只有处理后的水才能进入滤嘴（反冲水不会进入）。洁净球形小珠的比表面积为1000~1400$m^2/m^3$（300~425 $ft^2/ft^3$）。进水通过反应器底部基础形成的槽分配到Biostyr反应器内。槽的上部覆盖着板子，待处理的水通过板子间的缝隙进入Biostyr单元，板子之间的缝隙也可用来收集反冲洗水。Biostyr不需要在底部设置配水系统，其滤料也不需支撑。工艺所需的空气可通过位于反应器底部的扩散器供给，也可通过滤床内的曝气网格。如果需要设置缺氧区用以脱氮，则应使用曝气网格供给。反冲洗时空气擦洗和反冲水是异向流动的，固体粒子以最短的路径在反应器底部被去除。1993年，Toettrup等人公布了有关Biostyr工艺的第一份资料，自此之后该工艺在欧洲的污水处理市场获得广泛应用。美国也安装了数个Biostyr装置。

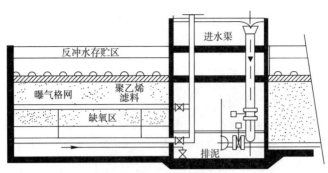

图7-5 用以硝化和反硝化的Biostyr®工艺（威立雅公司惠赠）

除了使用更大和更重的聚丙烯或聚乙烯滤料（相对密度约为0.95）外，Biobead与Biostyr非常类似。待处理的污水由Biobead反应器底部进入，然后通过格网或特殊设计的配水系统进入滤床。小的Biobead单元采用简单配水系统就足够了，如可在中间设置一条带有配水盘的渠道。大的Biobead单元（大于5.5m×5.5m（18ft×18ft））就需要更加复杂的配水系统，如交错排列的水平沟。为了保证配水均匀，尤其是小流量时的配水均匀，应精心设计水平沟的尺寸（Cantwell和Mosey，1999）。

为了防止滤料流失，反应器的顶部附近可固定一个金属格网。工艺空气可由位于滤床内部或下部的配气栅格供给。如果将工艺配气栅格放在滤床内，滤床底部就有可能去除一些固体粒子。因为滤料的比重接近1，因此反冲洗所需的水头虽然很小，但却很容易去除积聚在滤床的固体粒子。典型的反冲过程包括排水、空气擦洗和反向水冲洗。脏的反冲洗水可通过出水堰或底部排水管排出。反冲洗后需要一段时间滤床才能重新填充好。在这段时间内滤池对固体粒子的截留效果较差，滤池出水可回流到污水处理厂前端。

上向流漂浮滤料BAF可能会需要一些"微反冲"（一般为4~8次，极端情况下会超过10次）。微反冲用以松动滤床、去除一些固体粒子和降低水头损失，这样反冲周期（两次标准反冲之间的时间间隔）可达到24~48h。微反冲和标准反冲会产生大量的反冲废水。加利福尼亚州圣地亚哥对用于去除BOD的采用漂浮滤料的上向流BAF进行了生产性试验。这个BAF的反冲洗水量为进水流量的10.3%~10.9%。而淹没型滤料BAF的反冲洗水量在进水流量的7.4%~7.9%之间（Newman等，2005）。

## 7.2.5 移动床连续反冲洗滤池

移动床连续反冲洗滤池以上向流模式运行，其滤料比水重并连续地向下移动，这与水的流动方向恰好相反。此类滤池广泛用于三级处理中，用于固体粒子和浊度的去除。此类滤池也用于单独的硝化和反硝化。如果用于硝化则需要供给空气和氧气；如果用于反硝化则需要供给易生物降解的碳源物质，如甲醇。此类滤池有两个商业化的产品，分别是美国佛罗里达州劳德代尔堡Parkson公司的Parkson DynaSand滤池和荷兰Balk的Paques Astrasand滤池。这些公司可提供单元面积为4.65m²（50ft²）、中心带有气提装置的滤池模块。滤料有效深度一般为2m，砂滤料的尺寸约在1~1.6mm之间。

移动床滤池的反冲洗低速连续进行，可连续处理污水而不会因反冲洗而中断。图7-6是个典型的移动床滤池单元。来水通过滤池底部的辐射管进入滤床。水通过向下移动的砂床进入滤池顶部的出水堰。积聚了固体粒子的滤料会进入滤池的锥形底部。压缩空气通过一根延伸到滤池锥形底部的气提管进入滤池，其上升速度大于3m/s（10ft/s），从而形成气提泵将滤池底部的砂子提升到中心管。在排入滤池冲洗水箱之前，气提管内的上向湍流产生的擦洗作用可有效地把固体粒子和滤料分开。

反冲水会稳定连续地向上流进反冲洗水箱。可通过调节反冲洗水箱的排水堰高度来调节反冲洗流量。排水堰的标高低于滤后水出水堰的标高，这样不仅可以保证反冲洗水连续稳定地排出，反冲洗流量也不受滤池进水流量的影响。反冲洗水流过排水堰后，其中的滤料会掉到滤床表面，而轻的悬浮固体会被反冲水带走。移动床生产厂家一般通过设置排水堰高度

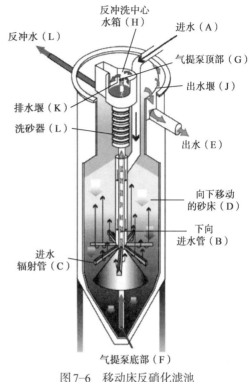

图7-6 移动床反硝化滤池
（Parkson公司惠赠）

将反冲洗流量控制在每个滤池模块大约为54~65m³/d（10~12gpm）。假定滤池的平均负荷为117m³/(m²·d)（2gpm/ft²），这个反冲流量大约相当于进水流量的10%。

反冲频率由滤床移动速率决定，而滤床移动速率由气提来控制。如果仅用于固体粒子的去除，移动床滤料的移动速率控制在305~460mm/h或每天冲洗4~6遍。为了保持足够的反硝化生物量，滤池的移动速率必须减少到每天100~250mm/h或每天冲洗1~3遍。

### 7.2.6 开放式结构滤料无反冲的滤池

此类工艺由淹没的静止滤料来支撑生物膜的生长，但固体粒子并不截留在滤床内，而是要带出反应器。此类工艺可用于去除BOD、硝化或反硝化。这种类型的BAF通常称之为淹没式曝气滤池（submerged aerated filter，SAF）。SAF生物膜会吸附和捕获一部分悬浮固体。如果其他的悬浮固体还需要去除，就在SAF的下游单设分离装置。图7-7是一个简单SAF的典型结构。SAF系统的具体布置与供应商和其使用目的有关。

为了避免SAF积聚固体粒子后发生堵塞，滤料必须是开放结构。结构化塑料滤料应有截留滤料的设施。矿物滤料有较高的比重，在正常使用的条件下不会发生移位。在英国，鼓风炉的炉渣容易获得，被用于碳化和硝化的滤池。

进水通常由反应器底部进入。大型系统一般由几个单元组成。与上向流BAF类似，大型系统或许有更加复杂的流量分配系统；当采用下向流时，也会依靠空气和水头损失来分配进水（比如英国斯托克顿市Aker-Kvaerner的Sulzer Biopur）。应保证气水的正确分布以便能使全部滤料得到冲洗，这样可以防止外部区域发生厌氧反应（Cooper-Smith和

## 第7章 生物活性滤池（BAF）

Schofield，2004；Frankl，2004）。

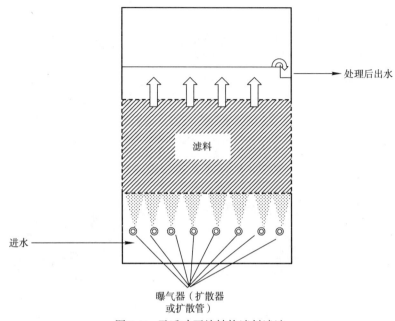

图7-7 无反冲开放结构滤料滤池

使用矿物滤料的SAF，其空气和进水的分配系统会跟支撑滤料的地板系统合并在一起。这种系统的结构见图7-8。进水通过位于反应器基础的中央渠道进入，渠道上面覆盖着板子，板子上面排列着特殊设计的混凝土配水砖。这些配水砖利用咬合在一起的塑料套进行固定。滤料高度通常小于4m，但为了减少滤池的总截面积，有时也会增加滤料高度（Rogalla等，2005）。对于上向流SAF，处理后的水会通过滤池单元顶部的堰或槽排出。对于下向流SAF，出水则由底部的管道或渠道收集。

除了工艺所需外，曝气还有防止滤料堵塞的作用。可通过穿孔配气管组成的栅格，也可通过安装在SAF底部的空气扩散器供气。采用空气扩散器会提高

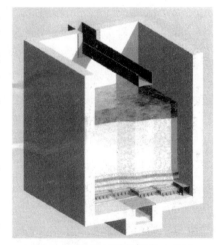

图7-8 带有底部配水砖、采用矿物滤料的上向流SAF

配气的均匀性，但一些研究却指出，对于填充床滤池，由于气泡的合并，氧的传递效率并没有因为采用空气扩散器而得到提高（Hodkinson等，1998）。有些污水处理厂，曝气的擦洗作用不足以保持滤料干净，因而降低了污水处理厂性能。因此，采用反冲洗或保留反冲洗设施是个很好的设计方法，因为这样可以周期性地加大空气和水的流量来擦洗滤料。一些小型社区的污水处理厂采用了射流曝气和浅SAF组合的方式。射流曝气就是利用文丘里管将空气注入水流中分散为微气泡。

## 7.3 BAF的滤料

滤料是BAF工艺的核心。影响滤料选择的因素有：比重、硬度、抗磨损性、表面粗糙度、形状、粒径、不均匀系数、可获得性和造价。

选择滤料时要考虑处理目的、进水和反冲洗策略以及厂家设备的特殊性等。滤料同时起到支撑微生物生长和截留固体粒子的作用。反冲洗时，滤料要能够释放出原来截留的固体粒子和生物量，还要有足够的坚固性，不至于反冲洗时因磨损而破裂。滤料可分为矿物类、结构塑料和随机塑料等。大多数情况下，矿物滤料比水重而塑料滤料比水轻。表7-1列出了能够买到的商业化BAF系统以及他们的滤料。

商业化的BAF反应器及滤料　　表7-1

| 工艺 | 供应商 | 水流形式 | 滤料 | 相对密度 | 粒径（mm） | 比表面积（m²/m³） |
|---|---|---|---|---|---|---|
| Astrasand | Paques/西门子 | 上向流、移动床 | 砂 | >2.5 | 1~1.6 | |
| Biobead | Brightwater F.L.I. | 上向流 | 聚乙烯 | 0.95 | | |
| Biocarbone | OTV/威立雅 | 下向流 | 膨胀页岩 | 1.6 | 2~6 | |
| Biofor | 得利满 | 上向流 | 膨胀黏土 | 1.5~1.6 | 2.7、3.5、4.5 | 1400~1600 |
| Biolest | Stereau（法国Gayancourt） | 上向流 | 浮石/火山石 | 1.2 | | |
| Biopur | Sulzer/Aker Kvaerner | 下向流 | 聚乙烯 | | 结构化 | |
| Biostyr | Kruger/威立雅 | 上向流 | 聚苯乙烯 | 0.04~0.05 | 2~6 | 1000~1400 |
| Colox | 水环纯 | 上向流 | 砂 | 2.6 | 2~3 | 656 |
| Denite | 水环纯 | 下向流 | 砂 | 2.6 | 2~3 | 656 |
| Dynasand | Parkson | 上向流、移动床 | 砂 | 2.6 | 1~1.6 | |
| Eliminite | FB Leopold | 下向流 | 砂 | 2.6 | 2 | |
| SAF | 水环纯 | 上/下流 | 炉渣<br>鹅卵石 | 2~2.5<br>2.6 | 28~40<br>19~38 | 240 |

### 7.3.1 矿物滤料

矿物滤料是粒状的。用于砂滤池的各种天然滤料已有各自相应的标准（比如British Standards Institution，1983）。这些标准大多数是针对饮用水滤池的小粒径滤料或三级缺氧滤池滤料的，但德国的DIN标准（Deutsches Institut für Normung，Berlin，Germany）包括了大尺寸的卵石。矿物滤料的比重一般大于1，因此会沉在水里。虽然已有泡沫黏土制成的漂浮滤料，但并没有应用于实际生产（Moore 等，1999）。有些膨胀黏土的密度小于水，但比较脆且在使用过程中会吸水。尽管反冲洗时会受到磨损，但滤料应能保持其形式和结构的完整性。大部分矿物滤料能够抵抗一般污水组分的化学侵蚀。

设计时必须考虑滤料的粒径、形状和粒径分布。粒径越小，生物膜生长的可利用面积越大，因此处理水平会相应地提高。但是小粒径滤料之间的水流通道小，会增加滤池的水头损失。如果所有滤料颗粒的大小近似，也就是粒径均匀分布，则滤料颗粒之间的孔隙最大，这样滤床截留的固体粒子就多，滤池的反冲周期也会延长。有人对膨胀黏土（英国约克市的Lytag）为滤料的下向流滤柱进行了中试，发现采用小粒径膨胀黏土时滤柱的效率高且处理水质好，但滤池运行周期缩短（Kent等，2000；Smith等，1999）。

矿物滤料经常分级。粗滤料一般放在滤池单元的底部，这样可以防止细滤料进入滤池底部的配水系统。也有采用多级滤料概念的上向流BAF，底部放置大粒径（40mm）滤料，其上放置小粒径滤料，BAF上部1/3则放置细滤料（2.5mm）（Brewer等，1997）。这样配置滤料的目的是为了取消初级沉淀池，但在法国和意大利只有一些小型污水处理厂采用了此种滤料配置方案（Rogalla，2004）。

### 7.3.2 随机塑料滤料

滤料漂浮型的BAF通常采用珠子状的随机滤料。此类滤料的关键特征就是粒径大小，因为这决定了滤料的表面积。滤料的材质一般是聚丙烯或聚苯乙烯，有时也使用回收的塑料。有时会人为地将小珠子的表面弄得很粗糙，这样可以更好地承载微生物。

由于珠子是制造产品，因此可以控制它的一些性质，比如比重。珠子越轻就越容易聚集在反应器顶部，这样滤池的水头损失和对固体粒子的去除率都会很大。然而比重接近水（0.95）的珠子覆盖上生物膜后，其比重会增加到下沉的程度。这会导致出现沟流和短流，在向下反冲洗时也会导致滤料的流失。

随机滤料的珠子尺寸大约在2~6mm。图7-9给出了每立方米滤料的理论表面积值。该值与粒径、形状系数$F$和孔隙度$\varepsilon$等各种因素有关。

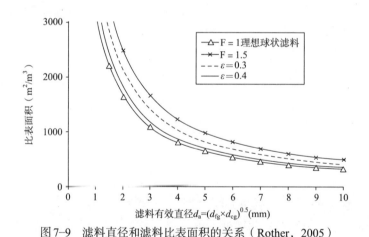

图7-9 滤料直径和滤料比表面积的关系（Rother，2005）

理想球形颗粒的形状系数为1。实际工程中大部分颗粒的形状系数取1.5。$\varepsilon$与滤料堆积密度和颗粒密度有关：

$$孔隙率\varepsilon = 1 - 堆积密度/颗粒密度 \tag{7-1}$$

对于直径3mm的理想球形颗粒，孔隙率为0.45时，其堆积比表面积为1000m²/m³。

对于诸如聚苯乙烯的膨胀滤料，在选择颗粒密度时必须要注意，要能使它经受住过滤周期内的反复挤压。虽然没有证据表明珠子状塑料滤料会破裂，并且塑料可以承受生活污水中存在的大部分化学物质的侵蚀，但它们对有机溶剂和汽油比较敏感，而某些工业废水中可能会含有高浓度的此类物质。

### 7.3.3 模块化塑料滤料

模块化塑料滤料与高负荷滴滤池用的滤料类似，也是在设计上保证有大的孔隙并且水和空气能自由通过。模块化滤料由平板和波纹板粘接在一起形成矩形模块或块状体，其外形为蜂窝状。常用的块状体有两种——垂直流（所有水流通道从顶部到底部）和交叉流（水流通道与垂直方向有偏角）。交叉流常用于BAF系统。

模块化滤料可有不同构型，因此可提供不同的表面积。表面积最大的模块化滤料其水流通道最小，一般用于三级处理，特别是硝化。滤料的成本与表面积成比例，因此当所需的表面积较大时，随机滤料可能更经济。因为塑料滤料一般比水轻但还要淹没在BAF（和SAF）反应器内，为了防止运行和反冲洗时滤料被撞出带走，在BAF单元顶部要有能牢固地把模块置于下面的结构。

## 7.4 反冲洗和空气擦洗

对滤池进行反冲洗能最大限度地延长滤池运行时间和截留固体粒子的能力。反冲洗也能保证良好的出水水质。正确的反冲洗要有滤床膨胀、剧烈冲刷和随后的有效漂洗。滤池冲洗不好会导致滤池的运行周期缩短、固体粒子积聚和滤池性能下降。固体粒子和滤料（泥球）的积聚会产生短流进而导致滤料过度损失。

BAF的进水水质和处理目的会对固体粒子产量和反冲洗频率产生影响。悬浮固体浓度高的污水经过BAF后会有很大一部分比例被过滤掉。在被反冲洗带走之前，惰性固体粒子会一直待在滤床内。但根据停留时间的不同，生物固体粒子可能会被降解。有时可能会在进水加入铁或铝等无机盐用以除磷，这会在滤床内形成沉淀从而增加反冲洗的频率。三级BAF系统的固体粒子产量一般较低，因此反冲洗并不频繁（36~48h反冲1次）。当固体粒子浓度较低时，由于具有擦洗作用的曝气集中在一个很小的表面，污水中洗涤剂导致的泡沫可能会成为一个问题。泡沫在工艺启动的时候也会是个问题。为防止泡沫被吹的到处都是，建议在BAF单元的表面设置格网。

反应器特征和滤料类型会对反冲洗造成影响。越是开放结构的滤料，其捕获的固体粒子越少，这会减少反冲洗频率，但出水的悬浮固体粒子浓度可能更高。诸如石英砂之类的细矿物滤料一般有最好的固体粒子截留能力，但需要更高的反冲洗频率。

增加水流速度，特别是对于上向流BAF，会使积聚的生物量在反应器内的分布变得更加均匀，由此避免了滤池堵塞和过早的反冲洗。对于漂浮滤料滤池，其滤床的密度接近水的密度，滤床截留固体粒子后会膨胀，这样滤床在持留固体粒子的同时可不增加水头损失。

对于饮用水处理所用的重力快滤池，早已有人开发了剧烈反冲洗的方式（Fitzpatrick，2001）。这种方式通常将滤床流化，使滤料颗粒各自分开并能自由移动，这样可最大限度地去除滤床内积聚的物质。然而根据上述反冲方式建立BAF的反冲策略时应考虑到：去除滤床内所有的生物固体是不必要或不希望的，因为这些附着的生物量对保证BAF工艺的正常功能是必需的。反冲BAF时应避免将滤床流化，可在滤床微膨胀的状态下通过滤料强烈接触和空气擦洗来去除多余的生物量和积聚的固体粒子。

图7-10和图7-11给出了气冲和水冲速度对反冲洗的影响（IWA，2006）。这是一个小型中试滤柱（直径300mm（12in）、滤料高度1.8m（5.9ft）、粒径4.5mm、相对堆积密度为0.83）的反冲洗试验结果。反冲试验之一是保持水冲速度为8m/h（3.3gpm/ft$^2$）时，将气冲速度分别设定为25m/h、32m/h和40m/h（1.4cfm/ft$^2$、1.8cfm/ft$^2$、2.2cfm/ft$^2$）。根据反冲洗水中固体粒子浓度在平行滤柱的显著差异，可以判断出只有两个稍高点的气冲速度对滤料产生了足够的扰动。反冲试验之二是把气冲速度设定为36m/h，水冲速度在5m/h、11m/h和18m/h之间变化。只有较高的水冲速度才在15min的反冲洗历时内使固体粒子产生了令人满意的移动量。

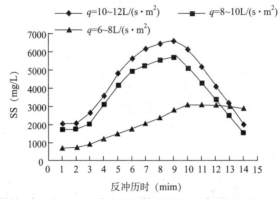

图7-10　不同气冲强度下，反冲水中固体浓度和反冲时间的关系（IWA，2006）

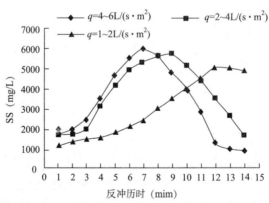

图7-11　不同水冲强度下，反冲水中固体浓度和反冲时间的关系（IWA，2006）

表7-2比较了典型的BAF不同的反冲洗要求。表格内关于生物活性反应器和设备部分的介绍给出了每种BAF的反冲洗方案。最终的反冲洗要求和历时一般与BAF厂家共同商定。举例来说，当上向流淹没型滤料BAF重新投入运行前，反冲洗步骤一般包括排水、气冲、气水同时冲（单独气冲和气水同时冲之间可能反复几次）、单独水漂洗和初滤水排放等步骤。在整个反冲历时内并不要求反冲水不间断地供给BAF单元。滤料、水力负荷、有机负荷和处理目标都影响反冲洗的频率和历时。在设备试运行和长期运行过程中，经常要调整反冲洗参数。

BAF反冲洗总结（Degremont, 2008; Kruger, 2008; Parkson, 2004; Slack, 2004） 表7-2

| | 水冲流速<br>（m/h）<br>（gpm/ft²） | 气冲流速<br>（m/h）<br>（scfm/ft²） | 总历时<br>（min[a]） | 每个单元的反冲洗<br>进水总水量[a] | 每个单元的反冲洗<br>废水总量[b] |
|---|---|---|---|---|---|
| 上向流、淹没型滤料、<br>常规反冲洗 | 20（8.2） | 97（5.3） | 50 | 9.2m³/m²<br>（225gal/ft²） | 12m³/m²<br>（293gal/ft²） |
| 激烈反冲洗[c] | 30（12.3） | 97（5.3） | 25 | 9.2m³/m²<br>（225gal/ft²） | 10m³/m²<br>（245gal/ft²） |
| 上向流、漂浮型滤料、<br>常规反冲洗 | 55（22.5） | 12（0.65） | 16 | 2.5m³/m³ 滤料[e]<br>（18.7 gal/ft³ 滤料） | 2.5m³/m³ 滤料[e]<br>（18.7 gal/ft³ 滤料） |
| 微反冲[d] | 55（22.5） | 12（0.65） | 5 | 1.5m³/m³ 滤料[e]<br>（11.2gal/ft³ 滤料） | 1.5m³/m³ 滤料[e]<br>（11.2gal/ft³ 滤料） |
| 下向流、淹没型滤料 | 15（6） | 90（5） | 20~25 | 3.75~5m³/m²<br>（90~120gal/ft²） | 3.75~5m³/m²<br>（90~120gal/ft²） |
| 上向流、移动床[f] | 0.5~0.6<br>（0.2~0.24） | 通过气提<br>连续进行 | 连续 | 55~67m³/d<br>（14400~17300gpd） | 55~67m³/d<br>（14400~17300gpd） |

注：[a] 剧烈反冲洗每1~2个月1次，这取决于常规反冲洗后"洁净滤床"的水头损失变化趋势。
[b] 微反冲是反冲之间的临时性措施，当污染物负荷高于设计值时采用。
[c] 反冲历时指反冲周期的全部时间，包括阀门开闭时间和开关泵时间。反冲的每一步由可编程逻辑控制器（PLC）、监控系统和数据采集控制系统来调整。
[d] 当有排水和初滤水排放时，反冲废水总量也将其包括在内。
[e] 上向流漂浮滤料BAF的反冲水量需求一般基于滤料体积而非滤池单元面积来计算。这是因为此类BAF的深度是变化的。
[f] 连续反冲洗滤池的反冲洗是基于标准单元（4.65m²）和典型的反冲洗出水堰来计算的。反冲流量约为2.3~2.8m³/h/单元（10~12gpm/ft³/单元）。

BAF反冲洗设施和装置一般包括出水井、反冲水泵（同向流反冲系统才有）、风机、反冲洗废水均衡池、反冲洗水回流泵、自动阀门仪表以及自动启动和调整反冲程序的控制器。为保证有效反冲所需的气、水强度和量，反冲设备必须足够大。反冲洗时BAF的出水会减少，因此当采用将BAF出水与其他系列出水（如与BAF平行运行的系列）混合后排放时，应注意排水不应超标。另外在设计和运行下游处理工艺，比如紫外消毒时，必须考虑BAF出水流量变化的影响。

在多级BAF系统中，可能会有一些对反冲气水的要求不同的、大小不同的BAF单元。此时，反冲设施及设备的大小一般根据最大的BAF单元的需求来设计，这样可以避免每级BAF分别配置反冲设备。反冲洗水一般从多级BAF最后一级的出水渠或最终清水井内取水。如果有中间清水池，则在设计中间清水池时应考虑如何维持流向下游BAF的最小流量。

## 7.5 BAF的设计

有很多因素影响BAF的工艺设计。正如之前讨论过的，生物膜内的传质经常影响基质的去除性能；供生物膜吸附的滤料比表面积和基质通量则会影响生物膜反应器的设计。包括氧的可利用性、气流速度、滤速、滤料装填密度和反冲洗效率等内部物理因素也显著影响BAF的性能。这些因素都会影响到外部传质并间接影响到生物膜内部的传质。因为这些参数的重要性，另外一个可能的原因是滤料实际比表面积的不确定性，BAF的性能一般表示为容积负荷而非表面积的函数。

# 第7章 生物活性滤池（BAF）

因为生物膜非常复杂并且为动态结构，所以基于动力学表达的确定性BAF模型是复杂的。由于模型包括了很多变量，而这些变量会影响溶解性和颗粒性基质扩散、生物量生长速率、生物膜密度、生物膜内微生物的种类和数量等，因此预测存在着不确定性。水解颗粒的定量问题本来已经很难，但由于BAF具有过滤能力，这使得这个问题在BAF系统中比在活性污泥系统或其他下游有固体粒子分离设施的生物工艺中更加重要。尽管生物膜模型还需要发展和校正，但也为评价和开发更加简洁的设计提供了良好工具。控制BAF处理效率的参数有：

（1）基质负荷（容积负荷率，以kg $BOD_5$/（$m^3$·d）或kg N/（$m^3$·d）表示）。基质负荷决定了所需的滤料体积。有人利用文献总结出负荷的设计指南。正如上面讨论的那样，负荷率是污水性质、基质通量、温度和生物膜反应器内的物理条件的函数。设计指南是根据不同BAF反应器采用的典型的反冲洗方式、水流方式和滤料制定的。

（2）滤速。滤速就是单位时间单位滤料面积所负担的污水总体积（$m^3$/（$m^2$·d））。滤速可用以确定滤池表面积。滤速影响系统的水头损失、固体粒子的捕获、气和水在滤料内的分布扩散和停留时间。

（3）纳污能力。纳污能力决定了反冲洗的频率。

污水性质、污水温度、要求的出水水质、可提供的滤料比表面积等因素会影响设计结果。当采用指南推荐的容积负荷率和滤速的典型数值进行设计时，会很难适应这些因素的变化。因此，工艺设计时一般把负荷率标准和厂家的专有模型结合起来。现在采用工艺模型进行模拟的也越来越多。

本节着重介绍二级处理（去除BOD）、硝化、硝化和反硝化、后置反硝化和除磷等BAF工艺设计时所考虑的一些基本要素。任何情况下都应注意BAF工艺的进水性质及其变化。另外，还应注意上游工艺对BAF的影响。为了避免重复，对于BAF设计中的其他重要部分（如曝气系统的设计和外加碳源等），将在本章后面设计考虑因素部分给予介绍。

## 7.5.1 二级处理BAF的设计及举例

本节对二级处理（如碳氧化（去除BOD）和去除SS）BAF的设计标准进行介绍。本章后面会介绍硝化和反硝化BAF的设计指南。

### 1. BOD容积负荷

关于二级处理上向流BAF的BOD容积负荷，文献报道的数值差别很大，从1.5~6kg/（$m^3$·d）（94~375 lb/d/1000$ft^3$）不等。一般来说，二级处理BAF的BOD和SS负荷比三级处理BAF的高2~3倍。关于曝气系统的设计见本章设计考虑因素部分。

### 2. 水力负荷

二级处理系统BAF的平均水力负荷和峰值水力负荷一般分别在4~7m/h（1.5~3.0gpm/$ft^2$）和10~20m/h（4~8gpm/$ft^2$）之间。二级处理BAF一般直接放在初沉池的下游，因此容积质量负荷往往是设计时的限制性因素。表7-3给出了二级处理BAF的容积质量负荷和水力负荷的典型值。

## 7.5 BAF的设计

二级处理BAF的典型负荷值(与污水水质和处理要求有关)    表7-3

| BAF类型 | 容积负荷<br>[kg/(m³·d)]<br>(lb/d/1000ft³) | 水力负荷<br>[m³/(m²·h)]<br>(gpm/ft³) | 去除率 |
|---|---|---|---|
| 上向流淹没型或漂浮型滤料,反冲洗<br>(Degremont,2007;Kruger,2008) | BOD=1.5~6(94~370)<br>SS=0.8~3.5(55~220) | 3~16(1.2~6.6) | BOD=65%~90%<br>SS=65%~90% |
| 上向流淹没型滤料<br>(German Association for Water,Wastewater and Waste,1997) | 10 | | |
| 上向流漂浮型滤料<br>(German Association for Water,Wastewater and Waste,1997) | 8 | | |
| 淹没型不反冲<br>(McCarty,2008) | 20℃时<br>BOD=0.8~1.5(50~94) | 20℃时<br>2~12(0.8~5) | BOD=85%~95% |

对于同时二级处理和硝化的BAF,低温下碳负荷应小于2.5kg BOD/(m³·d)(156lb/d/1000ft³)(Rogalla等,1990)。此时凯氏氮去除负荷可达到0.4kg N/(m³·d)。

**3. 反冲洗**

二级处理BAF的反冲频率与有机负荷、SS负荷、滤床内颗粒水解发生的程度、污泥产量、滤料截留固体粒子的能力等因素有关。因为二级处理(去除BOD)BAF的SS负荷较高、其内部的异养菌具有较高的产率系数,因此反冲洗至少应每天一次。更加频繁的反冲会导致颗粒BOD水解程度降低,这会降低氧的需求,反冲洗时也会产生更多的固体量。对于实际运行中的处理传统初沉池出水的除碳Biofor(得利满公司产品,每天反冲一次),Phipps和Love(2001)计算出生物量表观产率为每消耗1g COD产生0.43~0.48mg的生物量(以COD计)。他们确定有40%~46%的颗粒发生了水解。无论何种BAF,其最大的限制就是容纳固体的能力。BAF两次反冲之间可积累的固体量一般为2.5~4 kg SS/(m³·d)(Degremont,2007)。

BAF反冲水中的SS一般为500~1500mg/L,这与处理目的、运行周期和反冲水水质等有关。BOD去除后由于微生物的生长产生了生物量。这些微生物可把可降解物质转变为新细胞、二氧化碳和水——这与活性污泥法的类似。BAF的污泥产率一般为去除1kg BOD产生0.7~1kg的固体。德国预测活性污泥产泥量的ATV方程成功地用于了英国苏格兰阿伯丁郡的一个两级SAF/BAF(Jolly,2004;German Association for Water,Wastewater and Waste [ATV-DVWK],2000)。

**例1:设计一个用于二级处理但无硝化的淹没式上向流BAF系统**

处理生活污水时要求$BOD_5$和SS的去除率至少达到90%。确定BAF滤料的总体积、BAF反应器的总过滤面积、BAF单元的数量。确定BAF反冲洗废水的体积和固体浓度。

假定采用以下参数:

(1)进水(包括回流)最大月流量$Q_0$=3950m³/h(25mgd);

(2)进水(包括回流)流量峰值系数$P.F.$=2.8;

(3)初沉池出水$BOD_5$的浓度$C_{BOD_{5t}}$=220mg/L;

(4)初沉池出水SS浓度$C_{SS}$=150mg/L;

(5)BAF滤料高度$H_M$=4m(13.1ft);

## 第7章 生物活性滤池（BAF）

（6）最大水力负荷20m/h[①]；

（7）BAF出水作为反冲洗水；

（8）BAF反冲洗废水回流到污水处理厂前端与其他回流合并均衡。

**解：**

（1）计算BAF系统的$BOD_{5t}$和SS负荷

$BOD_{5t}$负荷$=24 \times Q_0 \times BOD_{5t}/1000 = 24 \times 3950 \times 220/1000 = 20856$ kg/d（45883 lb/d）

SS负荷$=24 \times Q_0 \times SS/1000 = 24 \times 3950 \times 150/1000 = 14220$ kg/d（31284 lb/d）

（2）假定BAF的最大容积负荷率

为达到90%的去除率，假定$BOD_{5t}$负荷为3kg/d（185 lb/d/1000ft$^3$）

为达到90%的去除率，假定SS负荷为1.6kg/d（99 lb/d/1000ft$^3$）

（3）计算所需的BAF滤料总体积（$V_M$）

$$V_{1BOD} = 20856[②]/3 = 6952 \text{m}^3 \text{（245512ft}^3\text{）}$$

$$V_{2SS} = 14220/1.6 = 8888 \text{m}^3 \text{（313746ft}^3\text{）}$$

根据以上计算可知，SS是控制BAF大小的限制性因素。

（4）根据容积负荷计算BAF的总过滤面积$A$

$$A_{VOI} = V/H_M = 8888/4 = 2222 \text{m}^2 \text{（23909ft}^2\text{）}$$

（5）根据最大水力负荷计算BAF的总过滤面积

$A_{hyd} = 3950 \times P.F./20 = 3950 \times 2.8/20 = 553 \text{m}^2 \ll 2222 \text{m}^3$，因此总过滤面积取$A_{VOI}$。

（6）选择BAF单元的大小$A_{cell}$。假定厂家提供的BAF标准单元的面积为144m$^2$（1550ft$^2$）。

（7）假定每个BAF单元每24h反冲一次，计算所需的BAF数量。

$$n = 2222/144 = 15.4$$

$$N = 15.4 + 15.4/24 = 16$$

注意：根据对BAF系统的处理能力需求和BAF的设计处理能力的比较，设计人员应从可靠性和易维护性角度考虑备用1个BAF。

（8）核对BAF滤料的固体截留能力

假定每个周期的固体截留能力为2.5kg/m$^3$滤料

$$\text{滤料的总截留能力} = 2.5 \times 16 \times 144 \times 4 = 23040 \text{ kg/周期}$$

生物量产率$Y = (0.7 \sim 1)$ kg SS/kg 去除的BOD。假定$Y = 1.0$

固体产量$= Y \times BOD_{5t}$负荷$\times E_{BOD} = 1.0 \times 20856 \times 0.90 = 18770$ kg/d$=782$ kg/h

$$\text{反冲频率} = 23040/782 = 29 \text{h}$$

（9）校核一个单元反冲洗、一个单元停运时的最大水力负荷率

$$Q_0 \times P.F./(N-2)/A_{cell} = 3950 \times 2.8/(16-2)/144 = 5.5 \text{m/h} < 20 \text{m/h}$$

（10）基于一天反冲一次计算BAF反冲水体积和固体浓度

根据表7-2确定单位滤料体积的反冲洗水量$Vol_{BW}$。假定为3m$^3$/m$^3$滤料，则每次反冲洗产生的污水量$V_{BW}$为：

$$V_{BW} = Vol_{BW} \times H_M \times A_{cell} = 3 \times 4 \times 144 = 1728 \text{m}^3$$

---

① 后面第五步用到，但原文没有，译者添加。译者注。

② 原书错写为20856，应为20856。译者注。

反冲洗水的固体浓度 $C_{BW}$ 为：

$C_{BW} = Y \times BOD_{5t}$负荷$\times E_{BOD}/N/V_{BW} = 1.0 \times 20856 \times 0.90/16/1728 = 0.679$[①]$kg/m^3 = 679mg/L$

以上计算为BAF大小的初步估算。最终设计一般是设计工程师和工艺设备制造商之间反复调整的结果，其中会考虑到制造商的经验和更加详细的工艺模拟结果。

### 7.5.2 硝化设计及举例

温度、出水要求、流速（水和空气）和负荷都会影响硝化能力。正如在BAF反应器和设备部分讨论的那样，发生在生物膜内的生化传递过程取决于基质在生物膜内外的扩散过程。反应速率或达到的处理水平是由限速基质决定的。主体液相的氨、碱度、氧和COD浓度都影响硝化作用，如随着COD负荷增加，氧会逐渐成为限速基质。生物膜外层的异养呼吸对氧的竞争会减少处于生物膜内层的硝化所能利用的氧（Wanner和Gujer，1985）。Rogalla等人（1990）发现当可生物降解的COD负荷接近 $4 kg/(m^3 \cdot d)$ 时，硝化作用会降低。图7-12给出了C：N对硝化作用的影响（Rother，2005）。

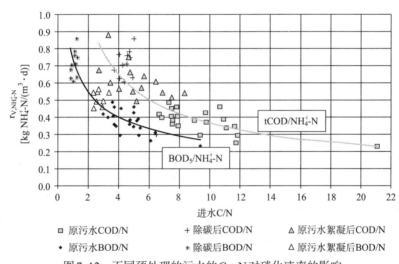

图7-12　不同预处理的污水的C：N对硝化速率的影响
（温度调整到12℃；膨胀黏土；水流速度 $v_w = 8 \sim 8.5 m/h$；空气流速 $v_G = 20 m/h$）（Rother，2005）

**1. 滤速的影响**

增加BAF水流速度会增加外部传质，从而会提高硝化速率（Tschui等，1993）。表7-4对此进行了总结。表7-4说明水流速率对上向流漂浮滤料BAF硝化速率的影响非常显著。

容积负荷率恒定在 $1.3 \sim 1.4 kg NH_3\text{-}N/(m^3 \cdot d)$ 和 $0.65 \pm 0.2 kg CBOD_5/(m^3 \cdot d)$ 时，Husovitz等人（1999）观察到水力负荷从 $5.1 m/h$ 增加到 $15.8 m/h$，氨氮去除量增加了17%（负荷达到 $1.26 kg NH_3\text{-}N/(m^3 \cdot d)$）。如果温度、出水水质和去除效率不是限制性因素，则当氨氮负荷在 $2.5 \sim 2.9 kg/(m^3 \cdot d)$ 时，氨氮去除率可达到80%~90%（Peladan等，1996，1997）。在一个22℃的生产性试验单元（表面积 $144 m^2$）中，当氨氮负荷达到 $2.3 kg/(m^3 \cdot d)$ 时，氨氮去除率达到了91%（Pujol等，1994）。

---

[①] 原书误为 $679 kg/m^3$。译者注。

# 第7章 生物活性滤池（BAF）

水流速度对三种不同生物滤池硝化速率的影响（选自 Tschui 等，1993） 表7-4

| 类 型 | 水流速度（m/h） | 硝化速率 [g N/(m³·d)] |
|---|---|---|
| 上向流、漂浮型滤料 | 4 | 1300 |
|  | 6 | 1650 |
|  | 8 | 1700 |
| 下向流、淹没型滤料 | 2 | 650 |
|  | 4 | 750 |
|  | 6 | 850 |
| 上向流、模块化塑料滤料 | 6 | 200 |
|  | 8 | 250 |
|  | 10 | 300 |
|  | 12 | 380 |
|  | 14 | 400（此滤池的硝化速率达到400后不再增加）|

挪威奥斯陆VEAS污水处理厂对膨胀黏土滤料的试验证明了滤料大小和形状对硝化效率的影响。表7-5总结了破碎滤料和圆形滤料的平均硝化率。从表7-5可以看出，破碎滤料占30%时，大粒径和小粒径滤料的硝化速率是相同的。但对于规则的球形滤料，随着破碎滤料比例的增加，硝化效率也随之增加。表7-6总结了BAF常用的硝化负荷率。

挪威奥斯陆的试验：滤料粒径和形状对BAF硝化速率性能的影响（Filtralite，2008） 表7-5

| 参 数 | 1号滤料 | 2号滤料 | 3号滤料 | 4号滤料 | 5号滤料 | 6号滤料 |
|---|---|---|---|---|---|---|
| 破碎滤料的比例（%） | 0 | 0 | 30 | 30 | 60 | 100 |
| 级配：有效粒径（mm） | 5.74 | 3.47 | 5.29 | 3.49 | 3.04 | 3.05 |
| 平均硝化率的相对值，以6号滤料速率的百分数表示（%） | 48 | 66 | 65 | 80 | 94 | 100 |

硝化BAF的典型负荷率（设计值与污水性质、上游处理工艺和处理程度有关） 表7-6

| BAF类型 | 容积负荷 [kg/(m³·d)] (lb/d/1000ft³) | 水力负荷 [m³/(m²·h)] (gpm/ft³) | 去除率 |
|---|---|---|---|
| 上向流、淹没型或漂浮型滤料，反冲洗（Degremont，2007；Kruger，2008），用于一级处理后 | BOD<1.5~3（94~188）<br>SS<1.0~1.6（<62~100）<br>NH₃-N<0.4~0.6（<31~62）（10℃）<br>NH₃-N<1.0~1.6（<62~100）（20℃） | 3~12<br>(1.2~5) | BOD=70%~90%<br>SS =65%~85%<br>NH₃-N=65%~75% |
| 上向流、淹没型或漂浮型滤料，反冲洗（German Association for Water, Wastewater and Waste, 1997），用于二级处理后 | BOD<1~2（<62~125）<br>SS<1.0~1.6（<62~100）<br>NH₃-N<0.5~1.0（<31~62）（10℃）<br>NH₃-N<1.0~1.6（<62~100）（20℃） | 3~20<br>(1.2~8.2) | BOD=40%~75%<br>SS=40%~75%<br>NH₃-N=75%~95% |
| 上向流、漂浮型滤料，反冲洗（German Association for Water, Wastewater and Waste, 1997），用于二级处理后 | NH₃-N=1.5（94） | | |
| 上向流、淹没型滤料，反冲洗（German Association for Water, Wastewater and Waste, 1997），用于二级处理后 | NH₃-N=1.2（75） | | |
| 淹没型、不反冲（McCarty，2008），用于二级处理后 | NH₃-N=0.2~0.9（12~56）（20℃） | 2~12（0.8~5）<br>(20℃) | NH₃-N=85%~95% |

## 2. 工艺供气速率的影响

与水流速率的影响相似，提高供气速率也会提高硝化速率（Tschui 等，1993，1994）。这是因为较高的空气流速会提高紊流程度，增加外部的传质，间接地使基质能更好地深入生物膜内部。

## 3. 负荷的影响

在低氨氮负荷下运行一段时间后，BAF内的生物量可能会减少。Tschui等人（1994）进行了这方面的试验：BAF开始时在氨氮充足的条件下运行，降低氨氮容积负荷后氨氮的容积去除率下降了30%。这对于分段的硝化BAF非常重要，因为夏季时节二级处理中也会发生一些硝化，但当温度下降和上游单元硝化能力降低后，BAF必须能承担较高的氨氮负荷。

BAF的硝化性能也与其长期施加的负荷有关。当流速或进水浓度较高时，基质能渗入到生物膜的内部，导致过多生物量积聚在滤池内。当处理流量达到峰值时，这些多余的生物量便可派上用场。图7-13说明，氨氮的瞬时去除率最大可达到平均负荷时的两倍，接近了反应器的最大能力。

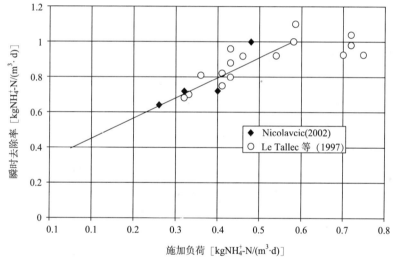

图7-13 硝化最大速率与长期施加的平均负荷的关系
（来自Rother（2005），节选自Le Tallec等（1997）和Nicolavcic（2002））

## 4. 温度的影响

运行温度对硝化的影响非常显著。对比下向流矿物滤料BAF、上向流塑料滤料（漂浮型或模块型）BAF三种三级硝化BAF，可建立硝化与温度（长期运行的温度）的关系（Tschui 等，1994）。

$$r_{V,NH_4^+-N(T)} = r_{V,NH_4^+-N(T=10℃)} \times e^{k_T(T-10)} \tag{7-2}$$

式中　$r_{V,NH_4^+-N(T)}$——温度$T$（℃）时的容积硝化率；

$r_{V,NH_4^+-N(T=10℃)}$——温度$T=10℃$时的容积硝化率；

$k_T$——温度系数（阿伦尼乌斯（Arrhenius）系数）=0.03/℃。

作者发现三种滤料BAF的温度系数均为0.03/℃（对应于阿伦尼乌斯系数为1.04）。

# 第7章 生物活性滤池（BAF）

硝化微生物的固体（污泥）产量相对较低，大约为0.05kg SS/kg去除的氮（Downing、Painter和Knowles，1964；Downing、Tomlinson和Truesdale，1964），因此三级硝化BAF产生的大部分污泥都是来自过滤的悬浮固体。部分固体会水解或异养菌降解，所以净污泥产量大约为0.5~0.8kg/kg去除的固体。

**例2**：设计一个用于对二级出水进行硝化的淹没式上向流BAF

当处理二级出水时，年硝化效率（$E_{N-NH_4^+}$）要求至少达到85%的前提下，确定BAF滤料的总体积、BAF反应器过滤总面积、BAF的数量。确定BAF反冲洗废水的体积和固体浓度。

假定采用以下参数：

（1）进水（包括回流）最大月流量$Q_0$=3950m³/h；
（2）进水（包括回流）流量峰值系数$P.F.$=2.8；
（3）进水最低水温=12℃；
（4）二级出水$BOD_5$的浓度$C_{BOD5t}$=25mg/L；
（5）二级出水SS的浓度$C_{SS}$=30mg/L；
（6）二级出水氨氮的浓度$C_{N-NH_3}$=38mg/L；
（7）BAF滤料高度$H_M$=3m；
（8）BAF出水作为反冲洗水；
（9）BAF反冲洗废水回流到污水处理厂前端与其他回流合并均衡。

**解**：

（1）计算BAF系统的$BOD_{5t}$、SS和氨氮负荷

$BOD_{5t}$负荷=24×$Q_0$×$BOD_{5t}$/1000=24×3950×25/1000=2370kg/d

SS负荷=24×$Q_0$×SS/1000=24×3950×30/1000=2844kg/d

氨氮负荷=24×$Q_0$×（N-NH$_3$）/1000=24×3950×38/1000=3602kg/d

（2）假定BAF的容积负荷率

$BOD_{5t}$负荷为3kg/（m³·d）；

SS负荷为1.6 kg/（m³·d）；

N-NH$_3$负荷为0.8kg/（m³·d）。

（3）计算所需的BAF滤料总体积（$V_M$）

$$V1_{BOD}=2370/3=790m^3$$
$$V2_{TSS}=2844/1.6=1778m^3$$
$$V3_{N-NH_3}=3602/0.8=4503m^3$$

（4）根据容积负荷计算BAF的总过滤面积$A$

$$A_{VOl}=V/H_M=4503/3=1501m^2$$

（5）根据最大水力负荷20m/h计算BAF的总过滤面积

$A_{hyd}$=3950×$P.F.$/20=3950×2.8/20=553m²≤1501m³，因此总过滤面积取$A_{VOl}$。

（6）选择BAF单元的大小$A_{cell}$。假定厂家提供的BAF标准单元的面积为100m²。

（7）假定每个BAF单元每48h反冲一次（见表7-3），计算所需的BAF数量

$$n=1501/100=15$$

$$N=15+15/48≈16$$

注意：根据对BAF系统的处理能力需求和BAF的设计处理能力的比较，设计人员应从可靠性和易维护性角度考虑备用1个BAF。

（8）核对BAF滤料的固体截留能力

假定每个周期的固体截留能力为 $2.5kg/m^3$ 滤料

$$滤料的总截留能力 = 2.5 × 16 × 100 × 3 = 12000 kg/周期$$

生物量产率 Y=（0.5~0.8）kg SS/kg 去除的BOD。假定 Y=0.8

$$固体产量 = Y × BOD_{5t}负荷 × E_{BOD_5} = 0.8 × 2370 × 0.85 = 1612 kg/d = 67 kg/h①$$

$$反冲频率 = 12000/67 = 179h$$

（9）校核当一个单元反冲洗、一个单元停运时的最大水力负荷率

$$Q_0 × P.E./(N-2)/A_{cell} = 3950 × 2.8/(16-2)/100 = 7.9 m/h < 20 m/h$$

（10）计算BAF反冲水体积和固体浓度

根据表7-2确定单位滤料体积的反冲洗水量 $Vol_{BW}$。假定为 $3m^3/m^3$ 滤料，则每次反冲洗产生的污水量 $V_{BW}$ 为：

$$V_{BW} = Vol_{BW} × H_M × A_{cell} = 3 × 3 × 100 = 900 m^3$$

反冲洗水的固体浓度 $C_{BW}$ 为：

$$C_{BW} = Y × BOD_{5t}负荷 × E_{BOD_5}/N/V_{BW} = 0.8 × 2370 × 0.85/16/900 = 0.112 kg/m^3 = 112 mg/L②$$

以上计算为BAF大小的初步估算。最终设计一般是设计工程师和工艺设备制造商之间进行反复调整的结果，其中会考虑到制造商的经验和更加详细的工艺模拟结果。

### 7.5.3 前置反硝化BAF的设计

氮的去除即可在第一级反应器中将氨氧化，然后在第二级反应器中利用外加碳源将硝酸盐还原（后置反硝化），也可将硝化出水回流到放置在硝化前的反硝化单元（前置反硝化）。在前置反硝化工艺中，硝化出水会回流到置于硝化反应器上游的缺氧反应器。有些上向流、漂浮滤料的BAF会将一部分硝化出水回流到位于滤料区底部的缺氧区（Payraudeau 和 Tallec，2003）。图7-14给出了上述几种前置反硝化工艺的流程。

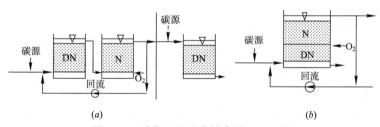

图7-14 硝化和反硝化结合的BAF工艺

（a）前置反硝化/硝化，后面可增设反硝化；（b）一个反应器内实现前置反硝化/硝化

在前置反硝化脱氮工艺中，硝化和反硝化生物量的掺杂会影响到反应速率。图7-15比较了前置反硝化工艺中专门用做好氧区的滤池的硝化率。对于这种膨胀黏土滤料的滤

---

① 原书计算时未考虑去除率0.85。中译本改正了错误。译者注。
② 原书计算时未考虑去除率0.85。中译本改正了错误。译者注。

池，如果独立设置硝化和反硝化反应器，则硝化率可达到1kg N/(m³·d)，但如果为前置反硝化系统，则硝化率大约只有0.6kg N/(m³·d)（Rother，2005）。

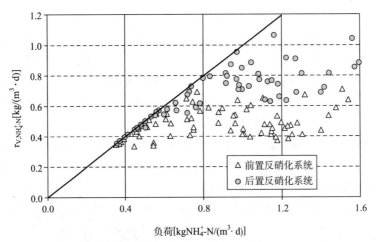

图7-15 絮凝后的原污水的硝化（T=17~22℃，BOD₅/NH₄⁺-N=2，$v_w$=8.5m/h，$v_G$=20m/h，没有调节温度（Rother，2005））

前置反硝化系统中限制反应速率的另一个因素是回流比。回流中不仅有硝酸盐还有溶解氧，这样导致的结果就是不仅一部分缺氧区不得不用于耗费掉这些溶解氧，而且一部分原本可用于反硝化的碳源也会被消耗掉。由于这个原因，前置反硝化系统的反硝化速率大约不会高于1kg N/(m³·d)，但当采用外加碳源时则可获得3倍的反硝化速率（Ninassi等，1998）。经济上最优的内回流比大约为200%，此时如果考虑到微生物对氮的直接吸收利用，则氮的去除率大约为70%（Karschunke和Sieker，1997）。

如果碳源足够，缺氧区也足够大，则氮的去除与回流比是成比例的，但随着回流比的加大，回流比对氮去除的影响会越来越小。回流比一般限制在3以内或总氮去除率限制在75%以内，这是因为过高的回流比会带来过多的水力负荷和溶解氧。假定硝化和反硝化都是完全的，忽略微生物合成作用对氮的吸收，则出水氮浓度可用下述公式确定：

$$NO_3\text{-}N_{EFF} = \frac{NH_3\text{-}N_{INF}}{R+1} \tag{7-3}$$

式中 $NH_3\text{-}N_{INF}$——进水氨氮浓度（mg/L）；
$NO_3\text{-}N_{EFF}$——出水硝酸盐浓度（mg/L）；
$R(=Q_R/Q_{in})$——回流比[1]。

污水回流后也有好处：会增加前置反硝化反应器和硝化反应器的上向流速，进而可提高反应速率。Ryhiner等人（1992）研究了一套淹没式BAF前置反硝化系统。为了保证出水氮和悬浮物浓度保持在较低的水平，该系统的后端设置了一个深度处理滤池。Ryhiner等发现负荷在0.1~0.6kg NO₃⁻-N/(m³·d)时，前置反硝化反应器获得了大约60%~70%的硝酸盐氮去除率。Pujol和Tarallo（2000）对处理常规污水的前置反硝化BAF系统进行了一年的试验。他们获得了大约68%的硝酸盐氮去除率（0.9kg NO₃⁻-N/(m³·d)）。当投加基

---

[1] 原书此处有一句话，是多余的。译者注。

质（甲醇）后，硝酸盐氮去除提高到90%。他们也对150%~350%的回流比和相应的滤速（9.4~16.9m³/(m³·h)）进行了试验。表7-7给出了前置反硝化BAF系统的设计指南。

| 前置反硝化生物活性滤池（BAF）的典型负荷值[a] | | | 表7-7 |
|---|---|---|---|
| BAF类型 | 施加的硝酸盐氮容积负荷 [kg/(m³·d)] (lb/d/1000 ft³) | 水力负荷 [m³/(m³·d)] (gpm/ft³) | 硝酸盐氮去除率（%） |
| 上向流淹没型滤料（Degremont，2007）分级BAF（前置反硝化+硝化） | 1~1.2（62~75） | 10~30（4~12） | 75~85 |
| 上向流漂浮型滤料（Ninassi等，1998）缺氧/曝气单级BAF | 1~1.2（62~75） | 12~21.5（4.9~8.8） | 不加碳源时为70 外加碳源时为85 |

[a] BAF的设计和性能与污水性质、上游处理工艺、出水要求和易降解的生物可利用碳有关。

### 7.5.4 三级后置反硝化BAF的工艺设计

本节介绍后置反硝化BAF的基本设计标准，包括水力负荷、容积质量负荷、氮去除的半级动力学、固体负荷、温度、外加碳源和氮气释放周期等。

#### 1. 容积质量负荷

容积负荷（和去除）率的范围很广，文献报道的为0.2~4.8kg/m³（Degremont，2007；Metcalf和Eddy，2003；U.S. EPA，1993；WEF，1998）。

多数后置反硝化滤池的前面都是活性污泥去除营养物工艺。因为上游工艺有反硝化，因此反硝化滤池的进水$NO_x^-$-N一般低于10mg/L。在这种情况下，后置反硝化的设计一般由水力条件决定，大部分装置的质量负荷约为0.3~0.6kg/(m³·d)。后置反硝化上向流BAF的负荷一般比砂滤池的负荷要高，这是因为上向流BAF不会受水力条件的限制，在设计上也不是要达到与砂滤池相同的SS去除效果。反硝化滤池典型的容积和水力负荷见表7-8。

| 后置反硝化生物活性滤池（BAF）的典型负荷值[a] | | | 表7-8 |
|---|---|---|---|
| BAF类型 | 施加的硝酸盐氮容积负荷 [kg/(m³·d)] (lb/d/1000 ft³) | 水力负荷 [m³/(m³·d)] (gpm/ft³) | 硝酸盐氮去除率（%） |
| 下向流淹没型滤料（Slack，2004；U.S. EPA，1993） | 0.3~3.2（20~200） | 平均4.8~8.4（2~3.5） 峰值12~18（5~7.5） | 75~95 |
| 上向流淹没型滤料（Degremont，2007） | 0.8~5（50~300） | 10~35（4~14） | 75~95 |
| 上向流淹没型滤料（German Association for Water，Wastewater and Waste，1997） | 2（125） | | |
| 上向流漂浮型滤料（German Association for Water，Wastewater and Waste，1997） | 1.2~1.5（75~94） | | |
| 移动床连续反冲洗（deBarbadillo等，2005） | 0.3~2（20~120） | 平均4.8~5.6（2~4） 峰值13.4（6） | 75~95 |

[a] BAF的设计和性能与处理目的、上游处理工艺、污水性质和碳源有关。

#### 2. 半级动力学模型

Harremoes（1976）认为反硝化滤池动力学受基质到生物膜孔扩散过程的制约。基质只能进入孔内才能进行孔内的零级非均相反应，这样主体液相中硝酸盐浓度就表现为半级反应。以下公式可用于推流式系统（Harremoes，1976；Hultman等，1994）：

$$r_{DN} = \frac{dS}{dt} = -k_{\frac{1}{2}} \cdot \sqrt{S_{B,NO_3^--N}}$$

或

$$\sqrt{S_{B,NO_3^--N}} - \sqrt{S_{in,NO_3^--N}} = -\frac{1}{2} \cdot k_{\frac{1}{2}} \cdot \bar{t}$$

(7-4)

式中 $r_{DN}$——单位体积滤池的反硝化速率（mg/(L·min) 或 g/(m³·min)）；
$S_{B,NO_3^--N}$——主体液相中硝酸盐浓度（出水值）(mg/L)；
$S_{in,NO_3^--N}$——进水中的硝酸盐浓度(mg/L)；
$k_{\frac{1}{2}}$——单位滤池体积的半级反应系数（(mg/L)$^{1/2}$·min 或 (g/m³)$^{1/2}$·min）；
$\bar{t} = \frac{h}{q_A}$——滤池空床停留时间(min)；
$h$——滤床高度(m)；
$q_A$——滤池表面水力负荷（m³/(m²·min)）。

上式中的 $S_B$ 和 $S_{in}$ 可用 $S_T$=0.87mg/L DO+2.47mg/L NO$_3^-$-N+1.53mg/L NO$_2^-$-N 来替代，这就得到以下式子（McCarty等，1969）：

$$\sqrt{S_{B,T}} - \sqrt{S_{in,T}} = -\frac{1}{2} \cdot k_{\frac{1}{2}} \cdot \frac{h}{q_A}$$

(7-5)

或

$$\sqrt{\frac{S_{B,T}}{S_{in,T}}} = 1 - \frac{a \cdot h}{\sqrt{S_{in,T}}}$$

(7-6)

其中，$a = \frac{k}{2 \cdot q_A}$。

Harremoes（1976）在滤床不同深度取样进行了分析。Hultman 等人（1994）和 Janning 等人（1995）证明半级动力学模型与观察到的数据是吻合的。deBarbadillo 等人（2005）对后置反硝化 BAF 的半级动力学常数进行了总结，其值在 0.09~0.9 之间。因为实际工程中的半级反应速率常数的数据非常有限，因此 deBarbadillo 等人（2005）把一些实验数据也总结在内。前已证明，BAF 可以假定为推流式，这样可以通过进出水数据计算出半级反应速率常数。

### 3. 水力负荷

在设计上向流后置反硝化 BAF 时，如果滤池还作为工艺的最终过滤单元，则其采用的水力负荷与一般的上向流后置反硝化 BAF 截然不同。后置反硝化 BAF 做为最终过滤单元时，一般为淹没滤料的下向流 BAF 或连续反冲洗的移动床滤池。一般的反硝化砂滤池水力负荷在 4~9m/h 之间，当一格反冲洗不工作时，其最大小时负荷不高于 18m/h。当上向流 BAF 用于后置反硝化时，大粒径滤料 BAF 的水力负荷可以达到 10~35m/h，但截留固体粒子的能力会减弱。

水力负荷也会影响滤池内的接触时间。早期的反硝化滤池设计曲线（Savage，1983）反映了硝酸盐去除百分数与空床停留时间（Empty Bed Detention time，EBDT）的关系。正如图 7-16 所示，中试和生产规模的数据追加于设计曲线后，在温度为 13~21℃、EBDT 低于 10min 时 NO$_x^-$-N 去除率可以达到 90%（deBarbadillo 等，2005）。

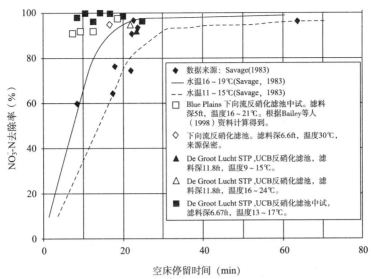

图7-16 采用空床停留时间设计反硝化滤池
注：曲线来自（Savage，1983），另外一些数据点来自（deBarbadillo等，2005）

#### 4. 固体粒子去除和污泥

除了能去除进水中的固体粒子外，滤池也能产生生物量。确定滤池反冲洗时必须考虑这两个方面。一般来说，每消耗1g甲醇（以COD计）可产生0.4g生物量（以COD计），这相当于假定每消耗1g甲醇产生0.4g的挥发性悬浮固体。这一数值对以甲醇为碳源的后置反硝化系统是足够的。估计固体量时，一般假定水解可去除大约10%的可生物降解固体。

后置反硝化砂滤池（下向流淹没型滤料和移动床）一般作为最终的固体分离步骤，其出水SS平均可达到5mg/L或更低。虽然下向流淹没滤料滤池的制造商已经发现每个过滤周期可截留9.8kg/m² 的固体粒子（Slack，2004），但设计反冲洗频率时一般按照4.9kg/m² 计算。马里兰州哈格斯顿的连续反冲洗移动床反硝化中试滤池的数据表明，为了保证出水平均SS达到或低于5mg/L，滤池的固体负荷应限制在2.45kg/m²（Schauer等，2006）。这一数字是在该试验的特定条件下得出的，该滤池的滤料移动速率大约为每天2圈。其他的BAF型式，如上向流淹没型滤料滤池和上向流漂浮型滤料滤池，有的虽然滤料尺寸较大，但出水SS也能低至5mg/L。当然这些滤池对固体粒子的过滤能力并不稳定，其出水水质与二级沉淀池出水水质良好时的相当。

#### 5. 外加碳源

对于三级处理的反硝化系统，如滤池、BAF和设有后置缺氧生物膜区的MBBR等，外加碳源对工艺的运行至关重要。可使用公式（7-7）估计甲醇的投加量（McCarty等，1969）：

$$SM = 2.47 \times (去除的 NO_3^--N) + 1.53 \times (去除的 NO_2^--N) + 0.87 \times (去除的溶解氧) \quad (7-7)$$

公式（7-7）仅适用于甲醇。根据所用碳源的不同，反硝化所需的COD差异很大。1mg氧能稳定的COD基质如下（Copp和Dold，1998；Melcer等，2003）：

$$COD/O_2 = 1/(1-Y) \quad (7-8)$$

式中 $Y$——异养产率系数（mgCOD生物量/利用的COD基质）。

好氧呼吸的异养产率系数一般为0.66。对于反硝化，为了计算接受同样电子数所需的硝酸盐量，一般在公式中引入2.86的转换系数。此时公式变为以下形式：

$$COD/NO_3^--N=2.86/(1-Y) \qquad (7-9)$$

当估计所需的外加碳源量时，在计算中考虑恰当的缺氧产率系数即可。确定不同基质的缺氧产率系数一直是个研究的课题（Cherchi 等，2008；Mokhayeri 等，2006；Nichols 等，2007）。比如，认为甲醇的缺氧产率系数是0.38，则根据公式（7-9）可算出每反硝化1mg $NO_3^-$-N 需要4.6mg COD。每克甲醇的COD值是1.5g，这样可算出反硝化1mg $NO_3$-N 需要3.07mg甲醇。

**6. 三级处理反硝化所遇到的典型运行问题及应对措施**

（1）过度反冲洗

过度反冲洗会影响运行费用（耗电量）和滤池的性能。对于间歇反冲的反硝化滤池（如下向流淹没型滤料滤池、上向流淹没型滤料或漂浮型滤料滤池），反冲后滤池内生物量会减少，反冲后会出现硝酸盐去除性能的少许下降。如果滤池反冲频繁，则很难维持为了保证反硝化效果所需的足够生物量，可通过延长滤池运行时间来减少反冲频率。如果移动床滤池内出现反硝化生物量不足，减少反冲洗次数可能是必要的。

（2）气体（氮气）积聚

氮气在下向流反硝化砂滤床内的积聚会增加滤池的水头损失。可以通过周期性的氮气释放来解决，可根据滤池内的水位决定是否进行氮气释放。因为不断地通过气提来提升砂子（和氮气泡），移动床滤池一般不会发生氮气积聚问题。与之类似，由于污水和氮气泡同向流动，间歇反冲洗的上向流滤池一般也不需要氮气释放。

（3）固体粒子的泄露

滤池出水出现固体粒子的泄露可能意味着滤池负荷过高，也可能是滤池底部的配水系统出了问题。对于静止床滤池，这可能意味着需要增加反冲的频率；而对于移动床滤池，或许应该增加滤床的移动速率。

（4）硝酸盐/亚硝酸盐泄露

滤池出水中硝酸盐和亚硝酸盐的增加，一般是由以下原因造成的：

1）滤池处于启动期，生物量还没有成熟；
2）碳源不足以支撑反硝化完全；
3）滤池进水中的磷浓度不足，不足以支撑反硝化。

如果滤池处于启动期或过渡期（比如污水处理厂进水氮负荷增加导致滤池的氮负荷增加），那就是时间问题，等待生物量成熟和运行稳定后即可。在启动和过渡期，应减少反冲频率，应经常检查碳源的投加。

如果碳源（甲醇）投加的量不足以支撑完全的反硝化，则滤池出水的硝酸盐氮和亚硝酸盐氮浓度会增加。此时或许应该稍微增加投量以满足工艺的实际所需。高品质的二级出水进入反硝化滤池时，溶解氧高达5mg/L或6mg/L并不罕见，这会增加碳源的需求。另外反硝化滤池不应"半运行"。如果反硝化滤池只进行部分反硝化，则一些硝酸盐转变为亚硝酸盐而不是转变为氮气，这不仅不能满足氮的处理要求，而且会增加下游氯消毒设施的需氯量。如果不需要在滤池内去除所有的硝酸盐，从运行的角度来看，可以把一部分污水进行完全的反硝化,然后与另一部分污水掺和一起。这样来实现部分污水反硝化的目标是一种稳妥的做法。

如果滤池不是处于启动期或过渡期,并且反硝化所需的碳源充足,但仍出现严重的硝酸盐或亚硝酸盐泄露,这可能是磷不足造成的。如果发现反硝化所需的磷不足,可以在滤池进水中投加磷酸。

(5)碳泄露

如果在出水中观察到BOD升高,这可能是甲醇投加量过大的缘故。此时应对滤池出水溶解性BOD(或COD)和二级出水的值进行比较,以确认是否上游的活性污泥系统出了问题。如果滤池出水溶解性BOD增加,可减少甲醇的投加量。

(6)磷

出水总磷限制严格的污水处理厂运行三级反硝化系统时,为了保证反硝化所需的磷足量,应密切检测滤池进出水中的磷、硝酸盐和亚硝酸盐浓度。工艺运行不善时,污水处理厂具备投加磷酸的能力是件值得做的事情。

(7)峰值流量下的运行

峰值流量下的运行具有挑战性,因为此时滤池的水力负荷增加,水头损失也随之增加。根据上游二次沉淀池的运行情况,峰值流量时滤池的固体负荷很高,这就不得不增加反冲洗频率。雨季峰值流量时虽然可以继续进行反硝化,但因为这额外的负荷却较难确定工艺所需的反硝化程度。如果出水氮的限制是基于季或年平均的,就无需在雨季峰值流量时进行完全反硝化。为了减少滤池负荷,超过设定值的峰值流量可以超越滤池系统。另外,也可采取间歇投加甲醇的方法。

### 7.5.5 BAF工艺中磷的去除

与活性污泥系统相似,磷的去除有以下方法:
(1)在初沉池利用金属盐(一般为铁盐或铝盐)预沉淀;
(2)在生物滤池内采用金属盐沉淀;
(3)生物去除。

BAF前经常设置高速沉淀(投加混凝剂)工艺,因此在一级处理阶段进行磷的沉淀是广泛采用的方法。多点加药可以把出水中的磷降到非常低的浓度,但应防止过度除磷后生物反应受到磷不足的限制(Odegaard,2005)。把铁盐加到生物滤池内进行沉淀也是可以的,但由于增加了滤池内的固体粒子会导致滤池频繁的反冲洗。在两级污水处理厂采用三氯化铁除磷时,三氯化铁加入硝化BAF后滤池的运行周期会缩短。为了截留絮体,硝化BAF滤料的粒径也要减少(Sagberg等,1992)。

活性污泥系统的生物除磷工艺早已开发,就是让回流生物量交替处于厌氧和好氧,这样来促进磷的吸收(Barnard,1974)。生物膜法除磷可以不交替空间,而改为时间交替。由此,有人对两个生物滤池组成一个序列(厌氧和好氧)、6h一循环的中试系统进行了试验(Goncalves和Rogalla,1992),该系统成功地实现了生物除磷。后来把5个单元的1个改为厌氧模式,该系统又被用于氮的去除(Goncalves,Le Grand和Rogalla,1994;Goncalves,Nogueira,LeGrand和Rogalla,1994)。然而,阀门的费用阻止了该系统生产

# 第7章 生物活性滤池（BAF）

规模的应用。

某些污水处理厂采用三级硝化反硝化系统，但要满足严格的出水总磷的限制，这是很困难的。生物的生长需要足够的磷，而磷的浓度过低时限制三级BAF的性能。根据对中试和生产规模的后置反硝化性能数据的评价，正磷酸盐与$NO_x^-$-N的比值为0.02时，可以实现氮的去除目标（deBarbadillo等，2006）。

## 7.6 设计应考虑的因素

在设计BAF反应器、BAF的附属设施以及BAF上下游的工艺时，有些问题必须予以考虑。

### 7.6.1 预处理和一级处理

根据BAF形式的不同，如有可能，污水处理厂应在多处设置细格栅（网）。虽然BAF之前已有多次筛滤，但对于底板上设有喷嘴的上向流BAF，其进水处必须设置格栅（网）。如果上游有自动细格栅，则进水处可采用简单的袋式格栅或开孔小于2.5mm的人工平板格栅。如果污水处理厂进水的自动细格栅效果很差或有些进水没有经过筛滤（如化粪池污水和外来的污泥）、或者污水处理厂周边有很多树并且（或）渠道是敞口的，BAF就应设置专门的自动格栅（网）。

为了减少占地面积，污水处理厂一般采用高速一级处理设施。这包括化学强化一级处理（CEPT）、高速斜板沉淀池或加重（砂子或密实的污泥）絮凝沉淀系统。

### 7.6.2 反冲洗控制设施

BAF的反冲设施一般包括：出水井、反冲水泵（是否设置跟BAF的类型有关）、空气擦洗用的风机、反冲废物均衡池和回流泵；自动阀门、仪表和反冲洗控制器。反冲的装备必须足够大，这样才能提供足够的空气和水。反冲洗时BAF系统出水会减少或停止，因此在设计和运行包括紫外消毒在内的任何下游处理工艺时，都应考虑这种流量的变化。

多级BAF系统中会有不同尺寸的BAF单元，这些不同的BAF反冲洗所需的水和气也不同。为了避免每级BAF单独设置反冲设施，一般按照最大BAF的需要设置一套反冲设施。对于多级BAF系统，一般从最后一级BAF出水渠直接取水或从最终清水井取水作为反冲洗水。在设计BAF时必须考虑反冲洗水的回流。如果在不同级的BAF之间设置清水井，为了避免断流和对下游工艺（如消毒）的影响，则必须考虑下游BAF单元能否保持最小流量。

为了防止固体粒子沉淀，大的反冲废水池应设置搅拌装置。尽管滤料的流失很少，但随着时间的增加，反冲废水池中也会积聚一些滤料。设计反冲废水回流泵系统时应避免把滤料打入压水管和泵内。有些BAF设有包括输送泵、沉淀区和（或）篮筐的滤料收集再利用系统。

反冲废水一般回流到处理厂的头部并依靠初沉池去除其中的固体粒子。BAF生物固体吸附了一些BOD，从而提高了固体流变能力，使初沉污泥的泵送和处理变得容易，由此提高了初沉池的性能（Michelet等，2005）。

另外一种做法是单独设置固体分离系统来处理反冲废水。对于大型污水处理厂（100000m³/d），如果原有初沉池的处理能力有限或设有多级BAF，单独设置分离系统的方式会更有利。固体分离系统可采用多种方式，如加重絮凝沉淀系统、固体接触/污泥回流系统或溶气气浮浓缩等。欧洲的一些污水处理厂采用了溶气气浮浓缩技术。

### 7.6.3 曝气

对于生物膜系统，氧气扩散和基质（BOD或氮）渗入生物膜的过程是反应器动力学性能的限制性因素。可采用风机或压缩机供应工艺所需的空气，然后利用网格式管道或位于或接近反应器底部的扩散器来分配空气。当空气穿过滤料向上流过反应器时，氧就会溶到水中并扩散进入生物膜。气泡形成的通道也有助于水在滤床内流动（Rundle，2009）。

#### 1. 氧传递的效率

所有对BAF污水处理厂曝气的研究都观察到BAF的氧吸收率比一般的活性污泥工艺的要高，这与BAF较小（少）的体积和水力停留时间是一致的。Stensel等人（1984）在1.7m高的反应器内测到氧吸收率为121~250mg/（L·h）。这一数值是相同反应器内清水实验的氧吸收率的3.0~3.2倍。BAF内氧的传递机理有二：一是传统机理，即水中溶解氧传递给生物量；二是鼓泡中的很大一部分会直接跟生物膜接触，这样氧会直接从气泡传递给生物膜。Canziani（1988）、Lee和Stensel（1986）有类似的发现。

Fujie等人（1992）在1.2m高的中试柱子内注意到有滤料（未挂膜）时的氧传递速率比无滤料时的要高。另一方面，他们也注意到增加生物膜浓度后氧的传递速率下降了，这是生物膜导致气泡合并引起的。美国实验室规模的上向流BAF研究工作展示了氧的直接传递与生物膜厚度的依赖关系（Lee和Stensel，1986；Reiber和Stensel，1985）。

在更大规模的现场中试中，有人采用尾气法对3.6m深的BAF开展了氧的传递试验。结果表明，在设计条件下运行时，对于漂浮型滤料（平均粒径为4mm）的BAF，氧传递效率为1.6%~5.8%/m；而对3~5mm矿物滤料的BAF，水的氧传递效率为3.9%~7.9%/m（Redmon等，1983）。对于这两种滤料的BAF，增加扩散器的淹没深度后，氧传递效率（以传递的$kgO_2/kWh$能耗）都增加了。增加空气流速虽然能增加氧的传递速率，却减少了氧传递效率。其他的研究还有：

（1）Rogalla和Sibony（1992）测定氧传递速率为7%~15%。

（2）对2m深、3.3mm有角滤料的下向流中试BAF，Pearce（1996）测定清水的氧传递效率为10%~17%。

（3）对4m深、2~3mm石英砂的上向流BAF，Shepherd等人（1997）测定氧传递效率为7.9%~10.3%。

（4）在纽约城的对比试验中，对于3m深漂浮滤料的上向流BAF和4m深淹没型滤料的上向流BAF，Laurence等人（2003）采用尾气法测定的氧转移效率为大约20%。

（5）Leung等人（2006）在无生命（活的生物）条件下测定了液侧氧的转移系数（$K_{La}$）。他们发现当气体和液体的表面速度增加时，$K_{La}$随之增加。

（6）在中试规模的试验中，对于3.6m深3~5mm碎石滤料的BAF，Stenstrom等人（2008）

测定氧传递效率为5.8%~21.1%，而对3.6m深、4mm泡沫聚苯乙烯小球滤料的BAF，氧的传递效率为13.1%~29%。

**2. 工艺配气系统**

BAF的工艺配气系统有以下几种（Rundle，2009）：

（1）在滤料内或接近滤池底板的位置放置多根间隔一定距离开孔的管子。此种方式比较简单，利用喷射管的粗气泡曝气应用非常广泛；

（2）反应器底板放置管网，其上设扩散器。这样的装置不是产生小气泡以提高氧的传递效率，而是保证低流速时仍能均匀配气。在开放式的曝气池内，扩散器比粗气泡喷射法的氧传递效率高，但在BAF内粗气泡和微气泡没有差异（Harris等，1996）。反应器内没有滤料时，微气泡扩散器比粗气泡扩散器的效率更高（Hodkinson等，1998）。滤料会把粗气泡剪切扩散成更小的气泡（比表面积更大），从而提高氧的传递效率。微气泡合并成大气泡后会降低氧的传递效率；

（3）反冲洗时常用压力气室注射空气的方法来擦洗滤料，这也可用于过滤时的曝气。此种设计中，滤池假底下的压力气室内会形成空气垫，空气通过特殊设计的喷管（气水合并管）上的孔进入滤池。空气流速低时只有上部的孔进气，但随着空气流量和压力的增加，气垫厚度随之增加，进气的孔越来越多。此种系统的曝气效率高。为了避免生物生长后堵塞这些气孔后导致配气不均匀并增加能耗，此系统需要周期性化学清洗（Holmes和Dutt，1999；Springer和Green，2005）。

**3. 工艺空气的控制**

BAF反应器的工艺空气控制复杂的原因如下（Rundle，2009）：

（1）BAF污水处理厂主要以推流式运行，因此反应器顶部的溶解氧并不代表滤床内的溶解氧；

（2）氧的传递不仅从水中溶解氧到生物膜，也会有气泡直接传递给生物膜，而这无法由溶解氧探头测定；

（3）对于采用粗气泡网格（管）曝气的BAF系统，均匀分布空气所需的最小流量会超过工艺对空气的需求量。

风机的选择对污水处理厂的有效运行非常重要。随着固体粒子在滤床内的积聚，滤池的水头损失增加后会影响空气的流动。当几个BAF单元合用一根空气主管时，最新反冲的单元或水头损失最小的单元就比其他没有反冲单元的气量要大。每个BAF单元单独设置风机可以解决这一问题。对大型污水处理厂，每个BAF单元都装有质量流量表（测量流速、压力和温度）。利用质量流量表控制调节阀，以此来平衡各BAF单元的空气流量。

## 7.6.4 碳源投加

在三级反硝化系统和一些前置反硝化系统中，必须给BAF外加碳基质（电子供体，碳源）。甲醇是最常见的碳源，其他碳源如乙醇、乙酸和糖的应用也越来越多。设计时必须对所选碳源的化学性质进行评估和计算。

对于三级反硝化系统，碳源投加的控制非常重要。过量投加会浪费碳源，也会增加出水BOD，这对出水BOD限制在约5mg/L或以下的污水处理厂是个问题。碳源投加不足会降低硝酸盐的去除量,从而导致污水处理厂出水硝酸盐或总氮可能不达标。营养物生物去除(BNR)工艺的碳源投加控制系统有以下几种:

(1)手动控制——手动控制化学物质的投加,泵速调整和取样均由手工完成;

(2)流量比例控制——根据进水硝酸盐浓度和硝酸盐的去除要求计算出碳源的平均投加量。然后将控制系统设置为泵速随进水流量的变化而变化。流量比例控制一般只用于旱季(不下雨时);

(3)前馈控制——就是监测反硝化进水的硝酸盐浓度并结合进水流量变化来调节碳源投加速率,属于更高级别的自动控制系统。碳源投加量根据污水流量和浓度确定,因此该种方式既适合旱季也适合雨季;

(4)前馈和出水浓度后反馈控制——这是最复杂的控制方式。目前一些反硝化滤池供应商提供此种控制的专利。有些供应商的控制只是基于流量和硝酸盐,而另外一些则把亚硝酸盐和溶解氧也考虑在内。

## 7.7 案例

### 7.7.1 挪威奥斯陆VEAS污水处理厂:CEPT+两级BAF脱氮

挪威奥斯陆VEAS污水处理厂的设计峰值流量为492500m$^3$/d(130mgd)。如图7-17所示,该厂由以下部分组成:

(1)3mm的细格栅;

(2)投加絮凝剂的曝气沉砂池;

(3)带有长度为75cm斜板的11m(36ft)深的初次沉淀池;

(4)带有1.5mm细格栅保护的两级上向流BAF(Biofor)。第一级由24个Biofor单元组成,用以除碳/硝化,每个单元过滤面积为87m$^2$(936ft$^2$),滤床深3.8m(12.5ft)。第二级亦由24个Biofor单元组成,用以外加甲醇进行后置反硝化,每个单元过滤面积为65m$^2$(722ft$^2$),滤床深3.0m(9.8ft)。

BAF反冲洗废水回流到污水处理厂前端。反冲洗废水中的生物固体与初沉污泥和化学污泥一起在初沉池沉淀。污泥处理设施有转鼓浓缩、产酸产气两级消化、带式压滤和热真空干燥。污泥处理后产生的消化气燃烧后产生热能和电能。压滤的滤液脱氨后回到曝气沉砂池出口。

VEAS污水处理厂完全建在位于Asker镇附近的一个山内,其位置在奥斯陆海湾西侧,奥斯陆南部约20km处。VEAS污水处理厂的BAF是1994~1996年建造的,是为了满足北海协议(North Sea Agreement)新的氮要求和更加严格的磷要求而进行的升级改造的一部分。以年均值计算,VEAS污水处理厂要求磷的去除率能达到90%,总氮去除率达到70%(TN<7mg/L)。之所以选择BAF来脱氮,空间限制是主要考虑因素。VEAS污水处理厂的生物处理需要追加在现有隧道上,而这个隧道起初开凿出来是用于初次沉淀的。以年均流量计,污水处理厂从进水到出水的停留时间小于3h。

# 第7章 生物活性滤池（BAF）

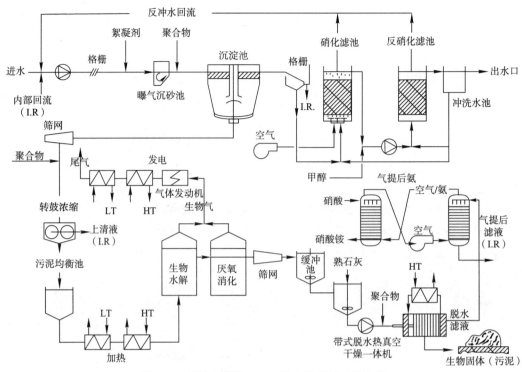

图7-17 挪威奥斯陆VEAS污水处理厂工艺流程

由于污水在曝气进水渠内停留时间过长（旱季为5~7h），污水被稀释且易生物降解有机碳浓度变得很低。在化学强化初次沉淀池内，有机碳被进一步去除。化学强化初次沉淀池的TOC去除率一般为60%~65%。污水的温度一般为5~16℃，也曾低至2℃。

在反硝化Biofor单元进水泵的前端投加甲醇。通过前馈/后馈闭环控制的方式确定甲醇的投加量，出水硝酸盐控制目标为不超过0.9~1.3mg/L。具体的甲醇投加量约为2.3g甲醇/g反硝化的$NO_3^-$-N。以年均流量计，Biofor每12~20h反冲一次，产生的反冲水量大约为进水量的12%。根据报道，滤料年损失率低于1%。

表7-9给出了VEAS污水处理厂两级BAF去除总氮典型的年均值数据。表7-9的数据是1997~1998年的，那时实际年均流量为265753$m^3$/d（70mgd）。

挪威奥斯陆VEAS污水处理厂两级BAF的性能  表7-9

| 参数 | 一级进水（mg/L） | 二级出水（mg/L） | 容积负荷（每级24个BAF，但这里的数据是按照22个计算的）[kg/($m^3$·d)] | 去除率（%） | 水力负荷（m/h） |
| --- | --- | --- | --- | --- | --- |
| TOC | 25 | 13 | 0.56 | 48 | 第一级5.7 |
| TN | 19 | 6.2 | 0.43 | 67 | 第二级7.4 |

## 7.7.2 法国科伦布市塞纳河中心污水处理厂：CEPT+三级BAF脱氮

塞纳河中心污水处理厂，是法国巴黎Syndicat Inter départemental pour l'Assainissement de l'Agglomération Parisienne（SIAAP）拥有并运行的5座污水处理厂之一。塞纳河中心污

水处理厂占地4ha，位于巴黎的西北部近郊区的科伦布市区。整个污水处理厂是加盖的，额定处理能力为240000m³/d（63.4mgd），雨季峰值流量为734400m³/d（194mgd）。该污水处理厂设施由以下组成：

（1）粗格栅、沉砂和6mm细格栅组成的预处理；

（2）采用高速固体接触沉淀池①（得利满的DensaDeg）的一级化学强化处理（CEPT）；

（3）由1.5mm细格栅保护的三级BAF。第一级用于除碳（Biofor C/N），第二级为硝化（Biostyr N），第三级为后置反硝化（得利满的Biofor DN）。

污水处理厂的流程见图7-18。BAF的反冲洗废水流到溶气气浮浓缩池（DAF）。DAF的底流与脱水液和其他回流回至污水处理厂前端。DAF浓缩的生物固体与来自Densa Deg沉淀池的化学和初沉污泥一起进行离心脱水。离心出来的泥饼在流化床焚烧炉内烧掉。

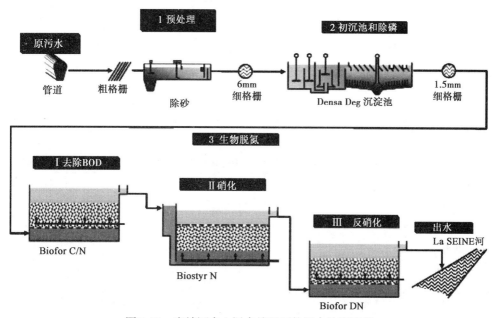

图7-18 塞纳河中心污水处理厂的污水处理流程

旱季时，三级BAF串联运行以去除剩余的BOD、硝化和外加碳源反硝化。当中等规模的降雨来临时，第一级和第三级BAF平行运行来去除有机物，而第二级与第一级串联运行来完成硝化。当暴雨来临导致流量激增，峰值流量系数达到4.3时，此时氮会被大量稀释，因此所有三级BAF可平行运行同时用于去除BOD。

第三级BAF甲醇投加量大约为3.0 g甲醇/g施加的$NO_3^-$-N。三级BAF所有的反冲废水大约是旱季进水流量的18%。表7-10给出了塞纳河中心污水处理厂三级BAF去除总氮的年均值（2000年）。表7-11、表7-12和表7-13分别给出了每级BAF的数值。

除了上面介绍的三级BAF运行模式外，旱季流量时，塞纳河中心污水处理厂第一级BAF的Biofor单元可以前置反硝化（Biofor Pre-DN）的模式运行。在这种模式下，作为第二级BAF的Biostyr含硝酸盐的出水回流到第一级BAF的进口，然后在第一级BAF内利用

---
① 国内常称之为高密度沉淀池、高密度澄清池或高效澄清池等。译者注。

# 第7章 生物活性滤池（BAF）

一级处理出水中的容易利用的有机碳完成反硝化。

塞纳河中心污水处理厂三级BAF系统2000年的年均值　　　表7-10

| 参数 | 三级BAF进水（mg/L） | 容积负荷[a]<br>[kg/(m³·d)] | 最终出水（mg/L） | 去除率（%） |
|---|---|---|---|---|
| COD | 118 | 1.7 | 34 | 72 |
| $BOD_5$ | 56 | 0.78 | 10 | 86 |
| SS | 26 | 0.36 | 6 | 73 |
| TKN | 26 | 0.36 | 7 | 42 |
| TN | 27 | 0.38 | 13 | 52 |

[a] 64个单元中只有60个在运行。

塞纳河中心污水处理厂第一级BAF 2000年的年均值　　　表7-11

| 参数 | 进水（mg/L） | 容积负荷[a]<br>[kg/(m³·d)] | 出水（mg/L） | 去除率（%） |
|---|---|---|---|---|
| COD | 118 | 5.9 | 33 | 72 |
| $BOD_5$ | 56 | 2.8 | 8 | 86 |
| SS | 26 | 1.3 | 7 | 73 |
| TKN | 26 | 1.3 | 15 | 42 |
| TN | 27 | 1.3 | 21 | 22 |

[a] 相当于水力负荷5.7m/h（2.3gpm/ft²）。

塞纳河中心污水处理厂第二级BAF 2000年的年均值　　　表7-12

| 参数 | 进水（mg/L） | 容积负荷[a]<br>[kg/(m³·d)] | 出水（mg/L） | 去除率（%） |
|---|---|---|---|---|
| COD | 33 | 1.5 | 23 | 30 |
| $BOD_5$ | 8 | 0.4 | 4 | 50 |
| SS | 7 | 0.3 | 5 | 29 |
| TKN | 15 | 0.7 | 1.6 | 89 |
| TN | 21.2 | 0.98 | 20.8 | 1.4 |

[a] 相当于水力负荷4.6m/h（1.9gpm/ft²）。

塞纳河中心污水处理厂第三级BAF 2000年的年均值　　　表7-13

| 参数 | 进水（mg/L） | 容积负荷[a]<br>[kg/(m³·d)] | 出水（mg/L） | 去除率（%） |
|---|---|---|---|---|
| COD | 23 | 2.6 | 34 | — |
| COD（含甲醇）[b] | 109 | 12.6 | 34 | 69 |
| SS | 5 | 0.6 | 6 | — |
| TKN | 1.6 | 0.61 | 7 | — |
| $NO_3^-$-N | 19.1 | 2.2 | 6.1 | 68 |
| TN | 20.8 | 2.40 | 13.4 | 36 |

[a] 相当于水力负荷12.3m/h（5.0gpm/ft²）。
[b] 甲醇投加量大约为3.0g甲醇/g施加的$NO_3^-$-N。

回流比受限于第一级和第二级BAF最大允许水力负荷。第一级反硝化的最大水力负荷为10m/h（4.1gpm/ft²），而第二级硝化的最大水力负荷为8m/h（3.3gpm/ft²）。因此，水力负荷所能允许的最大回流比是150%。SIAAP分析了2005年和2006年的费用后认为，从甲醇投加量和曝气能耗的净节省值来看,最优的回流比是80%~100%。塞纳河中心污水处理厂在回流比50%下运行时,前置反硝化阶段去除了大约70%的硝酸盐。观察表明,这一去除效率与进水溶解性COD和硝酸盐的比值无关。这说明一级处理出水中溶解性COD是过量的。

### 7.7.3 丹麦Frederiskshavn污水处理厂:单级BAF脱氮

Frederiskshavn污水处理厂设计能力为16500m³/d(4.4mgd),峰值流量为36300m³/d(9.6mgd)。污水处理厂由格栅、进水泵、沉砂和除油脂、化学强化矩形初沉池、两个平行运行的生物反应器(见图7-19)组成。这两个平行运行的生物反应器如下:

(1)带有圆形沉淀池的改良的Ludzack-Ettinger(MLE)活性污泥工艺[①],接纳大约40%的污水量,即6600m³/d(1.7 mgd);

(2)Biostyr BAF系统,负担60%的污水量,即9900m³/d(2.6 mgd)。

Biostyr共计6个,每个过滤面积63m²(678ft²),滤层厚3.0m。每个Biostyr有两个曝气栅,一个位于滤池底部,另一个位于距离底部1.4m(4.5ft)高的位置。这样在滤池底部就形成了缺氧区。

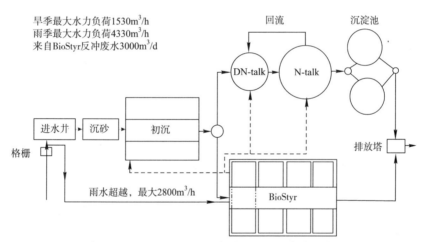

图7-19 Frederiskshavn污水处理厂的污水处理流程

Frederiskshavn污水处理厂代表了BAF典型的旱季运行情况(5个滤池是前置反硝化/硝化,1个滤池是后置反硝化)。虽然如此,Frederiskshavn污水处理厂的这套Biostyr系统也可通过以下方式应对雨季的峰值流量:

(1)6个单元都按照前置反硝化/硝化的方式运行;

(2)5个滤池按照前置反硝化/硝化运行,1个滤池按照后置反硝化运行(旱季流量时的典型做法);

(3)所有滤池都进行硝化(雨季最大负荷时);

(4)控制溶解氧,所有滤池内进行同步硝化反硝化。

滤料的总体积为1134m³(40030ft³)。在前置反硝化模式下,大约794m³(28030ft³)的

---

① 改良的Ludzack-Ettinger工艺,国内多称之为A/O(前置反硝化)脱氮工艺。译者注。

滤料体积被曝气用以硝化，而340m³（12000ft³）没有曝气。后置反硝化的那个滤池，即所有189 m³（6671ft³）的滤料都不曝气。甲醇投加在后置反硝化Biostyr的上游，采用前馈闭环自动控制的方式，甲醇投加量约为3.0g甲醇/g施加的$NO_3^--N$。Biostyr每24h反冲1次。平均计算下来，反冲洗水量大约是BAF进水总量的33%，大约是污水处理厂进水总量的18%。

BAF反冲废水回流到初沉池，与初沉污泥一起沉淀。包含有生物固体的初沉污泥和MLE的剩余活性污泥一起通过厌氧消化稳定后，进入最终处置单元。

Frederiskshavn污水处理厂大约50%的污水来自鱼加工企业，其余50%来自其他企业和生活污水。表7-14给出了Frederiskshavn污水处理厂两级BAF脱氮系统1998年的年均值。在此期间，污水处理厂并没有优化曝气、甲醇投加和硝酸盐回流等的运行。

Frederiskshavn污水处理厂两级BAF 1998年的年均值　　　　　表7-14

| 参　数 | Biostyr进水（mg/L） | Biostyr出水（mg/L） | 容积负荷[a]<br>[kg/(m³·d)] | 去除率（%） |
|---|---|---|---|---|
| COD | 250 | — | 2.2 | — |
| 可滤COD | 130 | — | 1.1 | — |
| $BOD_5$ | 200 | 2.7 | 1.8 | 99 |
| SS | 92 | 4.9 | 0.8 | 95 |
| TKN | 39 | — | 0.3 | — |
| $NH_3-N$ | 22 | 0.6 | 0.2 | 97 |
| $NO_3^--N$ | 0 | — | — | — |
| TN | 39 | 5.4 | 0.3 | 86 |

[a] 6个滤池只有5个工作，相应的水力负荷为12.3m/h（5.0gpm/ft²）。

### 7.7.4 罗得岛州West Warwick污水处理厂：硝化反硝化

位于罗得岛州West Warwick的高级污水处理设施（ATF），平均日流量为4000 m³/d（10.5 mgd），峰值流量约为96000m³/d（25.34 mgd）。污水处理厂包括格栅、前端投加硫酸铝进行磷沉淀、初沉池、由6个曝气池和2个二沉池组成的二级处理设施。

West Warwick污水处理厂升级改造内容有：二级出水的水泵提升、三级硝化和反硝化采用BAF、后曝气和紫外消毒。为了增加碱度投加了熟石灰；为了给反硝化提供碳源投加了甲醇。选择BAF的原因是占地面积受限和需要执行更加严格的排放标准（见图7-20）。BAF由以下部分组成：

（1）4个硝化BAF，每个表面积为100m²（1080ft²），内填有效粒径2.7mm有棱角的黏土滤料。以年均流量计，设计水力负荷大约为132m³/(m³·d)（2.25gpm/ft²）；

（2）4个反硝化BAF，每个表面积为41.6m²（1080ft²），内填有效粒径3.5mm圆形黏土滤料。以年均流量计，设计水力负荷大约为320m³/(m³·d)（5.4gpm/ft²）。

罗得岛州West Warwick污水处理厂出水排至Pawtuxet河（Narragansett湾的支流），其营养物去除要求具有季节性。2002年秋季开始建造BAF设施，两年后才建成。2005年开始BAF的启动和性能试验。

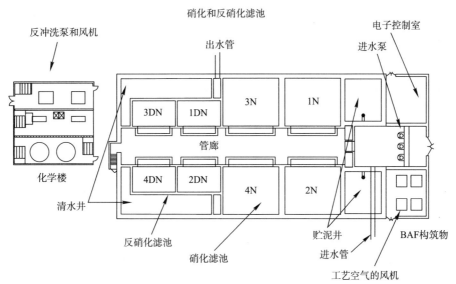

图 7-20 罗得岛州 West Warwick 污水处理厂的硝化和反硝化 BAF 反应器

## 7.7.5 北卡罗来纳州 Havelock 污水处理厂：后置反硝化砂滤池

Havelock 污水处理厂位于北卡罗来纳州东部，设计流量（月均流量）为 7200m³/d（1.9mgd）。该污水处理厂污水处理设施有进水泵、格栅、除砂、两个串联运行的曝气池组成的一个活性污泥系统、终沉池、深床反硝化滤池、UV 消毒和后机械曝气。污泥处理设施有好氧消化、重力带式浓缩和一个污泥贮存池。为了沉淀磷，沉淀池进水投加了聚合氯化铝。滤池的进水则投加了甲醇以给反硝化提供碳源。

Havelock 污水处理厂出水总氮要求限制在 9700kg/a（21400lb/yr）或在设计流量下总氮不超过 3.7mg/L。活性污泥系统设定的 MLSS 为 5000~6000mg/L，这相当于固体停留时间（泥龄）25~30d。污水处理厂在此条件下运行良好，出水氨氮一直低于 0.2mg/L。滤池进水硝酸盐氮平均约为 12mg/L。自从 1998 年滤池开始反硝化以来，Havelock 污水处理厂一直能满足总氮要求。

总氮达标开始时最大的挑战是甲醇投加量的控制。1998 年，国家污染排放消除系统（The National Pollutant Discharge Elimination System，NPDES）要求碳化 BOD（CBOD）限制在 3mg/L（月平均值）。这一限值是北卡罗来纳州最为严格的 CBOD 限制，任何污水处理厂都难以达到。为了反硝化向滤池内投加甲醇更是增加了这一困难。

起初，甲醇的投加根据流量比例控制。虽然系统运行良好，但有时很难在反硝化和如此之低的出水 CBOD 之间平衡。特别是当硝酸盐氮浓度变化时，很难精确控制碳的投加量。为此安装了在线硝酸盐分析仪并修改了控制的算法，把基于出水硝酸盐浓度的反馈控制囊括在内。后来对算法做了进一步修改，增加了基于进出水硝酸盐氮和流量的前馈和后馈控制（宾夕法尼亚州华盛顿堡的水环纯（Severn Trent）水净化公司的专利，TetraPace 系统）。这些措施增强了反硝化系统运行的稳定性，甲醇的投加量不再过量，而是与实际需求更加匹配。这套系统也减少了出水硝酸盐浓度的变化。污水处理厂运行人员估计甲醇的

# 第7章 生物活性滤池（BAF）

投加量减少了大约30%。另外，污水处理厂出水更加稳定。表7-15给出了Havelock污水处理厂的年均值和标准差。

Havelock污水处理厂出水BOD和总氮的均值和变化　　表7-15

| 参　　数 | 1998（安装水环纯公司的TetraPace系统之前） | 1999 | 2001.4~2002.3 | 2002.4~2003.3 |
|---|---|---|---|---|
| CBOD均值（mg/L） | 2.8（$CBOD_5$） | 2.62（$CBOD_5$） | 2.81（$BOD_5$） | 2.9（$BOD_5$） |
| CBOD标准差 | 4.07 | 0.85 | 1.03 | 0.99 |
| TN均值（mg/L） | 4.28 | 3.09 | 2.72 | 3.32 |
| TN标准差 | 2.96 | 1.76 | 1.51 | 2.28 |

Havelock污水处理厂现在已经有9年的反硝化滤池运行经验，运行结果优良，2001年和2002年出水总氮平均值为3mg/L，其中2mg/L的出水总氮为$NO_x^-$-N。Havelock污水处理厂当前在运行上主要的挑战是如何应对雨季高峰流量。峰值流量出现时，滤池一般不再按照反硝化模式运行而是仅仅保持过滤功能。

# 第8章 新型生物膜工艺

## 8.1 引言

本章介绍的都是在美国新出现的、处于研发阶段或我们并不十分清楚的生物膜反应器。生物膜反应器的一个重要、相对较新的发展就是颗粒污泥反应器的应用。颗粒污泥反应器内自然形成的污泥颗粒的行为与悬浮载体生物膜类似。生物膜的另外一个有意思的应用就是厌氧下氨的氧化，也就是Anammox工艺。Anammox工艺能无需碳源而在厌氧环境下去除高氨氮废水中的氮。另外一个新的生物膜技术是膜-生物膜反应器。膜-生物膜反应器中膜的作用是，通过附着表面给生物膜输送诸如氧或氢的气态底物。本章对以上每个生物膜新技术进行详细介绍。

## 8.2 悬浮载体或悬浮颗粒的生物膜反应器

生物膜工艺能在获得很高的微生物浓度的同时而无需回流和下游设固液分离（Nicolella等，2000a）。生物膜工艺中的生物膜可附着在不动的表面（静态生物膜，比如第3章的滴滤池）或载体里外（比如第5章的移动床生物膜反应器和第7章的生物活性滤池）。静态生物膜的比表面积相对较低，而生物膜载体大幅度提高了反应器的比表面积并减少了传质限制，使反应器变得紧凑并能高负荷运行。

颗粒污泥是一类特殊的移动载体（Lettinga等，1980）。颗粒污泥就是直径1~3mm的大絮体，具有很好的沉降性能（与载体类似）。因此，颗粒污泥可被看作是一种悬浮载体（Nicolella等，2000b）。图8-1给出了几种悬浮载体生物膜工艺，以下对它们详细介绍。

### 8.2.1 气提悬浮生物膜反应器（BAS）

气提悬浮生物膜反应器（Biofilm airlift suspension，BAS）是在20世纪80年代后期由荷兰开发的，被用于好氧污水处理以氧化BOD、硫和氨（Heijnen等，1993）。BAS反应器的厌氧形式称之为气提反应器，它采用了诸如甲烷或氮气等气体替代空气来完成循环。甲烷或氮气都是反应器内的反应副产物。BAS反应器一般为塔式结构，在垂直方向上分为升气区和下降区。气体由升气区底部进入，历经整个反应器后从顶部排出。气泡的上升运动会产生混合作用，在较高的上升流速下污泥则会形成颗粒。较高的上升流速也会把过小的颗粒污泥洗脱出去。商业化的BAS有Paques B.V公司（位于荷兰Balk）在欧洲市场推广的CIRCOX。位于美国宾夕法尼亚州Warrendale的西门子水技术公司（Siemens Water

Technologies）在美国也有商业化的BAS。Turbo-Flo是由Lyonnaise des Eaux（现归属位于法国巴黎的苏伊士集团，Suez）在法国开发的（Lazarova和Manem，1996；Mousseau等，1998）。BIOLIFT是由OTV公司（现为位于法国Saint-Maurice的威立雅水务的一部分）在法国开发的。以CIRCOX为例，BAS具有很高的负荷（4~10kg COD/($m^3$·d)）、很短的水力停留时间（0.5~4h）和很高的生物量沉速（50m/h）（Frijters等，2000；Nicolella等，2000b）。由于BAS的污泥停留时间很长，因此BAS内很容易发生硝化。CIRCOX曾被增加了缺氧部分用以反硝化并进行了中试和生产规模的试验（Frijters等，2000），结果表明氮的容积负荷达到1~2kg N/($m^3$·d)，反硝化率超过了90%。

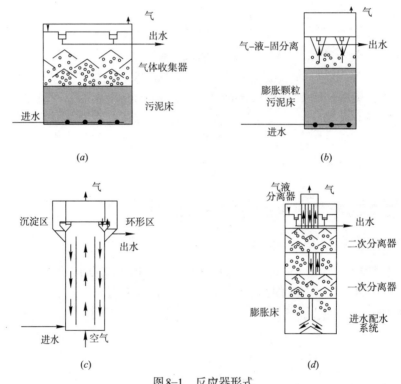

图8-1 反应器形式
(a) UASB；(b) EGSB；(c) BAS；(d) IC（改编自Nicolella等，2000b）

## 8.2.2 上向流厌氧污泥床（UASB）

最初的上向流厌氧污泥床是荷兰在20世纪70年代后期开发的（Lettinga等，1980）。从概念上讲，上向流厌氧污泥床（UASB）与流化床反应器类似，但流化床是用上向水流将惰性载体托起，而UASB则是形成大的污泥颗粒并由此组成一个悬浮的污泥层。典型的UASB是垂直的圆柱，水从反应器底部进入然后向上通过污泥层。在污泥层内，溶解性COD被转变为生物气——主要是甲烷。气泡会吸附在污泥颗粒上并使污泥颗粒上升到气体分离器或沉淀区，之后气体被分离，污泥颗粒又回到污泥层。污泥颗粒的这种上下运动有助于物料的混合。UASB的关键在于能形成致密的颗粒污泥。这一点使得UASB比其他厌氧工艺有更高的污泥浓度和更高的COD容积负荷。UASB的典型代表有Paques B.V公司的BIOPAQ、位于新泽西州卡姆登Biothane公司的Biothane UASB。它们的负荷在10~15kg COD/（$m^3 \cdot d$）之间。

### 8.2.3 膨胀颗粒污泥床（EGSB）

膨胀颗粒污泥床（EGSB）是最近由UASB改造而来。EGSB的反应器更长，上升流速也更快（水10m/h，气7m/h）（Seghezzo等，1998）。更高的上向流速把颗粒污泥床"膨胀"开来，这样可提高内部的混合，更好地利用了反应器的整个容积。EGSB反应器能以更高的负荷运行，其负荷达到15~30kg COD/（$m^3 \cdot d$），因此适合处理高浓度的工业废物。EGSB的不足之处是过高的上向流速限制了悬浮固体的去除。Biothane公司已经修建了很多EGSB污水处理厂，他们的EGSB商业名称为Biobed。

### 8.2.4 内循环反应器（IC）

内循环（IC）反应器包括两个序列UASB，一个为高速另一个为低速（Pereboom等，1994）。内循环反应器为塔式结构，底部包含一个高速反应器，而上部则包含一个低速反应器。低速反应器用以对高速反应器的出水进一步处理。在塔的底部，颗粒污泥膨胀床把COD转换为生物气，气体被分离器收集后将水和污泥提升到塔的上部。在塔的上部气体被分离，污泥则通过下降管回到塔的下部。Paques P.V公司有不少内循环反应器在运行（Nicolella等，2000b）。

## 8.3 厌氧氨氧化（Anammox）生物膜反应器

Anammox工艺是新型技术，它利用Anammox菌独特的代谢过程可去除污水中的氮（Strous等，1999）。这一技术是由位于荷兰代尔伏特的代尔伏特工业大学（Delft University of Technology）和Paques B.V.公司联合开发的。Anammox细菌属于化能自养菌，属于浮霉状菌目（Planctomycetales），可利用氨作为电子供体，亚硝酸盐作为电子受体，在无需碳源和其他电子供体的情况下产生氮气（Strous等，1999）。硝酸盐是Anammox反应的副产物，占进水氮浓度的12%左右。Amammox工艺对高氨氮低有机碳废水（>0.2g N/L，C：N比低于0.15）的处理（比如污泥消化液）是非常理想的。Anammox工艺常与能产生亚硝酸盐的工艺串联，如利用亚硝酸盐的完全自养脱氮（CANON）工艺（Sliekers等，2003）和利用亚硝酸盐稳定去除高浓度氨氮（SHARON）工艺（Van Kempen等，2001）。

Anammox细菌生长非常缓慢，倍增时间约为11d（Strous等，1998），但生物膜Anammox工艺有很高的容积负荷（Hippen等，2001）。目前已有移动床生物膜反应器、生物转盘、厌氧生物滤池和颗粒污泥生物反应器等多种Anammox工艺的研究（Abma等，2007）。

Paques B.V.公司将Anammox工艺市场化并在欧洲建造了一些采用此工艺的工程。2002年在荷兰鹿特丹的Waterboard Hollandse Deltain污水处理厂建成了第一个采用Anammox的实际工程，其处理能力为500kg N/d。另外，Anammox工艺也被用在食品加工、制革和半导体工业废水的处理中。荷兰的这家污水处理厂，污泥消化的出流脱水后进入原有的

SHARON反应器。SHARON反应器出水沉淀后再进入Anammox反应器。消化出流的氨氮为1000~1500mg/L。经过SHARON反应器后会产生等量的氨氮和亚硝酸盐氮。Anammox反应器与前面介绍的内循环反应器类似，也是塔形，水由底部进入由上部流出，进水在底部混合后进入颗粒污泥床并在这里发生Anammox反应，产生的氮气气泡会有气提作用从而产生内循环，氮在塔的顶部去除。Anammox反应塔底部的出水会在第二隔室接受进一步的处理，以去除剩余的氨和亚硝酸盐。由于Anammox菌生长缓慢又没有污泥接种，因此当时预期启动时间是2年。但由于遇到亚硝酸盐毒性和硫的抑制作用等运行上的困难，该反应器实际启动了3.5年。其他Anammox反应器的启动应该更快，因为既有Anammox反应器可提供污泥接种。Anammox工艺的一个关键点就是能形成颗粒污泥，这极大提高了污泥浓度。生产性试验实现了10kg N/($m^3 \cdot d$)的氮负荷，出水氨浓度为60~130mg N/L、亚硝酸盐为5~10mg N/L、硝酸盐大约为130mg N/L（Abma等，2007）。

Anammox工艺的第二种型式，脱氨化（De-ammoniafication，DEMON）工艺，是在一个反应器内同时实现部分硝化和厌氧氨氧化（Sliekers等，2003）。采用SBR模式的这个工艺在奥地利进行了生产性试验（Wett，2006）。在DEMON工艺中，应特别注意溶解氧的浓度不要过高，否则会增加硝化速率进而使亚硝酸表现出毒性。

## 8.4 膜-生物膜反应器（MBfR）

很早之前膜就被用于气体分离和把气体传递给液体。20世纪80年代后期，研究人员发现膜可以把气态基质（如氧或氢）传递给在膜外侧自然形成的生物膜（Lee和Rittmann，2000；Syron和Casey，2008；Timberlake等，1988）。当用于传递氧时，一些研究人员称之为膜曝气生物反应器（membrane-aerated bioreactors，MABR）（Brindle和Stephenson，1996a；Casey等，1999），但更常见的叫法是膜-生物膜反应器（membrane biofilm reactors，MBfR）。为了统一，本章将膜和生物膜的联合应用称之为MBfR。

虽然片式膜也有应用，但MBfR经常采用的是中空纤维膜，这是因为中空纤维膜的外径只有0.1mm，可以提供很大的比表面积。由于气体分子在干燥孔内的扩散比在湿孔内的扩散更容易，因此微孔膜的气体传递速率通常比密实材质膜的高（Yang和Cussler，1986）。为了防止孔被润湿可采用疏水性材质的膜。如果膜的孔径小，则在较大的跨膜压差下也不会产生气泡。如果膜有一个薄的致密层则也不容易产生气泡。膜生物反应器（MBR）的膜用作过滤，但MBfR的膜只是用来传递气体，因此不会像MBR的膜那样容易被固体颗粒和细菌堵塞。

当采用中空纤维膜时，经常把膜束装在一根管内，管的一端供给空气，另一端则可以是敞开的或封闭的。当供给的气体有毒性、可燃或比较昂贵时，管的另一端一般是封闭的。封闭方式的效率较高，这是因为100%的供给气体都会渗入MBfR的生物膜内。通过控制供气压力可调整生物膜的气体通量。

20世纪80年代后期，有人开始研究将基于氧气的MBfR用于污水处理。此时纤维作为"被动"曝气装置，可同时去除BOD、硝化和反硝化（Brindle和Stephenson，1996b；Brindle等，1998；Semmens等，2003；Suzuki等，1993；Timberlake等，1988）。硝化通常发生在生物膜的内部，在接近氧气或空气的地方。反硝化和BOD去除则发生在生物膜外侧部分，这里的主体溶解氧浓度较低（Downing和Nerenberg，2008b；Downing等，2010；Schramm等，2000；Semmens等，2003）。

已有研究将基于氢的MBfR用于饮用水的硝酸盐还原（Ergas和Reuss，2001；Lee和Rittmann，2002）和其他污染物的氧化（Nerenberg和Rittmann，2004）。利用MBfR去除地下水中的硝酸盐和高氯酸盐的中试试验显示了该工艺的高去除率（Adham等，2004）。

一些研究人员对基于空气或氧气的MBfR展开了去除污水中硝酸盐的研究。这些研究大部分都是小试试验（Hibiya等，2003；Pankhania等，1999；Semmens等，2003）。基于空气或氧气的MBfR用于污水处理的中试也已经展开。比如，有中试表明MBfR可去除高浓度啤酒废水中的BOD，其有机负荷率为27kg/($m^3 \cdot d$)（Brindle等，1999）。有人采用中空纤维膜和板式膜的MBfR进行了同时去除BOD和总氮的中试试验。结果发现去除效率很高，但随着运行时间的延长，由于过多生物膜的生长，效果逐渐下降（Semmens，2005）。组合式（活性污泥和生物膜）MBfR去除污水中的BOD和氮的小试和中试研究也已展开（Downing和Nerenberg，2007b，2008a）。这一工艺类似于绳状IFAS，但是用中空纤维膜代替了绳子放在活性污泥池内。

有些研究者利用基于甲烷的MBfR对三氯乙烯进行共代谢降解研究（Grimberg等，2000）。还有研究者利用MBfR将气态污染物通过膜的内腔以去除它们。例如，Min等人（2002）利用硝化MBfR将燃烧气体中的一氧化氮（NO）氧化为硝酸盐。基于氢的MBfR已经被广泛用于去除氧化态污染物，如砷酸盐（Chung，Li和Rittmann，2006）、溴酸盐（Downing和Nerenberg，2007a）、铬酸盐（Chung，Nerenberg和Rittmann，2006b）、矽酸盐（Chung，Nerenberg和Rittmann，2006a）和三氯乙烷（Chung和Rittmann，2007）。随着MBfR技术的不断发展，该技术可能会被用于更多物质的去除。

尽管迄今为止还没有生产性工程，位于俄亥俄州辛辛那提的应用工艺公司（Applied Process Technology，Inc.）已经将基于氢气的MBfR在美国商业化。关于MBfR，应对膜材料、膜直径、装填密度、主体液相的搅拌策略等问题进行更多的优化研究。MBfR工艺的一个关键问题就是如何有效控制生物膜的生长，因为生物膜过度生长会降低反应器的效率。

# 第9章 沉淀（澄清）[①]

## 9.1 引言

　　碳化和好氧的生物膜反应器会转化溶解性BOD，而硝化和反硝化的生物膜反应器也会生长生物固体。这些固体含有BOD、磷和氮，因此必须去除以满足处理目标。去除固体粒子的分离设备现在种类繁多。过去或今天的某些时候，生物膜反应器（除活性生物滤池外）的性能是由滴滤池（TF）工艺的沉淀池性能决定的。对于滴滤池所需的沉淀池，1971年发布的排水工程推荐标准（Recommended Standards for Sewage Works）建议2.1m边墙水深和1.7m/h的平均表面负荷[②]就足够了（Great Lakes-Upper Mississippi River Board of State Sanitary Engineers，1971）。一些滴滤池工艺依照此建议建造的沉淀池事实上不能满足二级处理所要求的$BOD_5$和SS达到30mg/L的规定。类似的建议也导致了很多活性污泥法污水处理厂的失败。1990年，排水工程推荐标准将边墙水深增加到至少3.0m（Great Lakes-Upper Mississippi River Board of State Sanitary Engineers，1990），但这对于更高或高效的表面负荷而言这可能还是不够的。

　　现在已经意识到过去沉淀池设计的很多不足之处。有经验的设计工程师设计的最新沉淀池有以下特征：边墙水深大；切向进水以加强进水井内的水力絮凝（Parker，1983；Walker Equipment Company，1953）；正确设计出水槽的形式，如在沉淀池里面设悬臂出水槽（Anderson，1945；Parker，1983）或在池壁上设出水槽并辅以挡板。挡板的类型有林肯挡板[③]（Stukenberg等，1983）或斯坦福德挡板[④]（Water Environment Federation，1992），一般放置在出水槽下面或作为出水槽的一部分。在沉淀池设计中采用这些概念并与后面设置短曝气池或固体接触池相结合，滴滤池出水$BOD_5$和SS可达到10mg/L及以下。

　　举例来说，Parker（1983，1991）和Parker、Stenquist（1986）报道了带有内部机械絮凝、深4.9~6.1m、带有大型进水井的平底虹吸式二次沉淀池的性能。此种沉淀池的处理能力在不降低其效率的前提下，表面负荷达到和超过了2.0m/h（1180 gpd/ft$^2$），也就是说出水SS可维持在大约10mg/L的水平。论文的作者采用在沉淀池内设悬臂出水槽的方式来控制异重流和出水槽的渐进流速。另外一些工程师提倡采用林肯挡板（Lincoln）或斯坦福

---

[①] 原书为Clarifier，应译为"澄清"，但中文文献更多地称之为沉淀，其对应的英文为"Setting Tanks"。"沉淀"是过去的说法。实际上二沉池内不仅发生沉淀，也有絮凝过程，而且现在的二沉池尤其强调絮凝过程，因此称之为"澄清"更加准确，但考虑到国内的习惯，本书统一译为"沉淀"。译者注。
[②] 原书为溢流率（Over Flow Rate，简称OFR），中文文献多称之为"表面负荷"，因此本书统一译为表面负荷。译者注。
[③] 辐流式沉淀池放置的挡板。美国内布拉斯加州首府林肯市的东北污水处理厂首次采用。译者注。
[④] 出水槽下部设置的一种三角形挡板，也称之为Crosby挡板。译者注。

德(Stamford)挡板(IWA,1992;Stukenberg 等,1983;Water Environment Federation,2005;WEF 等,2009)。对于底板相对平坦、深的、快速排泥的絮凝沉淀池,最大水力负荷符合深度-表面负荷公式(IWA,1992)。该公式用来描述中心进出水并刮泥的初次、中间和二次沉淀池。后面会介绍这个公式。

回顾评价历史上的滴滤池数据时应考虑:沉淀池设计不良造成出水变差时却归咎于滴滤池。举例来说,出水 SS 升高会导致出水 $BOD_5$ 相应增加。

$$BOD_5 = SBOD_5 + f_b(SS) \tag{9-1}$$

式中 $f_b$——出水 SS 中 $BOD_5$ 含量($mg BOD_5/mg\ SS$);

$SBOD_5$——SS 试验时,滤液中的溶解性 $BOD_5$(mg/L)。

对于活性污泥工艺,出水 SS 对出水水质的影响是 $BOD_5$ 负荷($kg/(m^3 \cdot d)$)和温度的函数。减小有机负荷和提高运行温度会减少 $f_b$ 值。Brown 和 Caldwell(1978)曾研究了滴滤池的 $f_b$ 和负荷之间的关系。其他人的研究数据见图 9-1。

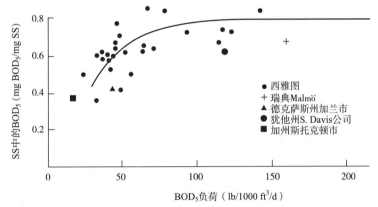

图 9-1 滴滤池出水中 $BOD_5$ 占 SS 的比例以及与负荷的关系($lb/d/1000\ ft^3 \times 0.01602 = kg/(m^3 \cdot d)$)

污水处理厂运行中,SS 对氧的需求受污水温度的影响:水温低会降低内源衰减速率。$BOD_5$ 实验中 20℃ 的培养温度会提高有机物氧化速率,也就是说,冬季时,SS 中测出的 $BOD_5$ 会比实际值高一些:

$$Fb = f_b 20(\Theta^{t-20}) \tag{9-2}$$

式中 $\Theta = 1.020 \sim 1.025$。

在一年中较冷的季节,低水温会降低溶解性 $BOD_5$ 的去除和颗粒沉降速度,从而导致出水 $BOD_5$ 和 SS 增高,固定床内微生物活性的降低也会导致生物絮凝能力下降。在生物滤池后面增设接触曝气或短时曝气的方法在所有季节里都可提高出水 $BOD_5$ 和 SS 的品质,这在寒冷季节时的效果尤其明显。

## 9.2 固体分离方式的选择

污水处理中可供选择的常用固体分离设备有 5 种:
(1)传统的沉淀池;

(2）高速沉淀池；

(3）溶气气浮浓缩池；

(4）滤池；

(5）膜过滤。

传统沉淀池是生物膜反应器使用最多的固体分离设备，也是本章详细讨论的重点。瑞典经常把溶气气浮浓缩技术用在移动床生物膜反应器（MBBR）工艺。在一些三级处理中，如果生物膜反应器出水中固体浓度足够低，则只用滤池即可。例如华盛顿特区的给水排水管理局（The DC Water 和 Sewer Authority）[①]正在考虑在他们的 Blue Plains 污水处理厂的三级 MBBR 后面采用滤池。关于高速沉淀池，包括采用斜板分离和化学药剂提高其性能等方面，请参照实践手册（Manual of Practice，MOP）FD-8：沉淀池设计（Water Environment Federation，2005）。关于溶气气浮浓缩池、滤池和膜分离，请见 MOP8：《污水处理厂设计》（Design of Municipal Wastewater Treatment Plants）（WEF 等，2009）。本书的第 10 章也有过滤方面的讨论。

BAF 是一类特殊的生物膜反应器，它把固液分离介质置于生物反应器内，因此通常不需要后面设置任何固体分离设备。BAF 一般为下向流。

## 9.3 沉淀池设计的基础

### 9.3.1 沉淀池设计的一般方法

这里给出的设计方法与 MOP FD-8（Water Environment Federation，2005）的方法相同，但没有 MOP FD-8 叙述的详细。MOP FD-8 推荐了一个简单方法，可用于确定所有类型沉淀池的尺寸。此方法如下：

(1）分析污水沉速或沉速分布的特点（后面讨论）；

(2）选择设计沉速 $V_D$，单位为 m/h，（通常大于 1m/h，如何选择见后面介绍）；

(3）计算沉淀池理想面积 $A_{ideal}$，单位用 $m^2$，公式如下：

$$A_{ideal}=QR/24V_D \quad (9-3)$$

式中 QR——沉淀池接纳的污水最大流量。对于生物膜工艺，一般指最大日流量（$m^3/d$）。

(4）确定实际沉淀池偏离理想沉淀池的程度，以设计效率 DE 表示。DE 是理想沉淀池和实际沉淀池面积之比，由所设计沉淀池的特征决定。理想沉淀池的 DE 应该为 1.0。文献建议典型的浅的圆形沉淀池的 DE 大约为 0.7~0.8（Ozinzky 等，1994；Watts 等，1996）。Ekama 等人（1997）认为某些矩形沉淀池的 DE 值为 0.8~1.0，甚至会超过 1.0。这里说的理想沉淀池是指符合一维通量理论的沉淀池。估计在不远的将来，为了支持他们宣称的沉淀效果，厂商会在他们的设计中考虑 DE 值；

(5）确定沉淀池表面积 $A_d$：

---

[①] 1996年成立，是美国哥伦比亚特区的一个独立管理机构，负责该区的给排水事务管理。见 http://www.dcwater.com/about/history.cfm。译者注。

$$A_\mathrm{d}=A_\mathrm{ideal}/\mathrm{DE} \tag{9-4}$$

（6）选择池深，确定其他细节（进出水设计、挡板、集水等），使设计的沉淀池能达到经济高效的目标。

包括滴滤池、生物塔、生物转盘和MBBR在内的大多数生物膜反应器，历史上一直把处理其出水的沉淀池归为Ⅰ型和Ⅱ型沉淀。以下会对这两类沉淀详细介绍。对此类沉淀，一般确定污水中颗粒的沉速分布后再选择$V_\mathrm{D}$。这种沉速分布可以采用频率累计曲线（比预设沉速值更大的悬浮固体比例）。根据期望的去除百分数就可选择$V_\mathrm{D}$（去除百分数就是沉速大于$V_\mathrm{D}$的固体粒子比例）。

此类沉淀池可通过增加絮凝、加入化学药剂和（或）加重剂等方式来增加$V_\mathrm{D}$、减少沉淀池面积$A_\mathrm{d}$。此类沉淀池也可在不增加占地面积的前提下增设斜板或斜管来增加沉淀面积。以上做法的详细介绍见相关章节，MOP FD-8的第3章有最为详细的介绍（Water Environment Federation，2005）。

IFAS（生物膜/活性污泥组合工艺）或TF/SC系统后的出水悬浮固体浓度较高。在后续沉淀池里，这些悬浮固体会以相同的初始沉淀速度（ISV）作为一个整体一起沉淀。这种沉淀传统上称之为Ⅲ型沉淀或区域沉淀。关于Ⅲ型沉淀的设计，后面有详细介绍。这样的悬浮固体称之为混合液悬浮固体（MLSS）。这里$V_\mathrm{D}$=ISV，是生物量（主要是MLSS中丝状微生物的种类和数量）和MLSS浓度的函数。混合液的性质一般由污泥容积指数（SVI）和（或）$VO$和$k$等沉淀常数来表达。MOP FD-8的第4章（Water Environment Federation，2005）描述了测定和估计ISV的方法。

### 9.3.2 沉淀的类型

通常认为沉淀分为四类：
（1）Ⅰ型沉淀，自由颗粒或离散颗粒沉淀；
（2）Ⅱ型沉淀，絮凝沉淀；
（3）Ⅲ型沉淀，受阻或区域沉淀；
（4）Ⅳ型沉淀，压缩。

这四种沉淀类型在大多数污水沉淀工艺中或多或少地发生，这与采用的设计标准和运行条件有关。

**1. Ⅰ型沉淀**

沉砂池内一般会发生颗粒的自由或离散沉淀。此类沉淀中，颗粒的沉淀被认为是独立进行的并且沉速不变。沉速可由牛顿（Newton）和斯托克斯（Stake）定律计算得出。按照Ⅰ型沉淀设计沉淀池应减少沉淀区的紊动。

**2. Ⅱ型沉淀**

颗粒开始时是独立沉淀的，但随着时间的延长会在沉淀单元内相互凝聚，这就是絮凝沉淀。在絮凝沉淀中，由于相互凝聚，颗粒的沉速会增加而不再保持不变。现在没有可用的数学模型能描述Ⅱ型沉淀中颗粒的沉速或沉速随深度的变化，为了掌握沉淀效果，应利用长柱子（1.2~2.0m）进行实验室试验。增强絮凝能提高沉速，减少SS的溢流。

### 3. Ⅲ型沉淀

在重力式浓缩池或活性污泥法沉淀池的底部，初始悬浮颗粒浓度大于发生絮凝沉淀时的悬浮颗粒浓度，此时一般会出现受阻或区域沉淀。Ⅲ型沉淀时会形成固体颗粒团块，而这些团块会以区域或厚板的形式整体下沉，沉淀颗粒之间相对位置保持不变。发生Ⅲ型沉淀时，在污泥层的上部会形成相对较清的清水区或自由沉淀区（Ⅱ型沉淀）。

### 4. Ⅳ型沉淀

当在池子底部和颗粒之间形成某种结构时就会发生压缩沉淀。在压缩沉淀中，随着时间的延长，颗粒会被进一步压实。Ⅳ型沉淀和Ⅲ型沉淀之间会形成过渡区。Ⅳ型沉淀会发生在初次沉淀池和浓缩池的底部。根据工艺设计和运行情况，二次沉淀池内也会出现一定程度的Ⅳ型沉淀。

## 9.3.3 工艺中有营养物去除时对污泥的特别考虑

营养物的去除可指磷或/和氮的去除。反硝化系统的污泥含有很多反硝化微生物，如果在沉淀池内与硝酸盐接触，就会发生上浮。为了减少此种情况的发生一般可采取以下办法：在反应器内去除足量的硝酸盐、保持沉淀池进水中有较高的溶解氧浓度和（或）迅速排泥。对于有生物除磷的系统，如果污泥处于厌氧状态则会释放磷。这可采取以下办法：保持沉淀池进水中有较高的溶解氧浓度和（或）迅速排泥或采用溶气气浮。

## 9.3.4 提高沉淀池效果的方法

任何生物处理工艺（如滴滤池、生物塔、生物转盘和活性污泥法）的总体性能都与固液分离步骤的出水沉淀程度具有内在相关性。对于处理生活污水的滴滤池、生物塔和生物转盘，其出水SS一般很低，在30~80mg/L之间。因此它们在沉淀池内的沉淀属于出水带有絮凝的Ⅱ型沉淀。由于这些工艺的出水SS浓度太低以至于无法产生良好的絮凝团块（这会提高沉淀效果），因此出水中的固体粒子会沉淀为离散颗粒或独立的颗粒聚集体。基于以上认识，研究人员开发了固体接触工艺，就是在滴滤池后面设置短时曝气的絮凝步骤。这也适用于生物转盘、活性生物滤池（BAF）和其他生物膜反应器的出水。

有活性污泥的双生物系统，如短曝气的TF/SC工艺，溶解性底物的转化全部由滴滤池承担；也有TF/AS工艺，溶解性底物的转化则由TF和AS共同承担。对于此类系统，沉淀和回流污泥的要求与那些单级活性污泥系统的类似。

普通滴滤池的沉淀可归类为表9-1。粗滴滤池（高负荷）的出水沉淀是最困难的，因为出水中的SS大多数为未经代谢的一级处理出水中的固体粒子和年轻的生物细胞。由于生物絮凝的程度较差，因此其沉淀后的出水一般是浑浊的。高负荷生物膜反应器后面的中间沉淀池一般采用相对较高的表面负荷。这种惯常做法会无法去除滴滤池出水中较难分离的固体粒子。中间沉淀池的效率对后续的滴滤池或活性污泥大小有直接影响。为了保证粗滴滤池出水的良好沉淀效果，设计沉淀池时的考虑因素应与设计高效去除SS的初次沉淀池时一样。

对于彻底处理$BOD_5$或同时处理$BOD_5$和NOD的滴滤池，在设计时也应考虑这些因素。此类滴滤池出水SS浓度较低，固体粒子可能会产生絮凝，但如此之低的SS浓度不足以产生Ⅲ型沉淀所描述的强化沉淀效果。因此对于这类沉淀池，为了控制速度流，应保证良好的进水条件（紊流少）、精心布置溢流堰、要有充足的停留时间、平均表面负荷要低。

市政污水处理厂滴滤池系统的沉淀类型　　　　　　表 9-1

| 模　式 | 处理对象 | BOD$_5$ 负荷 [kg/(m$^3$·d)] | SS 或 MLSS （mg/L） | 回流比 （%Q） | 沉淀类型 |
|---|---|---|---|---|---|
| 滴滤池 | 粗处理 | >1.0 | 40~120 | — | Ⅰ和Ⅱ |
| 滴滤池 | BOD$_5$ | 0.2~1.0 | 40~120 | — | Ⅱ |
| 滴滤池 | BOD$_5$/NOD | 0.1~0.3 | 40~120 | — | Ⅱ |
| 滴滤池 | 三级 NOD | 0.1~0.2 | 10~30 | — | Ⅰ和Ⅱ |
| 活性生物滤池（ABF） | BOD$_5$ | 0.2~0.8 | 500~1000 | 5~10 | Ⅱ和Ⅲ |
| 活性生物滤池/活性污泥（ABF/AS） | BOD$_5$ | 0.8~0.3 | 1000~3500 | 40~70 | Ⅱ和Ⅲ |
| 滴滤池/固体接触（TF/SC） | 絮凝 | 0.2~1.0 | 500~1500 | 10~30 | Ⅱ和Ⅲ |
| 滴滤池/活性污泥（TF/AS） | BOD$_5$ | 1.0~3.0 | 1000~3500 | 40~100 | Ⅱ和Ⅲ |

注：NOD 为氮化物需氧量

活性生物滤池（Activated BioFilter，ABF）是一种把生物膜和活性污泥系统结合在一起的专利系统。ABF 设计 BOD$_5$ 负荷为 0.2~0.8kg/(m$^3$·d) 的主要目的是为了强化沉淀——通过增加悬浮液中絮凝粒子的浓度，将沉淀类型由Ⅱ型转变为Ⅲ型。回流的 SS 在滤池内的短暂停留时间内会发生一些额外的氧化作用，这或许会提高固体粒子的絮凝性能。ABF/AS 系统在高有机负荷运行时，活性污泥反应器内会发生大量的氧化。

设计 TF/AS 系统的目的是通过提高 SS 浓度和曝气的再活化作用，来提高滴滤池生物量（本来已有絮凝性能）的分离特性。在氧气受限的沉淀池污泥层，固体粒子的絮凝性能会下降，而曝气可使固体粒子的絮凝性能得以再生。因为生物转换（溶解性 BOD$_5$ 的去除）基本是在滴滤池内完成的，所以这些设计的曝气 SRT 很短，一般在 0.2~1.0d 之间。沉淀池进水中固体粒子的沉降特性属于Ⅱ型或Ⅲ型，固体粒子的去除性能良好。滴滤池生物量的密度较高，因此沉淀池的沉淀速率可以维持很高。

TF/AS 系统 MLSS 的沉淀性能与具有同样 MLSS 浓度和稀释 SVI（Diluted SVI，DSVI[①]）的活性污泥系统的相似。如果滴滤池能去除 70% 的溶解性 BOD$_5$，则污泥的 DSVI 一般会较低。活性污泥系统应该设计为前面带有选择区的推流式，这可防止滤池负荷过高导致溶解性 BOD$_5$ 泄漏，进而使丝状菌过度生长。TF/AS 的沉淀也是Ⅱ型和Ⅲ型，出水无需过滤就可达到二级半处理的水平（碳化 BOD$_5$<10mg/L；SS<20mg/L）。

## 9.3.5 污水絮凝简介

对原污水进行机械絮凝以提高 SS 和 BOD$_5$ 的去除已有多年的实践。Darby（1939）、Fischer and Hillman（1940）对圆形沉淀池的中心驱动机械絮凝器进行了性能的讨论。他们发现此类沉淀池虽然没有投加化学药剂，但性能优于传统的沉淀池。今天已经确认此类沉淀池性能好的原因是进水中颗粒的絮凝潜能得以优化。设计人员应注意到许多机械絮凝器

---

① 为了避免 SVI 的误差和比较不同污泥的沉降性，把混合液用活性污泥法工艺出水稀释到 30min 沉降比为 25% 或更低的数值后测定的 SVI，称之为 DSVI。译者注。

类设备也能控制流量分配，这个能量减耗过程可以提高沉淀池的水力条件。既然有这么多好处，好的沉淀池设计应有机械絮凝。

滴滤池和活性污泥等生物处理出水的絮凝应该始于20世纪50年代。1953年，位于伊利诺伊州奥罗拉的步行者工艺设备公司（the Walker Process Equipment Company）申请了称之为编钟进水口（Carillon inlet）的专利，就是污水从切线方向进入沉淀池的进水井。至1970年，有些活性污泥设施安装了此种形式的进水口。编钟进水口利用水力能量以切线流的方式把进水井内的污水旋转起来，这促进了固体粒子的接触，有利于絮体的形成。20世纪60年代后期，在沉淀池进水井采用多级机械搅拌器的方法得到开发。该方法开始用于采用铝盐混凝剂的饮用水处理，后被用于污水的一级和二级处理。1965~1980年期间，活性污泥法的沉淀池安装了很多机械和水力絮凝的进水井。但是，这些应用并不普遍也没有形成标准模式。

针对连续流的小试絮凝器，Parker等人（1970，1971，1972）对活性污泥絮体的聚合和破碎进行了研究。在对三种不同SRT的活性污泥研究中，他们发现机械絮凝的最优能量梯度（$G$，$s^{-1}$）值为$20$~$70s^{-1}$，最优停留时间为20~60min。这与14个污水处理厂的$G$值（$88$~$220s^{-1}$）并不吻合。在6个地方的现场试验和中试中，他们确认在曝气池内和/或曝气的配水渠内，絮体的破碎超过了凝聚，而絮凝会提高这些污水处理厂的出水水质。这一工作使得絮凝器加沉淀的设计重新得到重视，很多人对加大进水井直径并采用机械混合来完成絮凝的方式重新有了兴趣。

虽然Argaman和Kaufman（1970）、Parker等人（1970，1971，1972）从小试研究中给出了理解活性污泥颗粒絮凝的作用和模式的基础性信息，但在20世纪60年代后期和20世纪70年代却少有污水处理厂生产性数据的支持。虽然在此阶段大约有50多个污水处理厂建造了带有絮凝作用的沉淀池，但直到20世纪80年代后期絮凝单元也没有成为一种标准的应用模式。

Norris等人（1982）、Parker（1983）和Stukenberg等人（1983）建议使用絮凝进水井来促进絮体生长，这样可抵消絮体在曝气池内破碎所带来的影响。根据Parker（1983）和Stukenberg等人（1983）的报道，进水井内的多级混合器并不能产生絮体凝聚的最优条件。这是因为机械混合器由于线速度（0.6~0.8m/s）较大，更容易打碎絮体（与中心驱动的速度为0.15~0.6m/s的絮凝器比较）。如果考虑不打碎絮体而降低线速度，则涡轮过小不能产生足够的混合能力，这种情况下的出水SS会等于或低于进水井较大且无机械混合器的情况。

在20世纪80年代后期和20世纪90年代，在进水井区域利用进水的水力能促进污水中颗粒絮凝的方法被广泛用于各种类型的沉淀池。对于活性污泥、TF/AS、TF/SC工艺，这种促进絮凝的最终沉淀池的出水SS可达到4~10mg/L。如果这种促进絮凝的沉淀池用作污水的初次沉淀、滴滤池和生物转盘的沉淀，从逻辑上可以推断出其性能与普通沉淀池相比会有显著提高。

### 9.3.6 污水絮凝的影响因素及设计标准

通过强化小颗粒的絮凝和减少这些小颗粒的数量，可以提高沉淀设备的性能。细小颗粒形成沉速大的、较大粒径的聚集体后，沉淀池的效率和出水水质都会得以提高。絮体在曝气系统内的剪切和破碎并不一定是坏事，因为这会增加絮体表面积，降低基质扩散的阻力（LaMotta，1976）。既然曝气系统会使絮体破裂，那么就有必要确认哪些条件有利于反絮凝或再絮凝。幸运的是，实验室和最近的现场生产试验提供了足量的信息。

对于污水从生物膜反应器或活性污泥反应器出来后进入二次沉淀池之前的絮凝，有几个方面需要考虑：

（1）前面的处理对生物絮体的影响；
（2）污水的能量水平；
（3）絮凝的方法；
（4）形成絮凝所需的时间。

为了能形成良好的絮凝，需要知道在设计方面有哪些要求。首先应确认絮体的前处理是否是设计絮凝时的必须考虑因素。前处理被定义为曝气设备的类型和曝气强度（比如 kw/m$^3$（hp/1000 ft$^3$）或 L/min 空气/m$^3$（scfm/1000 ft$^3$）），还有混合液从曝气设备输送到沉淀池的方式。

Parker（1983）和 Parker 等人（1971）报道说混合液的能量密度和相应的絮体剪切能力会影响 MLSS，进而对传统的沉淀池造成影响。特别需要指出的是，单位体积能量（kw/m$^3$）输入较高的曝气系统和具有较高剪切力的曝气器（比如线速度高的马达驱动的表曝机）会影响沉淀池的效率。絮体团块遭受过度剪切后，如果没有再絮凝设施，那么即使表面负荷很低，沉淀池出水 SS 也会升高。

不管前处理如何，关于活性污泥是否需要再絮凝的问题，Wahlberg 等人（1992）对此进行了研究。他们对 21 个污水处理厂 30 个不同活性污泥系统的现场研究表明，无论污泥的初始积聚状态如何或采用何种曝气设备，经过絮凝然后沉淀后，沉淀池出水 SS 几乎相同。这些污水处理厂有 9 个采用了机械曝气，7 个采用了粗气泡曝气，5 个采用了微气泡曝气。

虽然 Wahlberg 等人（1992）发现紊流程度较强时，其絮凝时间也会长，但其影响并不显著，99% 的絮凝会在 10min 之内完成。这些絮凝研究的典型结果见图 9-2。设计人员应注意到这些都是批次试验，可模拟完全推流式絮凝器，而完全混合式絮凝器所需的絮凝时间明显要长（2~3 倍甚至更多）。尽管如此，试验结果证明无论污水在前面的紊流程度如何，再絮凝均可迅速完成。

Parker（1983）给出的数据说明了曝气模式和强度对絮体大小和出水悬浮固体的影响。这一研究解释了高曝气强度对最终出水水质的影响。这些数据都是来自于沉淀前无絮凝阶段的情况。在这篇文章里，曝气的 $G$ 值是作为 COD 去除率（kg/(mg·d)）的函数给出的。正如所预计的那样，高速曝气系统的 $G$ 值相应地较大（见表 9-2）。尽管 $G$ 值为 50~70s$^{-1}$ 时絮体也不会被打碎，但 $G$ 值在 15~25s$^{-1}$ 时絮凝的效率较高（见图 9-3）。

20 世纪 70 年代中期，有设备公司对搅拌方法对絮凝-沉淀的影响进行了研究。Eimco PMD（1974）对混合液沉淀前的混合、曝气和切向搅拌进行了评估，结果发现曝气是最差的搅拌方式，而采用稳定的、剪切力小的切向混合的方法最好，可产生高质量的沉淀出水。图 9-4 和图 9-5 给出了 Eimco PMD（1974）所做试验的一些典型结果。

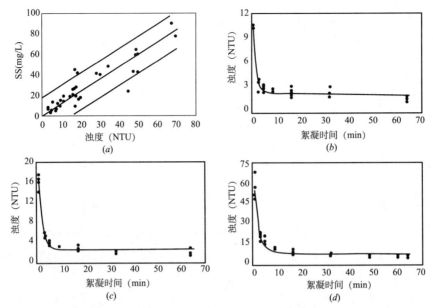

图9-2 (a) 研究数据归纳出的SS和浊度的线性关系和95%的置信区间;
(b) 1990年8月13日在Camp Creek污水处理厂收集的浊度随絮凝时间变化的数据和批次絮凝曲线的拟合;
(c) 1990年7月19日在Utoy Creek污水处理厂收集的浊度随絮凝时间变化的数据和批次絮凝曲线的拟合;
(d) 1991年5月30日在Coneross污水处理厂收集的浊度随絮凝时间变化的数据和批次絮凝曲线的拟合。

**曝气类型对能量梯度（$G$）值的影响** 表9-2

| 曝气类型 | 标准条件下氧的传递（%） | SOTR[a] (kg $O_2$/MJ) | $G(s^{-1})$·COD去除率 | | |
|---|---|---|---|---|---|
| | | | $0.34d^{-1}$ | $0.86d^{-1}$ | $1.75d^{-1}$ |
| 粗气泡（低效率） | 8 | 0.38 | 115 | 183 | 261 |
| 粗气泡（高效率） | 11 | 0.46 | 96 | 153 | 218 |
| 机械曝气（低效率） | — | 0.34 | 122 | 194 | 277 |
| 机械曝气（高效率） | — | 0.59 | 92 | 147 | 209 |
| 微气泡（低效率） | 20 | 0.95 | 73 | 116 | 166 |
| 微气泡（高效率） | 30 | 1.33 | 62 | 98 | 140 |

[a] 基于输入的电能计算。

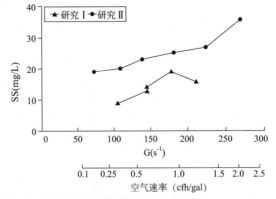

图9-3 粗气泡曝气速率对出水固体粒子的影响（cfh/gal×0.007482=$n^3$/(L·h)）

## 9.3 沉淀池设计的基础

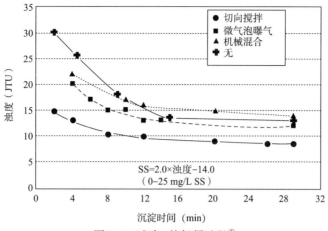

图9-4 试验1的絮凝过程[①]

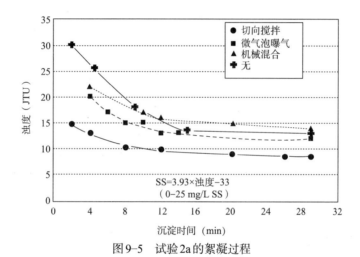

图9-5 试验2a的絮凝过程

上述研究源于犹他州盐湖城Eimco公司。1974年，Eimco公司对沃尔夫冈（Wolfgang）污水处理厂的卡鲁塞尔（Carrousel）氧化沟（丹麦技术）进行了观察。他们间隔20~25min取样后进行沉淀，结果表明，混合液以0.27~0.36m/s的速度在沟内流行5~15min极大提高了沉淀的效果。表面曝气机的线速度大约为4.3m/s，经过具有较大剪切力的曝气区后，所需的再絮凝时间在3~10min之内。这些研究结果与图9-4和图9-5的结果是一致的。

Das等人（1993）评估了24个污水处理厂的曝气对絮体颗粒的影响。这一研究与早先的研究结果一致，即用以表示能量水平的 $G$ 值超过70~80$s^{-1}$后会导致絮体破碎。研究同时发现如果能量水平在沉淀之前能够降低，破碎后的絮体很快就能重新凝聚。Das等人（1993）还对混合液与曝气机之间的距离对再絮凝和提高沉淀效果的影响进行了定量化。这一研究结果与卡鲁塞尔氧化沟供应商（犹他州盐湖城Eimco公司）的结论是一致的。对于生物法去除营养物的设计中经常使用的渐减曝气，由于其出水末端的 $G$ 值较低（剪切力小），因此对沉淀是有利的。

---

① 图中JTU为Jackson度，大致相当于1NTU，或中国的1度，详见：许保玖. 给水处理理论. 中国建筑工业出版社，2000，P62。另外，"0~25"原书误为0.25。译者注。

MLSS从曝气器输送到沉淀池的模式是影响沉淀效果的一个因素（Das等，1993）。有些情况下由于流量控制结构的原因，出口会有较高比例的分散型SS。在生物处理系统常用的流速范围内，输送管道的流速和流向改变一般不会显著影响SS的分散水平。

在输送至沉淀池的渠道内，过度曝气会打碎絮体。在传统的或标准的进水井设计中，打碎的絮体不会再次发生凝聚，而絮凝进水井可以修复这些打碎的絮体。应尽可能减少输送渠道内的曝气，但应避免固体粒子发生沉淀。微气泡扩散器的剪切力比粗气泡扩散器的要小，另外应尽可能减少曝气池和沉淀池之间的自由跌水。

Das等人（1993）和Wahlberg等人（1992）总结了早期研究者用G值代表絮凝能量所提的一些问题。在承认这一做法有缺点的同时，他们认为G值的计算相对简单，在某些方面的确有其重要性。这一来自生产经验的信息和结论或许可以给设计人员在建立有效的絮凝系统时提供指导。

虽然曝气池可能会使絮体破碎，但当絮体离开曝气池并被输送到沉淀池后，之前曝气池内对MLSS的处理对促进它们的再絮凝还是有效的。为了使混合液能更好地在沉淀池内沉淀，应采取以下措施：

（1）避免曝气池出水的跌水高于200mm；
（2）控制结构和管道内流速不应超过0.6m/s；
（3）减少或避免在渠道内采用微气泡曝气的方法；
（4）在混合液进入沉淀区之前进行5min或更长时间的水力絮凝。

矩形沉淀池需要单独设置絮凝区，进水口的水头损失应尽可能小；圆形沉淀池的絮凝区就是絮凝进水井水平投影面积到密实污泥区的垂直距离部分，也就是从进水井处算起的污水能量扩散部分。

## 9.4 沉淀池各部分的设计

滴滤池工艺主要使用圆形沉淀池，因此本节讨论的内容都是面向圆形沉淀池的。矩形沉淀池和其他类型的二次沉淀池的设计见其他地方（IWA，1992；Water Environment Federation，2005；WEF等，2009）。

由于沉淀池各部分之间的相互影响，必须采用一种兼顾各方的设计方法。举例来说，进水井内水进入沉淀区时的紊流程度越小越好，因此进水井应该大一些。然而在某些情况下，增大进水井会占用沉淀区的容积，也会造成进水能量水平过低而无法保证进水分配的均匀性。

关于沉淀池各部分之间的关系，有些结论是基于特定条件、沉淀池设备及设计有缺陷的情况下得出的。举例来说，如果沉淀池的尺寸比实际所需的要大或深，即使进水井的设计很糟糕，其出水依然会不错，这是因为较大的沉淀池尺寸抵消了进水井设计不足的缘故。沉淀池几个部分的关系（表9-3）说明了各部分之间应相互兼顾。然而兼顾措施必须基于一种能考虑到沉淀池全部组成的设计方法和对沉淀池的整体认识，这样才能减少任何兼顾措施的负效应。进一步讲，基于全面考虑的方法才能更好地理解沉淀池和提高沉淀池效果。

## 9.4 沉淀池各部分的设计

沉淀池的设计组成及它们之间的相互影响　　　　　　　　　　表9-3

| 设计组成 | 相互影响部分 |
| --- | --- |
| 表面积 | 边墙水深 |
| 底板坡度 | 中心柱和进口型式 |
| 堰的形式 | 进水井的直径和深度 |
| 刮泥机速度 | 斯坦福德（Stamford）挡板或悬臂出水槽 |
| 污泥斗位置 | 集泥装置形式 |

如果二级处理后剩余的5~30mg/L SS 为Ⅱ型沉淀，那么就可以采用设计初沉池的方法来设计二沉池。这样的设计会得到最好的沉淀效果。如果由于固体粒子回流而增加了沉淀池进水中的固体粒子浓度，那么应该增加沉淀池深度以给固体粒子提供合适的贮存空间。另外，为了能及时排出沉淀的固体粒子，污泥的输送能力应该足够大。

沉淀池设计时，设计工程师应考虑污泥回流的体积、能量输入和分布（溢流或是底流处）。污泥排出点处的流速会增加，因此底部污泥回流会增加泥水动能。这些流动对沉淀池是有害的，具有较高回流比时沿着排泥机械会产生局部的速度流。不管是进口、出水或排泥处，局部流的产生都会对沉淀池产生扰动。

之前的结论认为，无论是Ⅰ型、Ⅱ型还是Ⅲ型沉淀的沉淀池设计，沉淀设计的通用原理均可适用。因此以下讨论既适合表9-1所列的二次沉淀池，也适合初次沉淀池和中间沉淀池。

### 9.4.1 进水筒（中心筒）

二次沉淀池进水筒的大小根据进入沉淀池的全部流量来计算。进水管最大流速一般为0.6~0.75m/s（2~2.5ft/s）。进水筒的出水口应尽可能高，这样可使紊流处于进水井的上部。当来水由进水筒直接进入进水井时，出水口的位置不应低于液面下0.75m且不能位于进水井底部以上0.9m以内。为了提高出水水质，应采用消能装置对中心进水筒出水的能量进行控制和导向。

最大流速（对应于进水筒出水口面积）与进水井的进口设计有关。当进水筒内的水直接流入进水井时，最大流速不应超过0.60m/s（2.0ft/s），进水筒出水口面积应根据此限制速度进行计算。一般来说，中心进水筒的出口面积应为中心进水筒面积的125%~150%。更进一步说，中心进水筒出水最好能通过消能装置，使水流沿着水平切向流入絮凝进水井。在这种情况下，流速最大可增至0.75m/s（2.5ft/s），中心筒出口底部可位于水面下1.0m的范围内。

### 9.4.2 消能进水口

消能进水口，Walker Equipment Company（1953）首次将其注册为专利称之为编钟进水口（Carillon Inlet），可以降低进水的能量并能向进水井均匀配水（见图9-6）。消能进水口可把进水送入进水井上部0.4~0.7m处，这样就减少了进水井深度。当采用风琴管快速排泥装置时，出水口的位置要低一些，这是因为位于污泥箱下面的消能进水口接受进水后要能将其排到附近的水面。

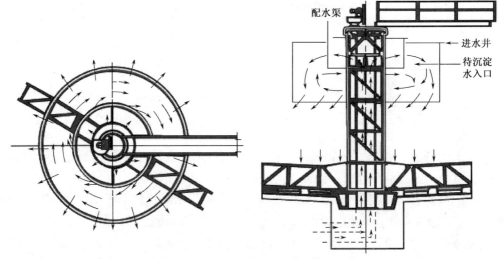

图9-6 消能进水口和水力絮凝进水井

改进型消能进水口的面积按照最大流速0.61m/s（2.0ft/s）和平均流速0.30~0.36m/s（1.0~1.2ft/s）来计算，并取其大者。有些设计采用移动式闸门来调节流速。必须仔细考虑此种精细设计长期运行的可行性和必要性，这是因为使用移动式闸门的经验非常少。出水口深度（见图9-7）应限制在0.8m以内，以减少进水井深度，正如在进水井（絮凝型）部分讨论的那样。

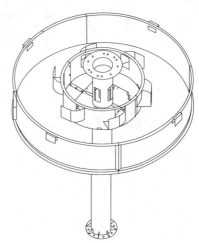

消能进水结构的体积很小，直径一般为沉淀池的8%~10%，深度上要能够接纳中心进水筒来的污水。消能进水结构在最大总进水流量下最小停留时间大约为8~10s，增加停留时间的效果并不显著。在最大的沉淀池中，消能进水结构的出水口有4~12个。设计人员应考虑沿着消能进水结构的周边间隔1.2~1.5m安装出水口。以下做法很重要：进水口的底部（不应开孔）应完全封闭，应在距离出水孔大约0.2~0.3m的外边设置长的导流翼片（见图9-7），这样可把进水变为水平和切向流动。

图9-7 改进型沉淀池进水口的一般结构

### 9.4.3 进水井（絮凝型）

矩形池子采用外部絮凝的方式，而圆形池子一般采用放大的进水井进行絮凝。带有中心驱动桨叶、低线速度（0.15~0.6m/s）的机械絮凝器被证明是非常有效的。在进水井内安装线速度为0.6~1.8m/s的2~4个独立絮凝器的做法不应采用，因为这会打破絮体。如果线速度降低到0.2~0.6m/s，则这些装置的混合能力又不足以产生絮凝。

目前的做法习惯采用切向的能量消耗进水口，就是利用水力能促进进水井内形成絮体。切向流的低剪切力能促进絮体生长，提高沉降性能，由此降低了沉淀池出水的SS。

进水井的设计应能大幅度均匀降低来水速度，在出水方面，则能在保持良好流量分配的前提下,最大可能地降低出水带入沉淀池的能量。最好的做法就是采用之前提到的消能进水装置。当水流经过和流出进水井时,继续降低平均流速也是很重要的。

同时,进水口和进水井必须能产生轻柔的水力运动,以促进生物固体的絮凝。进水井的切向进口能产生低剪切力、低能量的环形运动,可以提高沉淀池的性能。切向出水的消能进水口和进水井一起组成了水力絮凝进水井。

尽管大直径进水井一般可把平均速度降低到1.0m/min[①]以下,但对于进水井内下向水流速度的最优值,当前并没有一致的观点。建议进水总流量达到最大时,进水井下向水流速度≤0.75m/min(2.5ft/min),平均流速可≤0.5m/min[②](1.6ft/min)。有些文献(Water Environment Federation,2005;WEF等,2009)采用了较高流速的进水井,但为了获得最佳的沉淀效果时不建议采用。

进水井的深度与进水井结构和沉淀池的运行条件有关。设计时必须考虑在进水井底部和稠密污泥层之间的区域,使沉淀池来水向外流动的平均速度不会增加。也就是说,进水井底部到稠密污泥层之上的垂直的圆柱形面积应等于或超过进水井的平面面积。这样设计后,沉淀池来水流向周围的平均速度会≤0.50m/min(1.6ft/min)。

图9-8对进水井深度的确定方法进行了示意。进水井的最小深度≥0.9m(3.0ft),比切向出水口的位置要低。小型(<15m)沉淀池的进水井深度应≤1.22m(4.0ft),直径小于60m的沉淀池则应≤1.8m(6.0ft)。进水井深度取决于边墙水深、清水区深度、底板坡度、刮泥的限制、沉淀池的进水负荷及工艺类型(如原污水、滴滤池出水和FGR/SC或FGR/AS出水等)。深的进水井很有可能过度冲刷污泥床,因此应避免使用,浅的和大的沉淀池更应避免使用。

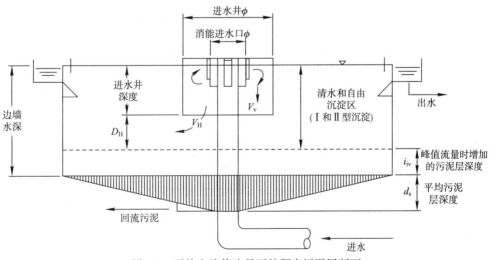

图9-8 平均和峰值流量下的稠密污泥层断面

对于TF/SC(滴滤池/固体接触)和TF/AS(滴滤池/活性污泥)的沉淀池,有必要知道峰值流量下清水区的大小,因为原来贮存在曝气池内的一部分MLSS会在峰值流量出现

---

① 原书为m/s,根据后文和例题,应为m/min。译者注。
② 原书为m/s,根据后文和例题,应为m/min。译者注。

## 第9章 沉淀（澄清）

时进入沉淀池，由此导致污泥区升高（不应超过0.6~0.9m，在图9-8中用符号$d_{iv}$表示）。对于初次沉淀池、中间沉淀池和生物膜反应器的沉淀池，因为污泥层位于边墙水深的下面，$d_{iv}$基本为0。峰值流量出现时用于沉淀的空间会减少，TF/SC（滴滤池/固体接触）和TF/AS（滴滤池/活性污泥）的沉淀池处理能力因此会小一些。由此，对于生物膜反应器和活性污泥反应器的沉淀池，一般会加大池深或加大体积以适应污泥量（泥位）的变化。

### 9.4.4 边墙水深、清水区深度和表面负荷

边墙水深、清水区深度和表面负荷会显著影响沉淀池的性能。对此业内是有共识的。另外一个共识就是它们之间是相互依赖的关系。举例来说，清水区深度增加后表面负荷可以大一些，反之亦然。然而不幸的是在它们之间的定量关系和相互制约方面，却很少有共识的东西。本节只能提供相对有用的信息。读者必须意识到这些信息都是很初步的，需要更多的试验验证。希望本节内容的出版能激起大家更多的研究和试验，这样将来就能有更多可利用的数据。

当前已经认识到如果沉淀池的直径较大，那么沉淀池就应该建造的更深一些。这是因为水力停留的效率会随着直径/边墙水深的增加而下降（IWA，1992）。Erdman（circa 1958）从纸浆和造纸厂沉淀池收集的数据表明，沉淀池中心水深（或边墙水深）与水力停留的效率存在确定性的关系（见图9-9）。与20世纪50年代在工业中的实践类似（Erdman，circa 1958），采用更深的沉淀池的建议在20世纪60年代开始出现。这一建议也得到了后来文献的支持（Boyle，1975；WEF等，2009）。后来也出现了为保持沉淀池的水力停留效率而根据直径大小来增加边墙水深的提法（WEF等，2009）。

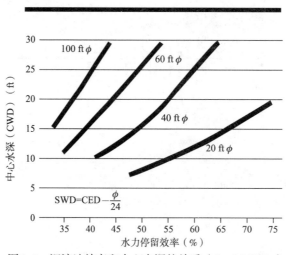

图9-9 沉淀池效率和中心水深的关系（ft×0.348=m）

圆形沉淀池边墙水深作为池子直径函数的做法可能只适合某些地方，而非通用。一般来说，采用深的和负荷高的沉淀池是最经济的，但这也不一定任何时候都成立，至少表面负荷必须根据边墙水深（清水区深度）来确定。另外经验证明，如果水力负荷合适，浅的沉淀池也可获得良好的沉淀效果。举例来说，曾有报道给出了表面负荷、边墙水深和清水

区深度有以下关系（IWA，1992）：

以OFR代表表面负荷、SWD代表边墙水深、CWZ代表清水区深度。对于底板坡度≥1:12的初次沉淀池、初次沉淀-浓缩池、中间沉淀池和滴滤池的沉淀池，有：

$$\text{最大 OFR(m/h)} \leq 0.182 \, SWD^2 (SWD=1.83\sim3.05m) \quad (9-5)$$

$$\text{平均 OFR(m/h)} \leq 0.092 \, SWD^2 (SWD=1.83\sim3.05m) \quad (9-6)$$

$$\text{最大 OFR(m/h)} \leq 0.556 \, SWD (SWD=3.05\sim4.57m) \quad (9-7)$$

$$\text{平均 OFR(m/h)} \leq 0.278 \, SWD (SWD=3.05\sim4.57m) \quad (9-8)$$

对于底板坡度≤1:12的TF/SC（滴滤池/固体接触）和TF/AS（滴滤池/活性污泥）的沉淀池，有：

$$\text{最大 OFR(m/h)} \leq 0.182 \, CWZ^2 (CWZ=1.82\sim3.05m) \quad (9-9)$$

$$\text{平均 OFR(m/h)} \leq 0.091 \, CWZ^2 (CWZ=1.82\sim3.05m) \quad (9-10)$$

$$\text{最大 OFR(m/h)} \leq 0.556 \, CWZ (CWZ=3.05\sim4.57m) \quad (9-11)$$

$$\text{平均 OFR(m/h)} \leq 0.278 \, CWZ (CWZ=3.05\sim4.57m) \quad (9-12)$$

正如图9-8所示，边墙水深与清水区深度不同。由于沉淀池内MLSS量的变化，$d_{iv}$值会随着MLSS、污泥负荷、表面负荷和流量变化系数（峰值流量与平均流量的比值）的增加而增加。

根据表面负荷的最大值和平均值可算出沉淀池的两个面积值。工程实践中一般会采用两个面积中的大者作为沉淀池的面积。计算时一般采用每年最大月流量和每月最大日流量的均值。

对上述各参数的进一步研究就是解释这些参数之间的相互制约性。虽然没有给出数学关系，但WEF和ASCE（2009）给出了相似的表面负荷和边墙水深的关系。

当采用平底沉淀池时，表面负荷允许值应该减少0.34m/h（200gpd/ft²），这可补偿进水井和污泥层之间距离（$D_H$）的减少。另一种方法是不减少（保持较高的）表面负荷而把边墙水深增加1.0~1.5m（Parker，1983，1991；Parker和Stenquist，1986）。这样的做法会使平底和坡底的$D_H$基本相同。

上面建议的表面负荷OFR，是边墙水深SWD和清水区深度CWZ的函数。这是基于有下述构造的沉淀池：进水口、进水井、底板有斜坡、允许峰值流量时泥位变化、本节所述的出水堰布置形式。设计不当时会发生短流，沉淀池的性能和处理能力都会下降。对于初次和二次沉淀池，推荐的表面负荷可为边墙水深和其他参数的函数。关于这些问题的更多讨论见之前引用的有关深沉淀池的报告和出版的设计手册（IWA，1992；U.S. EPA，1987；Water Environment Federation，2005；WEF等，2009）。

为了减少沉淀池的表面积，通常的做法是加大深度。如果所选负荷合适，浅沉淀池可达到同样的效果。已经建成的沉淀池经常需要在花费不高的前提下对进水口、进水井、出水结构和刮泥机械进行升级，以优化其性能和最大限度地提高其处理能力（Albertson和Alfonso，1995；Albertson和Hendricks，1992；Water Environment Federation，1992）。

### 9.4.5 底板坡度

沉淀池的底板坡度和由此决定的清水区深度必须与沉淀池的运行计划相匹配。已经建成的沉淀池可能与污水处理厂当前最常使用的运行模式不匹配，对沉淀池扩容之前必须考虑到这一问题。举例来说，过量的污泥存贮会要求泥斗的坡度要足够大，如果需要初次沉淀池对初沉污泥和二沉污泥进行共浓缩，原有1∶12底坡的浅或深的初次沉淀池就会不合适。

底板坡度在保持沉淀池良好性能和正常处理沉淀的固体粒子方面非常重要。设计手册《市政污水的污泥脱水（Dewatering Municipal Wastewater Sludges）》（U.S. EPA，1987）对初次沉淀池的底板坡度给出了建议（见图9-10）。如果设计正确，初沉污泥和二沉污泥可以在初次沉淀池内进行很好的共沉淀。这一点对小型污水处理厂很重要，由于资金和运行维护费用的原因，小型污水处理厂的初沉污泥和二沉污泥进行单独的浓缩是不适合的。如果忽略了污泥浓缩所需的底板坡度、池子构型和污泥输送等问题，中心进出水的沉淀池在污泥浓缩方面可能会失效。

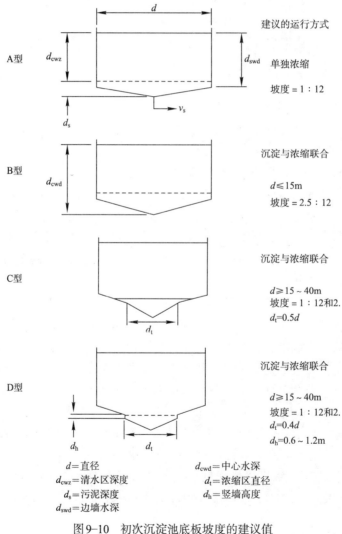

图9-10 初次沉淀池底板坡度的建议值

底板坡度还应根据设计需要和沉淀池的大小决定。圆锥处的坡度应能保证排泥坑上部的最小深度,这样才能防止"老鼠掏洞①"或沉淀池进水到污泥斗的短流。表9-4给出的例子说明了带有刮泥系统沉淀池的最小坡度。

带有刮泥机的沉淀池的最小底坡与直径的关系　　　　　表9-4

| 直径(m) | 初次、中间或滴滤池的沉淀池(无污泥浓缩) | 初沉污泥和二沉污泥共沉淀 | TF/SC工艺或TF/AS工艺 |
|---|---|---|---|
| 10 | 0.20∶1.0 | 0.30∶1.0 | 0.24∶1.0 |
| 20 | 0.120∶1.0 | 0.25∶1.0 | 0.14∶1.0 |
| 30 | 0.083∶1.0 | 0.20∶1.0 | 0.100∶1.0 |
| 40 | 0.083∶1.0 | 0.05/0.2∶1.0 | 0.041/0.125∶1.0 |
| 50 | 0.083∶1.0 | 0.05/0.2∶1.0 | 0.041/0.125∶1.0 |
| 60 | 0.083∶1.0 | 0.05/0.2∶1.0 | 0.041/0.125∶1.0 |

最近的很多经验表明,对具有传统底坡的初次沉淀池,做好污泥的收集、输送和排除能同时提高沉淀池的效率和污泥的浓缩。田纳西州的孟菲斯市和亚利桑那州的菲尼克斯市对初次沉淀池改造后用以沉淀初沉污泥和二沉污泥,取得了极佳的效果(Albertson和Walz,1997)。

### 9.4.6 出水堰和出水槽

20世纪80年代早期分别出现了两种挡板(康涅狄格州斯坦福德市的斯坦福德挡板和内布拉斯加州首府林肯市的麦金尼(McKinney)挡板②),从而人们逐渐意识到固定在边墙上的出水挡板(见图9-11)可提高沉淀池的处理能力和性能(Stukenberg等,1983;Water Environment Federation,2005)。林肯市的设计采用了将出水槽(原已固定在沉淀池边墙上)底部向沉淀池内水平延伸的做法,而斯坦福德市的设计方法则是在出水槽下面固定一个倾斜的板子。林肯污水处理厂安装的麦金尼挡板效果良好,沉淀池平均表面负荷增至1.75m/h(1035gpd/ft$^2$)(Stukenberg等,1983)。斯坦福德挡板的试验结果(见图9-11)证明沉淀池的表面负荷从1.36m/h(800gpd/ft$^2$)增加到大约1.7m/h(1000gpd/ft$^2$)时,出水悬浮固体并没有出现明显增加。

采用同样的设计概念,俄亥俄州哥伦布南部污水处理厂(Columbus Southerly WWTP)(Albertson等,1992)的月均表面负荷升至1.55m/h(915gpd/ft$^2$)、固体负荷为5.7kg/(m$^2$·h)(28 lb/d/ft$^2$)、出水堰负荷升至562m$^3$/(m·d)(45400gpd/lin ft)时,其出水水质也没有恶化(SS=5~9mg/L)。对于处理工业废水所采用的二次沉淀池(直径≥90m,典型水深),在较高负荷下只采用一侧有出水堰的边墙固定出水槽也没有出现固体粒子过度溢流的问题。

加利福尼亚州圣罗莎(Santa Rosa)市的污水处理厂有4个带有吸泥管(风琴管)快速排泥系统、尺寸为35.1m(直径)×5.5m(边墙水深)(115ft×18ft)的最终沉淀池,其中3个在内部安装了悬臂排水槽。另外一个新沉淀池安装了边墙固定出水槽和麦金尼出水挡板。

---
① 排泥导致污泥区出现一些孔洞。译者注。
② 就是前面9.1节提及的林肯挡板。译者注。

为了防止向上流动的壁流，边墙固定出水槽的底部延伸出1.47m[①]。圣罗莎市污水处理厂的对比试验表明（Buttz，1992），对于直径35.1m、边墙水深5.5m的沉淀池，在内墙设置出水槽且带有挡板与在直径26.8m（88ft）处设置悬臂双堰出水槽的处理效果相当。这一对比试验的流量范围较宽，其表面负荷高至3.0m/h，固体负荷高至8.2kg/($m^2$·h)（40 lb/dft$^2$）。

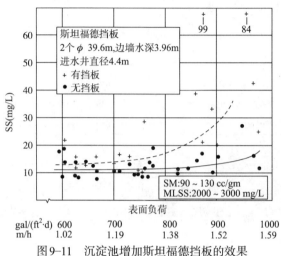

图9-11 沉淀池增加斯坦福德挡板的效果

表9-5对研究结果进行了总结。表9-5中的数据是按照表面负荷的递增方式排列的，这方便对两种结构的沉淀池进行表面负荷和固体负荷对出水SS影响的评价。设计人员应该注意到这两种形式出水槽的差异微乎其微，每日的和平均的数值也没有显示出表面负荷或污泥负荷对出水SS的影响。两种类型出水槽的出水SS均不超过10mg/L，但50%分位数对应的数值为7~8mg/L。这说明当流量和固体负荷超出试验范围后，沉淀池的性能几乎不会下降。当出水SS较低时，数据的分布会偏向一侧，均值更容易受到单次事件或小频率事件的影响。

出水槽位置的生产性试验研究结果　　表9-5

| 边墙固定型 | | | | 内部悬臂型 | | | |
| --- | --- | --- | --- | --- | --- | --- | --- |
| 表面负荷（m/h） | 样品数量 | SS（mg[②]/L） | 固体负荷[kg/($m^2$·h)] | 表面负荷（m/h） | 样品数量 | SS（mg/L） | 固体负荷[kg/($m^2$·h)] |
| — | — | — | — | 0.93 | 5 | 5 | 4.0 |
| 1.13 | 9 | 5 | 4.8 | 1.15 | 15 | 5 | 4.5 |
| 1.37 | 16 | 6 | 5.2 | 1.38 | 12 | 8 | 5.0 |
| 1.65 | 15 | 10 | 5.8 | 1.58 | 14 | 8 | 5.4 |
| 1.85 | 18 | 7 | 6.1 | 1.87 | 8 | 10 | 6.0 |
| 2.12 | 15 | 8 | 6.6 | 2.15 | 10 | 5 | 6.6 |
| 2.35 | 15 | 6 | 7.1 | 2.35 | 11 | 8 | 7.1 |
| 2.64 | 27 | 7 | 7.7 | 2.56 | 7 | 7 | 7.5 |
| 2.86 | 8 | 7 | 8.2 | — | — | — | — |

① 原书为1.47cm，应为1.47m。译者注。
② 原书错误为ng。应为mg。译者注。

总的来说，诸如悬臂双堰的设计和边墙固定挡板的设计等新方法的效果是相似的。这些新方法比传统不带挡板（斯坦福德或林肯）的边墙外侧设出水槽的方式要好。

图 9-12 给出了三种有关斯坦福德/林肯挡板的设计方法。挡板水平延伸的长度可用下述公式计算：

460mm≤斯坦福德挡板≤1200mm

$$斯坦福德挡板（cm）=460mm+16.7mm/m×(\phi-9)m \qquad (9-13)$$

斯坦福德挡板 =18in.+0.2in./ft ($\phi$ -30ft)

18≤斯坦福德挡板≤48in.

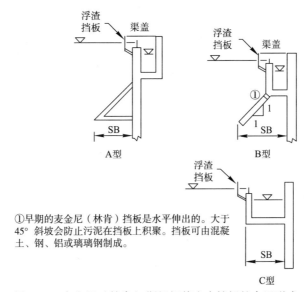

①早期的麦金尼（林肯）挡板是水平伸出的。大于45°斜坡会防止污泥在挡板上积聚。挡板可由混凝土、钢、铝或玻璃钢制成。

图 9-12　麦金尼（林肯）/斯坦福德出水挡板的布置形式

延伸的部分可以是出水槽的一部分或是固定在边墙上独立的一块板子。在二次沉淀池内，为了防止表面生长藻类，板子应该置于水面下有足够的距离。

我们应注意到，州的现有规范标准可能会建议设置 2 个甚至 3 个出水堰。但当采用麦金尼/斯坦福德出水挡板（Albertson 等，1992；Buttz，1992；Semon，1982；Stukenberg 等，1983）和深池子时，应根据挡板的使用经验重新评估是否需要设置这么多出水堰。读者应注意到康涅狄格州现有超过 12 座污水处理厂采用了斯坦福德出水挡板，而这个州正在强制新建处理设施要设出水挡板（WEF，1992）。

### 9.4.7 集泥装置

对于初次沉淀池、中间沉淀池和生物膜反应器的沉淀池，由多个直推式刮泥刀组成的刮泥机（Multiplied Straight Scraper）是美国传统的集泥装置。对 TF/SC（滴滤池/固体接触）和 TF/AS（滴滤池/活性污泥）工艺，刮泥和吸泥的集泥装置则都有应用。（美）国外沉淀池多采用直刀刮泥螺旋机械，而（美）国内二次沉淀池则首选吸泥（吸泥管或集管）装置。Wahlberg 等人（1993）对刮泥装置和风琴管快速排泥装置进行了生产性的对比试验，结果发现两种排泥方式对沉淀池出水SS没有影响，但刮泥装置不受固体粒子沉淀和其絮凝性质变化的影响。最近美国更多的沉淀池采用了刮泥机械，这是因为这些污水处理厂希望采用更高的MLSS浓度以提高污水处理厂的性能，但还不想大量提高污泥的回流比。有种观点认为采用更贵的和运行维护费用更高的吸泥或快速排泥装置不会带来工艺上的优势。这样的观点正在受到质疑。

沉淀池有两种类型的快速排泥方式——吸泥集管（穿孔管）装置和由多个吸泥管（或风琴管）组成的装置。风琴管装置的每根吸泥管都是可以独立调节的。集管装置要求沉淀池底板是平的且要深一些（边墙水深为1.0~1.5m）。曾有建议说当前的风琴管设计无法达到最好的性能（Albertson，1991）。风琴管装置需要运行人员及时检查以避免排泥管的堵塞。两种装置的水下密封件均需要维护。

螺旋式刮泥比直推式刮泥刀有优势（Albertson和Hendricks，1992；Albertson和Okey，1992；Billmeier，1988；Günthert，1984；Warden，1981）。这是因为固体粒子始终与螺旋式刮刀接触，这样固体粒子向池中心移动的速度就快一些。初次沉淀池、中间沉淀池和滴滤池沉淀池的刮泥是直推式的，这是因为这些沉淀池的负荷相对较低。对于初次沉淀浓缩池、TF/SC（滴滤池/固体接触）和TF/AS（滴滤池/活性污泥）工艺的沉淀池，必须基于污泥流动和污泥层深度进行评估（Albertson和Hendricks，1992；Albertson和Okey，1992；Albertson等，1992；Billmeier，1988；IWA，1992）。也就是说，对于TF/SC（滴滤池/固体接触）和TF/AS（滴滤池/活性污泥）工艺的沉淀池，有必要根据运行条件计算污泥层深度并以此决定刮泥刀的形式。

对TF/SC（滴滤池/固体接触）和TF/AS（滴滤池/活性污泥）工艺而言，如果采用螺旋式刮泥刀的中心排泥沉淀池，Albertson和Okey（1992），Billmeier（1988），International Association on Water Quality（1992）和Warden（1981）提出了可根据进水条件确定刮泥刀的设计方法。这个方法确定需要排除的污泥量和深度，以此计算刮刀的刮泥角度、耙的速度和刮刀的深度。计算结果表明，对于直径40~60m的沉淀池，渐缩的螺旋式刮刀在边墙处的深度为200~300mm，到了中心深度则变为800~1000mm。

对于接纳较高浓度MLSS的大型沉淀池（直径>30~35m），有必要采用4个臂把污泥推向泥斗（另外增加的2个臂一般只延伸到直径的25%~50%）。对于二次沉淀池（和初次沉淀池），增加的这2个臂能显著减少进水到底流的短流。带有浓缩污泥功能的初次沉淀池一般也需要增加2个臂。

## 9.4.8 泥斗

对于圆形的二次沉淀池，泥斗的位置和大小对沉淀池的性能影响很大（Albertson和Orris，1994）。随着污泥流向泥斗，污泥的量和深度以几何级数增加。如果泥斗位于半径的10%位置，则99%面积的污泥必须流到这1%的面积。如果泥斗过小，叠在一起的MLSS冲过污泥层时，过高的速度就会导致短流。

从半径的大约5%~7%位置到23%~25%位置设长窄型污泥斗的做法非常好。当污泥回流量最大时，斗面积应能把污泥的垂直速度限制在1.5~3.0m/min（以泥斗顶部平面面积计）。对于污泥层较薄的小些的沉淀池，泥斗的进口速度也应该降低。为了防止短流，速度大约不能超过 1.5（CWS-SWD，m）。

泥斗的长宽比应为（3~3.5）:1，泥斗的深度并不重要。多设几个回流污泥出口（2~4）可减少涡流的产生进而能减少短流。图9-13是污泥斗的典型布置方式。泥斗应位于沉淀池中心半径14%~17%[①]以内。

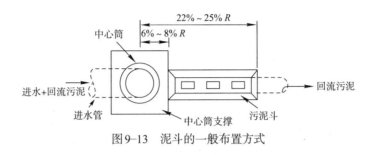

图 9-13 泥斗的一般布置方式

## 9.5 圆形和矩形沉淀池的比较

只要设计正确，圆形和矩形沉淀池可获得相同的出水SS。然而二次沉淀池和小的沉淀池更喜欢用圆形的，考虑用地时会采用矩形沉淀池。

不少文献认为矩形池子的长宽比非常重要。事实上，长度可能是消散进水能量的最重要参数。一般来说，矩形沉淀池的长度至少应为40m(130ft)，最好为60~80m(200~260ft)。长的池子一贯被证明是更高效的。

就像圆形池子一样，如果深度足够，矩形池子的效率会更高。深度增加后会减少水流的前进速度，这样就减少了紊流。因为长池子处理的水量也多，因此为了减少前进流速，池深应该根据池长相应地增加。大型池子（60~80m）出水处深度应为4.0~4.8m。

底板坡度根据池子的用途而定。在平均负荷下，底坡的设置至少能使泥斗处的污泥深达1.2~1.5m，而污泥层不会延伸到出水端底板和墙的拐角处。在双生物系统（活性污泥和生物膜）中，应考虑峰值流量下原来存在曝气池内的污泥也会进入沉淀池。

污泥斗可以位于池子的进水端、1/3处、1/2处或出水端。对于混合液（如IFAS污水处理厂）而言，1/2处或出水端是污泥斗的最佳位置。泥水同向流和污泥流动的沉淀池性能良好（Wilson，1991）。污泥流动的需要（如污泥层深度和相对刮泥能力）决定了污泥斗的最佳位置。

## 9.6 设计计算举例

### 9.6.1 设计要求

这里给出了一个考虑诸多设计因子的例子，表9-6是设计要求。图9-14对沉淀池类型给予了说明。

---
① 图9-13示意为22%~25%。原书可能有误。译者注。

## 第9章 沉淀（澄清）

初次沉淀池和二次沉淀池的设计要求　　　　　　　　　　　　　　表9-6

| | 初次沉淀池 | 二次沉淀池 |
|---|---|---|
| 数量 | 3 | 3 |
| 进水平均流量（m³/s） | 1.2 | 1.2 |
| 进水峰值流量（m³/s） | 2.2① | 2.2② |
| 最大污泥回流流量（m³/s） | — | 0.720 |
| MLSS（mg/L） | — | 3500 |
| SVI（≤ml/g） | — | 120 |
| 边墙水深（与沉淀池的现场条件有关，曝气池体积为35000m³）（≤m） | 4.0 | 4.6 |

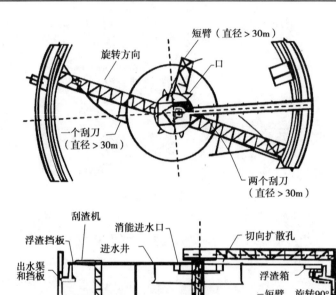

图9-14　改进的污水沉淀池

### 9.6.2 MBBR、滴滤池、生物转盘和生物塔后的沉淀池

（1）初步确定沉淀池的大小

此类沉淀池的设计与初次沉淀池的设计类似，设计的目的在于最大程度地去除SS和$BOD_5$，同时还用于剩余污泥的浓缩，当然当前的普遍做法是设置单独的浓缩池（WEF，2005）。边墙水深（SWD）为4.0m时，依据公式（9-7）和公式（9-8），沉淀池的表面负荷（OFR）确定如下：

$$OFR_{AVG}=0.278 \times 4.0 = 1.11 \text{m/h}$$
$$OFR_{MAX}=0.556 \times 4.0 = 2.22^{③} \text{m/h}$$

沉淀池所需的面积如下：

---

① 原书为2.0，但后面计算时采用了2.2，因此中译本改为2.2。译者注。
② 原书为2.0，但后面计算时采用了2.2，因此中译本改为2.2。译者注。
③ 原书误为2.26。译者注。

$$A_{\text{MAX}}=2.2\text{m}^3/\text{s} \times 60\text{s/min} \times \frac{60\text{min/h}}{2.22\text{m/h}}=3568\text{m}^{2①}$$

$$A_{\text{AVG}}=1.2\text{m}^3/\text{s} \times \frac{3600\text{s/h}}{1.11\text{m/h}}=3892\text{m}^2$$

根据上面的计算，沉淀池面积应取3892m²。取3个沉淀池，则每个沉淀池的直径：

$$\phi=\left[\frac{3892\text{m}^2}{(3\text{个})(0.785)}\right]^{0.5}=40.7\text{m}$$

取3个直径41m，边墙深度为4m的沉淀池。

这里的沉淀池只收集生物膜反应器的污泥，因此除了底坡与初次沉淀池不同（初次沉淀池的底坡为1：12）之外，其他设计与初次沉淀池的设计类似。底坡采用表9-4的数据，则沉淀池的CWD（沉淀池中心水深）如下：

$$\text{CWD}=\text{SWD}+0.05\text{m/m} \times (\phi/4)+0.2^{②}\text{m/m} \times (\phi/4)$$
$$=4.0+0.05 \times (41/4)+0.2 \times (41/4)=6.56\text{m}$$

每个沉淀池的平均（$Q_{\text{AVG}}$）和最大（$Q_{\text{MAX}}$）流量分别为0.40m³/s和0.733[③]m³/s。

（2）中心筒（CC）

最大流量0.733m³/s时的最大流速$V_{\text{MAX}} \leqslant 0.75$m/s

出水孔（4个）≈125%CC，深度≤0.70m（消能进水口的最小深度）

中心筒的设计参数：

直径≥1.12m

CC $V_{\text{MAX}} \leqslant 0.75$m/s

4个宽0.44m，水深0.70m的出水孔

出水口$V_{\text{MAX}}=0.60$m/s

（3）消能进水口

$Q_{\text{MAX}}$时停留时间≥8~10s

深度=CC出水口+0.1m≥0.8m

平均流量时，$V_{\text{P}} \leqslant 0.36$m/s，最大流量时≤0.61m/s

出水口数量=8

出水口深度=0.60m

出口宽度=0.733m³/s × 1000mmm/（8 × 0.6m × 0.61m/s）=250mm[④]

消能进水口的设计参数总结：直径3.5m，水深0.8m；最大流量时的停留时间为10.5s；出口为8个250mm宽、600mm水深的孔。

图9-15是消能进水口的典型布置形式。

$$\text{进水井} \geqslant \left[\frac{(0.733\text{m}^3/\text{s})(60\text{s/min})}{(0.75\text{m/min})(0.785)}\right]^{0.5} \geqslant 8.64\text{m}^{⑤}（采用8.75\text{m}）$$

---

① 原书计算时采用了2.26m/h，计算出的数值为3504。译者注。

② 原书误为0.02。译者注。

③ 原书误为0.773m³/s。译者注。

④ 原书误为250m。译者注。

⑤ 原书误为8.24m。译者注。

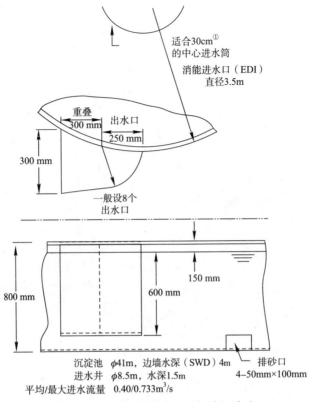

图9-15 带有消能进水口的初次沉淀池

(4)进水井

絮凝进水井的面积根据最大下向流速度($V_V$)0.75m/min计算。进水井的直径确定如下：

进水井底部和污泥层最高处之间的清水区高度($D_H$)是这样确定的。假定进水井(直径8.75m)在清水区高度上形成一个圆柱，泥水在这个圆柱表面上流出的速度≤($0.9 \times V_V$)。圆柱表面积要≥111%的进水井面积：

$$D_H \geqslant \frac{(8.75m)^2(0.785)}{(8.75m)(3.14)(0.9)} \geqslant 2.43m$$

可利用的最大$D_H$高度取决于消能进水口深度(0.7m)、消能进水口底部与进水井底部之间的距离(最小0.6m，最好为0.9m)。

$$D_H = SWD - 进水井深度 = 4.0 - 0.7 - 0.9 = 2.4m(<2.43m\ D_H)$$

为了最大限度地增加$D_H$的值以减少污泥的冲刷，建议进水井的深度采用0.7m+0.8m(1.5m)。

(5)出水挡板

出水堰和出水槽采用C型林肯/斯坦福德挡板的设计(见图9-12)。采用公式(9-13)，水平延伸部分的计算如下：

斯坦福德挡板=460mm+16.7mm/m×(41-9)m=994mm，取1000mm

---

① 原书30mm可能为30cm，译者注。

### 9.6.3 IFAS后的二次沉淀池

FGR/AS（生物膜（固定生长）反应器/活性污泥）或IFAS二沉池的设计方法与活性污泥法二沉池的相同。如果工艺无回流且为生物膜法，则除了底坡与初次沉淀池不同（初次沉淀池的底坡为1:12）之外，其他设计与初次沉淀池的设计类似。之前已经对初沉污泥和生物膜污泥的共浓缩问题进行了讨论。

（1）初步确定沉淀池的尺寸

根据污泥层最大厚度之上的清水区深度来设计这三个沉淀池。正如表9-6所示的那样，边墙水深的最大值为4.6m，峰值流量下允许$d_{iv}$（见图9-8）初步定为0.7m，所以清水区深度为4.6m-0.7m=3.9m。沉淀池允许的污泥负荷是SVI、回流污泥浓度（RSS）和MLSS的函数，设计表面负荷（OFR）则根据污泥负荷率来确定。

依据公式（9-7）和公式（9-8），有

$$OFR_{MAX}=0.556 \times 3.9 = 2.17 m/h$$

$$OFR_{AVG}=0.278 \times 3.9 = 1.08 m/h$$

$$A_{MAX}=2.2m^3/s \times \frac{3600s/h}{2.17m/h}=3650^{①}m^2$$

$$A_{AVG}=1.2m^3/s \times \frac{3600s/h}{1.08m/h}=4000m^2$$

因此，沉淀池面积应取4000m²。

沉淀池的尺寸初步确定如下：

$$\phi=(4000m^2/3/0.785)^{0.5}=41.2m$$

取直径41②m，边墙水深4.6m的沉淀池3个。

$$OFR_{MAX}=2200^{③}L/s \times 3600s/h^{④}/(1000L/m^3 \times 3 \times 41^{⑤} \times 0.785)=2.0^{⑥}m/h$$

沉淀池的尺寸初步定下来后就可以对起初假设的$d_{iv}$为0.7m进行重新计算。在平均流量条件下，污泥层会位于或低于边墙水深。沉淀池的运行条件如表9-7所示，其中污泥存量的变化量根据35000m³的曝气池和三个沉淀池计算得出。

每个二次沉淀池的运行条件总结  表9-7

| | 平均日 | 最大日 |
|---|---|---|
| 流量（m³/s） | 0.400 | 0.733 |
| 回流污泥量（m³/s） | 0.165 | 0.240 |
| MLSS（mg/L） | 3500 | 2960 |
| 回流污泥浓度（mg/L） | 12000 | 12000 |
| SVI（ml/g） | ≤120 | ≤120 |

---

① 原书为2.2×3600/2.14=3652m²。原书错误。译者注。
② 原书为41.5m，但根据后文应为41m。译者注。
③ 原书误为2000L/s，但根据前后文，应为2200L/s。译者注。
④ 原书误为3600s/min。译者注。
⑤ 原书为42²，但根据后文应为41²。译者注。
⑥ 原书计算值为1.73。译者注。

续表

|  | 平均日 | 最大日 |
| --- | --- | --- |
| 表面负荷（m/h） | 1.07[①] | 1.96[②] |
| 污泥负荷[kg/(m²·d)] | 5.27 | 7.67 |
| 污泥可变存量（kg） | 0 | (3.5−2.96)kg/m³×35000m³/3=6300kg |
| 污泥可变存量的深度 $d_{IV}$（m） | 0 | 6300kg/(12kg/m³)/0.8/42.5m²/0.785=0.49m |

最大日流量出现时导致沉淀池内污泥存量的高度升高了0.49m，低于最初设定的0.7m（$d_{iv}$）。如果中心水深为4.1m，则沉淀池的直径会降至41.0m（与初次沉淀池类似），$d_{iv}$为0.50m。二次沉淀池就是：

3个沉淀池；每个直径41m，边墙水深为4.6m。

边墙水深为4.6-0.5=4.1m所对应的表面负荷为：最大流量时的表面负荷2.27m/h（IWA，1992），平均流量时的表面负荷为1.28m/h（IWA，1992）。

最大流量下的污泥负荷为7.67kg/(m²·d)。Daigger（1995）计算出在此负荷下和SVI为120mL/g时的底流浓度（RSS）为13000mg/L。当平均流量下的污泥负荷为5.27kg/(m²·d)时，底流浓度达到15000mg/L。设计良好的集泥装置所产污泥的浓度能够达到12000mg/L。

（2）中心筒（CC）和出水口

$$CC\ V_{MAX} \leqslant 0.6\text{m/s}$$

$$(Q+\text{RAS}_{MAX})=0.973\text{m}^3/\text{s}$$

出口面积取中心筒面积的125%

$$\text{面积}=\frac{0.973\text{m}^3/\text{s}}{0.60\text{m/s}}=1.62\text{m}^2$$

中心筒直径=1.44m（取 $\phi$=1.45m）

$$\text{出水口面积}=\frac{(1.25)(1.62\text{m}^2)}{4\text{个}}=0.51\text{m}^2/\text{个}$$

中心筒设计参数：

直径1450mm；

四个出水口，每个深750mm，宽675mm。

（3）消能进水口

$$(Q+\text{RAS})_{AVG/MAX}=0.60/0.973\text{m}^3/\text{s}$$

$$V_{AVG}/V_{MAX}=0.36/0.61\text{m/s}（0.36\text{m/s}是控制速度）$$

停留时间≥10s

深度=0.8m

$$\text{进水口面积}=\frac{0.60\text{m}^3/\text{s}}{8\times 0.36\text{m/s}}=0.208\text{m}^2/\text{个}$$

消能进水口设计参数：

---

[①] 根据上面的计算，应为2.0。译者注。
[②] 根据上面的计算，应为1.09。译者注。
[③] 原书误为40m。译者注。

大小为直径4③m，水深0.8m；

进水口8个，每个700mm深，300mm宽。

（4）絮凝进水井

$$平均/最大 Q + RAS = 0.60/0.973 \text{m}^3/\text{s}$$

$$平均/最大 V_V = 0.5/0.75 \text{m/min}（0.75\text{m/min}是控制速度）$$

$$进水井 \phi = \left[\frac{0.973\text{m}^3/\text{s} \times 60\text{s/min}}{0.75\text{m/min} \times 0.785}\right]^{0.5} = 9.96\text{m}①（采用10.0\text{m}）$$

絮凝进水井的最小深度为消能进水口深度0.70m加上进水井底部以上到消能进水口的高度（0.75~0.9m），也就是最小为1.45m，最大为1.6m。

建议进水井下面的 $D_H$ 值为：

$$建议 D_H = \frac{10.0\text{m}^2 \times 0.785}{0.9 \times 10.0\text{m} \times 3.14} = 2.78\text{m}$$

可利用的最大 $D_H$ 为：

$$可利用 D_H = \text{SWD} - d_{iv} - \text{FFW}_D = 4.6 - 0.5 - 1.45 = 2.65\text{m}$$

这样，进水井就是直径10.0m、深1.45m。当 $d_{iv}$ 最大时要达到 $V_H/V_V$ 为0.9的目标没有实现。加深进水井会使 $V_H$ 增加，但会导致峰值流量时冲刷污泥层。

直径10.0m的进水井深度为4.6m（边墙水深）的垂直投影体积为361m³。当流量为0.973m³/s时，这一体积会给MLSS提供6.2min的絮凝时间。在平均流量0.6m³/s下则絮凝时间为15min。

（5）出水挡板

沉淀池的出水方式可为设置单边堰的出水槽或内墙为林肯/斯坦福德挡板的方式。对于C型出水槽挡板（见图9-12），采用公式（9-13），斯坦福德挡板的水平投影为：

$$斯坦福德挡板 = 460\text{mm} + 16.7②\text{mm/m} \times (41-9)\text{m} = 994\text{mm}，取1000\text{mm}$$

沉淀池的底板应能适应四个刮泥机（两个长度为沉淀池全部直径，两个长度为沉淀池半个直径）的运行。根据Albertson和Okey（1992）的设计方法，螺旋刮泥机的深度在沉淀池墙壁处为250mm，而在泥斗处则渐扩到750mm。建议采用变速马达，线速度可在3~7mm/min之间变化。当污泥层超过锥形区时会减少沉淀池的中心水深和处理能力，这时刮泥机的速度应开到最大。污泥的流动（也就是刮泥机速度）应能根据污泥负荷、MLSS的SVI而调整。

（6）泥斗的设计

直径41m沉淀池的泥斗最大要能处理0.24m³/s的回流污泥。这个沉淀池为中等大小，它的中心水深-边墙水深（CWD-SWD）为1.7m。根据≤1.5（CWD-SWD），回流污泥进入泥斗平面的流速（见图9-13）是0.7m/s。泥斗的设计如下：

$$面积 = \frac{0.24\text{m}^3/\text{s} \times 60\text{s/min}}{2.4\text{m/min}} = 6\text{m}^2$$

$$w = \frac{6\text{m}^2}{4.6\text{m}} = 1.3\text{m}$$

---

① 原书误为9.6，应为9.96。译者注。
② 原书误为1.67，应为16.7。译者注。

泥斗的尺寸为宽1.3m、长4.6m、深0.75m。

流速0.85m/s，直径600mm[①]的回流污泥管设三个非等距布置的开孔。每个孔的面积为94200mm²（307mm×307mm或等同面积）。

矩形沉淀池和快速排泥圆形沉淀池的设计方法可查找WEF（2005）和WEF（2009）等文献。在沉淀池设计时减少某个设置并不意味着出水水质一定会有变动。圆形沉淀池用的更多，刮泥机把泥刮到位于沉淀池中心泥斗的做法虽然使固体粒子的底流最大，但却在保证出水水质的前提下减少了回流污泥流量。

## 9.7 沉淀池的实际出水效果

当改进了沉淀池的设计后，生物膜反应器的处理能力与以往数据会有很大的差别，这对后设固体接触系统的生物膜反应器更是如此。

美国环境保护局（U.S. Environmental Protection Agency，1991）给出了1970年后建造的单级硝化处理设施的数据。表9-8给出了这些报道的部分结果。

单级滴滤池硝化污水处理厂的出水水质　　　　表9-8

| 位置 | 工艺 | 滤料类型 | 深度（m） | 出水水质（mg/L） | | |
|---|---|---|---|---|---|---|
| | | | | BOD$_5$ | SS | 氨氮 |
| 加利福尼亚州Palm Springs | 滴滤池 | 炉渣 | 2.9 | 7 | 9 | 0.5 |
| 伊利诺伊州Waconda | TF/SC | 塑料 | 8.5 | <10 | <5 | 0.1 |
| 俄亥俄州Bremen | 滴滤池 | 塑料/碎石 | 9.8/1.8 | <10 | <10 | <2.7 |
| 印第安纳州Kenallville | 滴滤池 | 碎石/塑料 | 1.7/2.0 | 10 | 5 | <1.0 |
| 印第安纳州Rochester | 滴滤池 | 碎石/塑料 | 1.8/5.5 | 12 | 21 | 0.6 |
| 俄亥俄州Amherst | 滴滤池 | 塑料 | 5.2 | <10 | <10 | 2.4 |
| 俄亥俄州Youngstown | TF/AS | 塑料 | 4.8 | 5 | 10 | 0.3 |
| 俄亥俄州Ashland | TF/SC | 塑料 | 9.1 | 6 | 7 | 1.5 |
| 俄亥俄州Pickerington | TF/SC | 塑料 | 8.2 | <2 | <6 | 0.1 |
| 俄亥俄州Buckeye Lake | TF/SC | 塑料 | 12.8 | 2 | 5 | 0.3 |
| 俄亥俄州Wauseon | TF/SC | 塑料 | 4.3 | <10 | <15 | 5.0 |
| 宾夕法尼亚州Allentown | 滴滤池 | 塑料 | 9.8 | 12 | 11 | 5.3 |
| 阿拉巴马州Ozark | 滴滤池 | 塑料 | 6.1 | <10 | <10 | <1.0 |
| 科罗拉多州Boulder | TF/SC | 碎石/塑料 | 2.4/4.9 | 15 | 10 | 5.0 |

一般来说，如果沉淀池配置良好，则TF/SC（滴滤池/固体接触）工艺和滴滤池工艺的出水水质较好。这份报告中没有给出沉淀池的表面负荷。当滴滤池以硝化模式运行时，沉淀池的性能一般为好或良好。如果前面有固体接触单元，沉淀池的性能还能进一步提高。

当滴滤池在去除碳化BOD$_5$的范围内工作时，能够完全降解溶解性BOD$_5$时，由于TF/SC（滴滤池/固体接触）工艺对悬浮物有很好的去除性能，因而也提高了BOD$_5$的去除性能。在能够降解溶解性BOD$_5$的双生物（生物膜和活性污泥）工艺中，TF/AS（滴滤池/活性污泥）是一种稳定的工艺，其出水CBOD$_5$和SS大约均可达到10mg/L。

---

① 原书误为m，应为mm。译者注。

位于俄亥俄州首府哥伦布的俄亥俄州环保局（the Ohio Environmental Protection Agency）调查了15个新建滴滤池和TF/SC（滴滤池/固体接触）设施并对5~6年的运行结果进行了总结。调查的目的是确定滴滤池的硝化能力（滴滤池按照同时去除$BOD_5$和硝化的模式运行）。调查发现，在能够利用的最佳控制技术下（best available developed control technology，BADCT），滴滤池出水碳化$BOD_5$、SS和氨氮的50%分位数值小于机械处理厂相应的预期值。根据调查结果（表9-9）和BADCT标准，建议单独的滴滤池系统——也就是没有固体接触或砂滤——夏季时的氨氮限值定为2mg/L。

俄亥俄州硝化滴滤池污水处理厂的沉淀/过滤出水水质　　　　表9-9

| 城市/郡污水处理厂的负责单位 | 时间段 | 单元运行 | | 最终出水（mg/L） | | | |
|---|---|---|---|---|---|---|---|
| | | 固体接触 | SF | $CBOD_j$ | SS | 氨氮 | |
| | | | | | | 夏季 | 冬季 |
| Village of Shreve | 1991~1996 | | | 8 | 9 | 0.51 | 0.48 |
| Glendale | 1991~1996 | | | 9 | 10 | 0.60 | 0.50 |
| Leipsic | 1991~1996 | | | 9 | 10 | 2.00 | 1.00 |
| Zanesville | 1991~1996 | | | 11.5 | 9 | 4.92 | 5.19 |
| 平均 | — | | | 9.4 | 9.5 | 2.00 | 1.80 |
| Ashland | 1991~1996 | √ | | 5 | 8 | 0.50 | 0.20 |
| Licking County | 1991~1996 | √ | | 4.2 | 7 | 0.08 | 0.09 |
| Wauseon | 1991~1996 | √ | | 2.5 | 6 | 0.31 | 0.38 |
| Gallipolis | 1991~1996 | √ | | 6.5 | 8.5 | 0.40 | 1.50 |
| Springfield | 1991~1995 | √ | | 3.5 | 9 | 0.06 | 0.43 |
| Urbana | 1991~1996 | √ | | 9.0 | 13 | 0.20 | 0.21 |
| Fostoria | 1991~1996 | √ | | 4.5 | 8.5 | 0.63 | 1.71 |
| Blufflon | 1991~1996 | √ | | 8.1 | 10.5 | 0.35 | 4.30 |
| 平均 | — | √ | | 5.4 | 8.8 | 0.32 | 1.10 |
| Orville | 1991~1995 | √ | √ | 1.3 | 1.5 | 0.08 | 0.09 |
| Chardon | 1991~1996 | √ | √ | 1.3 | 2 | 0.06 | 0.11 |
| Norwalk | 1991~1996 | √ | √ | 2.5 | 9 | 0.19 | 3.71 |
| 平均 | — | √ | √ | 1.7 | 4.2 | 0.11 | 1.30 |

对于只有滴滤池的系统，沉淀后的碳化$BOD_5$和SS分别是9.4mg/L和9.5mg/L。增加固体接触单元后，出水碳化$BOD_5$和SS均值均为5.4mg/L。TF/SC（滴滤池/固体接触）工艺后接砂滤池，出水的$CBOD_5$和SS均值可分别达到1.7mg/L和4.2mg/L。虽然这些处理效果非常好，但在二次沉淀池的设计上并没有采用最新的改进措施。

Parker（1983）、Parker和Stenquist（1986）、Parker和Matasci（1989）给出了TF/SC（滴滤池/固体接触）工艺沉淀池性能的其他信息。这些论文对二次沉淀池的改进措施进行了说明。

## 9.8 沉淀池设计时的其他考虑因素

现代沉淀池设计也受到以下因素的影响：模型、与其他设施的相互影响和国际实践经验。

### 9.8.1 模型

《沉淀池设计(Clarifier Design)》一书的第6章描述了沉淀池模型的现状(MOP FD-8, WEF, 2005)。第6章对应用理论进行了综述,并讨论了模型在设计、解决问题和运行方面的应用。所有的模型都是现实的理想化,都具有局限性,因此应小心谨慎地解释和应用模型的任何结果。

### 9.8.2 与其他设施的相互影响

对每一个传统的污水处理厂而言,沉淀池都是不可分离的,是污水处理厂不可分割的组成部分。沉淀池的处理效果及性能受上游污水收集和处理设施的影响,也对下游的生物处理和污泥处理产生重要的影响。《沉淀池设计(Clarifier Design)》一书的第12章(MOP FD-8, WEF, 2005)强调了沉淀池与其他污水及污泥处理设施的相互影响。

### 9.8.3 国际上的实践经验

除了根据当地条件进行的改进外,全世界的沉淀池设计都是相似的。全世界的沉淀池基本原理是相同的,只是强调的重点不同而已。各地沉淀池(过去多称之为沉淀池,现在多称之为澄清池)设计的不同点大部分在于池子内设备不同(包括污泥收集和进水方式等)或池型(圆形还是矩形)不同而已。欧洲一些地方,如德国,盛行多层底板的沉淀池。《沉淀池设计(Clarifier Design)》一书的第11章(MOP FD-8, WEF, 2005)介绍了很多这样的不同并重点介绍了英国的实践和偏好。

# 第10章 过 滤

## 10.1 滤池种类

这里的过滤是指对生物（比如活性污泥、生物膜和组合式等）和化学沉淀工艺的沉淀后出水的进一步处理。过滤应用在下述场合：出水SS要求<10mg/L（月平均）、出水氮和（或）磷的浓度要求非常低、出水要求回用（有时候被州法律所强制）、为了获得更好的消毒效果要求除浊。过滤的形式多种多样，有浅床（移动桥）、深床、移动床、盘式过滤等，水流可以是上向、下向、轴向、连续和间歇等。膜滤的应用也越来越广泛，被用于直接或间接的污水回用。每种技术的全面描述见以下设计手册和报告：Metcalf and Eddy（2003），U.S. Environmental Protection Agency（1974，1977）和Water Environment Federation等（2009）。本章的目的是提供过滤的一般性知识和有关生物膜处理系统固有的一些问题。本章并不提供详细的设计标准和运行参数，对于这些，见以上提及的设计手册和报告。

早期颗粒滤料滤池用于污水处理时基本遵循饮用水处理中滤池的设计程序。但污水在物理和化学性质上与大多数天然水截然不同，因此污水过滤在设计上需要特殊考虑。一般来说，污水滤池接纳的固体粒子更大和更重，粒径变化幅度更大、负荷也更不均匀。污水过滤的机理是复杂的，可能包括很多因子，如应力（机械和随机接触）、滤料截留、重力沉淀、粒子粘附在滤料上形成的惯性碰撞（压紧）等。滤床内生物固体的生长也会进一步强化固体粒子的去除。因为污水过滤受到众多因素的影响，当出水水质要求严格或之前没有经验时，设计人员应该考虑进行中试。

当前有多种多样的滤池被推向市场并受到工程师和运行维护人员的欢迎，其中包括不同形式的采用"布"做滤料的滤池。滤池通常根据滤料的类型、水流形式和（或）反冲设备类型等命名。为了能推荐出合适的滤池，应对去除固体粒子的滤池进行定性和定量评估。当前工程师和污水处理厂运行人员采用的以去除固体粒子为目的的滤池有以下几种：

（1）移动桥；
（2）连续反冲洗；
（3）深床下向流；
（4）滤布；
（5）压缩滤料；
（6）单一滤料；
（7）双层滤料；
（8）膜。

## 第10章 过 滤

从上面列出的滤池类型可以看出，滤池的命名有时候会根据滤料类型、反冲形式和滤池构造等特征。

对过滤而言，虽然砂滤技术非常成熟，但也有很多其他类型的滤池。这些滤池所采用的滤料和运行模式等各不相同且非常复杂，以至于本手册很难对它们进行总结。图10-1~图10-3给出了其中的几种滤池。

本手册讨论的出水滤池限于生物膜工艺。

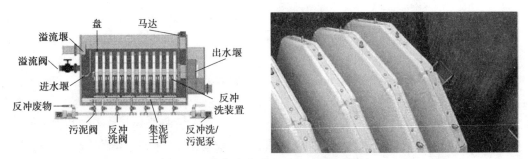

图10-1 滤布滤池（Aqua-Aerobics惠赠）

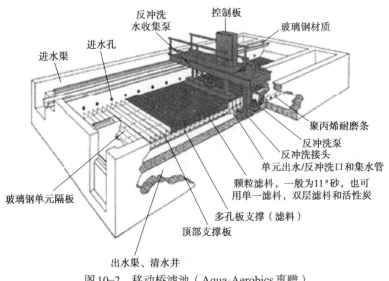

图10-2 移动桥滤池（Aqua-Aerobics惠赠）

## 10.2 滤池的性能

不投加化学药剂，砂滤池可去除进水SS的50%~80%。如果投加化学药剂，则会提高到75%~90%。一般会单独投加聚合物或聚合物与金属盐相结合。前面的沉淀池性能提高后会降低滤池进水的SS浓度，这样滤池的出水水质也会得以提高。

滤池去除SS时会相应地去除部分碳化$BOD_5$。能够去除多少碳化$BOD_5$取决于被去除的SS中碳化$BOD_5$的比例。碳化$BOD_5$与SS的比值一般在0.3~0.8mg/mg之间，这与上游处理工艺的负荷和是否采用化学混凝剂有关。

## 10.2 滤池的性能

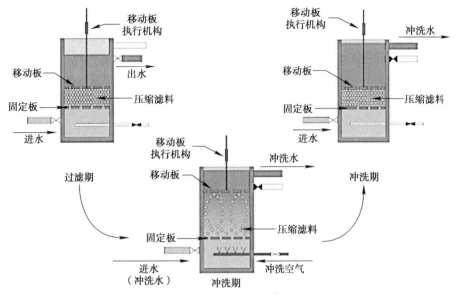

图 10-3 压缩滤料滤池（Schreiber 惠赠）

采用6个不同的滤池对同一活性污泥法出水进行了中试，结果滤池出水水质相同。这说明滤池的出水水质取决于进水水质。如图10-4（Metcalf & Eddy，1991）所示，进水水质较好时，所有滤池的出水水质大致相同。但是随着进水水质的下降，出水水质（去除率和出水浊度）相应地下降。正如图10-4所示的那样，有些类型的滤池在进水水质较差时所表现出的性能好于其他滤池。

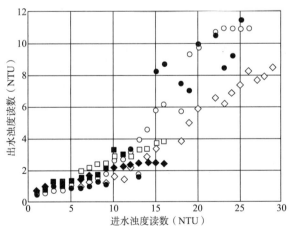

图 10-4 六个不同类型的粒状滤料滤池滤速均为9.7m/h时对同一活性污泥工艺出水的过滤结果
（Metcalf和Eddy，1991）

一般来说，生物膜反应器的SS比活性污泥系统的SS更难过滤。从历史的观点来看，滴滤池出水经过沉淀后的SS比其他新型工艺出水经过沉淀（配置良好）后的要高。负荷较高、氧气受限或局部堵塞的滴滤池出水中的固体粒子比完全好氧、负荷较低的生物膜反应器出水中的固体粒子更难去除。生物膜反应器出现厌氧反应时会产生细的、难以捕获的

## 第10章 过 滤

粒子。多年之前就在一些生物膜反应器工艺中遇到了固体粒子的沉降性问题：最终沉淀池的出水中含有较高浓度的固体粒子。砂/无烟煤滤料滤池也很难将这些固体粒子去除。

位于生物膜设施下游的滤池也会面临溶解性碳化$BOD_5$的泄露问题。虽然很多滴滤池和生物转盘能够获得对碳化$BOD_5$ 85%的去除率，但还是会有一些溶解性基质进入到下游的出水滤池。如果下游滤池内为好氧状态则异养生物会生长，这会增加固体粒子在滤池内积聚，也可能会出现"泥球形成"。泥球形成是指粒状滤料内的一种状态，在这种状态下滤料聚在一起会形成50~200mm的球状滤料。泥球会造成滤池性能下降和滤池内的短流。当反冲洗不善、上游生物处理工艺有浮渣、油和油脂流入滤池时会造成滤池泥球的形成。为此应对上游生物膜反应器的出水水质进行密切检测，看是否会在下游的滤池单元出现生物的过度生长。污水处理厂运行人员报道说，不管滤池是否需要，每天一次反冲洗是有效避免泥球形成的有效方法。另外有些污水处理厂会向滤池内投加一点维护性的氯（1mg/L），这样可以减少生物生长的可能性、提高下游加氯的效果。但这一做法可能增加了污水处理厂出水中的消毒副产物。

在生物膜反应器后面增设固体接触系统可提高沉淀池的性能，此类方法也相应地提高了滤池的性能。生物膜和活性污泥系统结合在一起会提高对固体粒子的捕获能力，也提高了其出水的可滤性。

将无机、有机的混凝剂或二者同时用于上游的沉淀，或如有必要用于滤池之前，可提高生物膜反应器出水的可滤性。此种投加混凝剂的方法成功的关键在于在沉淀和过滤前设置絮凝区并有充足良好的混合，这样才能使固体粒子变得足够大能被过滤去除。这样的做法也会减少混凝剂的用量。

Pierce（1978）报道了用以提高滴滤池出水水质的四种类型砂滤池的性能，这些结果见表10-1。

污水处理厂滴滤池出水沉淀后的过滤情况　　　　　　表10-1

| 类 型 | 投配率（m/h） | 砂滤进水（mg/L） | | 砂滤出水（mg/L） | |
|---|---|---|---|---|---|
| | | $BOD_5$ | SS | $BOD_5$ | SS |
| 压力混合滤料滤池 | 5.43 | 31 | 19 | 22[a] | 7 |
| 反冲洗的重力式混合滤料滤池 | 6.88 | 16 | 15 | 5 | 2 |
| 反冲洗的重力式砂滤池 | 4.09 | 24 | 17 | 4 | 5 |
| 反冲洗间歇砂滤池 | 0.022 | 40 | 8 | 40 | 9 |

[a] $BOD_5$过高可能是$BOD_5$测定时发生了硝化作用。

Weaver（1989）总结了采用砂滤（三级处理）对德克萨斯州伦道夫的Cibolo Creek污水处理厂进行升级改造的经验。改造后该厂出水平均为：$BOD_5$ 2.4mg/L；SS 2.0mg/L；铵氮（$NH_4$-N）0.86mg/L。经过砂滤后，伊利诺伊州Wauconda村（U. S. EPA，1991）的污水处理设施出水平均$BOD_5$、SS和$NH_4^+$-N分别小于10mg/L、5mg/L和0.1mg/L。

Lin和Heck（1987）介绍了伊利诺伊州Wauconda村的TF/SC（滴滤池/固体接触）工艺。他们报道说出水通过砂滤时发生了硝化作用。Boller和Gujer（1986）也描述了硝化滴滤池后的三级砂滤中发生了硝化作用。他们认为在1400mm深的滤池中，在氧气受限之前，可氧化1.7mg/L的$NH_4^+$-N。如图10-4所示，为了能够氧化1.7mg/L的$NH_4^+$-N，进水溶解氧大约需要7~8mg/L。硝化速率很高时（700~900mg/（m³·d）），强烈的气反冲和水反冲不会对硝化产生负面影响。

当需要高级污水处理时，如果滴滤池和生物转盘出水良好，则砂滤可以很容易地把它们的出水 $BOD_5$ 和 SS 降低到5mg/L。根据俄亥俄州环保局（1997）的报道，对于带有砂滤的TF/SC（滴滤池/固体接触）工艺，三个污水处理厂长期运行结果（见表9-9）表明，出水 $CBOD_5$ 平均为1.7mg/L，SS为4.2mg/L。对于没有硝化的系统，过滤后的出水 $BOD_5$ 为10~15mg/L，SS为5~10mg/L。

# 第11章 生物膜反应器模型的应用和发展

## 11.1 引言

本章的第一部分将讨论如何把活性污泥和生物膜的模型整合后用于IFAS（Integrated Fixed-Film Activated Sludge Process，生物膜/活性污泥组合工艺）和MBBR（Moving-bed Biofilm Reactor，移动床生物膜反应器）。此部分采用了位于英国伦敦的国际水协会（IWA，International Water Association）的活性污泥模型和其生物膜工作组的生物膜模型（Wanner等，2006）。本章的另外部分将介绍如何把这些模型用于模拟IFAS和MBBR。关于滴滤池的模拟见本书第3章。

生物膜反应器的模型由于引入了扩散，因此要比活性污泥的模型更加复杂。IFAS的模型比"纯"生物膜的MBBR更复杂，这是因为当处理低浓度污水时，MBBR中的MLVSS浓度很低，因此MLVSS对去除COD、硝化和反硝化的作用甚微（见图11-1）。但世界上

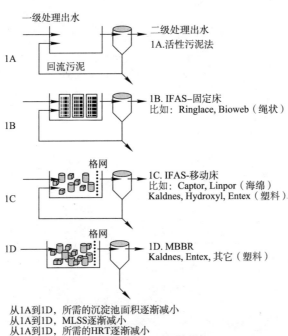

图11-1 污水处理厂流程（Sen和Randall，2008a）

文字中没有提到的厂家如下：Ringlace来自位于俄勒冈州Troutdale的Ringlace产业公司；
Bioweb来自位于北卡罗来纳州首府罗利的Entex技术公司；Hydroxyl来自位于德克萨斯州休斯敦Headwork USA。

一些发展中经济体已经证实这对处理中高浓度污水的MBBR是不成立的。这些MBBR中的MLVSS浓度在200~500mg/L之间，因此在考虑污染物的去除时，应将MLVSS的去除能力和生物膜的去除能力结合在一起考虑。生物膜反应器模型的复杂性还体现在反应器可由不同的单元串联，而不同单元可运行于不同条件（如厌氧、缺氧、好氧和利用其他基质的后置缺氧）。图11-2给出了此种工艺的一个典型例子。当反应器有多个单元时，增加回流（硝酸盐回流或污泥回流）后，可用于简单生物膜反应器的解析方法就不再适用，而必须采用数值方法和模型技术对出水水质进行反复试算。

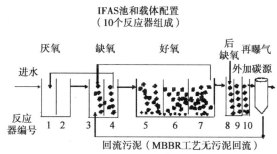

图11-2 用以强化营养物去除由10个单元（反应器）串联组成的IFAS和MBBR流程
（改编自Sen和Randall，2008c）

生物膜模型的复杂程度不同。最简单的模型就是一组有解析解的方程。可得到解析解的方法简化了微分方程组，但却需要更多的假设。举例来说，要假定知道反应器内每个单元的速率限制基质，也要假定速率限制基质位于生物膜内。一维数值模型就不需要这些假设（Reichart，1998；Sen和Randall，2008b），当然一维模型也可扩展到多维。有些研究人员将反应器或多级反应器的长度作为第二维（也称之为假2D）。有的则把生物膜在空间上的差异作为第二维，这样就不仅仅只是模拟生物膜在载体表面上的一维生长。在IFAS和MBBR载体系统中，人们已经认识到引入两维模型的概念是非常重要的，这是因为生物膜长厚后会减少塑料柱载体内的比表面积，但这却可能会被塑料柱载体外表面生物膜的生长所部分抵消。本章会讨论生物膜的一维和两维模型。

应用生物膜的一维和两维模型时所遇到的困难之一就是需要采用有限元中的有限差分，而这会降低计算的速度。对于多级反应器系统，克服这一问题的方法之一就是开发COD去除、硝化、反硝化、生物膜产量动力学的半经验方程，也就是模拟边界层（静止液体层）厚度、液相扩散系数和生物膜扩散系数、生物膜厚度和基质利用率的影响。由于开发这些模型需要生物膜在各种不同条件（不同COD、不同$NH_4^+$-N和不同的COD/$NH_4^+$-N）下的运行数据，因此相应的试验非常繁琐。这样的试验可利用多级（建议好氧区由三级串联而成）反应器完成，让反应器的MLSS在不同细胞平均停留时间（mean cell residence times，MCRT）下运行即可。对于MBBR，试验时MCRT可采用水力停留时间（hydraulic retention time，HRT），而对于IFAS，MCRT则要选择的大一些。必须测定生物膜的基质吸收速率，这样就可以建立一组生物膜的方程（Sen，1995；Sen和Randall，2008a，2008c；Sen等，2000；Sriwiriyarat等，2005）。这种方法后来被用于IFAS和MBBR，用于描述基质和生物量通量的模型。此种模型的求解速度更快。对于静止液层厚度变化对通量速率的影

# 第11章 生物膜反应器模型的应用和发展

响,可通过利用多级莫诺(Monod)关系模拟半经验方程中的最大基质吸收速率和湍流、载体设计之间的关系来考虑。最大基质吸收速率和湍流、载体设计都可影响边界层厚度和生物膜厚度。外加电子受体和电子供体的浓度会影响生物膜层内的基质浓度、硝化菌的比例和生物膜厚度,而这三者对通量速率的影响则可以用二级莫诺(Monod)表达式来反映。基质和电子受体(COD、$NH_4^+$-N、溶解氧、$NO_x^-$-N、磷和碱度)的方程、活性污泥模型中的生物量形式(自养、异养和微生物产生的惰性物质)可与生物膜方程联立求解。

最后要说明的是,这两种模型方法也适用于滴滤池和生物滤池。图 11-3 对此进行了概念性描述。在这些模型中,滴滤池被看做是生物膜(有效)比表面积为 20~100 $m^2/m^3$ 的 MBBR。MBBR 的生物膜比表面积一般为 150~400$m^2/m^3$。生物滤池(曝气的或缺氧的)的比表面积为 800~1000$m^2/m^3$(见表 11-1)。两种方法都有用于串联的滤池(比如预缺氧、好氧和后置缺氧滤池)的形式,也都能用于基质和电子受体沿滤池高度方向变化的滤池,另外也可用于滴滤池的污泥回流、滴滤池/活性污泥工艺和硝酸盐回流。

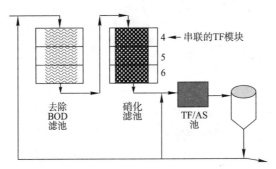

(a) 模型允许滴滤池(TF)系统的每个TF可分为多个模块,多个TF可串联在一起,滤池可与活性污泥组成系列。

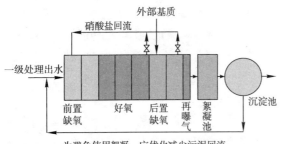

MBBR可以采用低的污泥回流量,在其运行的MLSS范围内,无需絮凝或絮凝池。MBBR™无需污泥回流;多数情况下,MBBR™需要絮凝池或静态混合器来絮凝那些细小的颗粒。

(b) 模型允许多个MBBR串联,可有回流和外部基质投加

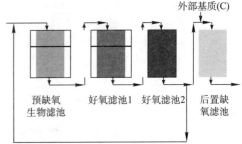

(c) 模型允许每个生物滤池(BAF和SAF)可分为多个模块,允许多个生物滤池串联,允许投加外部基质。

图 11-3 生物膜模型
(a) 滴滤池;(b) MBBR;(c) BAF

表 11-1 模型采用的生物膜比表面积和滴滤池、TF/AS、MBBR和BAF的模拟

| 工艺(均可有回流) | 生物膜的比表面积($m^2/m^3$) | 流向和多级模拟 |
| --- | --- | --- |
| 滴滤池(碎石) | 10~25 | 垂直;多个串联时也可水平 |
| 滴滤池(塑料) | 20~50 | 垂直;多个串联时也可水平 |
| MBBR | 200~400 | 水平 |
| BAF | 800~1200 | 垂直;多个串联时也可水平 |

## 11.2 生物膜的半经验方程

这里先给出多级IFAS和MBBR的半经验模型。因为包含了多个单元和回流，这个半经验模型必须采用数值解。后面一节将再给出生物膜的一维和两维模型。

### 11.2.1 简介

半经验模型的一个基本前提就是增加能与IWA活性污泥模型具有一致性的方程。这些方程用以描述吸收、氧化和降低COD、$NH_4^+$-N和氧化态氮、生物膜的污泥产量。在这些方程中，MLSS和生物膜对COD、$NH_4^+$-N和氧化态氮的吸收和去除并不单独计算，而是合并在一起。生物膜表面积增加后，生物膜去除部分的比例会相应增加，而MLSS的细胞平均停留时间（MCRT）（和MLVSS）则会降低。

计算COD去除、$NH_4^+$-N去除（硝化和生物量吸收后用以合成）和反硝化的方程是基于莫诺（Monod）动力学的。IFAS和MBBR中生物膜贡献的去除量可根据单位生物膜表面积的去除率乘以每个反应器（单元）内的生物膜表面积计算出来。

模型允许包括任意多的串联单元，这样可以模拟整个污水处理厂。每个单元都可以有进水和回流，都允许有生物膜载体，都可曝气也可不曝气，可作为厌氧、前置和后置缺氧、好氧或再曝气区。对于不曝气的单元，模型可计算溶解氧和氧化态氮（$NO_x^-$-N），并可根据用户设定的好氧、缺氧和厌氧条件来确定每个单元是否考虑生物量的好氧、缺氧或厌氧衰减率。

生物膜模型的半经验版本采用了与莫诺（Monod）方程类似的方程，来模拟好氧和缺氧条件下基质的吸收和去除。这些方程的系数来自于以下方法：（1）利用中试试验测定生物膜通量的速率；（2）或在单个或多个条件下运行生物膜扩散模型并与扩散模型关联，以此对扩散模型进行校正。这样可以确定单位生物膜表面积的硝化最大速率（$q_{m,NH4N-Nitr,bf}$）、好氧和缺氧条件下单位生物膜表面积的COD最大利用率（$q_{mH,COD,bf,aer}$和$q_{mH,COD,bf,anx}$）。通过另外的模型校正可确定生物膜的基质和溶解氧的半饱和常数（$K_{N,bf}$和$K_{DO,bf}$）。Sen（1995）曾经发表了速率的定量方法，以下也对此进行了总结。每个单元的生物膜产量可利用表格确定。表格会给出溶解性可生物降解的COD（$SCOD_{Bio}$和$NH_4^+$-N在不同主体浓度下，好氧和缺氧时的异养菌和自养菌产率。将一维和两维生物膜模型在不同条件下运行，通过测定产率可得到表格中的数据。表11-2给出了这种表格的例子。

其他的IFAS和MBBR模型也采用了半经验的方法及其方程。比如由位于以色列Herzliya的Aqwise Wise Water Technologies开发的模型。该公司开发了琼脂载体和Aquaifas（加利福尼亚州Mountain View的Aquaregen）载体。一些载体和池子的生产厂家（比如位于北卡罗来纳州查布尔希的Entex技术公司生产的Bioportz载体）、位于加利福尼亚州纽波特海滩市的EEC USA以及其他一些公司也采用这种方法来模拟他们自己的系统。位于瑞士Dübendorf EAWAG的瑞士联邦水生科学与技术研究院（Swiss Federal Institute of Aquatic Science and Technology）出品的AQUASIM、位于加拿大安大略省汉密尔顿市的Envirosim Associates有限公司出品的Aquifas 4和BioWin、位于加拿大安大略省汉密尔顿市的Hydromantis公司出品的GPS-X均采用了生物膜扩撒模型。

生物膜产率的典型值（来自中试或一维和两维生物膜模型） 表11-2

| 生物膜产率建议值 | 基质浓度范围 | | 吸收模型 | | |
|---|---|---|---|---|---|
| Aquifas 4运行结果或来自试验 | 低（mg/L） | 高（mg/L） | 厌氧 | 缺氧 | 好氧 |
| | | | （mg VSS/mg COD（生物膜）或 mg VSS/吸收的$NH_4^+$-N） | | |
| $SCOD_{Bio}$ | 20 | 200 | | 0.25 | 0.35 |
| | 5 | 19 | | 0.2 | 0.25 |
| | 1 | 4.9 | | 0.18 | 0.22 |
| | 0.1 | 0.99 | | 0.16 | 0.2 |
| $NH_4^+$-N | 5 | 20 | | | 0.5 |
| | 1 | 4.9 | | | 0.045 |
| | 0.1 | 0.9 | | | 0.04 |

IFAS、MBBR和活性污泥的综合性模型应给出动力学参数的缺省值。这些缺省值来自于中试研究和污水处理厂的模型校正。模型的使用者应可根据他们污水处理厂的实际情况对这些缺省值进行修正。

### 11.2.2 铵氮吸收率

半经验模型中的$NH_4^+$-N计算见公式（11-1）～公式（11-6）。

**1. 生物膜中硝化菌的铵氮吸收率**

公式（11-1）用以表达生物膜中硝化菌的$NH_4^+$-N吸收率，$B_{N,n}$（kg/d）。$NH_4^+$-N吸收率是硝化菌合成作用和硝化所吸收的$NH_4^+$-N总和。对单元$n$，有：

$$B_{N,n} = q_{m,NH_4N\text{-}Nitr,bf} \frac{S_{O_{2n}}}{K_{DO,bf}+S_{O_{2n}}} \frac{S_{N_n}}{K_{N,bf}+S_{N_n}} V_n M_n \quad (11-1)$$

式中 $q_{m,NH_4N\text{-}Nitr,bf}$——硝化菌的$NH_4^+$-N吸收通量（表示为kg/1000m²生物膜表面积/d 或mg/cm²/d）；

生物膜的$q_{m,NH_4N\text{-}Nitr,bf}$值与混合液的温度有关。引入温度修正系数$\theta$后，$q_{m,NH_4N\text{-}Nitr,bf}$可以用阿伦尼乌斯（Arrhenius）方程计算：

$$q_{m,NH_4N\text{-}Nitr,bf,T} = q_{m,NH_4N\text{-}Nitr,bf,25} \cdot \theta$$

对于活性污泥系统的硝化，文献报道的系数$\theta$变化范围为1.03~1.07（Dold，1991；Marais和Ekama，1976；Randall等，1992；Wentzel等，1991）。Weiss等人（2005）研究MBBR后得到温度修正系数$\theta$为1.047。建议生物膜的温度修正系数$\theta$为1.05±0.02。

对于修订后的公式（11-1）（见后页），有：

$S_{N_n}$和$S_{O_{2n}}$——$NH_4^+$-N和溶解氧浓度。在单元$n$的生物膜外部液体内测定（与活性污泥系统中的测定方式相同）；

$V_n$——单元$n$的体积（m³）；

$M_n$——单元$n$中单位单元体积（m³）的生物膜表面积（m²）；

$K_{N,bf}$——生物膜内硝化菌生长的$NH_4^+$-N半饱和常数。缺省值为2mg/L $NH_4^+$-N（25℃）。这是根据Hem等人（1994）和Odegaard等人（1994）的数据确定的。这两篇文献的研究表明，当溶解氧浓度很高和溶解性COD很低时，在11~15℃下，生物膜内的硝化率变化与$NH_4^+$-N变化（0~4mg/L）之间的关系几乎是线性的，呈现一级反应。而当$NH_4^+$-N浓度高于4mg/L时，生物膜内的硝化率非常稳定（0级反应）。这一关系也可用半饱和常数为2mg/L $NH_4^+$-N的莫诺（Monod）关系式来表达。

$K_{N,DO}$——生物膜内硝化菌生长的溶解氧半饱和常数。25℃下的缺省值为4mg/L。建议温度修正系数$\theta$为1.00。

研究人员也采用一级动力学方程来模拟溶解氧对生物膜硝化率变化的影响。此时公式（11-1）修正如下：

$$NH_4^+\text{-}N_{u,bf,n} \quad B_{N,n} = q_{m,NH_4N\text{-}Nitr,bf} \frac{S_{O_{2n}}}{K_{DO1,nitr,bf}} \frac{S_{N_n}}{K_{N,nitr,bf}+S_{N_n}} V_n M_n \quad (11\text{-}2)$$

式中 $K_{DO1,nitr,bf} = 4.5$mg/L。

公式（11-1）的两种形式都能够模拟硝化率随溶解氧的变化，也与Huhtamäki(2007)，Odegaard（2005b）和Weiss等人（2005）的数据一致。Odegaard（2005b）的数据表明，在11~15℃和$NH_4^+$-N浓度高于3mg/L、溶解性COD处于较低水平下，溶解氧在3~6mg/L之间变化时，生物膜内的最大硝化速率与溶解氧变化呈线性关系。溶解氧为3mg/L时，最大硝化速率为0.75kg/（d·1000m²）。溶解氧为6mg/L时，最大硝化速率上升到1.5kg/（d·1000m²），二者之间表现为一级反应关系。当溶解氧浓度超过6mg/L时，最大硝化速率开始偏离一级反应，逐渐转变为半级反应。溶解氧浓度为9mg/L时，最大硝化速率为2kg/（d·1000m²）。Weiss等人（2005）给出的方程表明，对于MBBR反应器，当$NH_4^+$-N浓度高于3mg/L、溶解氧在1~7mg/L之间变化时，MBBR的硝化率与溶解氧变化呈线性关系。该方程的形式如下：

$$q_{m,NH_4N\text{-}nit,bf} = 0.214(S_{O_2}-1.15)(1.047)^{(T-20)}$$

## 2. 通过中试获得生物膜硝化速率

对于半经验公式，必须通过小试试验来确定速率系数。除了IFAS和MBBR好氧区的生物膜载体可以不同外，活性污泥、IFAS和MBBR必须在污水负荷、池子大小和形式、硝酸盐回流形式方面完全相同。Sen和Randall（2005）给出了一个这样的例子。对于平行设置的IFAS/MBBR和活性污泥系统，每个系统的流量为208L/d，名义水力停留时间（HRT）为12h。其中17%的体积为厌氧、17%为缺氧，剩余的66%为好氧（好氧HRT为8h）。MLSS的细胞平均停留时间（MCRT）较低，因此12℃的运行温度足以对MLSS中的硝化菌构成很大的压力。

为了测定生物膜内的硝化菌的$NH_4^+$-N最大吸收率（$q_{m,NH_4N\text{-}Nitr,bf}$），可将试验系统中生物膜取出来。可从连续运行的IFAS和MBBR中的3个好氧单元各取2L生物膜载体颗粒和混合液。将这2L混合液放在烧瓶内，加入氯化铵和重碳酸盐并曝气，然后测定$NH_4^+$-N吸收率随时间的变化。试验的$NH_4^+$-N浓度为50~10mg/L。分别对混合液和含有生物膜载体颗粒的混合液进行上述试验。系统MLSS的细胞平均停留时间（MCRT）可取3.1d、2.4d、1.7d、1.0d和0.3d。5个MLSS的细胞平均停留时间（MCRT）和3个好氧单元的数据足以得到各种$SCOD_{bio}$和$NH_4^+$-N条件下$NH_4^+$-N的生物膜吸收速率。$NH_4^+$-N吸收的批次试验在$SCOD_{bio}$很低的水平下进行，这可以限制生物膜内异养菌对$NH_4^+$-N的吸收。为了确保改变MLSS MCRT后能够达到稳态，确定生物膜和新的$SCOD_{bio}$之间达成平衡，在每个MLSS MCRT之间，系

## 第11章 生物膜反应器模型的应用和发展

统至少维持3个MLSS MCRT或8个星期或更长的时间，另外还要进行相应的检测。

在好氧单元$SCOD_{bio}$高于10mg/L下，生物膜的$q_{m,NH_4N\text{-}Nitr,bf}$数据与$SCOD_{bio}$水平之间的关系见图11-4（$a$）。应注意到这里的浓度是在连续流单元稳态运行在各种MLSS MCRT下得到的。当高于10mg/L时，研究发现生物膜内的硝化菌受到$SCOD_{bio}$浓度的抑制，但并不受单元内$NH_4^+$-N浓度的影响。利用伊利诺伊州芝加哥的SYSTAT统计软件包将数据（图11-4a中的数据点）归纳为$q_{m,NH_4N\text{-}Nitr,bf}$和$SCOD_{bio}$的一个线性等式：

$$q_{m,NH_4N\text{-}Nitr,bf} = \frac{A_N K_{S,bfg,Nitr}}{K_{S,bfg,Nitr}+SCOD_{bio}-10} \tag{11-3}$$

式中 $A_N$——1.8kg/1000m²生物膜表面积/d；

$K_{S,bfg,Nitr}$——生物膜内硝化菌生长的半饱和常数，为9.4mg/L $SCOD_{bio}$；

$SCOD_{bio}$——混合液内可生物降解的溶解性COD浓度。可以等同于IWA生物膜工作组模型中的$S_S$（Wanner等，2006）。

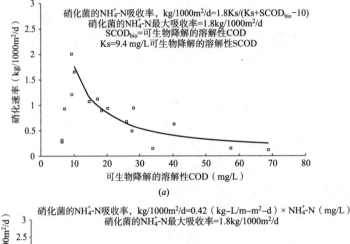

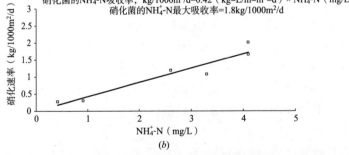

注：图中的数据点是多级IFAS中试设备在不同MLSS MCRT和按照MBBR模式运行下的数据。这个多级中试设备为连续流模式，有2个厌氧、2个缺氧和三个好氧单元和1个沉淀池。数据是将载体从单元内取出后测定得到的。

图11-4 IFAS和MBBR中生物膜的硝化率（Sen和Randall，2008a；Sen等，2000）

（$a$）可生物降解COD对生物膜内硝化菌的限制。条件：$NH_4^+$-N不受限，>3mg/L，水温12℃，溶解性可生物降解COD>10mg/L，溶解氧浓度8~9mg/L；（$b$）水温12℃、溶解性可生物降解COD<10mg/L，$NH_4^+$-N<5mg/L，溶解氧浓度8~9mg/L。

$SCOD_{bio}$的浓度为溶解性COD减去不能生物降解的溶解性COD。对混合液或回流污泥进行长时间（24h）曝气后或者对系统在长MLSS MCRT下运行后测定剩余溶解性COD，就是不可生物降解的溶解性COD。

对于$SCOD_{bio}$<10mg/L的情况，COD浓度不会抑制生物膜内硝化菌的生长。在连续流

的单元中，生物膜的 $q_{m,NH_4N\text{-}Nitr,bf}$ 随着 $NH_4^+$-N 浓度呈现线性增加（图11-4b），关系式如下：

$$q_{m,NH_4N\text{-}Nitr,bf} = (D)S_N \quad (11-4)$$

式中 $D$——0.47kg·L/(mg·1000m²)生物膜表面积/d[①]；
$S_N$——混合液内的 $NH_4^+$-N 浓度（mg/L）。

Sen 和 Randall（2007）采用了公式（11-4）的另外一种形式来模拟在 $SCOD_{bio}<10$mg/L 下的情况：

$$q_{m,NH_4N\text{-}Nitr,bf} = \frac{A_N S_N}{K_{N,bfg\text{-}Nitr} + S_N} \quad (11-5)$$

式中 $K_{N,bfg,Nitr}$——公式（11-5）中的半饱和常数。用于从 $A_N$ 中导出 $q_{m,NH_4N\text{-}Nitr,bf}$（硝化菌的 $NH_4^+$-N 最大吸收通量），其值为 2.1mg/L $NH_4^+$-N。注意这个参数不同于公式（11-1）中的 $K_{N,bf}$。

实际观察到的 $A_N$ 值与 Odegaard（2005a）和 Odegaard 等人（1994）对 KMT（Kaldnes Miljøteknologi）载体在氧气不受限和低溶解性 $BOD_5$ 浓度、10~15℃ 条件下的研究结果一致，为 2~2.5kg/1000m²/d。建议模型中 $A_N$ 的缺省值为 2kg/1000m²/d。

应注意到，实际建模过程中会在运行期根据载体类型或根据生物膜扩散模型对半经验方程的系数进行修正（见11.3节）。

### 3. MLVSS 内硝化菌的铵氮吸收率

公式（11-6）给出了单元 $n$ 内悬浮固体中硝化菌的 $NH_4^+$-N 吸收率。MLVSS 的单位是千克每立方米（kg/m³）、$BVF_n$ 是单元 $n$ 被生物膜及其载体挤占的体积比例，是反映载体类型和载体充填体积比（$mf$）特征的参数。$mf$ 是洁净（无生物膜）载体的填充体积占空池体积的比例。比如，空池体积的 50% 被洁净载体填充，那么 $mf=0.5$。$f_{nitr}$ 是 MLVSS 中硝化菌的比例。

公式（11-6）可用于计算单元 $n$ 内悬浮固体中硝化菌的铵氮吸收率 $A_{N,n}$。实际的模型会引入莫诺（Monod）函数，以考虑诸如正磷酸盐不足等其他因素。

$$A_{N,n} = q_{m,NH_4N\text{-}Nitr,SS} \frac{S_{O_{2n}}}{K_{DO,Nitr,SS}+S_{O_{2n}}} \frac{S_{N_n}}{K_{N,Nitr,SS}+S_{N_n}} V_n (1-BVF_n) f_{Nitr} X_n \quad (11-6)$$

式中 $q_{m,NH_4N\text{-}Nitr,SS}$——温度 $T$ 时的 MLVSS 中硝化菌的 $NH_4^+$-N 最大吸收速率；
$K_{DO,Nitr,SS}$ 和 $K_{N,Nitr,SS}$——温度 $T$ 时的 MLVSS 中硝化菌的半饱和常数；
$f_{nitr}$——MLVSS 中的硝化菌比例；
$X_n$——单元 $n$ 中的 MLVSS（kg VSS/m³）。

利用中试活性污泥系统对 IFAS 模型校正，得到 12℃ 下 $q_{m,NH_4N\text{-}Nitr,SS}$ 的值，硝化菌对铵氮的吸收率为 8.51mg/L $NH_4^+$-N/mg 硝化菌 VSS·d（表11-3）。这与 25℃ 下 $q_{m,NH_4N\text{-}Nitr,SS}$ 为 12.5mg/L $NH_4^+$-N/mg 硝化菌 VSS·d 和温度修正系数为 1.03（Randall 等，1992；Wentzel 等，1991）是一致的。

25℃ 下 $K_{DO,nitr,SS}$ 的缺省值是 1mg/L 溶解氧，其温度修正系数 $\theta$ 为 1.00。25℃ 下 $K_{N,nitr,SS}$ 的缺省值是 1mg/L $NH_4^+$-N，其温度修正系数 $\theta$ 为 1.06。根据上述数值，可得到 12℃ 下的值为 0.46mg/L。这些系数来自 Marais 和 Ekama（1976）、Wentzel 等人（1991）所做的活性污泥系统的硝化和反硝化工作。

---

[①] 根据图和公式的计算，该单位分母应该有数字"1000"。原书错误。译者注。

# 第11章 生物膜反应器模型的应用和发展

表11-3 半经验模型中系数的试验测定值和缺省值（Sen and Randall, 2008a）[a,b]

| 参数 | 温度（℃） | 测定值 | 缺省值 | 单位/公式 | 参考文献 |
|---|---|---|---|---|---|
| **好氧** | | | | | |
| MLVSS中的异养菌 | | | | | |
| $\mu_{m,H,aer,SS}$ 最大生长速率 | 12 | 3.57 | 3.57 | mg VSS/(mg COD/d) | |
| $q_{m,H,aer,SS}$ 最大基质利用率 | 12 | 8.72 | 8.72 | mg VSS/(mg COD/d) | |
| $Y_{H,aer}$ 产率 | 12 | 0.41 | 0.41 | mg VSS/mg COD | |
| $k_{d,H,aer}$ 衰减率 | 12 | 0.042 | 0.042 | $d^{-1}$ | |
| $K_{H,S,aer,SS}$ 半饱和常数 | 12 | 48 | 48 | mg/L SCOD | |
| $K_{H,DO,SS}$ 半饱和常数 | 12 | — | 1 | mg/L 溶解氧 | 注b |
| $q_{m,hydr,aer,PorgN,SS}$ 颗粒性有机氮转变为溶解性有机氮的最大速率 | 12 | | $0.1\, q_{m,H,aer,SS}$ | $q_{m,hydr,aer,COD,SS}$（进水COD/TKN） | 注c |
| $q_{m,hydr,aer,PP,SS}$ 颗粒性有机磷转变为溶解性磷（不是正磷）的最大转化速率 | 12 | | | $q_{m,hydr,aer,COD,SS}$（进水COD/TP） | |
| $q_{m,hydr,aer,SorgN,SS}$ 溶解性有机氮转变为氨氮的最大氨化速率 | 12 | | $0.8\, q_{m,hydr,aer,PorgN,SS}$ | | |
| $q_{m,hydr,aer,SP,SS}$ 溶解性磷转变为正磷的最大转化速率 | 12 | | $0.8\, q_{m,hydr,aer,PP,SS}$ | | |
| **缺氧** | | | | | |
| $\mu_{m,H,anx,SS}$ 最大生长速率 | 12 | 1.77 | 1.77 | mg VSS/(mg COD/d) | 适用于前置缺氧 |
| $q_{m,H,anx,SS}$ 最大基质利用率 | 12 | 5.71 | 5.71 | mg VSS/(mg COD/d) | 适用于前置缺氧 |
| $Y_{H,anx}$ 产率 | 12 | 0.31 | 0.31 | mg VSS/(mg COD/d) | |
| $k_{d,H,anx}$ 衰减率 | 12 | 0.022 | 0.022 | $d^{-1}$ | |
| $K_{H,S,anx,SS}$ 半饱和常数 | 12 | 56 | 48 | mg/L $SCOD_{bio}$ | 注b |
| $K_{H,DO,LSS}$ 半抑制常数 | 12 | — | 0.25 | mg/L 溶解氧 | 注b |
| $K_{H,NO,N,SS}$ 半饱和常数 | 12 | | 1.0 | mg/L 硝酸盐氮 | 注c |
| 水解速率 | | | | 好氧速率 $q_{m,H,anx,SS}/q_{m,H,aer,SS}$ | |
| **厌氧** | | | | | |
| $k_{d,Hana}$ 衰减率 | 12 | 0.005 | 0.005 | $d^{-1}$ | |
| 水解速率 | | | | 0.5 缺氧速率 0.5 | 注c |
| **MLVSS中的自养菌（Nitrosomonas 或厌氧氨氧化菌）文献中的值校正到研究中** | | | | | |
| $\mu_{m,NH_4-N,Nitr,SS}$ 最大生长速率 | 12 | 0.43 | 0.43 | mg $VSS_{Nitr}$/mg $NH_4^+$-N/d | 注d |

## 11.2 生物膜的半经验方程

续表

| | 温度（℃） | 测定值 | 缺省值 | 单位/公式 | 参考文献 |
|---|---|---|---|---|---|
| **MLVSS 中的异养菌** | | | | | |
| $q_{m,NH_4N-Nitr,SS}$ 最大氨氮利用率 | 12 | 8.51 | 8.51 | mg $NH_4^+$-N/mg $VSS_{Nitr}$/d | |
| $Y_{NI}$ 产率 | 12 | 0.05 | 0.05 | mg $VSS_{Nitr}$/mg $NH_4^+$-N | 注 b |
| $k_{d,NI}$ 好氧衰减率 | 12 | 0.023 | 0.023 | $d^{-1}$ | 注 b |
| $K_{DO,Nitr,SS}$ 硝化菌半饱和常数 | 12 | 1 | — | mg/L 溶解氧 | 注 b |
| $K_{N,Nitr,SS}$ 硝化菌半饱和常数 | 12 | 1 | — | mg/L $NH_4^+$-N | |
| **半经验模型中的生物膜** 以下数值为依主体液相中的值，不是生物膜内部的值 | | | | | |
| $K_{S,H,aer,bf}$ 异养菌好氧半饱和常数 | 12 | 48 | 48 | mg/L $SCOD_{bio}$ | |
| $K_{S,H,anx,bf}$ 异养菌缺氧半饱和常数 | 12 | 56 | 48 | mg/L $SCOD_{bio}$ | |
| $K_{DO,H,aer,bf}$ 异养菌好氧半饱和常数 | 12 | 4.0 | — | mg/L 溶解氧 | 注 e |
| $K_{DO,H,i,bf}$ 缺氧抑制常数 | 12 | — | 2.0 | mg/L $NH_4^+$-N | |
| $A_{Saer}$ 生物膜缺氧吸收 COD 最大速率 | 12 | 21 | 21 | kgCOD/1000$m^2$·d | 注 f |
| $A_{Sanx}$ 生物膜好氧吸收 COD 最大速率 | 12 | 14 | 14 | kgCOD/1000$m^2$·d | |
| $B_{Saer}$ $A_S$ 的半饱和常数 | 12 | 19.3 | 19.3 | mg/L $SCOD_{bio}$ | |
| $B_{Sanx}$ $A_S$ 的半饱和常数 | 12 | 19.3 | 19.3 | mg/L $SCOD_{bio}$ | |
| $K_{DO,nitr,bf}$ 硝化菌好氧半饱和常数 | 12 | — | 4.0 | mg/L 溶解氧 | 注 e |
| $K_{N,nitr,bf}$ 硝化菌好氧半饱和常数 | 12 | — | 2.0 | mg/L $NH_4^+$-N | 注 e |
| $A_N$ 氨氮最大吸收速率 | 12 | 1.8 | 1.8 | kg/1000$m^2$·d | |
| $K_{S,bfg,nitr}$ $A_N$ 用于硝酸盐时的半抑制常数 | 12 | 9.4 | 9.4 | mg/L $SCOD_{bio}$ | |
| $K_{N,bfg,nitr}$ $A_N$ 用于硝酸盐时的半抑制常数 | 12 | 2.1 | 2.1 | mg/L $NH_4^+$-N | |
| **生物膜好氧水解 COD 速率** 20% 的 $q_{maer,COD,bf}$ | | | | | 注 g |
| $f_N$ 生物量中氮的比例 | | 0.12 | | mg N/mg VSS | |
| $f_{COD}$ 生物量的 COD 值 | | 1.42 | | mg COD/mg VSS | |

注：模型的构建考虑了当有可用观测值时，可采用观测值代替动力学系数的缺省值和 $\theta$。
a 数值来自连续流的活性污泥，IFAS 和 MBBR 小试模型（Sen, 1995），有说明的除外。
b 参考文献：Dold, 1991; Marais and Ekama, 1976; Randall 等, 1992; Wentzel 等, 1991。
c 应利用运行数据对模型的水解最大速率进行校正，以获得精确的结果。
d 利用小试活性污泥系统在不同 MLSS MCRT 下运行的数据对模型校正后得到 0.43$d^{-1}$。
e Hem et al. (1994); Huhtamäki (2007); Odegaard (2005b); Weiss et al. (2005)。
f 根据前置缺氧和好氧条件下基质最大利用的比例确定。对于后置缺氧单元，用 $q_{maer,COD,bf}$ 代替 $q_{m,H,aer,SS}$。
g 对于生物膜的其他水解方程有类似的形式，在 MLVSS 的水解方程中，生物膜好氧水解方程都与此方程有关，且与 MLVSS 的水解方程有类似的形式。

## 第11章 生物膜反应器模型的应用和发展

从设计角度而言，应该调整或降低 $q_{m,NH_4N-Nitr,SS}$ 的值（$8.51d^{-1}$），这样可补偿实际运行中遇到的硝化菌抑制现象。设计时一般把 $q_{m,NH_4N-Nitr,SS}$ 的值降低25%。硝化菌的抑制是由于污水中某些物质存在的结果，例如接纳污水和化粪池出水的系统就存在这样的物质。有些设施的抑制率更高，例如污泥经过多段焚烧炉焚烧后回流所带来的氰化物。在马里兰州Western Branch污水处理厂和弗吉尼亚州诺福克市的VIP污水处理厂，已经观察到这个现象，抑制率达到了50%（Solley，2000）。这两个污水处理厂将多段焚烧炉尾气洗涤液回流到污水处理中。其他处理设施，比如下面讨论的科罗拉多州布鲁姆菲尔德市的污水处理厂，采用污水处理厂一段时期的数据进行连续模拟表明没有出现明显的抑制。

**4. 每个反应器内的铵氮质量平衡**

可以采用质量守恒的方法计算单元 $n$ 内的 $NH_4^+$-N 浓度（mg/L）：

$$I_{N,n}+N_{decay,n}+N_{org-N,hydr,n}=A_{N,n}+B_{N,n}+C_{N,n}+D_{N,n}+E_{N,n} \quad (11-7)$$

式中　　$I_{N,n}$——进入好氧单元 $n$ 的未被同化的 $NH_4^+$-N（kg/d）；

$E_{N,n}$——离开好氧单元 $n$ 的未被同化的 $NH_4^+$-N（kg/d）；

$A_{N,n}$ 和 $B_{N,n}$——悬浮固体和生物膜中硝化菌吸收的 $NH_4^+$-N，分别用公式（11-6）和（11-1）计算（kg/d）；

$C_{N,n}$ 和 $D_{N,n}$——单元 $n$ 内 MLVSS 和生物膜中异养菌增值消耗的 $NH_4^+$-N（kg/d）；

$N_{decay,n}$——单元 $n$ 内 VSS 衰减释放的 $NH_4^+$-N（kg/d）；

$N_{org-N,hydr,n}$——有机氮的水解速率（kg/d）。

单元 $n$ 内，MLSS中的生物量利用溶解氧和 $NO_x^-$-N 吸收的 $NH_4^+$-N $C_{N,n}$ 可计算如下：

$$C_{N,n}(kg/d)=\{[COD_{u,aer,SS,n}][Y_{AH,aer,SS}]+[COD_{u,anx,SS,n}][Y_{AH,anx,SS}]\}f_N \quad (11-8)$$

式中　　$f_N$——合成生物量（MLVSS）中氮的比例，缺省值为0.12；

$COD_{u,aer,SS,n}$ 和 $COD_{u,anx,SS,n}$——单元 $n$ 内，好氧和缺氧条件下被 MLVSS 利用的 COD。

$Y_{AH,SS}$ 和 $Y_{AH,BF}$（公式（11-9））是生物膜和悬浮固体中异养菌的实际产量。它们的计算见生物量的产量一节。

单元 $n$ 内生物膜中异养菌增值消耗的 $NH_4^+$-N，$D_{N,n}$ 计算如下：

$$D_{N,n}=\{[COD_{u,bf,n}][Y_{AH,BF}]\}f_N \quad (11-9)$$

与MLVSS的 $NH_4^+$-N 吸收率不同，$B_{N,n}$[①] 和 $D_{N,n}$ 分别是生物膜内的自养菌和异养菌的净衰减量。

$N_{decay,n}$ 是MLVSS中的生物量衰减释放出的氮。当溶解氧高于好氧条件的最低限值时，方程的形式如下：

$$N_{decay,n}(kg/d)=(f_N)(k_{dH,aerT}X_nV_n)(1-BVF_n) \quad (11-10)$$

当某单元中的溶解氧低于好氧条件的最低限值，但高于缺氧条件的 $NO_x^-$-N 最低限值时，公式（11-10）的衰减率从好氧衰减率 $k_{dH,aerT}$ 转变为缺氧衰减率 $k_{dH,anxT}$。如果溶解氧低于缺氧条件的 $NO_x^-$-N 最低限值时，衰减率变为厌氧衰减率 $k_{dH,anaT}$（表11-3）。

应当说明的是，如果从MLVSS计算VSS产量（$C_n$）时的 $NH_4^+$-N 利用率是基于生物量衰减的净值，则方程不再考虑 $N_{decay,n}$。因为方程（11-1）中的 $NH_4^+$-N 利用率也是基于生物

---

① 原文为 $A_{N,n}$。原文有误，应为 $B_{N,n}$。译者注。

膜衰减净值，因此方程中也无需考虑生物膜的这一相应值。

$N_{\text{org-N,hydr},n}$代表单元$n$内未被同化的有机氮中被水解的部分，可计算如下（kg/d）。

$$N_{\text{org-N,hydr},n}=(I_{\text{PorgN}}+I_{\text{SorgN}}-E_{\text{PorgN}}-E_{\text{SorgN}})_n \tag{11-11}$$

水解速率可通过一系列莫诺（Monod）方程计算得到。对于MLVSS而言，未被同化的颗粒性有机氮的最大水解率（$q_{\text{m,hydr,EA,PorgN,SS}}$）表示为每千克MLVSS每天水解多少千克颗粒性有机氮。半饱和常数（$K_{\text{hydr,EA,PorgN,SS}}$）以颗粒性有机氮的毫克每升表示。下标"EA"代表电子受体（Electron Accept，EA）的好氧、缺氧或厌氧条件（取决于溶解氧和$NO_x^-$-N的浓度）。对于生物膜而言，未被同化的颗粒性有机氮的最大水解率（$q_{\text{m,hydr,EA,PorgN,bf}}$）表示为每1000m²生物膜表面积每天水解多少千克颗粒性有机氮。出水颗粒性有机氮（$E_{\text{PorgN}}$）可根据进水颗粒性有机氮（$I_{\text{PorgN}}$）和被MLVSS、生物膜水解的颗粒性有机氮计算得到。相应的计算见公式（11-12）~公式（11-15）。

$$I_{\text{PorgN},n}=E_{\text{PorgN},n}+\text{Porg }N_{\text{hydr,SS},n}+\text{Porg }N_{\text{hydr,bf},n} \tag{11-12}$$

$$\text{Porg }N_{\text{hydr,SS},n}=q_{\text{m,hydr,EA,PorgN,SS}}\frac{S_{\text{PorgN},n}}{K_{\text{hydr,EA,PorgN,SS}}+S_{\text{PorgN},n}}V_n(1-\text{BVF}_n)X_n \tag{11-13}$$

$$\text{Porg }N_{\text{hydr,bf},n}=q_{\text{m,hydr,EA,PorgN,bf}}\frac{S_{\text{PorgN},n}}{K_{\text{hydr,EA,PorgN,bf}}+S_{\text{PorgN},n}}V_n M_n \tag{11-14}$$

$$E_{\text{PorgN}}=(S_{\text{PorgN}})(Q_{\text{eff},n}) \tag{11-15}$$

式中　$S_{\text{PorgN}}$——单元$n$出水中的颗粒性有机氮浓度；

$Q_{\text{eff},n}$——单元$n$出水流量。

颗粒性有机氮水解后变为溶解性有机氮。溶解性有机氮然后被转化（脱氨）为$NH_4^+$-N。单元$n$的出水溶解性有机氮（$E_{\text{SorgN}}$）可计算如下：

$$I_{\text{SorgN}}+\text{Porg }N_{\text{hydr,SS},n}+\text{Porg }N_{\text{hydr,bf},n}=E_{\text{SorgN}}+\text{Sorg }N_{\text{hydr,SS},n}+\text{Sorg }N_{\text{hydr,bf},n} \tag{11-16}$$

生物膜和悬浮固体水解出的溶解性有机氮量（$\text{Sorg }N_{\text{hydr,SS},n}+\text{Sorg }N_{\text{hydr,bf},n}$）可用类似于公式（11-12）~公式（11-15）的公式来计算，但需要用下标Sorg $N$代替Porg $N$。此时，公式（11-13）和公式（11-14）中也应采用MLVSS和生物膜的溶解性有机氮最大水解速率（$q_{\text{m,hydr,SorgN,SS}}$和$q_{\text{m,hydr,SorgN,bf}}$）以及相应的溶解性有机氮的半饱和常数。

对于模型中的系数，已经得到了一些数值（见表11-3）。这些数值用连续流中试（Sriwiryarat等，2005）和一些MBBR、IFAS污水处理厂的实际运行数据校正模型后得到的（Sen等，2006）。在所有电子受体条件（厌氧、缺氧或好氧）下，公式（11-13）和公式（11-14）中的半饱和常数（$K_{\text{hydr,EA,PorgN,SS}}$和$K_{\text{hydr,EA,PorgN,bf}}$[①]）均为1mg/L。

应当说明的是，所选的水解速率值在冬季的影响要大于在夏季的影响，对MBBR的影响要大于对IFAS的影响。这是由于冬季水解速率较低，而在MBBR中，MLVSS的浓度相对较低，由此需要生物膜负担大部分的水解任务。因此，根据中试计算得到的水解速率值应根据冬季MBBR的运行数据进行修正。低温（2~12℃）MBBR应用模型时应特别注意，结果应跟实际污水处理厂进行比对。如有必要，应调整相应的系数值。

无论是半经验还是一维或两维模型，确定生物膜的水解速率时都应特别小心。对MBBR而言，水解速率的差异会导致实际污水处理厂数据和模型数据之间在冬季出水有机

---

[①] 原文为$K_{\text{hydr,EA,PorgN,SS}}$。原文有误，应为$K_{\text{hydr,EA,PorgN,bf}}$。译者注。

# 第11章 生物膜反应器模型的应用和发展

**表 11-4** 半经验饱和生物膜模型中MLVSS动力学系数矩阵（X=MLVSS; AOB=氨氧化菌; NOB=亚硝酸盐氧化菌）（Sen和Randall, 2008a）*

| | $X_H$ ($X[1-f_{nitr}]$) | $X_N$ ($Xf_{nitr}$) | $S_S$ (SCOD$_{bio}$) | SN (NH$_4^+$-N) | $S_{O_2}$(DO) | $S_{NO_3,N}$ (NO$_3^-$-N) | 单元n的动力学表达 （n为多级反应器中的单元数量） |
|---|---|---|---|---|---|---|---|
| 异养菌利用溶解氧 | 1 | | $-\dfrac{1}{Y_{Haer}}$ | $-f_N$ | $-\dfrac{(1-f_{COD}Y_{Haer})}{Y_{Haer}}$ | | $Y_{Haer}[q_{m,H,aer,SS}\dfrac{SCOD_{bio,n}}{K_{H,S,aer,SS}+SCOD_{bio,n}}\dfrac{S_{O_{2n}}}{K_{H,DO,SS}+S_{O_{2n}}}V_n(1-BVF_n)(1-f_{Nitr})X_n]$ |
| 异养菌利用NO$_3^-$-N | 1 | | $-\dfrac{1}{Y_{Hanx}}$ | $-f_N$ | | $\dfrac{-(1-f_{COD}Y_{Hanx})}{2.86 Y_{Hanx}}$ | $Y_{Hanx}[q_{m,H,anx,SS}\dfrac{SCOD_{bio,n}}{K_{H,S,anx,SS}+SCOD_{bio,n}}\dfrac{S_{NO_3,N_n}}{K_{H,NO_3,SS}+S_{NO_3,N_n}}\dfrac{K_{H,DO,i,SS}}{K_{H,DO,i,SS}+S_{O_{2n}}}V_n(1-BVF_n)(1-f_{Nitr})X_n]$ |
| AOB($N_1$)利用溶解氧 | | 1 | | $-\dfrac{1}{Y_{N1}}$ | $-\dfrac{3.43(1-f_N Y_{N1})}{Y_{N1}}$ | | $Y_{N1}[q_{m,HN-N-Nitr,SS}\dfrac{S_{N_n}}{K_{N,nitr,SS}+S_{N_n}}\dfrac{S_{O_{2n}}}{K_{DO,nitr,SS}+S_{O_{2n}}}V_n(1-BVF_n)f_{Nitr}X_n]$ |
| NOB($N_2$)利用溶解氧 | | 1 | | | $-\dfrac{1}{Y_{N2}}$ | $-\dfrac{1}{Y_{N2}}$ | |
| AOB+NOB（如果 $Y_{N1}=Y_{N2}$ 并且出水 NO$_2^-$-N为零 | | 2 | $-\dfrac{1}{Y_{N1}}-f_N$ | $-\dfrac{4.57(1-f_N Y_{N1})}{Y_{N1}}$ | $-\dfrac{1}{Y_{N1}}$ | | $2Y_{N1}[q_{m,NH_4-N-Nitr,SS}\dfrac{S_{N_n}}{K_{N,nitr,SS}+S_{N_n}}\dfrac{S_{O_{2n}}}{K_{DO,nitr,SS}+S_{O_{2n}}}V_n(1-BVF_n)f_{Nitr}X_n]$ |

* 注：除了BVF=0之外，在生物膜扩散模型中，生物膜内每层可采用相同的动力学表达式。对每一层，$n=bn_o$。

## 11.2 生物膜的半经验方程

表11-5 生物膜的半经验模型——生物膜通量的半经验计算方程（Sen 和 Randall, 2008a）

| | $X_H$ ($X[1-f_{nitr}]$) | $X_N$ ($Xf_{nitr}$) | $S_S$ (SCOD$_{bio}$) | $S_N$ (NH$_4^+$-N) | $S_{O_2}$ (DO) | $S_{NO_3,N}$ (NO$_3^-$-N) | 单元 $n$ 的动力学表达（$n$ 为多级反应器中的单元数量） |
|---|---|---|---|---|---|---|---|
| 异养菌利用溶解氧 | 1 | | $\dfrac{-1}{Y_{Haer}}$ | $-f_N$ | $\dfrac{-(1-f_{COD}Y_{Haer})}{Y_{Haer}}$ | | $Y_{Haer}[q_{m,aer,COD,bf} \dfrac{S_{O_{2n}}}{K_{DO,H,aer,bf}+S_{O_{2n}}} \dfrac{SCOD_{bio,n}}{K_{S,H,aer,bf}+SCOD_{bio,n}} V_n M_n]$ |
| 异养菌利用 NO$_3^-$-N | 1 | | $\dfrac{-1}{Y_{Hanx}}$ | $-f_N$ | | $\dfrac{-(1-f_{COD}Y_{Hanx})}{2.86\, Y_{Hanx}}$ | $Y_{Hanx}[q_{m,anx,COD,bf} \dfrac{K_{H,DO,i,bf}}{K_{H,DO,i,bf}+S_{O_{2n}}} \dfrac{SCOD_{bio,n}}{K_{S,H,anx,bf}+SCOD_{bio,n}} \dfrac{S_{NO_3,N_n}}{K_{NO_3-N,bf}+S_{NO_3,N_n}} V_n M_n]$ |
| AOB($N_1$) 利用溶解氧 | | 1 | | $\dfrac{-1}{Y_{N1}}$ | $\dfrac{-3.43(1-f_N Y_{N1})}{Y_{N1}}$ | | $Y_{N1}[q_{m,HN-N-Nitr,bf} \dfrac{S_{O_{2n}}}{K_{DO,nitr,bf}+S_{O_{2n}}} \dfrac{S_{N_n}}{K_{N,nitr,bf}+S_{N_n}} V_n M_n]$ |
| AOB($N_2$) 利用溶解氧 | | 1 | | $-f_N$ | $\dfrac{-1.14}{Y_{N2}}$ | $\dfrac{-1}{Y_{N2}}$ | |
| AOB+NOB（如果 $Y_{N1}=Y_{N2}$ 并且出水 NO$_2^-$-N 为零） | | 2 | | $\dfrac{-1}{Y_{N1}}-f_N$ | $\dfrac{-4.57(1-f_N Y_{N1})}{Y_{N1}}$ | $\dfrac{-1}{Y_{N1}}$ | $2Y_{N1}[q_{m,NH_4-N-Nitr,bf} \dfrac{S_{O_{2n}}}{K_{DO,nitr,bf}+S_{O_{2n}}} \dfrac{S_{N_n}}{K_{N,nitr,bf}+S_{N_n}} V_n M_n]$ |

# 第11章 生物膜反应器模型的应用和发展

氮上的巨大差异。有些模型假定所有的水解都发生在MLVSS的生物絮体内,这在IFAS和活性污泥工艺中貌似合适。但实际上这是不适合的,因为在MBBR中,这样的假定导致了出水颗粒性氮远远高于实际观察值。

表11-4(MLVSS)和表11-5(生物膜)以矩阵的形式给出了硝化、反硝化和COD去除的方程。

## 11.2.3 COD的去除

COD去除率的计算方程类似于硝化计算的方程。

每个单元内,COD都可被生物膜和MLVSS在好氧或缺氧条件下去除。公式(11-17)给出了生物膜好氧吸收COD的计算式:

$$\mathrm{COD}_{u,aer,bf}, B_{n,1,S} = q_{m,aer,COD,bf} \frac{S_{O_{2n}}}{K_{DO,H,aer,bf}+S_{O_{2n}}} \frac{\mathrm{SCOD}_{bio,n}}{K_{S,H,aer,bf}+\mathrm{SCOD}_{bio,n}} V_n M_n \quad (11-17)$$

COD最大去除通量($q_{m,aer,COD,bf}$)会随着$\mathrm{SCOD}_{bio}$浓度的升高而升高。正如先前提到的,国际水协会生物膜工作组(IWA Biofilm Task Group)在他们的模型表达中,约定$\mathrm{SCOD}_{bio}$等同于$S_S$。根据从连续流单元中取出生物膜后进行的速率测定批次试验,可建立$q_{m,aer,COD,bf}$和$\mathrm{SCOD}_{bio}$的经验关系式(见图11-5):

$$q_{m,aer,COD,bf} = \frac{A_{S,aer} \mathrm{SCOD}_{bio}}{B_{S,aer}+\mathrm{SCOD}_{bio}} \quad (11-18)$$

式中 $A_{S,aer}$——21kg/1000m² 生物膜表面积/d;
$B_{S,aer}$——19.3mg/L $\mathrm{SCOD}_{bio}$。

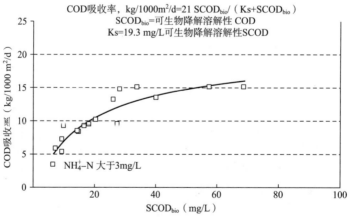

图11-5 IFAS和MBBR中生物膜的COD吸收率(Sen和Randall, 2008a; Sen 等, 2000)
(水温12℃,溶解氧为8~9mg/L条件下测定值)

注:图中的数据点是有三个好氧单元的多级IFAS中试设备在不同MLSS MCRT下按照MBBR运行得到的。中试设备有两个厌氧单元、两个缺氧单元、三个好氧单元和一个沉淀池,以连续流模式运行。从设备中取出载体后测定速率。

公式(11-19)[①]给出了单元$n$内,速率随可生物降解的溶解性COD($\mathrm{SCOD}_{bio,n}$)和溶解氧($S_{O_{2,n}}$)变化的关系。在12℃下,COD缺省半饱和常数值$K_{S,H,aer,bf}$为48mg/L COD。

---
① 原文为11-17。原文有误,应为11-19。译者注。

这等同于中试研究中MLSS生物量的值$K_{SHaer,SS}$（见表11-3）。25℃时，此值升至70mg/L COD。阿伦尼乌斯（Arrhenius）方程中的温度修正系数$\theta$为1.03。

25℃下溶解氧的半饱和常数$K_{DO,H,aer,bf}$缺省值为4mg/L溶解氧；$K_{DO,H,bf,aer}$的温度修正系数$\theta$为1.00。

公式（11-19）给出了生物膜在缺氧条件下对COD的吸收量（$COD_{u,anx,bf}=B_{n,2,S}$）：

$$COD_{u,anx,bf} \quad B_{2,S,n} = q_{m,anx,COD,bf} \frac{K_{H,DO,i,bf}}{K_{H,DO,i,bf}+S_{O_{2n}}} \frac{SCOD_{bio,n}}{K_{S,H,anx,bf}+SCOD_{bio,n}}$$

$$\frac{S_{NO_xN_n}}{K_{NO_x\text{-}N,bf}+S_{NO_xN_n}} V_n M_n \tag{11-19}$$

$$q_{m,anx,COD,bf} = \frac{A_{S,anx} SCOD_{bio}}{B_{S,anx}+SCOD_{bio}} \tag{11-20}$$

式中 $A_{S,anx}$——当载体位于预缺氧区，则为13.8kg/1000m²·生物膜表面积/d；

$B_{S,anx}$——19.3mg/L $SCOD_{bio}$。

$A_{S,anx}$的值是根据MLVSS中异养菌在预缺氧条件和好氧条件下的基质最大利用率比值确定的（$q_{m,H,anx,SS}/q_{m,H,aer,SS}$）。12℃下，溶解氧抑制半饱和常数$K_{H,DO,i,bf}$建议的缺省值为2mg/L溶解氧（见表11-3）。

25℃下，溶解氧抑制半饱和常数$K_{H,DO,i,bf}$建议的缺省值为2mg/L溶解氧，温度修正系数$\theta$为1.00。

12℃下，COD的$K_{S,H,bf,anx}$的缺省值为48mg/L COD。这个值与好氧条件下的建议值相同。中试试验表明，实际值可能处理稍微高一些（表11-3为56mg/L）。取值45~70mg/L时能够很好地模拟实际规模的IFAS污水处理厂的实测数据。$K_{S,H,bf,anx}$的温度修正系数$\theta$为1.03。

25℃下，$NO_x^-\text{-}N$，$K_{NO_x\text{-}N,bf}$的半饱和常数为1mg/L $NO_x^-\text{-}N$。

如果乘以系数$f_N$（生物量中氮的比例），公式（11-18）和公式（11-20）可用来计算生物膜的合成和衰减所需的$NH_4^+\text{-}N$吸收量。根据$NO_x^-\text{-}N$的两种独立形式——$NO_2^-\text{-}N$和$NO_3^-\text{-}N$，描述COD吸收的公式（11-19）可分为两个独立的方程。另外应注意在好氧单元内，生物膜内可发生好氧或缺氧条件下的COD吸收。

实际污水处理厂的运行数据表明，甚至在传统的活性污泥系统中，每个单元内都可能同时发生好氧和缺氧条件下的COD吸收。这就是公式（11-21）和公式（11-22）的基础。这两个公式用以计算单元$n$内，悬浮固体对COD的好氧和缺氧吸收：

$$COD_{u,aer,ss} \; A_{1,S,n} = q_{m,H,aer,SS} \frac{S_{O_{2n}}}{K_{H,DO,SS}+S_{O_{2n}}} \frac{SCOD_{bio,n}}{K_{H,S,aer,SS}+SCOD_{bio,n}} V_n(1-BVF_n)(1-f_{Nitr})X_n \tag{11-21}$$

$$COD_{uanx,ss} \; A_{2,S,n} = q_{m,H,anx,SS} \frac{S_{NO_xN_n}}{K_{H,NO_xN,SS}+S_{NO_xN_n}} \frac{SCOD_{bio,n}}{K_{H,S,anx,SS}+SCOD_{bio,n}} \frac{K_{H,DO,i,SS}}{K_{H,DO,i,SS}+S_{O_{2n}}} \tag{11-22}$$

$$V_n(1-BVF_n)(1-f_{Nitr})X_n$$

式中 $q_{m,H,aer,SS}$和$q_{m,H,anx,SS}$——温度$T$时，MLVSS中异养菌的最大COD吸收率；

$K_{H,DO,SS}$和$K_{H,S,aer,SS}$——温度$T$时，MLVSS中异养菌好氧吸收COD的溶解氧和COD半饱和常数；

$K_{H,NO_x\text{-}N,SS}$和$K_{H,S,anx,SS}$——温度$T$时，MLVSS中异养缺氧吸收COD的$NO_x^-\text{-}N$和COD

# 第11章 生物膜反应器模型的应用和发展

半饱和常数；

$K_{H,DO,i,SS}$——反硝化的半抑制常数，表示为mg/L溶解氧。

12℃下$q_{m,H,aer,SS}$的测定值是8.72mg COD（吸收）/mg VSS（异养菌）/d（见表11-3）。如果温度修正系数为1.03，25℃下的值为12.8mg COD（吸收）/mg VSS（异养菌）/d，则两个数据是吻合的（Dold，1991；Randall等，1992，Wentzel等，1991）。文献报道的温度修正系数$\theta$从小于1.03到1.07（Marais和Ekama，1976；Wentzel等，1991）。

中试测定的$K_{H,S,aer,SS}$值为48mg/L（表11-3）。McClintock等人（1988）给出25℃下的$K_{H,S,aer,SS}$值为70mg/L COD。如果温度修正系数为1.03，则两个数据是吻合的。$K_{H,DO,SS}$的缺省值在25℃下为1mg/L溶解氧。

12℃下，$q_{m,H,anx}$的测定值为5.71mg COD（吸收）/mg VSS（异养菌）（见表11-3）。这是在处理一级处理出水，其中25%~33%的COD为$SCOD_{bio}$的条件下得到的。对于外加碳源的后置缺氧单元，应采用其他$q_{m,H,anx,SS}$值。当采用甲醇为碳源时，这个值可能要低一些（Dold等，2007）。

12℃下，$K_{H,S,aer,SS}$在缺氧条件下的测定值为56mg/L（表11-3）。这比好氧条件下的48mg/L稍微高一些。由此，模拟缺氧区和好氧区时可以采用相同的$K_{H,S,aer,SS}$缺省值。

$K_{H,NO_3-N,SS}$和$K_{H,DO,i,SS}$的缺省值来自文献（表11-3）。$K_{H,NO_3-N,SS}$的值为1mg/L $NO_3^--N$，$K_{H,DO,i,SS}$的值为0.25mg/L溶解氧。

每个好氧单元的$SCOD_{bio}$采用与公式（11-7）类似的形式通过质量守恒的方法得到。公式（11-23）的单位为kg/d。

$$I_{n,S}+S_{decay,n}+S_{hydr,n}=A_{n1,S}+A_{n2,S}+B_{n1,S}+B_{n2,S}+E_{n,S} \qquad (11-23)$$

式中　$I_{n,S}$和$E_{n,S}$——单元$n$进出水的$SCOD_{bio}$（kg/d）；

$S_{decay,n}$——MLVSS衰减释放出的COD。

因为公式（11-18）和公式（11-20）中的COD通量为衰减净值，因此上式无需考虑生物膜衰减释放出的COD。以下讨论的一维和二维生物膜扩散模型中的COD通量也是衰减净值。

$$S_{decay,n}(kg/d)=(f_{COD})(k_{dH,aerT}X_nV_n)(1-BVF_n) \qquad (11-24)$$

式中　$f_{COD}$——生物量的COD量，缺省值为1.42mg COD/mg VSS。

## 11.2.4 生物量的产量

对于MLSS和生物膜，可计算出由于COD的去除产生的异养菌和硝化菌量。这一计算是每个单元$n$分别进行的。所有单元计算的总和即为总的生物产量。

计算时首先确定一个或多个MLSS MCRT。在诸如Aquifas，BioWin和GPS-X的高级模型中，会利用污水处理厂的工艺形式（如厌氧、缺氧、好氧和后置缺氧区的比例；多点进水；MLE工艺[①]；UCT工艺或$A^2/O$工艺等）来计算好氧、缺氧和厌氧条件下的MLSS MCRT。另外在每个好氧单元内，IFAS和MBBR的模型需要计算或采用一个确定的生物膜产率值。与一维和二维的生物膜扩散模型不同，半经验模型无法计算出每个单元内的生物膜产率值。为此，半经验模型会使用一个参考表。参考表给出了不同条件（如缺氧和好

---

① 国内多称之为AO生物脱氮工艺。译者注。

氧）、不同COD（主体液相内）水平、不同$NH_4^+$-N水平下异养菌和自养菌的产率系数。必须通过中试或一维或两维生物膜模型的多次运行校正后才能绘制出这个表格。

**1. 混合液挥发性悬浮固体（MLVSS）**

关于生物量产量MLVSS以及硝化菌比例的计算，活性污泥系统和MBBR要比IFAS的简单。因为在IFAS内生物膜和混合液对污染物的去除和生物量的产量同等重要，故此IFAS必须考虑二者之间的相互作用。这一般采用多次迭代的计算方法。

MLVSS中异养菌的生物量产量（kg/d）由以下四步计算得到：

（1）第一步计算单元$n$内的产量。

单元$n$内，MLVSS的异养生物量产量：

$$A_{XHy,n}=(COD_{u,aer,SS,n})(Y_{Haer})+(COD_{u,anx,SS,n})(Y_{Hanx}) \quad (11-25)$$

上式中的$COD_{u,aer,SS,n}$和$COD_{u,anx,SS,n}$根据公式（11-21）和（11-22）计算得到。

（2）第二步计算单元$n$内MLVSS的衰减（kg/d）。

正如之前讨论的公式（11-10），单元$n$内的衰减率$k_{dH,EA,n}$是溶解氧和$NO_x^-$-N的函数。

单元$n$内异养菌的生物量衰减：

$$A_{n,XHd}=-(k_{dH,EA,n})(MLVSS)(1-f_{nitr})(V_n)(1-BVF) \quad (11-26)$$

单元$n$内异养菌生物量的总产量是生物量生成（公式（11-25））和衰减（公式（11-26））的总和。必须对公式（11-1）~公式（11-44）[①]进行迭代计算，才能得到$f_{nitr}$的值。

（3）第三步计算硝化菌的产量，采用的方程类似异养菌的公式（11-25）。

单元$n$内MLVSS的硝化菌生物量产量：

$$A_{n,XNy}=(NH_4^+\text{-}N_{u,SS,n})(Y_{N1})+(NO_2^-\text{-}N_{u,SS,n})(Y_{N2}) \quad (11-27)$$

公式右边第一项是亚硝化单胞菌（*Nitrosomonas*）的生物量产量，第二项是硝化杆菌（*Nitrobacter*）的生物量产量。

（4）第四步计算硝化菌的衰减。这步利用公式（11-28）、（11-29）和（11-30）。其中公式（11-28）和（11-29）与异养菌的公式（11-26）类似。

单元$n$内亚硝化单胞菌（$N_1$）的生物量衰减，

$$A_{n,XN1d}=-(k_{dN1,EA,n})(f_{nitr1})(MLVSS)(V_n)(1-BVF) \quad (11-28)$$

单元$n$内硝化杆菌（$N_2$）的生物量衰减，

$$A_{n,XN2d}=-(k_{dN1,EA,n})(f_{nitr2})(MLVSS)(V_n)(1-BVF) \quad (11-29)$$

$$A_{n,XNd}=A_{n,XN1d}+A_{n,XN1d} \quad (11-30)$$

**2. 生物膜**

生物膜部分计算的方式类似于MLVSS的计算。单元$n$内，生物膜的异养菌生物量产量$B_{XH,n}$利用公式（11-31）计算：

$$B_{XH,n}=[COD_{u,bf,n}][Y_{H,bf,n}] \quad (11-31)$$

上式算出的量是生物膜脱落后进入MLVSS的量。单元$n$内，生物膜利用的COD可通过公式（11-17）（$COD_{u,bf,aer}$）和公式（11-19）（$COD_{u,bf,anx}$）计算出来。对于半经验模型，单元$n$内的生物膜产率$Y_{H,bf,n}$（每天进入生物膜的单位COD产生的离开生物膜的异养菌量），

---

[①] 怀疑原文有误。译者注。

# 第11章 生物膜反应器模型的应用和发展

必须作为一个外部输入量。生物膜产率可通过一维模型和半经验模型联立求解得到。另外，也可来自半经验模型的数据表（根据中试试验测定得到），或者直接从厂家得到。数据表就是在不同$SCOD_{bio}$和$NH_4^+$-N浓度下的产率表，是根据生物膜一维模型多次的运行结果绘制的（见表11-1）。

对硝化菌而言，其计算与异养菌的计算类似。公式（11-31）可修改成下面的形式：

$$B_{XN,n}=[NH_4^+\text{-}N_{u,bf,n}][Y_{N1,bf,n}]+[NO_2^-\text{-}N_{u,bf,n}][Y_{N2,bf,n}] \quad (11\text{-}32)$$

式中　$B_{XN,n}$——从生物膜脱落进入混合液的硝化菌量；

　　　$NH_4^+\text{-}N_{u,bf,n}$——利用公式（11-1）计算得到；

　　　$Y_{N1,bf,n}$——每天进入生物膜的单位$NH_4^+$-N产生的亚硝化单胞菌（*Nitrosomonas*）生物量（以VSS的形式离开生物膜的量）；

　　　$Y_{N2,bf,n}$[①]——每天进入生物膜的单位$NH_4^+$-N产生的硝化杆菌（*Nitrobacter*）[②]生物量（以VSS的形式离开生物膜的量）；

硝化菌生物量也可根据所有硝化菌（氨氧化菌和亚硝酸盐氧化菌）的总产率来计算（表11-4和表11-5）。

单元$n$内，生物膜产生的硝化菌生物量：

$$B_{XN,n}=[NH_4^+\text{-}N_{u,bf,n}][Y_{Ntotal,bf,n}] \quad (11\text{-}33)$$

式中　$Y_{Ntotal,bf,n}$——每天进入生物膜的单位$NH_4^+$-N产生的氨氧化菌量（以VSS的形式离开生物膜的量），是表11-1[③]中$Y_{N1,bf,n}$的两倍。

与异养菌的计算方法不同，生物膜内硝化菌的衰减合并在了生物膜产率里。生物膜产率为衰减后的净产率。

## 11.2.5　硝化菌的比例

可通过以下三步计算出MLVSS中硝化菌的比例。

（1）利用上面的公式计算每个单元内MLVSS产生和生物膜脱落的硝化菌量；

（2）计算$n$单元内，每天产生和衰减的硝化菌、异养菌的总和；

（3）根据公式（11-34）计算硝化菌的比例。

硝化菌的比例（$f_{nitr}$）计算如下：

$$f_{nitr}=\frac{\sum_1^n\text{生物膜和MLVSS中硝化生物量的产量和衰减量}}{\sum_1^n\text{生物膜和MLVSS中异养菌、硝化菌生物量的产量和衰减量}} \quad (11\text{-}34)$$

式中　$n$——运行的反应器单元总数。

生物量的产生和衰减计算见公式（11-27）和公式（11-33）。

正如上面提到的，每次迭代时算出的$f_{nitr}$再输入到下次的模型计算中。

以下的理解非常重要：活性污泥系统在阈值（洗脱）MLSS MCRT及以下运行时，由

---

[①] 原文为$Y_{N1,bf,n}$。原文有误，应为$Y_{N2,bf,n}$。译者注。
[②] 原文为*Nitrosomonas*。原文有误，应为*Nitrobacter*。译者注。
[③] 原文表11-1中并无此数。译者注。

于硝化菌被洗脱出去，$f_{nitr}$可以接近0。但对于IFAS或MBBR，当在相应的单一活性污泥系统的阈值（洗脱）MLSS MCRT以下运行时，其$f_{nitr}$依然会很高。这是因为生物膜的硝化作用和从生物膜上脱落的硝化菌。脱落的硝化菌会成为MLVSS的一部分，直至被洗脱出去或随着出水流走。

另外，还应注意到IFAS和MBBR中的$f_{nitr}$作用稍有不同。在IFAS内，MLVSS中的硝化菌对硝化的贡献很大，甚至当系统在洗脱MLSS MCRT以下运行时也是这样。然而，MBBR内的MLVSS浓度很低，MLSS MCRT=液体的名义水力停留时间，MLVSS中硝化菌的数量有限。正是因为这个原因，当生物膜表面积设计的相同时，IFAS所需的曝气池体积要比MBBR的小。但是IFAS需要控制SVI，可能需要更大的二沉池面积。

### 11.2.6 反硝化

生物膜反硝化的$NO_x^-$-N（$NO_x^-$-$N_{u,anx,bf,n}$=$B_{NO_x\text{-}N,u,n}$）和MLVSS反硝化的$NO_x^-$-N（$NO_x^-$-$N_{u,anx,SS,n}$=$A_{NO_x\text{-}N,u,n}$）分别用公式（11-35）和（11-36）计算如下：

$$NO_x^-\text{-}N_{u,anx,bf,n}, \quad B_{NO_xN,u,n}=\frac{COD_{u,anx,bf,n}}{DNCOD\ Factor} \quad (11\text{-}35)$$

$$NO_x^-\text{-}N_{u,anx,bf,n}, \quad A_{NO_xN,u,n}=\frac{COD_{u,anx,SS,n}}{DNCOD\ Factor} \quad (11\text{-}36)$$

上式中$COD_{u,anx,bf,n}$（$B_{2,S,n}$）和$COD_{u,anx,SS,n}$（$A_{2,S,n}$）可分别用公式（11-19）和（11-22）计算。正如之前提到的，$COD_{u,anx,bf,n}$和$COD_{u,anx,SS,n}$可分成独立的两部分，分别计算$NO_2^-$-N和$NO_3^-$-N的反硝化所消耗的COD。可以通过反硝化计量学、产率和生物量的COD当量（$f_{COD}$）算出DN COD系数：

$$DN\ COD\ factor_{No_3N}=2.86/(1-Y_{h,anx}\times f_{COD}) \quad (11\text{-}37)$$

$$DN\ COD\ factor_{No_2N}=1.71/(1-Y_{h,anx}\times f_{COD}) \quad (11\text{-}38)$$

前面已经提到，$f_{COD}$的缺省值为1.42mg COD/mg VSS。

这种计算生物膜吸收$NO_x^-$-N的方法面临着一些挑战。用户必须确定公式（11-19）中的半饱和和抑制常数。公式（11-20）适用于缺氧条件。COD可能会被好氧单元的生物膜在好氧条件下吸收，之后在生物膜内层被用于反硝化。因此，估计好氧区的反硝化时就会有些误差。为了避免这个问题，用户必须利用实际生产或中试设备来校正半饱和抑制常数。

反应器$n$的出水$NO_x^-$-N（$E_{NO_x\text{-}N,n}$）负荷（kg/d）可根据进水$NO_x^-$-N（$I_{NO_x\text{-}N,n}$）负荷、生物膜和MLVSS中的硝化和反硝化来计算：

$$I_{NO_xN,n}+B_{NO_xN\text{-}Nitr,n}+A_{NO_xN\text{-}Nitr,n}=A_{NO_xN,u,n}+B_{NO_xN,u,n}+E_{NO_xN,n} \quad (11\text{-}39)$$

### 11.2.7 氧

生物膜（$B_{DO,n}$）和MLVSS（$A_{DO,n}$）对氧的需求计算如下：

$$B_{DO,n}=B_{1,S,n}+B_{2,S,n}-f_{COD}B_{XH,n}+4.57B_{NO_x\text{-}N\text{-}Nitr,n}-2.86B_{NO_x\text{-}N,u,n} \quad (11\text{-}40)$$

$$B_{DO,n}=A_{1,S,n}+A_{1,S,n}-f_{COD}A_{XH,n}+4.57A_{NO_x\text{-}N\text{-}Nitr,n}-2.86A_{NO_x\text{-}N,u,n} \quad (11\text{-}41)$$

单元$n$内，溶解氧的质量守恒计算如下：

## 第11章 生物膜反应器模型的应用和发展

$$I_{DO,n} + D_{DO,n} + T_{DO,n} = A_{DO,n} + B_{DO,n} + E_{DO,n} \quad (11-42)$$

式中 $D_{DO,n}$——从空气中扩散进入的溶解氧,不是曝气设备转移的(发生在非曝气单元);

$T_{DO,n}$——曝气设备转移的溶解氧,没有曝气设备时不计入;

$I_{DO,n}$ 和 $E_{DO,n}$——进出水的溶解氧。

确定非曝气单元的溶解氧时可利用公式(11-42)计算 $D_{DO,n}$。非曝气单元的溶解氧可通过测量或估计得到。

对于曝气单元,模型可以计算出为了达到设定的溶解氧浓度时所需转移的溶解氧量($T_{DO,n}$)。对于单元 $n$,可对曝气系统的能力和 $T_{DO,n}$ 进行比对。如果 $T_{DO,n}$ 大,模型会指导用户降低溶解氧的设定值或提高曝气能力。

## 11.3 一维和两维生物膜扩散模型的数值解法

在生物膜扩撒模型中,根据每层生物膜的基质和电子受体条件,可计算出每层生物膜产生的VSS。模型可计算出从生物膜本层(dz)到下一层的COD、溶解氧、生物量(VSS和惰性物)和 $NO_x^-$-N 的生物膜通量($j_F$),可以在整个生物膜厚度($L_F$)上对这些参数进行积分。

$$j_F = \int_0^{L_F} r_F \, dz = D_F \frac{dS}{dZ}\bigg|_{L_F} \quad (11-43)$$

$$\frac{\partial S}{\partial t} = D \frac{\partial^2 S}{\partial z^2} + r_F \quad (11-44)$$

式中 $D_F$——基质S在生物膜内的扩散系数;

$r_F$——基质在生物膜某层的转移速率。

公式(11-44)给出了当基质随时间变化时的动态模拟。对于稳态模拟,公式(11-44)的左边为0。

从生物膜某层进入更深层的通量是该层吸收、释放和从外层进入本层通量的净值。从生物膜的外层到内层,随着生物膜内部溶解氧和 $NO_x^-$-N 水平的下降,VSS产率会逐层随之下降。由此,随着生物膜厚度的增加,生物量产率会下降。根据这一规律,生物膜的最内层就是生物膜总厚度达到了某点。在该点,模型计算出的VSS通量开始低于实际污水处理厂生物膜观察到的生物量产量。这一条件决定了生物膜的厚度。

应当注意到,生物膜的VSS通量是表层生物膜(表层剪切,Surface Shearing)和"大块"生物膜脱落(Sloughing, Breakage)的通量总和。当表层剪切量设定为0时,所有的生物量产量均来自内层生物膜的周期性脱落。对于稳态生物膜(厚度不随时间变化),生物膜最里层的脱落速率与生物膜产量值相等。

理解一维模型(公式(11-43)和公式(11-44))和两维模型的区别是很重要的。两维模型允许模型构建者根据基质条件改变载体上生物膜的覆盖情况。现场实践表明,塑料载体上的生物膜覆盖和厚度情况从反应器的第一单元至最后一个单元是不同的。另外,对于高浓度污水和城镇污水处理厂一级处理出水(例如处理马铃薯片制造厂1500~2500mg/L

COD的MBBR和处理一级处理出水的MBBR），生物膜覆盖和厚度情况也是不同的。大部分一维模型可模拟生物膜厚度的变化（Reichart，1998；Sen和Randall，2008b；Wanner等，2006）。第二维设置考虑了载体的设计，需要对一维模型升级后才能发挥其功能。

在本章的应用中，模型还有另外（假）一维。国际水协会生物膜工作组（IWA Biofilm Task Group）在讨论AUASIM时曾采用（Wanner等，2006）。这是因为沿着反应器长度方向条件逐渐变化，这可采用多级序列单元来模拟（见图11-2）。

下面将讨论生物膜扩散模型中的方程（11-43）和（11-44）的有限差分解法。对于半经验模型，方程首先用以表达$NH_4^+$-N，然后再用到其他基质。利用扩散模型计算出的通量代替半经验式（11-3）、式（11-5）和式（11-18）计算出的通量。采用有限差分模型，方程的其他部分可用以计算多级反应器内基质和电子受体的纵断面变化。

### 11.3.1 铵氮

式（11-45）给出了生物膜某层的$NH_4^+$-N通量速率。进入某层外表面（方程的左边）的$NH_4^+$-N通量等于进入更深一层的$NH_4^+$-N通量加上本层内$NH_4^+$-N的转化（方程的单位可表示为mg/cm²生物膜表面积/d或其他等同的单位）：

$$\frac{D_{NF}}{L_{bn}}[S_{Nbn-1}-S_{Nbn}]=\frac{D_{NF}}{L_{bn+1}}[S_{Nbn}-S_{Nbn+1}]+(N_{uptake}-N_{release})_{bn} \qquad (11-45)$$

式中　$D_{NF}$——生物膜内$NH_4^+$-N的扩散速率（cm²/d）；

　　　$L_{bn}$——生物膜层的厚度（cm）；

　　　$S_{Nbn}$——生物膜层内的$NH_4^+$-N浓度（mg/cm³）；

　　　$N_{uptake,bn}$——生物膜层内的硝化和异养菌合成（mg/cm²生物膜表面积/d）；

　　　$N_{release,bn}$——生物膜层内的生物量衰减（mg/cm²生物膜表面积/d）；

单位可以换为IFAS和MBBR常用的单位kg/(1000m²·d)。mg/(cm²·d)乘以系数10即可得到。

对于生物膜外边的静止液层（液膜的边界层），方程的形式如下：

$$\frac{D_{NL}}{L_{sL}}[S_{Nn}-S_{NsL}]=\frac{D_{NF}}{L_{b1}}[S_{NsL}-S_{Nb1}] \qquad (11-46)$$

式中　$D_{NL}$——主体液相和静止液层内的$NH_4^+$-N扩散速率（cm²/d）；

　　　$D_{NF}$——生物膜内的$NH_4^+$-N扩散速率。由于微生物的阻碍，其值为$D_{NL}$的75%~80%；

　　　$L_{sL}$和$L_{b1}$——静止液层和生物膜第一层的厚度；

　　　$S_{NsL}$——静止液层和生物膜第一层（b1）交界面处的$NH_4^+$-N浓度；

　　　$S_{Nn}$——多级反应器中单元n内的$NH_4^+$-N浓度。

当生物膜层bn=1时，方程的形式如下：

$$\frac{D_{NF}}{L_{b1}}[S_{NsL}-S_{Nb1}]=\frac{D_{NF}}{L_{b2}}[S_{Nb1}-S_{Nb2}]+(N_{uptake}-N_{release})_{b1} \qquad (11-47)$$

当生物膜层bn=2至$bn_{d-1}$时（$b_{nd}$为生物膜的最深层），方程的形式变为：

$$\frac{D_{NF}}{L_{bn}}[S_{Nbn-1}-S_{Nbn}] = \frac{D_{NF}}{L_{bn+1}}[S_{Nbn}-S_{Nbn+1}] + (N_{uptake}-N_{release})_{bn} \quad (11-48)$$

对于生物膜最深层（假定载体表面无孔，比如塑料载体或绳状载体），方程的形式如下：

$$\frac{D_{NF}}{L_{b_{nd}}}[S_{Nb_{nd-1}}-S_{Nnd}] = (N_{uptake}-N_{release})_{bnd} \text{ for } (bn=bn_d) \quad (bn_d\text{是生物膜的最内层}) \quad (11-49)$$

IFAS 或 MBBR 单元 $n$（$BF_n$）内，生物膜对 $NH_4^+$-N 的吸收（mg/d）可计算如下：

$$BF_n = \frac{D_{NL}}{L_{sL}}[S_{Nn}-S_{NsL}][\text{单元}n\text{内生物膜表面积}] \quad (11-50)$$

式中　$S_{Nn}$——单元 $n$ 内，主体液相中 $NH_4^+$-N 的浓度（mg/cm³）。生物膜表面积的单位为 cm²。

## 11.3.2　与公式（11-1）和（11-2）联合

$BF_{N,n}$ 可以转换为千克每天（kg/d），然后代替公式（11-7）中的 $B_{N,n}$ 和 $D_{N,n}$。这样，一维或两维生物膜扩散模型可代替半经验方程并用于多级模型中。

$$BF_{N,n} = B_{N,n} + D_{N,n} \quad (11-51)$$

公式（11-17）有下面的形式：

$$I_{N,n} + N_{decay,n} + N_{org-N,hydr,n} = A_{N,n} + B_{N,n} + C_{N,n} + D_{N,n} + E_{N,n}$$

将公式（11-51）带入公式（11-7）：

$$I_{N,n} + N_{decay,n} + N_{org-N,hydr,n} = A_{N,n} + BF_{N,n} + C_{N,n} + E_{N,n}$$

要运行一维或两维生物膜扩散模型，用户必须定义如下参数：
（1）温度为 $T$ 时的液体和生物膜的扩散系数；
（2）静止液层的厚度；
（3）每个单元内生物膜的总厚度；
（4）生物膜的 MLSS。

由于外层变化较快，建议模拟时生物膜的最外层比内层设定的要薄一些。另外，应设计 IFAS 和 MBBR 模型，这样可指导用户选择每个单元内的生物膜厚度。生物膜厚度是主体液相中基质和电子受体浓度、载体设计和混合（紊流）的函数。某单元的主体液相浓度是进水浓度、回流比、单元数量和大小的函数。在多级反应器内，对于相同的载体和混合强度，从单元 1 到单元 $n$ 的生物膜厚度均不相同。载体上生物膜厚度的最好数据来源就是使用相同载体的类似污水处理厂。一般来说，系统应设计成具有一定的搅拌强度以控制生物膜厚度，保持生物膜 MCRT 在 10~80d 之间。

通量计算时需要主体液相中的 $SCOD_{bio}$、溶解氧和 $NO_x^-$-N 浓度。这些参数通过多级模型来确定。必须通过测量（Downing 和 Nerenberg，2007）或计算，得到生物膜第一层内硝化菌的比例（$f_{nitr,bn=1}$）。下面讨论计算 $f_{nitr,n=1}$ 的一种方法。

生物膜 $bn$ 层内生物量吸收 $NH_4^+$-N 的量（$N_{uptake,bn}$）是细胞合成（$D_{N,bn}$）吸收量和硝化量的和。

$$N_{uptake,bn}=D_{N,bn}+NH_4^+\text{-}N_{u,Nitr,bn} \tag{11-52}$$

$$D_{N,bn}=f_N[(COD_{u,aer,bn})(Y_{H,aer})+(COD_{u,anx,bn})(Y_{Hanx})] \tag{11-53}$$

式中　　$N_{uptake,bn}$——mg 吸收/(cm²生物膜表面积·d);

$COD_{u,aer,bn}$ 和 $COD_{u,anx,bn}$——$bn$ 层内，好氧和缺氧下利用的 COD。

生物膜 $bn$ 层内 COD 的去除公式类似与 MLVSS 的公式（11-21）和（11-22）。$bn$ 层内好氧吸收 COD（mg 吸收/(cm²生物膜表面积·d)）的计算如公式（11-54）。公式中的下标"bfd"表示生物膜扩散模型的系数。

$$COD_{u,aer,bn}=q_{m,H,aer,bfd}\frac{DO_{bn}}{K_{N,DO,bfd}+DO}\frac{SCOD_{bio,bn}}{K_{H,S,aer,bfd}+SCOD_{bio,bn}}L_{bn}(1-f_{Nitr,bn})X_{F,bn} \tag{11-54}$$

式中　$X_{F,bn}$——$bn$ 层的 MLVSS（mg/cm³）;

　　　$L_{bn}$——$bn$ 层的厚度（cm）。

上述公式是非常重要的。这是因为中试测定结果（Sen, 1995）表明有些参数，比如 COD 最大利用率，生物膜的和 MLVSS 的差别很大。

公式（11-55）可用来计算 $bn$ 层内的硝化，公式的形式类似与公式（11-6）。

$$NH_4\text{-}N_{u,Nitr,bn}=q_{m,NH_4\text{-}N\text{-}Nitr,bfd}\frac{DO_{bn}}{K_{N,DO,bfd}+DO}\frac{NH_4N_{bn}}{K_{N,bfd}+NH_4\text{-}N_{bn}}L_{bn}f_{Nitr,bn}X_{F,bn} \tag{11-55}$$

根据用户选定的生物膜的 MLSS、模型计算出 $bn$ 层内的 VSS 比例，可以计算出生物膜的 MLVSS。可通过测定生物膜厚度和单位载体颗粒上生长的重量计算 MLSS。文献报道的生物膜 MLSS 为 5000~50000mg/L（Boltz 等, 2009; Wanner 等, 2006），但在处理一级出水的 IFAS 和 MBBR 中并没有观察到这个范围的低限值。采用塑料载体颗粒［如在科罗拉多州布鲁姆菲尔德市，Kaldnes K1（瑞典兰德市的 AnoxKaldnes，公司）］的 IFAS 和 MBBR，其相应的生物膜 MLSS 为 10000~15000mg/L。在 Captor（康涅狄格州费尔菲尔德污水处理厂）和 Linpor（位于宾夕法尼亚州斯泰特科利奇镇的 Mixing and Mass Transfer Technologies 公司的 Lotepro）海绵系统中，其生物膜 MLSS 为 25000~50000mg/L。Sen 在康涅狄格州费尔菲尔德污水处理厂观察到（Sen 等, 2000）生长在海绵载体内部的生物膜会受到剪切力的保护（Sen, 1995）。因为文献报道的数值差别太大，建议从实际运行的 MBBR 和 IFAS 中测定生物膜的 MLVSS 值。

可采用类似计算 $NH_4^+$-N 的一系列方程来计算生物膜中 VSS 的比例、惰性物质以及它们的通量。生物量、COD、$NH_4^+$-N、溶解氧和 $NO_x^-$-N 方程之间的相关性与之前讨论过的 IFAS 半经验模型的类似。

生物膜的每一层都要计算 $f_{nitr,bn}$。完全混合液中的 $f_{nitr}$ 沿着多级反应器的每个单元变化不大。但生物膜内每层生物膜之间的 $f_{nitr,bn}$ 差别巨大。

$N_{release,bn}$（mg/cm²生物膜表面积/d）的计算类似于公式（11-10）：

$$N_{release,bn}=(f_N)(k_{dH,EA,T}X_{F,bn}L_{bn}) \tag{11-56}$$

上式中 $k_{dH,EA,T}$ 的选择根据 $bn$ 层内的溶解氧、$NO_x^-$-N 水平和用户预先设定的好氧和缺氧临界值（溶解氧和 $NO_x^-$-N 值）比较后确定。

### 11.3.3　COD、生物量（VSS 和 SS）、溶解氧和 $NO_x^--N$

COD、生物量（VSS 和 SS）、溶解氧和 $NO_x^--N$ 通量的计算与 $NH_4^+-N$ 的计算公式（11-45）~公式（11-50）是相似的。

### 11.3.4　生物膜厚度、生长和硝化菌的比例

通过剪切和脱落，生物膜会损失一部分生物量。剪切是指生物膜表层损失。脱落是生物膜内层的生物量周期性地崩落。如果假定生物膜表面剪切量为0，则可认为所有的生物量通量来自生物膜内层的周期性脱落。每个单元内，脱落速率和异养菌、硝化菌的生物膜产量与以下因素有关：

（1）混合和旋转模式带来的剪切力；
（2）生物膜载体颗粒的设计；
（3）基质和电子受体的水平，比如每个单元内 COD、溶解氧、$NH_4^+-N$ 和 $NO_x^--N$ 的浓度。

生物膜的厚度是主体液相（混合液）内基质浓度、生物膜的平均 MLVSS 和剪切力的函数，可根据生物膜脱落速率和厚度来计算。脱落速率系数（$k_{de}$）要根据水动力剪切系数 $G$ 和载体形状系数 $Mn$ 来修正。生物膜脱落速率的方程如式（11-57）所示（Sen，Boltz，Copithorn，Morgenroth，2009）：

$$v_{de,Xk}=(k_{de,n}G/Mn)(X_{F,k})[(L_F)^n)] \tag{11-57}$$

式中　$v_{de,Xk}$——生物膜内生物量组分 $X_k$ 的脱落速率（$g/m^2/d$）。根据进入生物膜的基质通量速率计算得到；

　　　　$G$——曝气增加剪切的系数。从微气泡、粗气泡到射流混合曝气，其值逐渐增大；

　　　　$Mn$——载体表面形状的修正系数。其值随着载体表面粗糙度的增加而增加。如绳状载体的值大于具有平滑表面的塑料载体的值；

　　　　$X_{F,k}$——生物膜内生物量 $k$ 组分的密度（$g/m^3$）；

　　　　$L_F$——生物膜厚度（m）；

$n=1$，$k_{de,1}$ 的单位为 $d^{-1}$；$n=2$，$k_{de,2}$ 的单位为 $m^{-1}d^{-1}$。

生物膜一维模型可计算出每个单元不同生物膜厚度下的生物量（异养菌和硝化菌）通量，之后可利用生物膜厚度和生物量通量计算出"生物膜 MCRT"：

$$生物膜 MCRT = L_F X_F / 每天的生物量通量 \tag{11-58}$$

在扩散模型中，生物膜厚度最终会达到计算出的生物膜产率与观测到的生物量产率相同。利用中试研究和实际污水处理厂的数据，可得到所期望（每种载体处于不同基质和电子受体水平条件和特定混合条件下）的生物膜产率。对于相同的基质和电子受体水平，生物膜产率会随着厚度的增加而降低。这样，生物膜就不会达到其产率低于观测值的厚度。可以利用这个规律检查计算的准确性。

建立生物膜模型的另一挑战在于估计生物膜第一层的 $f_{nitr,b1}$。$f_{nitr,b1}$ 会根据单元内主体液相中的 $SCOD_{bio}$、溶解氧和 $NH_4^+-N$ 浓度的变化而变化。$f_{nitr,b1}$ 影响硝化菌和底物进入生物膜深层的通量，也就会影响 $f_{nitr,bn}$（第一层后每层此值都会受其影响）。用户可根据每层硝

化菌和异养菌的相对生长速率和产率来选择$f_{nitr,b1}$。可使用莫诺动力学方程考虑受电子受体和基质水平来调整每层内的生长速率。举例来说，生物膜$bn$层氨氧化菌的生长速率可计算如下：

$$N_{g,Nitr1,bn} = q_{m,NH_4-N-Nitr,bfd} \frac{DO_{bn}}{K_{N,DO,bfd}+DO} \frac{NH_4^+-N_{bn}}{K_{N,bfd}+NH_4^+-N_{bn}} \quad (11-59)$$

亚硝酸盐氧化菌的生长速率可设定为与氨氧化菌的速率相同，或根据亚硝酸盐氮的浓度和亚硝酸盐氧化菌的最大生长速率、半饱和常数计算出来。

异养菌的生长速率计算如下：

$$H_{g,bn} = q_{m,H,aer,bfd} \frac{DO_{bn}}{K_{H,DO,bfd}+DO} \frac{SCOD_{bio,bn}}{K_{H,S,aer,bfd}+SCOD_{bio,bn}} +$$
$$q_{m,H,anx,bfd} \frac{NO_x^--N_{bn}}{K_{H,DO,bfd}+NO_x^--N_{bn}} \frac{SCOD_{bio,bn}}{K_{H,S,aer,bfd}+SCOD_{bio,bn}} \frac{K_{H,DOi,bfd}}{K_{H,DOi,bfd}+DO} \quad (11-60)$$

生物膜$bn$层内硝化菌的比例计算如下：

$$f_{Nitr,bn} = q_{m,NH_4-N-Nitr,bfd} \frac{N_{g,Nitr1,bn}+N_{g,Nitr2,bn}}{N_{g,Nitr1,bn}+N_{g,Nitr2,bn}+N_{g,bn}} \quad (11-61)$$

## 11.4 模型应用及模拟所用的IFAS污水处理厂

### 11.4.1 简介

本节及后面的部分将模型用于实际规模的IFAS和MBBR中。本节及后面部分的目的是展示如何将这些模型用于这些设施并总结结果。本书的作者已经对模型做了很多合理的校正。当然，用户可对模型做进一步校正。正如之前提到的，通过更改载体的比表面积，有些模型修改后可用于MBBR、滴滤池和曝气生物滤池。

本章讨论的所有模型的进水特征可根据位于弗吉尼亚州亚历山大市的水环境研究基金会（Water Environment Research Foundation）的报告来确定。该报告的名字为：活性污泥模型中用于确定污水性质的方法（Methods for Wastewater Characterization in Activated Sludge Modeling）（Melcer等，2003）。在这些模型中，进水指标并不特指某种化合物，而是仅仅分为COD、TKN和磷，之后讨论这些指标在模型中的行为和归宿。采用COD/$BOD_5$这个比例系数可将$BOD_5$转换为COD。也可以专门取样分析某些特定指标。如可通过测定污水处理厂出水的可滤COD来确定溶解性COD的值，然后与进水总COD做比较。可通过减去混合液延时曝气后的剩余溶解性COD（不可生物降解的溶解性COD）来确定$SCOD_{bio}$。溶解性易生物降解COD（$SCOD_{rbio}$或$F_{bs}$）的测定可采用Mamais等人（1993）的方法将原污水过滤和絮凝，之后测定COD并减去溶解性不可生物降解COD。测定溶解性COD标准的过滤方式是采用0.45μm的滤器，也有0.1~1.4μm的其他滤器。溶解性不可生物降解TKN（$SKN_{nbio}$或$F_{Nus}$）可通过对污水处理厂出水过滤后测定TKN的方法得到，但此时应保证污水处理厂已经进行了完全的硝化。

假定污水处理厂的水质为典型的生活污水，也没有抑制物质。此时，如果对进水组分有足够了解，就没有必要调整模型里的动力学参数和产率系数。如果可能存在抑制硝化的物质，应进行速率实验来校正模型。在IFAS和MBBR中试试验中或在相似的污水处理厂内，应进行硝化和反硝化速率的试验。这样就可知道与紊流水平对应的生物膜厚度、有助于设计污水处理厂时确定曝气系统和载体的设置方式。水环境研究基金会（Water Environment Research Foundation）的报告：活性污泥模型中用于确定污水性质的方法（Methods for Wastewater Characterization in Activated Sludge Modeling）（Melcer 等，2003）给出了通过增加取样和实验进一步校正模型的概念性方法。这些修正后才能用于IFAS和MBBR。

### 11.4.2 IFAS污水处理厂简介

为了模拟IFAS，选择了位于科罗拉多州布鲁姆菲尔德市的一个污水处理厂（Rutt 等，2006；Sen 等，2006），对其稳态和动态模式进行了模拟。经过对2004年~2006年数据的分析，作者选择了2005年12月和2006年的数据进行模拟，以验证这些模型的适用性。2006年12月数据的运行结果如下。

科罗拉多州布鲁姆菲尔德市污水处理厂的进水头部设有格栅并能对部分流量进行调节均化。该厂设有初沉池。初沉池出水进入可按$A^2/O$或改良型约翰内斯堡（南非）工艺运行的二级处理系统（见图11-6）。二级处理系统在好氧单元装填了30%的Kaldnes K1载体。生物膜比表面积为150m²/m³（冬季载体满负荷时）。混合液以大约5d MLSS MCRT的泥龄来运行，其中好氧为3.25d。污水处理厂设有二沉池。

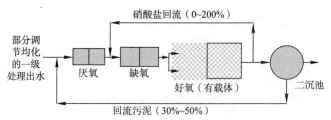

载体为AnoX Kaldness $k_1$，填充比为30%，生物膜有效比表面积为150m²/m³

图11-6 科罗拉多州布鲁姆菲尔德市污水处理厂的流程

在IFAS中（见图11-6），回流污泥（RAS）送至预缺氧单元。这样的设计是基于在IFAS投产前，对初沉池出水取样分析时观察到$NO_x^-$-N的浓度升高了。对2006年的数据分析后显示初沉池出水的$NO_x^-$-N浓度低于1mg/L。因此，二级处理的第一个单元可设计为"厌氧"，这样就成为了$A^2/O$工艺。

活性污泥池的总体积为7015m³。接纳初沉池出水和回流污泥的两个厌氧单元（也设计为一个预缺氧、另一个厌氧）占总体积的15%。可接纳混合液回流的两个预缺氧单元占了总体积的20%，另外两个好氧单元占据了总体积的65%（4550m³）。两个好氧单元均填充了Kaldnes K1载体，填充比（$mf$）为30%。考虑圆柱内部和两个翼片，此种载体未挂膜时的比表面积为750m²/m³。如果生物膜厚度为1mm且考虑载体内部表面也长有生物膜，则比表面积变为500 m²/m³。

好氧单元深4.5m，采用粗气泡曝气器曝气。曝气器安装在高于底板0.25m的位置，以格网的形式集中在某些点上（大约10%的底板被曝气器覆盖）。这就产生了一种类似于1/4方式的旋转模式（Rooney和Huibregtse，1980；Water Pollution Control Federation，1988）。曝气池采用格网来截留载体。污水处理厂有2个平行系列。

### 11.4.3 IFAS污水处理厂的运行

除了检测载体外，该厂的运行方式类似与活性污泥法工艺。污水处理厂对混合液取样后通过金属网过滤把载体和MLSS分开，之后测定MLSS、MLVSS和载体上的生物量。为了测定载体上的生物量，将带有生物膜的载体干燥后称重，然后与没有生物膜的载体重量相比较，二者的差值即为载体上的生物量。另外，也可采用这样的方法：将烘干（105℃）后的载体采用物理刮擦或化学润洗的方式把生物膜从载体上弄下来，然后对清洗干净的载体烘干称重。污水处理厂没有每周监测生物膜的厚度，但肉眼观察可知夏季的生物膜比冬季的要薄。与第二个好氧单元（大约$0.6 \pm 0.2$mm）相比，第一个好氧单元要生物膜要厚一些（大约$1 \pm 0.2$mm）。为了确定生物膜的VSS，应取足够多的载体，以便能刮下（如果是海绵载体，就是挤出）足量的生物膜，这样才能测定其SS和VSS。

（1）2006年12月的数据

2006年12月的数据见表11-6。

IFAS模型采用的污水处理厂实际数据（Black & Veatch公司惠赠）　　表11-6

| 以污水处理厂一级处理出水和混合液数据作为动态模拟模型的输入数据 | | | | | | | | | |
|---|---|---|---|---|---|---|---|---|---|
| 流量<br>（m³/d） | 流量<br>（mgd） | SS<br>(mg/L) | $BOD_5$<br>(mg/L) | COD<br>(mg/L) | $NH_4^+$–N<br>(mg/L) | SKN<br>mg/L | TKN<br>mg/L | $NO_2^-$–N<br>mg/L | $NO_3^-$–N<br>mg/L |
| 18 889 | 4.99 | 103 | 122 | 325.74 | 27.8 | 32.0 | 32.0 | | |
| 23 583 | 6.23 | 103 | 122 | 325.74 | 27.8 | 32.0 | 32.0 | | |
| 20 252 | 5.35 | 87 | 122 | 325.74 | 25.8 | 29.7 | 29.7 | <0.00 | <0.01 |
| 19 343 | 5.11 | 88 | 85 | 226.95 | 24.3 | 27.9 | 27.9 | <0.00 | <0.01 |
| 19 116 | 5.05 | 92 | 109 | 291.03 | 28.3 | 32.5 | 32.5 | 0.01 | 0.01 |
| 18 283 | 4.83 | 93 | 114 | 304.38 | 27.8 | 32.0 | 32.0 | 0.02 | <0.01 |
| 20 593 | 5.44 | 88 | 105 | 280.35 | 28.8 | 33.1 | 33.1 | 0.02 | <0.01 |
| 19 343 | 5.11 | 103 | 122 | 325.74 | 27.8 | 32.0 | 32.0 | | |
| 17 829 | 4.71 | 103 | 122 | 325.74 | 27.8 | 32.0 | 32.0 | | |
| 20 100 | 5.31 | 85 | 107 | 285.69 | 25 | 28.8 | 28.8 | 0.02 | <0.01 |
| 19 192 | 5.07 | 93 | 98 | 261.66 | 27 | 31.1 | 31.1 | 0.02 | 0.01 |
| 19 116 | 5.05 | 100 | 136 | 363.12 | 27 | 31.1 | 31.1 | 0.02 | 0.02 |
| 18 548 | 4.9 | 97 | 125 | 333.75 | 32.3 | 37.1 | 37.1 | 0.23 | <0.01 |
| 17 564 | 4.64 | 101 | 149 | 397.83 | 33.8 | 38.9 | 38.9 | 0.02 | 0.03 |
| 18 019 | 4.76 | 103 | 122 | 325.74 | 27.8 | 32.0 | 32.0 | | |
| 19 835 | 5.24 | 103 | 122 | 325.74 | 27.8 | 32.0 | 32.0 | | |
| 18 586 | 4.91 | 91 | 144 | 384.48 | 27.3 | 31.4 | 31.4 | 0.03 | <0.01 |
| 21 350 | 5.64 | 96 | 110 | 293.7 | 25.3 | 29.1 | 29.1 | 0.02 | 0.02 |
| 18 473 | 4.88 | 99 | 126 | 336.42 | 28.3 | 32.5 | 32.5 | 0.01 | 0.03 |
| 19 495 | 5.15 | 94 | 91 | 242.97 | 30.3 | 34.8 | 34.8 | 0.02 | <0.01 |
| 19 495 | 5.15 | 122 | 154 | 411.18 | 30.5 | 35.1 | 35.1 | 0.02 | <0.01 |
| 19 306 | 5.1 | 103 | 122 | 325.74 | 27.8 | 32.0 | 32.0 | | |

# 第11章 生物膜反应器模型的应用和发展

续表

| \multicolumn{10}{c}{以污水处理厂一级处理出水和混合液数据作为动态模拟模型的输入数据} |
|---|---|---|---|---|---|---|---|---|---|
| 流量 ($m^3/d$) | 流量 (mgd) | SS (mg/L) | $BOD_5$ (mg/L) | COD (mg/L) | $NH_4^+$–N (mg/L) | SKN mg/L | TKN mg/L | $NO_2^-$–N mg/L | $NO_3^-$–N mg/L |
| 19 911 | 5.26 | 103 | 122 | 325.74 | 27.8 | 32.0 | 32.0 | | |
| 20 441 | 5.4 | 164 | 189 | 504.63 | 28 | 32.2 | 32.2 | 0.02 | 0.02 |
| 17 224 | 4.55 | 116 | 129 | 344.43 | 28 | 32.2 | 32.2 | 0.01 | <0.01 |
| 18 028 | 4.81 | 142 | 133 | 355.11 | 28 | 32.2 | 32.2 | 0.02 | 0.01 |
| 20 744 | 5.48 | 105 | 94 | 250.98 | 24.5 | 28.1 | 28.2 | 0.03 | <0.01 |
| 20 214 | 5.34 | 105 | 111 | 296.37 | 25.25 | 29.0 | 29.0 | 0.02 | 0.02 |
| 20 100 | 5.31 | 103 | 122 | 325.74 | 27.8 | 32.0 | 32.0 | | |
| 20 744 | 5.48 | 103 | 122 | 325.74 | 27.8 | 32.0 | 32.0 | | |
| 20 971 | 5.54 | 97 | 137 | 365.79 | 28 | 32.0 | 32.2 | | |
| 19 512 | 5.15 | 103 | 122.1935 | 326.256 8 | 27.791 94 | 32.0 | 32.0 | 0.031 111 | 0.018 889 |

| \multicolumn{10}{c}{出水数据（报告中的数据，不是模型输出结果）} |
|---|---|---|---|---|---|---|---|---|---|
| 碱度 (mg/L) | MLSS温度 (℃) | $NH_4^+$–N (mg/L) | $NO_3^-$–N (mg/L) | $NO_2^-$–N (mg/L) | 温度 (℉) | MLSS (mg/L) | VSS (%) | MLVSS (mg/L) | 碱度 (mg/L) |
| 0 | 19.4 | | | | 67 | 1560 | | 0 | |
| 0 | 19.4 | | | | 67 | 1660 | | 0 | |
| 0 | 19.4 | 0.15 | 15.07 | 0.03 | 67 | 1580 | | 0 | |
| 0 | 15.6 | 0.11 | 14.24 | 0.06 | 60 | 1651 | | 0 | |
| 0 | 16.1 | 0.07 | 15.37 | 0.03 | 61 | 1793 | | 0 | |
| 236 | 16.1 | 0.11 | 16.38 | 0.24 | 61 | 1785 | 0.77 | 0 | 78 |
| 0 | 16.1 | 0.08 | 16.38 | 0.02 | 61 | 1726 | | 0 | |
| 0 | 16.1 | | | | 61 | 1732 | | 0 | |
| 0 | 16.1 | | | | 61 | 1712 | | 0 | |
| 0 | 16.1 | 0.09 | 16.09 | 0.01 | 61 | 1584 | | 0 | |
| 0 | 15.6 | 0.16 | 14.79 | 0.02 | 60 | 1616 | | 0 | |
| 0 | 15.6 | 0.11 | 16.29 | 0.01 | 60 | 1656 | | 0 | |
| 267 | 17.2 | 0.87 | 19.83 | 0.17 | 63 | 1298 | | 0 | 86 |
| 0 | 16.1 | 0.17 | 18.07 | 0.03 | 61 | 1720 | | 0 | |
| 0 | 16.1 | | | | 61 | 1766 | | 0 | |
| 0 | 15.6 | | | | 60 | 1694 | | 0 | |
| 0 | 15.6 | 0.23 | 13.49 | 0.01 | 60 | 1646 | | 0 | |
| 0 | 15.6 | 0.09 | 11.38 | 0.02 | 60 | 1633 | | 0 | |
| 0 | 15.6 | 0.18 | 11.03 | 0.07 | 60 | 1633 | | 0 | |
| 249 | 15.6 | 0.18 | 11.38 | 0.02 | 60 | 1848 | 0.76 | 0 | 100 |
| 0 | 13.3 | 0.18 | 17.49 | 0.02 | 56 | 1633 | | 0 | |
| 0 | 13.9 | | | | 57 | 1617 | | 0 | |
| 0 | 13.9 | | | | 57 | 1651 | | 0 | |
| 0 | 13.9 | | 10.77 | 0.03 | 57 | 1680 | | 0 | |
| 0 | 13.3 | | 12.68 | 0.02 | 56 | 1633 | | 0 | |
| 0 | 15.0 | | 12.28 | 0.02 | 59 | 1588 | | 0 | |
| 239 | 15.0 | | 12.78 | 0.02 | 59 | 1568 | 0.81 | 0 | 97 |
| 0 | 15.0 | | 12.77 | 0.03 | 59 | 1504 | | 0 | |
| 0 | 13.9 | | | | 57 | 1476 | | 0 | |
| 0 | 14.4 | | | | 58 | 1490 | | 0 | |
| 0 | 13.3 | | 13.47 | 0.03 | 56 | 1500 | | 0 | |
| 248 | 15.6 | 0.19 | 14.4 | | | 1633 | 0.78 | 0 | 90 |

(2)流量和回流

一级处理出水平均流量为20000m³/d。回流污泥比为40%（8000m³/d）。运行人员估计硝酸盐回流比为150%（30000m³/d）。

1）一级处理出水

污水处理厂每天测定一级处理出水的流量和温度。对于$BOD_5$、SS、$NH_4^+$-N、$NO_3^-$-N、$NO_2^-$-N，则是每周测定5次。碱度是每周测1次，$COD/BOD_5$是每个月测定1次。三年（2004~2006）的数据表明，$COD/BOD_5$平均为2.7，但在12月的1次测量时为2.67。一级处理出水没有测TKN。与AnoxKaldnes公司讨论后得知，他们的取样表明，典型的一级处理出水（$BOD_5$为110~120mg/L）的TKN平均为40mg/L。为此，根据TKN/$NH_4^+$-N和SS/颗粒性有机氮这两个比值确定出2006年12月的TKN水平（见表11-6）。另外，部分化验表明，80%的COD数据为可滤性COD。一级处理出水没有VSS的数据。取典型数值，则估计VSS为SS的80%~85%。

2）好氧单元

污水处理厂对好氧单元的MLSS和MLVSS进行测量，另外还测量生物膜的生物量。2006年12月，MLSS均值为1630mg/L，MLVSS均值为1270mg/L。这相当于VSS占78%。在第一好氧单元，生物膜的生物量均值为2050mg/L，第二好氧单元的均值则为1104mg/L。好氧单元体积为2271m³，载体比表面积为150m²/m³，则这些生物膜的生物量相当于13.7和7.4kg/1000m²生物膜表面积。如果生物膜密度为12.5kg/m³（12500mg/L），则第一好氧单元的生物膜厚度为1.1mm，第二好氧单元的则为0.6mm。

2006年12月初至月末，混合液温度从19℃下降到13℃。第一好氧单元的溶解氧平均为4.2mg/L，第二好氧单元的则为5.6mg/L。这个期间没有测定厌氧、缺氧和好氧单元的$NH_4^+$-N和$NO_x^-$-N。

3）二级出水（污水处理厂出水）

2006年12月，污水处理厂的硝化非常彻底，出水$NH_4^+$-N平均小于0.2mg/L。$NO_x^-$-N小于14.4mg/L，其中$NO_2^-$-N小于0.1mg/L。$NO_3^-$-N高于预期值，其原因随后讨论。出水的SS和VSS低于5mg/L。

4）对数据的讨论

下面给出的三个模型都表明当硝酸盐回流比为150%时，工艺出现了很大的泄露（2~4mg/L）。由于没有沿着IFAS池（厌氧、缺氧和好氧单元）测定$NH_4^+$-N和$NO_x^-$-N，因此无法验证硝酸盐回流比是接近100%而不是150%，或是否存在大量的$NO_x^-$-N从缺氧单元泄露到好氧单元。如果沿程数据表明发生了很大的泄露，则意味着缺氧单元应增加载体来完成反硝化。这典型的例子说明，可通过模拟发现重要问题来提高设计和运行的质量。

## 11.5 Aquifas模拟IFAS污水处理厂

Aquifas可通过两种方法模拟IFAS中的生物膜：
（1）半经验方程；
（2）一维和两维生物膜模拟。

半经验方程的优势在于计算速度快一些，尤其是动态模拟31d的数据时。一维和两维生物膜模拟（Aquifas将生物膜分为12层）的优势，在于它能够提供更多的信息，如每个

# 第11章 生物膜反应器模型的应用和发展

单元的生物膜厚度和生物膜产量。另外，它还能提供计算通量速率的其他方法。

因为半经验方程采用实际运行条件进行校正，因此可提供所需的精度。本节下面将给出两种模型的模拟结果并采用污水处理厂的数据对二者进行比较。

Aquifas可在不同的一级处理出水水平下运行。本次运行的进水水质如前面所示，这与BioWin和GPS-X的要求是类似的。MLVSS（缺氧单元内无载体）的反硝化动力学是根据絮凝过滤后的可生物降解COD（占COD的40%，可滤COD的50%）来计算的。厌氧单元内磷的去除是根据一级处理出水和厌氧单元内发酵产生的挥发性脂肪酸量来计算的。

## 11.5.1 Aquifas的运行结果

表11-7展示了2006年12月期间来自污水处理厂的均值数据和使用半经验和生物膜一维模型进行动态模拟31d的结果。模型输入的数据见表11-7。

采用Aquifas半经验和生物膜一维模型模拟的31d均值结果与污水处理厂实际运行数据的比较　　表11-7

|  | 半经验模型 | 生物膜一维模型 | 污水处理厂数据 | 备注 |
|---|---|---|---|---|
| **一级处理出水（输入）** |  |  |  | 假定絮凝后滤液的COD是溶解性COD测定值的50% |
| 流量(m³/d) | 19 512 | 19 512 | 19 512 |  |
| 流量(mgd) | 5.33 | 5.33 | 5.33 |  |
| BOD(mg/L) | 122 | 122 | 122 |  |
| SS(mg/L) | 103 | 103 | 103 |  |
| VSS | 82 | 82 |  |  |
| COD(mg/L) | 326 | 326 | 326 |  |
| SCOD(mg/L)（絮凝后） | 130 | 130 |  |  |
| TKN(mg/L) | 41.7 | 41.7 |  |  |
| $NH_3$-N(mg/L) | 27.8 | 27.8 | 27.8 |  |
| TP(mg/L) | 5 | 5 |  |  |
| $PO_4^{3-}$-P(mg/L) | 3 | 3 |  |  |
| **IFAS工艺（输出）** |  |  |  | 生物膜的结果是在平均水温14℃下得到的。31天动态模拟的平均数据 |
| MLSS（mg/L） | 1650 | 1660 | 1673 |  |
| MLVSS(mg/L) | 1310 | 1315 | 1271 |  |
| VSS% | 79 | 79 | 78 |  |
| 首单元的溶解氧(mg/L) | 4.2 | 4.2 | 4.2 |  |
| 第二单元的溶解氧(mg/L) | 5.6 | 5.6 | 5.6 |  |
| MLSS SRT(好氧)（d） | 3.3 | 3.3 | 3.3 |  |
| 首单元生物膜量（g/m²） |  | 11.7 | 13.7 |  |
| 第二单元生物膜量（g/m²） |  | 8.4 | 7.4 |  |
| 剩余污泥的总固体（kg/d）(1b/d) | 2173（4790） | 2180（4807） | 2177（4800） |  |
| **二级出水（输出值）** |  |  |  | 出水TKN是基于不能生物降解SKN为0.5mg/L的假设下得到的 |
| BOD(mg/L) | 5.0 | 5.4 | 2.6 |  |
| SS(mg/L) | 5.0 | 5.0 | 4.5 |  |
| TKN(mg/L) | 1.3 | 1.4 |  |  |
| $NH_3$-N(mg/L) | 0.26 | 0.33 | 0.19 |  |
| $NO_3^-$-N(mg/L) | 14.5 | 13.2 | 14.4 |  |
| TP(mg/L) | 0.1 | 0.1 | 0.1 |  |
| $PO_4^{3-}$-P(mg/L) | 0.1 | 0.1 | 0.1 |  |
| 碱度 | 94 | 106 | 90 |  |

## 11.5 Aquifas模拟IFAS污水处理厂

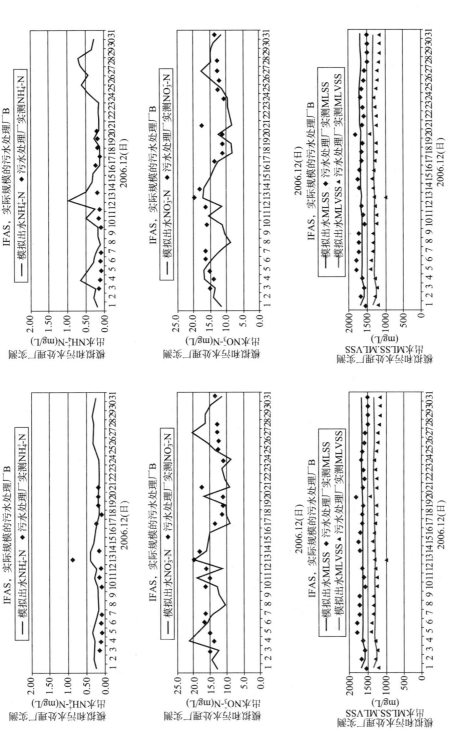

图 11-7　Aquifas输出值：左图来自半经验模型。右图来自生物膜一维模型。动态模拟时，扩散模型在预测每天变化时精度较高，但需要相当长的运行时间。两个模型都能预测31天的均值和逐日数据

# 第11章 生物膜反应器模型的应用和发展

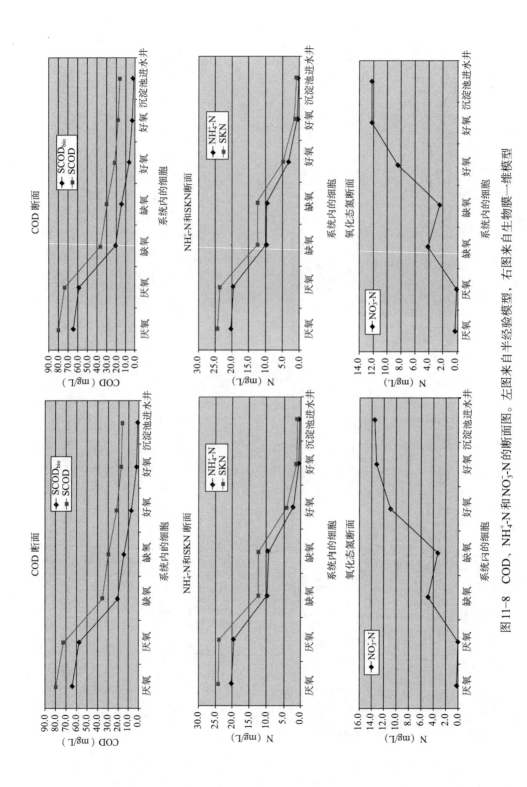

图11-8 COD、$NH_4^+$-N 和 $NO_3^-$-N 的断面图。左图来自半经验模型,右图来自生物膜一维模型

## 11.5 Aquifas模拟IFAS污水处理厂

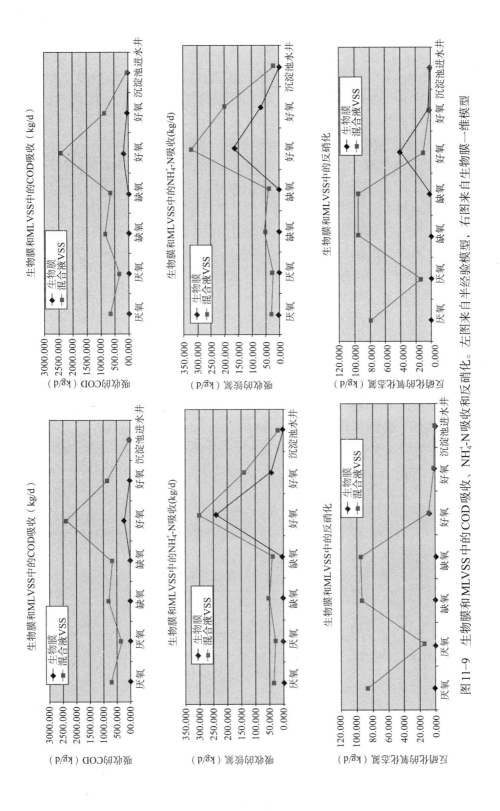

图11-9 生物膜和MLVSS中的COD吸收、$NH_4^+$-N吸收和反硝化。左图来自半经验模型,右图来自生物膜一维模型

# 第11章 生物膜反应器模型的应用和发展

31d动态模拟的结果表明，半经验模型和生物膜一维模型都能准确地预测出水$NH_4^+$-N、$NO_x^-$-N、碱度和磷（见表11-7和图11-7）。但是，生物膜一维模型预测的每天的$NH_4^+$-N值与实际值的差别稍大一些。这两个模型均可准确预测MLSS、MLVSS、VSS所占比例、剩余污泥量等均值数据。

图11-8给出了半经验模型和生物膜一维模型模拟的COD、$NH_4^+$-N和$NO_x^-$-N的沿程变化情况。两个模型的模拟结果是类似的。图11-8说明$NO_3^-$-N从缺氧单元到好氧单元出现了严重的泄露（缺乏缺氧单元的$NO_3^-$-N数据来验证）。出现较高的$NO_3^-$-N浓度表明可能发生了两种的情况中的一种——硝酸盐回流泵没有按照模拟参数运行或缺氧单元需要增加载体。

图11-9展示了生物膜和混合液对污染物的去除情况。半经验模型表明生物膜内的硝化作用稍微高一些，而生物膜一维模型则预测生物膜内的反硝化作用稍高一些。这就解释了为何半经验模型预测的工艺硝化性能稍好一些（接近污水处理厂实测值），而生物膜一维模型预测的工艺反硝化性能稍好一些（出水$NO_3^-$-N低于污水处理厂实测值）。模型的校正参数也适合其他月份（比如2005年12月，污水处理厂出水$NO_x^-$-N更低，为10.5mg/L），因此再增加2006年12月之外的数据对模型进行校正会消除上述差别。

对半经验模型的数据分析表明，整个反应器内32%被去除（细胞合成和硝化）的TKN由生物膜完成（采用生物膜一维模型模拟时，这一数字是25%），但COD只占4%（采用生物膜一维模型模拟时，这一数字也是4%）。也就是说，68%的TKN和96%的COD是被混合液VSS中的生物量完成去除（或消耗）的。半经验模型表明47%的硝化发生在生物膜内（采用生物膜一维模型模拟时，这一数字是35%）；剩余的53%则是由混合液的VSS完成的。在好氧区，生物膜对反硝化的贡献微乎其微，反硝化总量的2.5%发生在生物膜内（采用生物膜一维模型模拟时，这一数字是12%）。这是因为好氧单元内溶解氧浓度较高且粗气泡扩散器造成相当大紊流的原因。紊流会减少静止液层的厚度，增加生物膜内溶解氧的水平（见图11-10）。

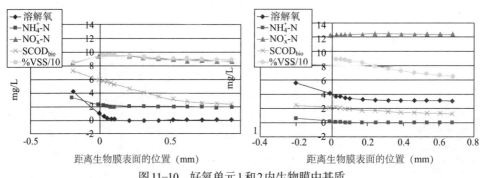

图11-10 好氧单元1和2内生物膜中基质
（溶解氧、$NH_4^+$-N、$NO_x^-$-N、$SCOD_{bio}$、VSS所占的比例）断面图

两个系列的两个好氧单元内载体上生物量（固定生物量）的生长量实测值与生物膜一维模型的模拟结果非常吻合（见表11-8）。好氧单元1和2内基质、电子受体、VSS在12层生物膜内的分布情况见图11-10。

生物膜生长的实测值和Aquifas生物膜一维模型的计算值[①]    表11-8

| 名　　称 | 单　　位 | 数　　值 | |
|---|---|---|---|
| 生物膜生长 | kg/(1000m²·d) | 11.7 | 8.5 |
| 表观生物膜生长 | kg/(1000m²·d) | 13.7 | 7.4 |
| 厚度计算值 | μm[a] | 932 | 679 |
| 异养菌产率 | | 0.290 | 0.249 |
| 自养菌产率 | | 0.038 | 0.007 |
| 模型中应用的生物膜第一层$F_{nitr}$ | | 46.29% | 41.13% |
| 生物膜MCRT | d | 24.3 | 51.1 |

a 1000μm=1mm

## 11.5.2 Aquifas生物膜一维模型的关键输入量

用户必须给模型提供生物膜的MLSS值。对每个单元内载体颗粒上的生物膜测定其厚度和固体量就可以得到这个数据。该污水处理厂对每个好氧单元内的载体颗粒每周测定一次生物膜的生长情况。Aquifas两维模型需要知道每个载体颗粒上生物膜表面积随基质条件和生物膜厚度的变化。

## 11.5.3 对Aquifas模型的讨论和结果的准确性

一般来说，Aquifas半经验模型对出水水质的模拟是令人满意的，比本章讨论的其他三个生物膜一维模型（Aquifas生物膜一维模型、BioWin和GPS-X）的运行速度快得多。

在Aquifas生物膜一维模型（也称为Aquifas 4）中，生物膜被分为12层。在这12层中，接近生物膜表面的层要比内层薄一些，这是因为基质浓度在外层的变化很大的缘故（见图11-10）。Aquifas生物膜一维模型的生物膜分层数要比其他模型的多。该模型的另外一个特征是沿着生物膜深度的增加，层的厚度可随基质在生物膜深度方向上浓度梯度的变化而变化。另外，Aquifas生物膜一维模型允许每层的硝化菌比例和VSS不同。

根据基质和电子受体条件（公式（11-57）），模型可计算出生物膜的厚度。用户确定一个剪切系数（范围从1~5，值越大说明紊流程度越强），这样就能调整生物膜的厚度。举例来说，该污水处理厂采用了粗气泡曝气和相对强烈的旋流模式，剪切系数则在3~4之间。如果旋流相对平和一些，如采用陶瓷微气泡曝气器（魁北克Neuf港的Bioportz载体），或采用了另外的载体结构（如绳状载体），剪切系数会在1~3之间。对于缺氧单元，此值在0.25~2.5之间。当基质浓度和生物膜厚度变化时，用户可以将生物膜比表面积（生物膜两维模型）的相应变化反映到模型中。

正如Wanner等人（2006）讨论的那样，Aquifas模型中增加的那些与其他生物膜一维模型相关的地方需要一定稳定度的数值计算方法。在Aquifas生物膜一维模型中，手动输入多级反应器每个单元的$NH_4^+$-N和$NO_x^-$-N浓度的初始估计值后就可开始迭代计算。初始估计值可通过运行半经验模型得到或采用污水处理厂的观测值。当迭代计算收敛到两次迭代计算出的通量差值不存在显著差异时，模型的运行就可以结束了。

---
① 原书中此表没有表头。译者注。

## 11.6 BioWin模拟IFAS污水处理厂

### 11.6.1 BioWin模型简介

2007年2月1日发布的BioWin 3.0包含了一维生物膜模型。该生物膜模型基于来自Reichert和Wanner（1997）、Wanner和Reichert（1996）的一维模型框架（认为多层生物膜垂直于载体表面生长）。这个模型包括溶解性和颗粒性组分的扩散、用于表达溶质扩散阻力的边界层、固体物质附着（碰撞）和脱落（侵蚀）导致的颗粒物交换等内容。在这个模型中，根据基质负荷和固体物质的交换情况，生物膜厚度可动态变化，当然用户可以定义生物膜厚度的最大值和最小值。当生物膜的固体物质浓度（$gSS/m^2$表面积）超过用户的设定值时，模型可形成"流带"。通过增加有效表面积（模拟多孔膜或紊流较强的情况），这些流带增加了底物向生物膜内部扩散的能力。模型还提供了可调整参数"黏性"的措施，这包括激活微生物、控制它们在生物膜内的密度等。举例来说，惰性固体物质的"黏性"比有机变量小，这就解释了很多生物膜系统中VSS/SS高的原因。

活性污泥/厌氧消化模型（ASDM）的完整通用版本将BioWin生物膜模型整合在内。ASDM包括了化学平衡、沉淀和pH模块（Envirosim Associates有限公司，2006）。在BioWin中，用户需要给出进水或一级处理出水的COD（或BOD，模型可将BOD转换为COD，而COD是模型计算的基础）。

进水COD的组分：溶解性COD、颗粒性COD、可生物降解COD和不可生物降解COD需要用户给定。模型中的易生物降解COD（$F_{bs}$）非常重要，因为异养菌反硝化需要它；它也会被发酵为乙酸盐和丙酸盐从而被聚磷菌所利用。进水中的一部分$F_{bs}$就是水中已有的乙酸盐和丙酸盐，这些被定义为比例$F_{ac}$。一少部分COD是溶解性但不能被生物降解（$F_{us}$）。这部分COD在模型中不会变化（浓度不变而流过模型）。不能生物降解的颗粒性COD被定义为比例$F_{up}$。在模型中，这部分不会被生物转化，但可在沉淀池或其他固体分离设备内通过物理方法被去除。剩余的COD是慢速生物降解的颗粒性的，用户必须定义这部分不是胶体和生物量的比例（$F_{xsp}$）。其他参数用以描述营养物组分，比如$F_{Nus}$——TKN中不能被生物降解和溶解性的部分（浓度不变而流过模型）。图11-11和表11-9给出了BioWin定义的各种COD组分。

表11-9 BioWin进水组分的总结（Envirosim Associates有限公司，2006）

| 组分 | 说明 | 在模型中的变化 | BioWin缺省值 | 原水典型范围 | 一级处理出水典型范围 |
|---|---|---|---|---|---|
| $F_{us}$ | 不能生物降解的溶解性COD | 原样穿过反应器 | 0.05 | 0.04~0.10 | 0.05~0.20 |
| $F_{up}$ | 不能生物降解的颗粒性COD | 不变，但可被沉淀或过滤 | 0.13 | 0.07~0.22 | 0.13~0.20 |
| $F_{bs}$ | 可生物降解的溶解性COD | 容易降解；对生物法去除营养物至关重要 | 0.16 | 0.05~0.25 | 0.08~0.35 |
| $F_{xsp}$ | 慢速降解COD但非生物量或胶体 | 必须水解后才能被降解 | 0.75 | 0.70~0.80 | 各种值都有 |
| $F_{ac}$ | 乙酸盐或丙酸盐类可生物降解溶解性COD | 容易降解；对生物除磷非常重要 | 0.15 | 0~0.50 | 0~0.50 |
| $F_{Nus}$ | 不能被生物降解的溶解性TKN | 原样穿过反应器 | 0.02 | 0.01~0.05 | 0.03~0.07 |

## 11.6 BioWin模拟IFAS污水处理厂

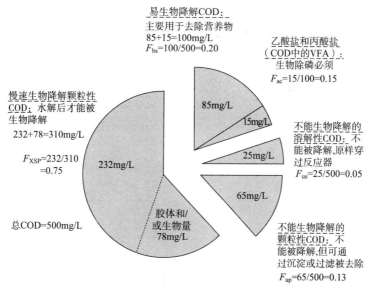

图11-11 BioWin进水中COD的典型组分（Envirosim Associates有限公司，2006）

其他与模型校正密切相关的参数就是固体物质的数据——MLSS、MLVSS、回流污泥流量、SS、附着性生物膜的SS和VSS（$g/m^2$表面积，或等量MLSS、等量MLVSS）。生物膜实际厚度、附着速率和脱落速率很难定量，因此建议开始时采用缺省值（见表11-10）。

表11-10 实际规模IFAS设施的BioWin稳态校正结果[a]

| | BioWin值 | 污水处理厂数据 | 备注 |
|---|---|---|---|
| **一级处理出水（输入量）** | | | 无VSS、TKN和TP数据，采用假定值 |
| 流量（$m^3/d$） | 19 512 | 19 512 | |
| 流量（mgd） | 5.33 | 5.33 | |
| BOD(mg/L) | 126 | 126 | |
| SS(mg/L) | 105 | 105 | |
| VSS(mg/L) | 89 | — | |
| TKN(mg/L) | 33 | — | |
| $NH_3$-N(mg/L) | 27 | 27 | |
| TP(mg/L) | 9.6 | | |
| $PO_4^{3-}$-P(mg/L) | 7.0 | | |
| **IFAS（输出）** | | | 模型预测出的MLVSS比例为0.66，低于污水处理厂实测值。无进水VSS数据 |
| MLSS(mg/L) | 1580 | 1633 | |
| MLVSS(mg/L) | 1040 | 1334 | |
| VSS% | 66 | 78 | |
| 第一单元溶解氧（mg/L） | 4.2 | 4.2 | |
| 第二单元溶解氧（mg/L） | 5.6 | 5.6 | |
| MLSS SRT（好氧）（d） | 3.3 | 3.3 | |
| 第一单元生物膜量（$g/m^2$） | 13.7 | 13.7 | |
| 第二单元生物膜量（$g/m^2$） | 7.5 | 7.4 | |
| 剩余污泥总固体（lb/d） | 4400 | 4800 | |

# 第11章 生物膜反应器模型的应用和发展

续表

| | BioWin值 | 污水处理厂数据 | 备注 |
|---|---|---|---|
| 二级出水（输出量） | | | 模型预测值是保守的。高浓度的溶解氧被携带进入沉淀池，可能使污水处理厂测定的BOD和$NH_3$-N值降低 |
| BOD(mg/L) | 2.6 | 1.7 | |
| SS(mg/L) | 4.5 | 4.5 | |
| TKN(mg/L) | 2.6 | | |
| $NH_3$-N(mg/L) | 0.40 | 0.19 | |
| $NO_3^-$-N(mg/L) | 14.7 | 14.4 | |
| TP(mg/L) | <1 | 0.1 | |
| $PO_4^{3-}$-P(mg/L) | | 0.1 | |

a 不是31d动态模拟的结果。是2006年12月平均条件下的稳态运行结果。

## 11.6.2 BioWin的模拟结果

BioWin模型的应用见图11-12。用历史数据校正时非常理想，生物膜的参数无需调整即可。为了模拟污水处理厂观察到的反硝化水平，两个常规的异养菌（Ordinary Heterotrophic Organism，OHO）动力学参数没有采用缺省值。缺氧生长系数从缺省值0.5增加到1.0，而缺氧水解系数从缺省值0.28增加到0.50。为了模拟现场观察的结果，每个反应器内的生物膜厚度限制值也做了调整，第一个反应器内的最"薄"值从0.5mm改为0.75mm，而第二个反应器内的最"厚"值从3mm降至1mm。其他的动力学、计量学和生物膜参数均采用了缺省值。表11-10总结了稳态模拟结果。这是利用月均值运行模型得到的结果。图11-13、图11-14和图11-15展示的是动态模拟结果。

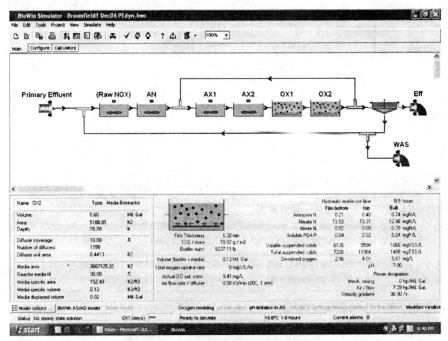

图11-12 BioWin中的IFAS模型截图

## 11.6 BioWin模拟IFAS污水处理厂

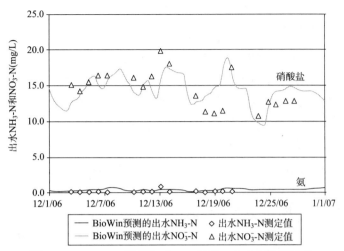

图11-13　BioWin模型校正IFAS结果：出水氨和硝酸盐

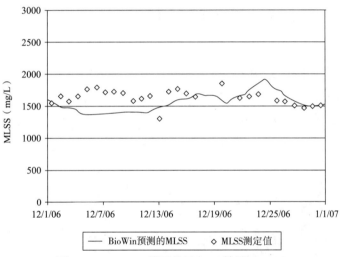

图11-14　BioWin模型校正IFAS结果：MLSS

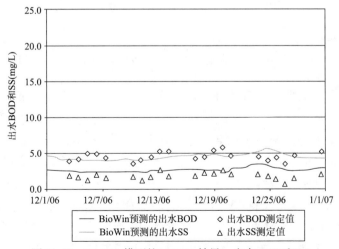

图11-15　BioWin模型校正IFAS结果：出水BOD和SS

### 11.6.3 对BioWin模拟结果的讨论

总体而言，得到了准确的预测结果。其中参数MLVSS浓度校正的不好，但也达到了足够的精度。尽管一级处理进水VSS/SS设定为0.85，模型预测出的MLVSS/MLSS为0.66。因为模拟的目的是为了校正出水水质和MLSS固体停留时间，因此没有对MLVSS做进一步研究。生物量存量（$g/m^2$）的校正也很理想，但为了模拟实际规模污水处理厂每个IFAS区的生物量实际存量，需要稍微调整生物膜厚度限值。一般来说，由于有机负荷高，因此IFAS系列中的第一区会有更多的生物量。必须收集尽可能多的校正数据，尤其是IFAS每个区的营养物质、溶解氧浓度和生物量存量。

整体而言，BioWin生物膜模型是模拟IFAS的可靠工具。尽管长期动态模拟需要较长的软件运行时间，但稳态模拟的运行结果却很快可以得到。关闭pH的模拟可加速动态模拟，尤其是设计中没有化学除磷时。

## 11.7 MBBR污水处理厂介绍及模拟

### 11.7.1 MBBR污水处理厂介绍

我们选取了科罗拉多州亚当斯郡南亚当斯污水处理厂作为GPS-X和Aquifas模拟MBBR的地点。该污水处理厂有两个平行系列，每系列有两个缺氧池（单元）和两个好氧池（单元）串联而成。MBBR设有从第二好氧池末端到第一缺氧池的硝酸盐回流（MBBR回流）（见图11-16）。

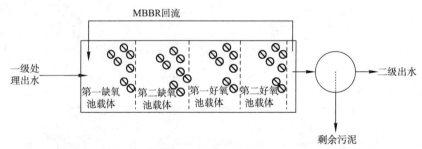

图11-16 科罗拉多州亚当斯郡南亚当斯污水处理厂两个MBBR系列中的一个

MBBR使用模型的方法多种多样。可将MBBR看做是淹没式的滴滤池，也可看做是没有污泥回流的IFAS。没有污泥回流使MLSS MCRT与池子的名义水力停留时间相等。

南亚当斯污水处理厂MBBR的名义水力停留时间为各单元混合液的有效体积与一级处理出水（MBBR进水）流量的比值。有效体积是缺氧池和好氧池有效体积减去载体和生物膜占据的体积。南亚当斯污水处理厂的池子体积为4802$m^3$（127万gal）。2007年1月观测到的流量为12300$m^3$/d（3.2mgd），如果不计算载体和生物膜占据的体积，则名义水力停留时间为9.4h。如果扣掉载体和生物膜占据的体积，则名义水力停留时间为7.7h。

我们对2007年1月的数据进行了模拟。表11-11给出了进水水质和运行温度。一级处

## 11.7 MBBR污水处理厂介绍及模拟

表11-11 SA-T1: 2007年1月MBBR进水及单元内的溶解氧数据（Black & Veatch惠赠）[a]

| 月/日/年 | 流量(m³/d) | 流量(mgd) | 温度(℃) | COD(mg/L) | COD(ppd) | TKN(mg/L) | TKN(ppd) | NH₃-N(mg/L) | NH₃-N(ppd) | 第一好氧池溶解氧(mg/L) | 第二好氧池溶解氧(mg/L) |
|---|---|---|---|---|---|---|---|---|---|---|---|
| 1/1/2007 | 11 940 | 3.155 | 14.1 | 486 | 12 788 | 50.1 | 1319 | 38.1 | 1003 | 3.235 | 6.105 |
| 1/2/2007 | 12 250 | 3.236 | 14.25 | 375 | 10 108 | 52.7 | 1423 | 40.1 | 1081 | 3.67 | 6.36 |
| 1/3/2007 | 12 700 | 3.356 | 14.4 | 361 | 10 108 | 54.5 | 1526 | 41.44 | 1160 | 4.105 | 6.615 |
| 1/4/2007 | 12 000 | 3.172 | 13.7 | 382 | 10 108 | 49.6 | 1311 | 37.7 | 997 | 4.405 | 6.81 |
| 1/5/2007 | 11 430 | 3.019 | 13 | 295 | 7428 | 52.1 | 1311 | 39.6 | 997 | 4.705 | 7.005 |
| 1/6/2007 | 11 840 | 3.128 | 13.6 | 372 | 9708 | 50.3 | 1311 | 38.2 | 997 | 4.5375 | 6.8375 |
| 1/7/2007 | 12 130 | 3.204 | 13.6 | 363 | 9708 | 49.1 | 1311 | 37.3 | 997 | 4.5375 | 6.8375 |
| 1/8/2007 | 12 200 | 3.225 | 14.2 | 361 | 9708 | 48.8 | 1311 | 37.1 | 997 | 4.37 | 6.67 |
| 1/9/2007 | 11 900 | 3.15 | 14.35 | 370 | 9708 | 49.9 | 1311 | 37.9 | 997 | 4.5325 | 6.5575 |
| 1/10/2007 | 11 950 | 3.158 | 14.5 | 369 | 9708 | 41.6 | 1096 | 31.64 | 833 | 4.695 | 6.445 |
| 1/11/2007 | 11 600 | 3.066 | 13.95 | 380 | 9708 | 41.2 | 1054 | 31.3 | 801 | 5.1725 | 6.9225 |
| 1/12/2007 | 11 450 | 3.026 | 13.4 | 475 | 11 987 | 41.8 | 1054 | 31.7 | 801 | 5.65 | 7.4 |
| 1/13/2007 | 12 310 | 3.253 | 13.6 | 445 | 12 074 | 38.8 | 1054 | 29.5 | 801 | 5.0475 | 7.1 |
| 1/14/2007 | 12 510 | 3.306 | 13.6 | 438 | 12 074 | 38.2 | 1054 | 29.0 | 801 | 5.0475 | 7.1 |
| 1/15/2007 | 12 680 | 3.351 | 13.8 | 432 | 12 074 | 37.7 | 1054 | 28.7 | 801 | 4.445 | 6.8 |
| 1/16/2007 | 11 810 | 3.121 | 13.9 | 464 | 12 074 | 40.5 | 1054 | 30.8 | 801 | 4.6875 | 6.7075 |
| 1/17/2007 | 11 750 | 3.105 | 14 | 466 | 12 074 | 39.1 | 1011 | 2.68 | 769 | 4.93 | 6.615 |
| 1/18/2007 | 12 130 | 3.204 | 13.5 | 452 | 12 074 | 38.9 | 1039 | 29.6 | 790 | 5.0075 | 6.8975 |
| 1/19/2007 | 11 690 | 3.089 | 13 | 472 | 12 160 | 40.3 | 1039 | 30.7 | 790 | 5.085 | 7.18 |
| 1/20/2007 | 12 220 | 3.229 | 13.1 | 456 | 12 275 | 38.6 | 1039 | 29.3 | 790 | 4.9375 | 7.115 |
| 1/21/2007 | 12 410 | 3.278 | 13.1 | 449 | 12 275 | 38.0 | 1039 | 28.9 | 790 | 4.9375 | 7.115 |
| 1/22/2007 | 12 000 | 3.171 | 13.2 | 464 | 12 275 | 39.3 | 1039 | 29.9 | 790 | 4.79 | 7.05 |
| 1/23/2007 | 11 850 | 3.132 | 13.5 | 470 | 12275 | 39.8 | 1039 | 30.2 | 790 | 4.8375 | 7.09 |
| 1/24/2007 | 11 950 | 3.157 | 13.8 | 466 | 12 275 | 40.5 | 1067 | 30.8 | 811 | 4.885 | 7.13 |
| 1/25/2007 | 12 240 | 3.235 | 13.8 | 455 | 12 275 | 43.1 | 1164 | 32.8 | 884 | 4.8175 | 6.98 |
| 1/26/2007 | 11 960 | 3.161 | 13.8 | 470 | 12 390 | 44.1 | 1164 | 33.5 | 884 | 4.75 | 6.83 |
| 1/27/2007 | 12 020 | 3.176 | 13.3 | 451 | 11 955 | 43.9 | 1164 | 33.4 | 884 | 4.6675 | 6.8825 |
| 1/28/2007 | 12 760 | 3.371 | 12.3 | 425 | 11 955 | 41.4 | 1164 | 31.5 | 884 | 4.6675 | 6.8825 |
| 1/29/2007 | 12 120 | 3.203 | 12.8 | 448 | 11 955 | 43.6 | 1164 | 33.1 | 884 | 4.585 | 6.935 |
| 1/30/2007 | 11 560 | 3.055 | 12.4 | 469 | 11 955 | 45.7 | 1260 | 34.7 | 958 | 4.9925 | 7.1175 |
| 1/31/2007 | 11 500 | 3.038 | 12 | 472 | 11 955 | 49.7 | | 37.8 | | 5.4 | 7.3 |
| 2007年1月的平均值 | 12 040 | 3.18 | 13.57 | 427 | 11 329 | 44.0 | 1165 | 33.4 | 885 | 4.71 | 6.88 |

[a] mgd × 3.785=ML/d; ppd=lb/d; lb/d × 0.4536=kg/d.

# 第11章 生物膜反应器模型的应用和发展

理出水的COD平均为427mg/L。$NH_4^+$-N和TKN分别为34mg/L和44mg/L。MBBR的大多数取样都是每周3~4次的瞬时样（这增加了动态模拟的困难）。但为了给将来的升级改造做准备，污水处理厂最近提升了取样方案，增加了混合液取样量及提高了取样频率。

MBBR池在相当高的溶解氧浓度下运行。第一好氧池的溶解氧平均浓度（两个系列的平均值）为4.7mg/L。第二好氧池内的溶解氧为6.9mg/L。

表11-12给出了南亚当斯污水处理厂MBBR的出水数据，其中SS就是未经沉淀的MLSS值。在这个月（2007年1月），污水处理厂处于硝化临界点上，出水$NH_4^+$-N为2.5mg/L，载体的数量恰好能维持硝化。当前污水处理厂1月份并没有出水氨的要求，但一年中有6个月要求氨浓度在10~24mg/L之间。模拟期间污水处理厂出水硝酸盐氮浓度为10mg/L。污水处理厂出水没有对硝酸盐的要求。

SA-T2：南亚当斯污水处理厂MBBR出水数据（Black & Veatch 惠赠） 表11-12

| 月/日/年 | 出水BOD (mg/L) | 出水SS (mg/L) | 出水$NH_3$-N (mg/L) | 出水$NO_3^-$-N (mg/L) | MBBR总固体 (mg/L) |
|---|---|---|---|---|---|
| 1/1/07 | 9 | 10.8 | | 8.145 | 118.5 |
| 1/2/07 | 10 | 11.6 | | | |
| 1/3/07 | 10 | 12.2 | 4.76 | 8.78 | 119 |
| 1/4/07 | 9 | 11.4 | | | |
| 1/5/07 | | | | 9.815 | 129 |
| 1/6/07 | | | | | |
| 1/7/07 | 9 | 14.8 | | | |
| 1/8/07 | 9 | 12.4 | | 8.065 | 116 |
| 1/9/07 | 9 | 11.2 | | | |
| 1/10/07 | 8 | 10.6 | 1.79 | 9.25 | 116 |
| 1/11/07 | 7 | 11 | | | |
| 1/12/07 | | | | 12.3 | 135 |
| 1/13/07 | | | | | |
| 1/14/07 | 11 | 15.4 | | | |
| 1/15/07 | 11 | 13.4 | | 8.48 | 124 |
| 1/16/07 | 9 | 11.2 | | | |
| 1/17/07 | 10 | 13 | 1.46 | 12.1 | 123 |
| 1/18/07 | 11 | 15.3 | | | |
| 1/19/07 | | | | 13.6 | 129 |
| 1/20/17 | | | | | |
| 1/21/07 | 10 | 18.67 | | | |
| 1/22/07 | 9 | 13.33 | | 9.42 | 126.5 |
| 1/23/07 | 8 | 11.67 | | | |
| 1/24/07 | 8 | 12.2 | 1.74 | 9.95 | 127.5 |
| 1/25/07 | 10 | 12.6 | | | |
| 1/26/07 | | | | 9.25 | 129 |
| 1/27/07 | | | | | |
| 1/28/07 | 11 | 17.57 | | | |
| 1/29/07 | 11 | 13 | | 8.9 | 137 |
| 1/30/07 | 11 | 14 | | | |
| 1/31/07 | 12 | 13.67 | 2.74 | 11.6 | 130 |
| Averages | 10 | 13.1 | 2.50 | 10.0 | 126 |

注：MBBR SS为沉淀前的出水值

后面将讨论GPS-X和Aquifas模拟MBBR的结果。Aquifas模型采用了半经验模型和生物膜扩散模型。作为本章的附件，读者可得到半经验模型的电子版（针对南亚当斯污水处理厂）的拷贝，可以到模型的官方网站（http://www.aquifas.com/）下载。

### 11.7.2 GPS-X模拟MBBR

#### 1. 介绍

GPS-X过去的几个版本包含了生物膜模型，可描述滴滤池、生物转盘、淹没式生物转盘、BAF和"生物膜式"的IFAS和MBBR（Hydromantis公司，2007）。

GPS-X当前的版本（5.0）有几项新功能，包括先进的曝气模型、通过简单的"拖拉"可生成控制器和图表、可生成用户报告等。GPS-X中的"生物膜式"模型是为MBBR开发的，当然也可非常容易地用于IFAS。GPS-X模拟器包含有多个基础模型，有活性污泥模型（ASM）1、2、2d和3；Mantis；两步Mantis以及这些模型的最新版本。但是"生物膜式"模型当前只能采用Mantis模型（用以模拟碳和氮）和ASM2d模型（用以模拟碳、氮和磷）。使用GPS-X时，除非要模拟磷，否则建议采用Mantis模型来模拟IFAS和MBBR，这是因为Mantis模型只有16个状态变量（ASM2d有27个）且收敛速度快，需要人为的干预少。

GPS-X的生物膜模型是基于Spengel和Dzombak（1992）的工作，但改造后用于了生物膜系统（Hydromantis公司，2007）。这个生物膜模型包括了溶解性物质扩散、生物膜生长、颗粒在垂直载体表面的一维面上的吸附和脱落等。该模型中的活性污泥和基质利用是基于Mantis（或ASM2d）模型的。每层生物膜（缺省为6层）按照连续搅拌反应器来模拟，且认为与主体液相中具有相同的反应。吸附和脱落系数可用来描述颗粒在主体液相和生物膜层之间的转移。颗粒的浓度可根据用户设定的"生物膜干物质重量"和"生物膜密度"将其转换为体积。用户也需要设定"生物膜最大厚度"和"生物膜的层数"，这用来限制生物膜脱落前的最大生长量。表11-13总结了这些生物膜参数。进水参数见表11-14。

SA-T3: GPS-X模型生物膜的主要参数（Hydromantis公司，2007）　　　　表11-13

| 名　称 | 单　位 | 缺省值 | 说　明 |
|---|---|---|---|
| 载体填充比例 | $m^3/m^3$ | 0.5 | |
| 生物膜层数（加1） | — | 6 | |
| 比表面积 | $1/m$ | 500 | 来自载体生产厂家 |
| 载体排开水的体积 | $m^3/m^3$ | 0.18 | 来自载体生产厂家 |
| 载体密度 | $kg/m^3$ | 940 | 来自载体生产厂家 |
| 附着生物膜厚度 | mm | 0.05 | |
| 生物膜最大厚度 | mm | 0.5 | |
| 生物膜密度 | $g/cm^3$ | 1.02 | |
| 生物膜干物质含量 | — | 0.1 | 影响生物膜内惰性物质的比例 |
| 生物膜扩散衰减 | — | 0.5 | |
| 吸附速率 | m/d | 0.5 | |
| 脱落速率 | $kg/(m^2 \cdot d)$ | 0.07 | |
| 缺氧剪切减少系数 | — | 1 | |
| 内部固体交换速率 | $L/(m^2 \cdot d)$ | 0.02 | |

# 第11章 生物膜反应器模型的应用和发展

**SA-T4: GPS-X模型进水组份（Mantis和ASME2D）（Hydromantis公司，2007） 表11-14**

| Mantis模型参数 | 单位 | 缺省值 |
|---|---|---|
| XCOD/VSS | — | 2.2 |
| $BOD_5/BOD_u$ | — | 0.66 |
| VSS/SS | — | 0.6 |
| COD中溶解性的比例 | — | 0.35 |
| COD中惰性部分的比例 | — | 0.35 |
| 颗粒性COD中基质所占的比例 | — | 0.75 |
| 颗粒COD中不能生物降解部分的比例 | — | 0 |
| 颗粒性COD中异养生物膜的比例 | — | 0 |
| 颗粒性COD中自养生物膜的比例 | — | 0 |
| 溶解性TKN中铵的比例 | — | 0.9 |
| 溶解性TKN中惰性物质的比例 | — | 0 |
| 无机悬浮固体中金属氢氧化物的比例 | — | 0 |
| 无机悬浮固体中金属磷的比例 | — | 0 |
| 活性生物量的氮含量（mg N/mg COD） | — | 0.068 |
| 内源呼吸/惰性物质的氮含量 | — | 0.068 |
| 活性生物量的磷含量 | — | 0.021 |
| 内源呼吸/惰性物质的磷含量 | — | 0.021 |
| ASM2d 模型的参数 | — | |
| XCOD/VSS | — | 2.2 |
| $BOD_5/BOD_u$ | — | 0.66 |
| VSS/TSS | — | 0.6 |
| 总COD中溶解性COD的比例 | — | 0.35 |
| 总COD中惰性COD的比例 | — | 0.35 |
| 溶解性COD中VFA的比例 | — | 0 |
| 颗粒性COD中基质的比例 | — | 0.75 |
| 颗粒性COD中异养生物量的比例 | — | 0 |
| 颗粒性COD中自养生物量的比例 | — | 0 |
| 颗粒性COD中聚磷生物量的比例 | — | 0 |
| 颗粒性COD中聚羟基羧酸盐的比例 | — | 0 |
| 溶解性磷中正磷酸盐的比例 | — | 0.9 |
| 颗粒性磷中颗粒性xpp的比例 | — | 0 |
| 溶解性TKN中铵的比例 | — | 0.9 |
| 溶解性TKN中惰性物质的比例 | — | 0 |
| 无机悬浮固体中金属氢氧化物的比例 | — | 0 |
| 无机悬浮固体中金属磷的比例 | — | 0 |
| 活性生物量的氮含量 | — | 0.07 |
| 惰性颗粒物质中氮含量 | — | 0.02 |
| 颗粒基质中氮含量 | — | 0.04 |
| 溶解性惰性物质氮含量 | — | 0.01 |
| 发酵基质中氮含量 | — | 0.03 |
| 活性生物量的磷含量 | — | 0.02 |
| 惰性颗粒物质中磷含量 | — | 0.01 |
| 颗粒基质中磷含量 | — | 0.01 |

除了以下所列出的之外，GPS-X的Mantis模型与ASM1模型完全相同（Henze 等，2000）：
（1）增加了生长过程，用以解释低氨和高硝酸盐条件下观察到的生长现象。在这样的

条件下，微生物可以利用硝酸盐作为营养源；

（2）通过阿伦尼乌斯（Arrhenius）方程把温度和动力学相关联；

（3）当池子内混合不完全或絮体存在溶解氧梯度时，经常会观察到反硝化水平升高。为此模型增进了好氧反硝化对此进行解释。模型增加了缺氧条件下的氧半饱和常数，这样可以独立调整缺氧生长速率，不受好氧生长的影响。

GPS-X的ASM2d模型与Henze等人（2000）描述的完全相同。ASM2d是ASM1模型的延伸，增加了生物除磷方程。

GPS-X允许建模者单独输入BOD、COD、变量状态、污泥、SS/COD等参数来描述进水性质。但无论输入何种参数，GPS-X都是根据COD来完成所有的计算。因此，正如所有的其他模型一样，对进水的化学计量学有很好的理解是非常重要的。表11-14总结了Mantis和ASM2d的进水参数。关于如何正确选择进水参数，请参看www.hydromantis.com获得更多的指导。

### 2. 例子

图11-17给出了污水处理厂的流程。利用污水处理厂的运行数据校正GPS-X模型的结果非常理想。表11-15给出了稳态模拟的结果，图11-18（出水$NH_4^+$-N和$NO_x^-$-N）、图11-19（MBBR出水$BOD_5$和SS，经过二沉池沉淀后的数值）和图11-20（MBBR出水MLSS，未经沉淀）则给出了动态模拟的结果。模型运行结果表明，污水处理厂生物量沿程变化和出水值的校正和模拟都是很理想的。为了应对更加严格的氨排放要求和将来要执行的硝酸盐限值，污水处理厂最近提升了取样方案，增加了MBBR混合样的取样频率。

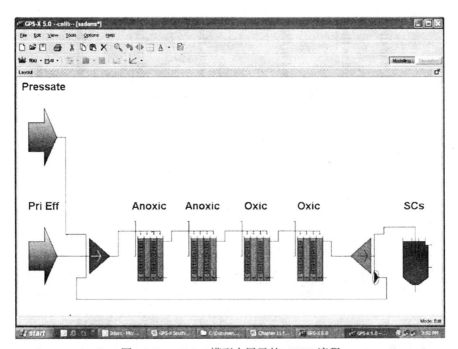

图11-17　GPS-X模型中展示的MBBR流程

## 第11章 生物膜反应器模型的应用和发展

科罗拉多州南亚当斯郡采用GPS-X对2007年1月数据的稳态运行结果　　　表11-15

| | 数值 | GPS-X | 方差（%） | 备注 |
|---|---|---|---|---|
| **MBBR进水（包括侧流）** | | | | |
| 流量（mgd） | 3.18 | 3.18 | 0 | |
| COD（mg/L） | 437 | 437 | 0 | 瞬时样均值（上午取样，每周3~4次） |
| SCOD（mg/L） | 249 | 249 | 0 | 瞬时样均值（上午取样，每周3~4次） |
| BOD（mg/L） | 无数据 | 213 | — | |
| SS（mg/L） | 128 | 128 | 0 | 瞬时样均值（上午取样，每周3~4次） |
| VSS（mg/L） | 无数据 | 108 | — | |
| TKN（mg/L） | 无数据 | 44 | — | |
| $NH_3$-N（mg/L） | 34 | 34 | 0 | 瞬时样均值（上午取样，每周3~4次） |
| **MBBR** | | | | |
| 悬浮污泥中的SS（mg/L） | 126 | 143 | 14 | 瞬时样均值（上午取样，每周3~4次） |
| 悬浮污泥中的VSS（mg/L） | 无数据 | 124 | — | |
| 第一单元的溶解氧（mg/L） | 4.65 | 4.65 | 0 | 瞬时样均值（上午取样，每周3~4次） |
| 第二单元的溶解氧（mg/L） | 6.90 | 6.90 | 0 | 瞬时样均值（上午取样，每周3~4次） |
| 好氧MLSS SRT（d） | 无数据 | 0.2 | — | |
| 总MLSS SRT（d） | 无数据 | 0.4 | — | |
| 温度（℃） | 14 | 14 | 0 | |
| 第一缺氧单元的生物膜量（$g/m^2$） | 10.0 | 10.3 | 3 | 每月测1次 |
| 第二缺氧单元的生物膜量（$g/m^2$） | 7.8 | 7.7 | −1 | 每月测1次 |
| 第一好氧单元的生物膜量（$g/m^2$） | 31.5 | 32.0 | 3 | 每月测1次 |
| 第二好氧单元的生物膜量（$g/m^2$） | 9.5 | 9.2 | −3 | 每月测1次 |
| 剩余污泥量（总固体）（lb/d） | 无数据 | 3447 | — | |
| **污水处理厂出水** | | | | |
| BOD（mg/L） | 9.7 | 8.3 | −15 | 混合样，每周测5次 |
| SS（mg/L） | 13.1 | 13.9 | 6 | 混合样，每周测5次 |
| TKN（mg/L） | 无数据 | 3.5 | — | |
| $NH_3$-N（mg/L） | 2.5 | 2.3 | −8 | 混合样，每周测1次 |
| $NO_3^-$-N（mg/L） | 10.0 | 8.8 | −12 | 混合样，每周测2次 |

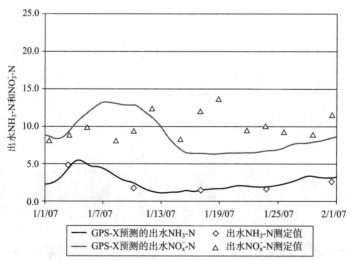

图11-18　MBBR出水 $NH_3$-N和 $NO_x^-$-N：GPS-X模型运算结果与实际数据的比较
（$NH_3$-N代表氨态氮和铵态氮，pH=7左右时大于99%都是铵氮）

## 11.7 MBBR污水处理厂介绍及模拟

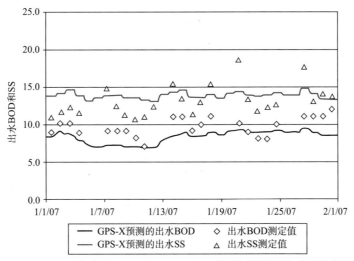

图 11-19 MBBR二级出水 $BOD_5$ 和 SS：GPS-X 模型运算结果与实际数据的比较

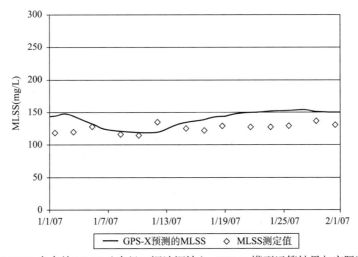

图 11-20 MBBR出水处 MLSS（未经二沉池沉淀）：GPS-X 模型运算结果与实际数据的比较

### 11.7.3 Aquifas 模拟 MBBR

我们利用 2008 年发布的 Aquifas，应用其半经验模型和生物膜扩散模型对 MBBR 进行了稳态和动态模拟。稳态模拟是根据 2007 年 1 月份的月平均数据（表 11-11）进行的。动态模拟则是基于 2007 年 1 月份的 31 天数据（见表 11-11）。

Aquifas 模型中的反应器布置见图 11-21，稳态模拟结果见表 11-16。模拟结果与污水处理厂实际数据吻合的很好。

Aquifas 模型动态模拟结果见图 11-22（出水 $NH_4^+$-N 和 $NO_x^-$-N）、图 11-23（MBBR 出水 $BOD_5$）和图 11-24（MBBR 出水 MLSS，未经沉淀）。模拟和校正结果也是非常理想的，与污水处理厂实际数据吻合的很好。

生物膜模型的参数见表 11-16。

## 第11章 生物膜反应器模型的应用和发展

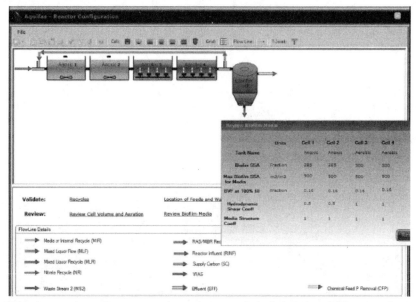

图 11-21 Aquifas 的 AquaNET（Windows.NET）版本中的南亚当斯 MBBR 布置

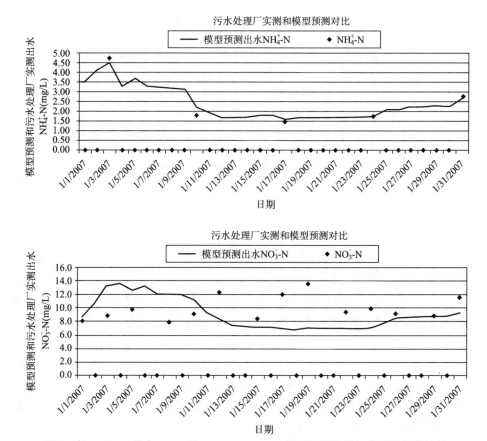

图 11-22 MBBR 出水 $NH_3$-N 和 $NO_x^-$-N：Aquifas 模型运算结果与实际数据的比较

## 11.7 MBBR污水处理厂介绍及模拟

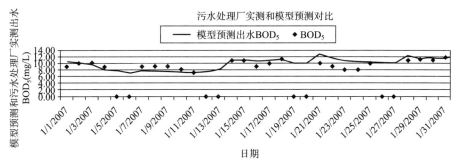

图11-23 MBBR二级出水$BOD_5$：Aquifas模型运算结果与实际数据的比较

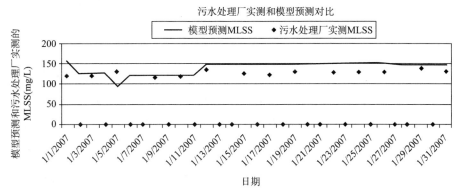

图11-24 MBBR出水处MLSS（未经二沉池沉淀）：Aquifas模型运算结果与实际数据的比较

科罗拉多州南亚当斯郡采用Aquifas对2007年1月数据的稳态运行结果　　　　表11-16

|  | 数值 | Aquifas | 方差（%） | 说　明 |
|---|---|---|---|---|
| **MBBR进水（包括侧流）** | | | | |
| 流量（mgd） | 3.18 | 3.18 | 0 | |
| COD（mg/L） | 427 | 427 | 0 | 瞬时样均值（上午取样，每周3~4次） |
| SCOD（mg/L） | 249 | 249 | 0 | 瞬时样均值（上午取样，每周3~4次） |
| BOD（mg/L） | 无数据 | 213 | — | |
| SS（mg/L） | 128 | 128 | 0 | 瞬时样均值（上午取样，每周3~4次） |
| VSS（mg/L） | 无数据 | 120 | — | |
| TKN（mg/L） | 无数据 | 44.0 | — | |
| $NH_3$-N（mg/L） | 34.0 | 34.0 | 0 | 一月份均值 |
| **MBBR** | | | | |
| 悬浮污泥中的SS（mg/L） | 126 | 144 | 14 | 瞬时样均值（上午取样，每周3~4次） |
| 悬浮污泥中的VSS（mg/L） | 无数据 | 134 | — | |
| 第一单元的溶解氧（mg/L） | 4.65 | 4.65 | 0 | 瞬时样均值（上午取样，每周3~4次） |
| 第二单元的溶解氧（mg/L） | 6.9 | 6.9 | 0 | 瞬时样均值（上午取样，每周3~4次） |
| 好氧MLSS SRT（d） | 无数据 | 0.2 | — | |
| 总MLSS SRT（d） | 无数据 | 0.4 | — | |
| 温度（℃） | 13.6 | 13.5 | −1 | 月均值 |
| **来自一维生物膜扩散模型** | | | | |
| 第一缺氧单元的生物膜量（$g/m^2$） | 10.0 | 10.1 | 1 | 污水处理厂数据，每月测1次 |
| 第二缺氧单元的生物膜量（$g/m^2$） | 7.8 | 0.8 | −90 | 污水处理厂数据，每月测1次；模型显示生物膜是受硝酸盐控制的 |

续表

|  | 数值 | Aquifas | 方差（%） | 说　　明 |
|---|---|---|---|---|
| 第一好氧单元的生物膜量（g/m²） | 31.5 | 31.3 | −1 | 每月测1次 |
| 第二好氧单元的生物膜量（g/m²） | 9.5 | 13.2 | 39 | 每月测1次 |
| 剩余污泥量（TS）（lb/d） | 无数据 | 3204 | — |  |
| 污水处理厂出水 |  |  |  |  |
| 　BOD（mg/L） | 9.7 | 9.0 | −7 | 混合样，每周测5次 |
| 　SS（mg/L） | 13.1 | 14 | 7 | 混合样，每周测5次 |
| 　TKN（mg/L） | 无数据 | 3.9 | — |  |
| 　$NH_3$-N（mg/L） | 2.5 | 2.3 | −8 | 混合样，每周测1次 |
| 　$NO_3$-N（mg/L） | 10.0 | 9.5 | −5 | MLR瞬时样（上午取样，每周3~4次） |

### 11.7.4　对模拟MBBR的评论

当进行动态模拟时，利用MBBR实际运行数据校正模型的工作量非常大，远远多于静态模拟时或针对假定的污水处理厂没有出水数据时的工作量。建模者必须收集、分析和足够理解动态模拟期间污水处理厂的数据，这样才能保证数据能准确反映运行状况。应特别注意每天测定数据的准确性，比如进出水的$BOD_5$、COD、$NH_4^+$-N和TKN；好氧池内的溶解氧；回流和MLSS等。为了理解污水处理厂的运行，应分析多个月的数据。应确认模拟期限内是否存在需要解释的非正常运行事件。非正常事件可能包括污泥脱水负荷过高或设备故障等。污水处理厂出水数据和模型输入量会反映出这些非正常事件。

## 11.8　IFAS和MBBR模拟的结论

模拟IFAS和MBBR远比模拟活性污泥系统复杂，这是因为模拟IFAS和MBBR时不仅要校正活性污泥参数，还要校正生物膜参数。生物膜模型本质上就比活性污泥模型复杂，需要占据更多的数据处理资源（比如内存）和需要更多的模拟时间。然而为了获得满意的模拟效果，最好能对包括污泥处理的整个污水处理厂进行模拟。但对一个污水处理厂所有的处理单元同时进行模拟一般不具有可操作性，这是因为仅仅生物膜的动态模拟就需要几个小时，当然这个时间与模型和模拟的时间长度有关。考虑上述因素，工程师必须在模型的操作复杂性、可利用的数据和模拟目的之间进行权衡。与规划或技术比较相比，针对实际规模污水处理厂的设计和运行所做的模拟工作需要取更多的水样并付出更多的时间和努力。

与稳态模拟相比，动态模拟IFAS和MBBR更加困难和耗时。当除了考虑平均值，还要检查趋势（逐日变化）时，利用污水处理厂实际运行数据来校正模型时就需要付出更多的努力。与稳态模拟相比，动态模拟模式下，用户可以利用污水处理厂实际数据对生物膜参数进行更加详细的校正。这点对于IFAS和MBBR污水处理厂很重要，这是因为不同的载体和曝气设计会导致生物膜比表面积、生物膜厚度及边界层厚度和污水处理厂性能之间产生差别。

根据本章介绍的模拟工作的经验，可以得出一个结论：如果模型已经利用实际污水

## 11.8 IFAS和MBBR模拟的结论

处理厂的数据校正过,而这个污水处理厂能够代表将要设计的污水处理厂,那么工程师和业主将是非常受益的。模拟污水处理厂的小试或小规模的中试研究不能重现实际规模污水处理厂的混合和生物膜的水动力特性,载体不同或曝气系统不同的系统也不能代表要设计的污水处理厂。水动力特性是非常重要的,因为它会影响生物膜厚度、剪切和比表面积,而这些反过来又会影响硝化作用。

能够做出的第二个结论是不同的工艺模型中,模拟生物膜的方法存在差异。因此当模型表达不同的参数时,就会出现准确度的差异。每个模型都有自己的优势和缺陷,所以有些工程师喜欢采用多个模型来模拟一个污水处理厂,以此提高分析或设计时的置信水平。

# 参考文献

## 第1章

Alleman, J.; Peters, R (1982) The History of Fixed Film Wastewater Treatment Systems. *Proceedings of the International Conference of Fixed Film Biological Processes, Kings Island, Ohio.* http://web.deu.edu.tr/atiksu/ana52/biofilm4.pdf (accessed March 2010).

Atkinson, B.; Black, G. M.; Lewis, P. J. S.; Pinches, A. (1979) Biological Particles of Given Size, Shape and Density for Use in Biological Reactors. *Biotechnol. Bioeng.*, **21** (2), 193–200.

Bryan, E. H. (1982) Development of Synthetic Media for Biological Treatment of Municipal and Industrial Wastewater. Paper presented at the *1st International Conference on Fixed-Film Biological. Processes*, Vol. 1, Kings Island, Ohio; Sponsored by University of Pittsburg, U.S. Army Corps of Engineers, U.S. Environmental Protection Agency, and U.S. National Science Foundation), 89.

Bryan, E. H. (1955) Molded Polystyrene Media for Trickling Filters. *Proceedings of the 10th Purdue Industrial Waste Conference*, West Lafayette, Indiana, May 9–11; Purdue University: West Lafayette, Indiana, 164.

Bryan, E. H. (1962) Two-Stage Biological Treatment: Industrial Experience. *Proceedings of the 11th South Municipal Industrial Waste Conference*; North Carolina State University, North Carolina.

Bryan, E. H.; Moeller, D. H. (1960) Aerobic Biological Oxidation Using Dowpac. *Proceedings of the Conference on Biological Waste Treatment*; Manhattan College: Riverdale, New York.

Caink, T. (1897) Specifications of Inventions. Br. Patent 19153.

Candy, F. P. (1898) Specifications of Inventions. Br. Patent 2749.

Cooper, P. F. (2001) Historical Aspects of Wastewater Treatment, Decentralized Sanitation and Reuse: Concepts, Systems and Implementation, Chapter 2; International Water Association Publishing: London, United Kingdom.

Corbett, J. (1902) Some Sewage Purification Treatment Experiments. *J. Sanit. Inst.*, **23**, 601–602.

Crimp, S. (1890) *The Construction of Works for the Prevention of Pollution by Sewage of Rivers and Estuaries;* Charles Griffin & Company: London, United Kingdom.

Dibdin, W. J. (1903) *The Purification of Sewage and Water,* 3rd ed.; The Sanitary Publishing Company: London, United Kingdom.

Dow Chemical Company (1955) Dowpac™ FN-90 and Dow HCS™. Plastics Technical Services., Dow Chemical Company: Midland, Michigan.

Egan, J. T.; Sandlin, M. (1960) The Evaluation of Plastic Trickling Filter Media. *Proceedings of the 15th Purdue Industrial Waste Conference*, West Lafayette, Indiana; Purdue University: West Lafayette, Indiana, 107—115.

参考文献

Gehm, H. W.; Gellman, I. (1965) Practice, Research and Development in Biological Oxidation of Pump and Paper Effluents. *J. Water Pollut. Control Fed.*, **57**, 1392–1398.

Hamoda, M. F.; Abd-El-Bary, M. F. (1987) Operating Characteristics of the Aerated Submerged Fixed-Film (ASFF) Bioreactor. *Water Res.*, **21**, 939–947.

Hays, C. C. (1931) Sewage Treatment Process. U.S. Patent 1,991,896.

Hegemann, W. (1984) A Combination of the Activated Sludge Process with Fixed-Film Bio-Mass to Increase the Capacity of Wastewater Treatment Plants. *Water Sci. Technol.*, **16**, 119–130.

Iwai, S.; Oshino, Y.; Tsukada, T. (1990) Design Operation of Small Wastewater Treatment Plants by the Microbial Film Process. *Water Sci. Technol.*, **22**, 139–144.

Kato, K.; Sekikawa, Y. (1967) FAS (Fixed Activated Sludge) Process for Industrial Waste Treatment. *Proceedings of the 22nd Purdue Industrial Waste Conference*, West Lafayette, Indiana; Purdue University: West Lafayette, Indiana, 926–949.

Mills, H. F. (1890) Purification of Sewage and Water. Special report to the Massachusetts State Board of Health: Boston, Massachusetts, 25.

Morper, M.; Wildmoser, A. (1990) Improvement of Existing Wastewater Treatment Plant Efficiencies Without Enlargement of Tankage by Application of the Linpor Process—Case Studies. *Water Sci. Technol.*, **37**, 207–215.

Norris, D. P.; Parker, D. S.; Daniels, M. L.; Owens, E. L. (1982) High Quality Trickling Filter Effluent Without Tertiary Treatment. *J. Water Pollut. Control Fed.*, **54**, 1087–1098.

Odegaard, H. (2006) Innovations in Wastewater Treatment: the Moving Bed Biofilm Process. *Water Sci. Technol.*, **53**, 17–33.

Odegaard, H.; Rusten, B. (1990) Upgrading of Small Municipal Wastewater Treatment Plants with Heavy Dairy Loadings by Introduction of Aerated Submerged Biofilters. *Water Sci. Technol.*, **22** (7/8), 191–198.

Odegaard, H.; Rusten, B.; Westrum, T. (1994) A New Moving Bed Biofilm Reactor—Application and Results. *Proceedings of the 2nd International Specialized Conference on Biofilm Reactors*, Paris, France, Sep 29–Oct 1; International Association on Water Quality: London, United Kingdom, 221–229.

Packham, R. F. (1988) *Biological Filtration*. Manuals of British Practice in Water ollution. Control, Institute of Water Pollution Control: London, United Kingdom.

Peters, R. W.; Alleman, J. E. (1982) The History of Wastewater Treatment Systems. Paper presented at *1st International Conerence on Fixed-Film Biological Processes*, Vol. 1, Kings Island, Ohio (sponsored by University of Pittsburg, U.S. Army Corps of Engineers, U.S. Environmental Protection Agency, and U.S. National Science Foundation), 60.

Randall, C.; Sen, D. (1996) Full-Scale Evaluation of an Integrated Fixed-Film Activated Sludge (IFAS) Process for Enhanced Nitrogen Removal. *Water Sci. Technol.*, **33** (12), 155–162.

Reimann, H. (1990) The Linpor Process for Nitrification and Denitrification. *Water Sci. Technol.*, **22**, 297–298.

# 参考文献

Royal Commission on Sewage Disposal (1908) Fourth Report. Royal Commission on Sewage Disposal: London, United Kingdom.

Slechta, A. E.; Owen, W. F. (1974) ABF Short-Term Aeration-Pilot Plant Results, Corvallis, OR. Technical Bulletin, Neptune, Microfloc, Inc.: Corvallis, Oregon.

Stanbridge, H. H. (1972) The Introduction of Rotating and Traveling Distributors for Biological Filters. *Water Pollut. Control*, **44**, 573.

Steels, I. H. (1974) Design Basis for the Rotating Disc Process. *Effluent Water Treat. J.*, **14** (9), 434–445.

Stephenson, T.; Cornel, P.; Rogalla, F. (2004) Biological Aerated Filters (BAF) in Europe: 21 Years of Full Scale Experience. *Proceedings of the 77th Annual Water Environment Federation Technical Exposition and Conference*, New Orleans, Louisiana, Oct 2–6; Water Environment Federation: Alexandria, Virginia.

Wilford, J.; Conlon, T. P. (1957) Contact Aeration Sewage Treatment Plants in New Jersey. *Sew. Ind. Wastes*, **29**, 845–855.

Sen, D.; Randall, C. W. (1996) Mathematical Model for a Multi-CSTR Integrated Fixed Film Activated Sludge (IFAS) System. *Proceedings of the 69th Annual Water Environment Federation Technical Exposition and Conference*, Dallas, Texas, Oct 5–9; Water Environment Federation: Alexandria, Virginia.

Stensel, H. D.; Brenner, R.; Lee, K.; Melcer, H.; Rakness, K. (1988) Biological Aerated Filter Evaluation. *J. Environ, Eng.*, **114** (6), 1352–1358.

## 第2章

Alvarez-Cohen, L.; McCarty, P. L. (1991) Effects of Toxicity, Aeration, and Reductant Supply on Trichloroethylene Transformation by a Mixed Methanotrophic Culture. *Appl. Environ. Microbiol.*, **57**, 228–235.

Atkinson, B. (1974) *Biochemical Reaction Engineering*; Pion Press: London, United Kingdom.

Aust, S.; Fernando, T.; Brock, B.; Tuisel, H.; Bumpus, J. (1988) Biological Treatment of Hazardous Wastes by *Phanerochaete Chrysoporium*. *Proceedings of the Conference on Biotechnology Applications in Hazardous Waste Treatment*, Longboat Key Florida, Oct 30–Nov 4, Lewandowski, G., Baltzis, B., Armenante, P. (Eds.); Engineering Foundation: New York.

Bock, E. (1976) Growth of *Nitrobacter* in Presence of Organic Matter: 2. Chemoorganic Growth of *Nitrobacter agilis*. *Arch. Microbiol.*, **108**, 305–312.

Briones, A.; Raskin, L. (2003) Diversity and Dynamics of Microbial Communities in Engineered Environments and Their Implications for Process Stability. *Curr. Opin. Biotechnol.*, **14** (3), 270–276.

Chiesa, S. C. (1982) Growth and Control of Filamentous Microbes in Activated Sludge. Ph.D. Dissertation, University of Notre Dame, Notre Dame, Indiana.

Curtis, T. P.; Head, I. M.; Lunn, M.; Woodcock, S.; Schloss, P. D.; Sloan, W. T. (2006) What is the Extent of Prokaryotic Diversity? *Phil. Trans. R. Soc. B*, **361**, 2023–2037.

Curtis, T. P.; Sloan, W. T. (2006) Towards the Design of Diversity: Stochastic Models for Community Assembly in Wastewater Treatment Plants. *Water Sci. Technol.*, **54** (1), 227–236.

de Beer, D.; Stoudley, P.; Roe, F.; Lewandowski, Z. (2004) Effects of Biofilm Structure on Oxygen Distribution and Mass Transport. *Biotechnol. Bioeng.*, **43**, 1132–1138.

Dobbs, R. A.; Wang, L. P.; Govind, R. (1989) Sorption of Toxic Organic Compounds on Waste Water Solids—Correlation with Fundamental Properties. *Environ. Sci. Technol.*, **23**, 1092–1097.

Enright, A. M.; Collins, G.; O'Flaherty, V. (2007) Low-Temperature Anaerobic Biological Treatment of Toluene-Containing Wastewater. *Water Res.*: **41**, 1465–1472.

Evans, W. C.; Fuchs, G. (1988) Anaerobic Degradation of Aromatic Compounds. *Annual Review of Microbiology*, Ornston, L. N., Balows, A., Baumann, P. (Eds.); Annual Reviews, Inc.: Palo Alto, California.

Falk, M. W.; Song, K. G.; Matiasek, M. G.; Wuertz, S. (2009) Microbial Community Dynamics in Replicate Membrane Bioreactors—Natural Reproducible Fluctuations. *Water Res.*, **43**, 842–852.

Fan, S.; Scow, K. M. (1993) Biodegradation of Trichloroethylene and Toluene by Indigenous Microbial Populations in Soil. *Appl. Environ. Micriobiol.*, **59**, 1911–1918.

Fernandez, A.; Huang, S. Y.; Seston, S.; Xing, J.; Hickey, R.; Criddle, C.; Tiedje, J. (1999) How Stable is Stable? Function Versus Community Composition. *Appl. Environ. Microbiol.*, **65** (8), 3697–3704.

Flegal, T. M.; Schroeder, E. D. (1976) Temperature Effects on BOD Stoichiometry and Oxygen Uptake Rate. *J. Water Pollut. Control Fed.*, **49**, 2700–2707.

Fuhs, G. W.; Chen, M. (1975) Microbiological Basis of Phosphate Removal in the Activated Sludge Process for the Treatment of Wastewater. *Microb. Ecol.*, **2**, 119–138.

Grady, C. P. L., Jr.; Daigger, G. T.; Lim, H. C. (1999) *Biological Wastewater Treatment*, 2nd ed.; Marcel Dekker, Inc.: New York.

Hackett, W. F.; Connors, W. J.; Kirk, T. K.; Zeikus, J. G. (1977) Microbial Decomposition of Synthetic 14C-Labeled Lignins in Nature: Lignin Biodegradation in a Variety of Natural Materials. *Appl. Environ. Microbiol.*, **33**, 43–51.

Hall-Stoodley, L.; Costerton, J. W.; Stoodley, P. (2004) Bacterial Biofilms: From the Natural Environment to Infectious Diseases. *Nat. Rev. Microbiol.*, **2**, 95–108.

Henze, M.; Gujer, W.; Mino, T.; Matsuo, T.; Wentzel, M. C.; Marais, G. v. R. (1995) *Activated Sludge Model No. 2*, IAWQ Scientific and Technical Reports, No. 3; International Association for Water Quality: London, United Kingdom.

Hyman, M. R.; Murton, I. B.; Arp, D. J. (1988) Interaction of Ammonia Monooxygenase from *Nitrosomonas europea* with Alkanes, Alkenes, and Alkynes. *Appl. Environ. Microbiol.*, **54**, 3187–3188.

# 参考文献

Ingraham, J. L.; Maaloe, O.; Neidhardt, F. C. (1983) *Growth of the Bacterial Cell;* Sinauer and Associates, Inc.: Sunderland, Massachusetts.

Kehrberger, G. J.; Norman, J. D.; Schroeder, E. D.; Busch, A. W. (1964) BOD Progression in Soluble Substrates. VII. Temperature Effects. *Proceedings of the 19th Purdue Industrial Waste Conference,* West Lafayette, Indiana, May 5–7; Purdue University: West Lafayette, Indiana.

Kong, Y. H.; Nielsen, J. L.; Nielsen, P. H. (2005) Identity and Ecophysiology of Uncultured Actinobacterial Polyphosphate-Accumulating Organisms in Full-Scale Enhanced Biological Phosphorus Removal Plants. *Appl. Environ. Microbiol.,* **71,** 4076–4085.

Lengeler, J. W. ; Drews, G. ; Schlegel, H. G. (Eds.) Biology of the Prokaryotes (1999) Thieme Verlag: Stuttgart, Germany.

Levin, G. V.; Shapiro, J. (1967) Metabolic Uptake of Phosphorus by Wastewater Organisms. *J. Water Pollut. Control Fed.,* **37,** 800–821.

Lewandowski, Z.; Beyenal, H. (2003) Mass Transport in Heterogeneous Biofilms. In *Biofilms in Wastewater Treatment: An Interdisciplinary Approach,* Wuertz, S., Bishop, P. L., Wilderer, P. A. (Eds.); IWA Press: London, United Kingdom.

Lipschultz, F.; Zafiriou, O. C.; Wofsky, S. C.; McElroy, M. B.; Valois, F.W.; Watson, S. W. (1981) Production of NO and $N_2O$ by Soil Nitrifying Bacteria. *Nature,* **294,** 641–643.

Logan, B. E. (1993) Oxygen Transfer in Trickling Filters. *J. Environ. Eng.,* **119,** 1059–1076.

MacDonald, R. M. (1978) Population Dynamics of the Nitrifying Bacterium *Nitrosolubus* in Soil. *J. Appl. Ecol.,* **16,** 529–535.

Madigan, M. T.; Martinko, J. M.; Parker, J. (2003) *Brock Biology of Microorganisms,* 9th ed.; Prentice-Hall: Englewood Cliffs, New Jersey.

Mattick, J. S. (2002) Type IV Pili and Twitching Motility. *Annu. Rev. Microbiol.,* **56,** 289–314.

McCarty, P. L. (1965) Thermodynamics of Biological Synthesis and Growth. *Proceedings of the 2nd International Conference on Water Pollution Research*; New York, 169.

Metcalf and Eddy, Inc. (2003) *Wastewater Engineering: Treatment and Reuse,* Tchobanoglous, G., Burton, F. L., Stensel, H. D. (Eds.); McGraw-Hill: New York.

Nadell, C. D.; Xavier, J. B.; Levin, S. A.; Foster, K. R. (2008) The Evolution of Quorum Sensing in Bacterial Biofilms. *PLoS Biol.,* **6,** 0171–0179.

Neidhardt, F. C.; Ingraham, J. L.; Schaechter, M. (1990) *Physiology of the Bacterial Cell: A Molecular Approach;* Sinauer Associates, Inc.: Sunderland, Massachusetts.

Nielsen. P. H.; Jahn, A. (1999) Extraction of EPS. In *Microbial Extracellular Polymeric Substances,* Wingender, J., Neu, T. R., Flemming, H.-C. (Eds.); Springer: Berlin, Germany, 49–72.

Oehmen, A.; Lemos, P. C.; Carvalho, G.; Yuan, Z. G.; Keller, J.; Blackall, L. L.; Reis, M. A. M. (2007) Advances in Enhanced Biological Phosphorus Removal: From Micro to Macro Scale. *Water Res.,* **41,** 2271–2300.

Op den Camp, H. J. M.; Kartal, B.; Guven, D.; van Niftrik, L.; Haaijer, S. C. M.; van der Star, W. R. L.; van de Pas-Schoonen, K. T.; Cabezas, A.; Ying, Z.; Schmid, M. C. (2006) Global Impact and Application of the Anaerobic Ammonium-Oxidizing (Anammox) Bacteria. *Biochem. Soc. Trans.*, **34**, 174–178.

Porges, N.; Jaiswicz, L.; Hoover, S. R. (1953) Biological Oxidation of Dairy Waste, VII. *Proceedings of the 24th Purdue Industrial Waste Conference*, West Lafayette, Indiana, May 6–8; Purdue University: West Lafayette, Indiana.

Raes, J.; Bork, P. (2008) Molecular Eco-Systems Biology: Towards an Understanding of Community Function. *Nat. Rev. Microbiol.*, **6**, 693–699.

Rajal, V. B.; McSwain, B. S.; Thompson, D. E.; Leutenegger, C. M.; Kildare, B.; Wuertz, S. (2007) Validation of Hollow Fiber Ultrafiltration and Real Time PCR Using Bacteriophage PP7 as Surrogate for the Quantification of Viruses from Water Samples. *Water Res.*, **41**, 1411–1422.

Rajal, V. B.; McSwain, B. S.; Thompson, D. E.; Leutenegger, C. M.; Wuertz, S. (2007) Molecular Quantitative Analysis of Human Viruses in California Storm Water. *Water Res.*, **41**, 4287–4298.

Reineke, W.; Knackmuss, H. J. (1988) Microbial Degradation of Haloaromatics. *Annu. Rev. Microbiol.*, **42**, 263–287.

Riesenfeld, C. S.; Schloss, P. D.; Handelsman, J. (2004) Metagenomics: Genomic Analysis of Microbial Communities. *Ann. Rev. Genet.*, **38**, 525–552.

Rittman, B. E.; McCarty, P. L. (2001) *Environmental Biotechnology: Principles and Applications*; McGraw-Hill: New York.

Ryan, R. P.; Dow, J. M. (2008) Diffusible Signals and Interspecies Communication in Bacteria. *Microbiology*, **154**, 1845–1858.

Schmidt, I.; Sliekers, O.; Schmid, M.; Bock, E.; Fuerst, J.; Kuenen, J. G.; Jetten, M. S. M.; Strous, M. (2003) New Concepts of Microbial Treatment Processes for the Nitrogen Removal in Wastewater. *FEMS Microbiol. Rev.*, **27**, 481–492.

Schroeder, E. D. (2002) Trends in Application of Gas-Phase Bioreactors. *Rev. Environ Sci. Biotechnol.*, **1**, 65–74.

Schroeder, E. D.; Eweis, J. B.; Chang, D. P. Y.; Veir, J. K. (2000) Biodegradation of Recalcitrant Compounds. *Water Air Soil Pollut.*, **123**, 133–146.

Schroeder, E. D.; Tchobanoglous, G. (1976) Mass Transfer Limitations in Trickling Filters. *J. Water Pollut. Control Fed.*, **48**, 771–775.

Schroeder, E. D.; Wuertz, S. (2003) Bacteria. In *The Handbook of Water and Wastewater Microbiology*, Mara, D., Horan, N. (Eds.); Elsevier: Amsterdam, Netherlands, 57–68.

Serafim, L. S.; Lemos, P. C.; Levantesi, C.; Tandoi V.; Santos H.; Reis M. A. M. (2002) Methods for Detection and Visualization of Intracellular Polymers Stored by Polyphosphate-Accumulating Microorganisms. *J. Microbiol. Meth.*, **51**, 1–18.

Schwartz, E.; Friedrich, B. (2006) The $H_2$-Metabolizing Prokaryotes. In *The Prokaryotes: An Evolving Electronic Resource for the Microbiological Community*, 3rd ed.; Springer: New York, 496–563.

# 参考文献

Shapiro, J.; Levin, G. V.; Zea, H. G. (1967) Anoxically Induced Release of Phosphate in Wastewater Treatment. *J. Water Pollut. Control Fed.*, **39**, 1810–1818.

Singer, P. C.; Stumm, W. (1970) The Solubility of Ferrous Iron in Carbonate-Bearing Waters. *J. Am. Water Works Assoc.*, **62**, 198–202.

Skraber, S.; Helmi, K.; Ferreol, M.; Gantzer, C.; Hoffmann, L.; Cauchie, H. M. (2007) Occurrence and Persistance of Bacterial and Viral Faecal Indicators in Wastewater Biofilms. *Water Sci. Technol.*, **55** (8–9), 377–385.

Sorokin, D. Y.; Banciu, H.; Robertson, L. A.; Kuenen, J. G. (2006) Haloalkaliphilic Sulfur-Oxidizing Bacteria. In *The Prokaryotes: An Evolving Electronic Resource for the Microbiological Community*, 3rd ed.; Springer: New York, 969–984.

Spaeth, R.; Wuertz, S. (2000). Extraction and Quantification of Extracellular

Polymeric Substances from Wastewaters. In *Biofilms. Investigative Methods & Applications*, Flemming, H.-C., Szewzyk, U., Griebe. T. (Eds.), Technomic Publishers: Lancaster, Pennsylvania, 51–68.

Stanier, R. Y.; Ingraham, J. L.; Wheelis, M. L.; Painter, P. R. (1986) *The Microbial World*; Prentice-Hall: Englewood Cliffs, New Jersey.

Steele, H. L.; Streit, W. R. (2005) Metagenomics: Advances in Ecology and Biotechnology. *FEMS Microbiol. Lett.*, **247**, 105–111.

Stephen, J. R.; McCaig, A. E.; Smith, Z.; Prosser, J. L.; Embley, T. M. (1996) Molecular Diversity of Soil and Marine 16S rRNA Gene Sequences Related to β-Subgroup Ammonia-Oxidizing Bacteria. *Appl. Environ. Microbiol.*, **62**, 4147–4154.

Steward, G. F.; Smith, D. C.; Azam, F. (1996) Abundance and Production of Bacteria and Viruses in the Bering and Chukchi Seas. *Mar. Ecol. Prog. Ser.*, **131**, 287–300.

Strous, M.; Heijnen, J. J.; Kuenen, J. G.; Jetten, M. S. M. (1998) The Sequencing Batch Reactor as a Powerful Tool for the Study of Slowly Growing Anaerobic Ammonium-Oxidizing Microorganisms. *Appl. Microbiol. Biotechnol.*, **50**, 589–596.

Strous, M.; Van Gerven, E.; Ping, Z.; Kuenen, J. G.; Jetten, M. S. M. (1997) Ammonium Removal from Concentrated Waste Streams with the Anaerobic Ammonium Oxidation (Anammox) Process in Different Reactor Configurations. *Water Res.*, **31**, 1955–1962.

Swilley, E. L.; Bryant, J. O.; Busch, A. W. (1964) The Significance of Transport Phenomena in Biological Oxidation Processes. *Proceedings of the 19th Purdue Industrial Waste Conference*, West Lafayette, Indiana, May 5–7; Purdue University: West Lafayette, Indiana.

Szewzyk, U.; Szewzyk, R.; Manz, W.; Schleifer, K.-H. (2000) Microbiological Safety of Drinking Water. *Annu. Rev. Microbiol.*, **54**, 81–127.

Venugopalan, V. P.; Kuehn, M.; Hausner, M.; Springael, D.; Wilderer, P. A.; Wuertz, S. (2005) Architecture of a Nascent *Sphingomonas* sp. Biofilm under Varied Hydrodynamic Conditions. *Appl. Environ. Microbiol.*, **71**, 2677–2686.

Wilderer, P. A.; Bungartz, H.-J.; Lemmer, H.; Wagner, M.; Keller, J.; Wuertz, S. (2002) Modern Scientific Methods and Their Potential in Wastewater Science and Technology. *Water Res.*, **36**, 370–393.

Williamson, K.; McCarty, P. L. (1976) A Model of Substrate Uptake by Bacterial Films. *J. Water Pollut. Control Fed.*, **48**, 9–24.

Woertz, J. R.; Kinney, K.A.; McIntosh, N. D. P.; Szaniszlo, P. J. (2001) Removal of Toluene in a Vapor-Phase Bioreactor Containing a Strain of the Dimorphic Black Yeast Exophiala lecanii-corni. *Biotechnol. Bioeng.*, **75**, 550–558.

Woertz, J. R.; Kinney, K. A.; Szaniszlo, P. J. (2001) A Fungal Vapor-Phase Bioreactor for the Removal of Nitric Oxide from Waste Gas Streams. *J. Air Waste Manag. Assoc.*, **51**, 895–902.

Wuertz, S.; Okabe, S.; Hausner, M. (2004) Microbial Communities and Their Interactions in Biofilm Systems: An Overview. *Water Sci. Technol.*, **49** (11–12), 327–336.

Yu, S.; Semprini, L. (2004) Kinetics and Modeling of Reductive Dechlorination at High PCE and TCE Concentrations. *Biotechnol. Bioeng.*, **88**, 451–464.

# 第3章

Albertson, O. E. (1995) Excess Biofilm Control by Distributor-Speed Modulation. *J. Environ. Eng. (Reston, Virginia)*, **121** (4), 330–336.

Albertson, O. E. (1989a) Slow Down That Trickling Filter! *Water Environ. Technol.*, **6** (1), 15–20.

Albertson, O. E. (1989b) Slow Motion Trickling Filters Gain Momentum! *Water Environ. Technol.*, **6** (8), 28–29.

Albertson, O. E.; Davies, G. (1984) Analysis of Process Factors Controlling Performance Plastic Bio-media. *Proceedings of the 57th Annual Water Environment Federation Technical Exposition and Conference*, New Orleans, Louisiana, Sept 3–Oct. 5; Water Environment Federation: Alexandria, Virginia.

Albertson, O. E.; Eckenfelder, W. (1984) Analysis of Process Factors Affecting Plastic Media Trickling Filter Performance. *Proceedings of the Second International Conference on Fixed Film Biological Processes*, Washington, D.C.

Albertson, O. E.; Okey, R. (1988) Design Procedure for Tertiary Nitrification. Surfpac, Inc.: West Chester, Pennsylvania.

Andersson, B.; Aspregren, H.; Parker, D. S.; Lutz, M. (1994) High Rate Nitrifying Trickling Filters. *Water Sci. Technol.*, **29** (10–11), 47–52.

Arthur, J. W.; West, C. W.; Allen, K. N.; Hedtke, S. F. (1987) Seasonal Toxicity of Ammonia to Five Fish and Nine Invertebrate Species. *Bull. Environ. Contam. Toxicol.*, **38**, 324–331.

Aryan, A. F.; Johnson, S. H. (1987) Discussion of: A Comparison of Trickling Filter Media. *J. Water Pollut. Control Fed.*, **59**, 915.

Aspegren, H. (1992) Nitrifying Trickling Filters, A Pilot Study of Malmö, Sweden. Malmö Water and Sewage Works: Malmö, Sweden.

ATV (Abwassertechnische Vereinigung) (1983) German ATV Regulations–A135. Grundsätze für die Bemessung von einstufigen Tropfkörpern und Scheibentauchkörpern mit Anschluwerter über 500 Einwohnergleichwerten. D-5205, St. Augustine, Germany (in German).

# 参考文献

Baier, R. E. (1973) Applied Chemistry at Protein Interfaces. *Adv. Chem. Ser. Amer. Chem. Soc.*, **145,** 1.

Baxter and Woodman Environmental Engineers (1973) Nitrification in Wastewater Treatment: Report of the Pilot Study. Prepared for the Sanitary District of Bloom Township, Illinois.

Benzie, W. J.; Larkin, H. O.; Moore, A. F. (1963) Effects of Climactic and Loading Factors on Trickling Filter Performance. *J. Water Pollut. Control Fed.,* **35,** 445–455.

Biesterfeld, S.; Dane, M.; Dingeman, R.; Freeman, D.; Heppler, P.; Keilbach, K.; Oram, E.; Paterniti, D.; Wadas, D.; Lutz, M. (2005) Optimizing the TF/SC Process for Nitrification. *Proceedings of the 78th Annual Water Environment Federation Technical Exposition and Conference,* Washington, D.C., Oct 9–Nov 2; Water Environment Federation: Alexandria, Virginia.

Biesterfeld, S.; Figueroa, L. (2002) Nitrifying Biofilm Development with Time: Activity Versus Phylogenetic Composition. *Water Environ. Res.,* **74,** 470–479.

Boller, M.; Gujer, W. (1986) Nitrification in Tertiary Trickling Filters Followed by Deep Filters. *Water Res.,* **20,** 1363–1373.

Boller, M.; Gujer, W.; Nyhuis, G. (1990) Tertiary Rotating Biological Contactors for Nitrification. *Water Sci. Technol.,* **22** (1–2), 89–100.

Boltz, J. P.; Daigger, G. T. (2010) Uncertainty in Bulk-Liquid Hydrodynamics Creates Uncertainties in Biofilm Reactor Design. *Water Sci. Technol.,* **61** (2), 307–316.

Boltz, J. P.; La Motta, E. J. (2007) The Kinetics of Particulate Organic Matter Removal as a Response to Bioflocculation in Aerobic Biofilm Reactors. *Water Environ. Res.,* **79,** 725–735.

Boltz, J. P.; La Motta, E. J.; Madrigal, J. A. (2006) The Role of Bioflocculation on Suspended Solids and Particulate COD Removal in the Trickling Filter Process. *J. Environ. Eng. (Reston, Virginia),* **132** (5), 506–513.

Bratby, J. R.; Fox, B.; Parker, D. S.; Fisher, R.; Jacobs, T. (1999) Using Process Simulation Models to Rate Plant Capacity. *Proceedings of the 72nd Annual Water Environment Federation Technical Exposition and Conference,* New Orleans, Louisiana, Oct 9–13; Water Environment Federation: Alexandria, Virginia.

Bruce, A. M.; Merkens, J. C. (1973) Further Studies of Partial Treatment of Sewage by High-Rate Biological Filtration. *Water Pollut. Control,* **5,** 499–527.

Bruce, A. M.; Merkens, J. C. (1970) Recent Studies of High Rate Biological Filtration. *Water Pollut. Control,* **69,** 113–148.

Bryan, E. H. (1955) Molded Polystyrene Media for Trickling Filters. *Proceedings of the 10th Purdue Industrial Waste Conference,* West Lafayette, Indiana, May 9–11; Purdue University: West Lafayette, Indiana, 164–172.

Bryan, E. H. (1962) Two-Stage Biological Treatment: Industrial Experience. *Proceedings of the 11th South Municipal Industrial Waste Conference*; University of North Carolina: Chapel Hill, North Carolina, 136.

参考文献

Bryan, E. H.; Moeller, D. H. (1960) Aerobic Biological Oxidation Using Dowpac. *Proceedings of the Conference on Biological Waste Treatment*; Manhattan College: Riverdale, New York.

Characklis, W. G.; Marshall, K. C. (1990) *Biofilms*; Wiley and Sons: New York.

Chartered Institution of Water and Environmental Management (1988) Unit Processes Biological—Manuals of British Practice in Water Pollution Control. Chartered Institution of Water and Environmental Management: London, United Kingdom.

Crine, M.; Schlitz, M.; Vandevenne, L. (1990) Evaluation of the Performances of Random Plastic Media in Aerobic Trickling Filters. *Water Sci. Technol.*, **22** (1/2), 227–238.

Curds, C. R.; Hawkes, H. A. (1975) *Ecological Aspects of Used-Water Treatment*, Vol. I; Academic Press: London, United Kingdom.

Daigger, G. T.; Heinemann, T. A.; Land, G.; Watson, R. S. (1994) Practical Experience with Combined Carbon Oxidation and Nitrification in Plastic Media Trickling Filters. *Water Sci. Technol.*, **29** (10–11), 189–196.

Daigger, G. T.; Norton, L. E.; Watson, R. S.; Crawford, D.; Sieger, R. B. (1993) Process and Kinetic Analysis of Nitrification in Coupled Trickling Filter Activated Sludge Processes. *Water Environ. Res.*, **65**, 750–758.

Drury, D. D.; Carmona, J.; Delgadillo, A. (1986) Evaluation of High Density Cross Flow Media for Rehabilitating and Existing Trickling Filter. *J. Water Pollut. Control Fed.*, **58**, 364–366.

Duddles, G. A.; Richardson, S. E.; Barth, E. F. (1974) Plastic Medium Trickling Filters for Biological Nitrogen Control. *J. Water Pollut. Control Fed.*, **46**, 937–946.

Eckenfelder, W. W. (1961) Trickling Filter Design and Performance. *ASCE J. Sanit. Eng. Div.*, **87**, 33–45.

Eckenfelder, W. W.; Barnhart, E. L. (1963) Performance of a High Rate Trickling Filter Using Selected Materials. *J. Water Pollut. Control Fed.*, **35**, 1535–1551.

Everett, J. W., et al. (1995) Slowing Down a Snail's Pace. *Oper. Forum*, 20–22.

Galler, W. S.; Gotaas, H. G. (1964) Analysis of Biological Filter Variables. *ASCE J. Sanit. Eng. Div.*, **90** (6), 59–79.

Germain, J. E. (1966) Economical Treatment of Domestic Waste by Plastic Medium Trickling Filters. *J. Water Pollut. Control Fed.*, **38**, 192–203.

Grady, L. E.; Daigger, G. T.; Lim, H. (1999) *Biological Wastewater Treatment*, 2nd ed.; Marcel Dekker: New York.

Gray, R.; Ritland, G.; Chan, R.; Jenkins, D. (2000) Escargot…Going…Gone, A Nevada Facility Controls Snails with Centrate to Meet Stringent Total Nitrogen Limits. *Water Environ. Technol.*, **12** (5), 80–83.

Gujer, W.; Boller, M. (1986) Design of a Nitrifying Trickling Filter Based on Theoretical Concepts. *Water Res.*, **20**, 1353–1362.

Gujer, W.; Boller, M. (1984) Operating Experience with Plastic Media Tertiary Trickling Filters for Nitrification. *Water Sci. Technol.*, **16**, 201–213.

# 参考文献

Gullicks, H. A.; Cleasby, J. L. (1990) Cold-Climate Nitrifying Biofilters: Design and Operation Considerations. *J. Water Pollut. Control Fed.*, **62**, 50–57.

Gullicks, H. A.; Cleasby, J. L. (1986) Design of Trickling Filter Nitrification Tower. *J. Water Pollut. Control Fed.*, **58**, 60–67.

Harrison, J. R. (2007) Personal communication.

Harrison, J. R.; Daigger, G. T. (1987) A Comparison of Trickling Filter Media. *J. Water Pollut. Control Fed.*, **59**, 679–685.

Harrison, J. R.; Daigger, G. T.; Filbert, J. W. (1984) A Survey of Combined Trickling Filter and Activated Sludge Processes. *J. Water Pollut. Control Fed.*, **56**, 1073–1079.

Harrison, J. R.; Timpany, P. L. (1988) Design Considerations with the Trickling Filter Solids Contact Process. *Proceedings of the Joint Canadian Society of Civil Engineers, ASCE National Conference on Environmental Engineering,* Vancouver, British Columbia, July 13–15; American Society of Civil Engineers: Reston, Virginia, 753–762.

Hawkes, H. A. (1963) *The Ecology of Waste Water Treatment;* Pergamon Press: Oxford, United Kingdom.

Hawkes, H. A. (1955) Film Accumulation and Grazing Activity in the Sewage Filters at Birmingham. *J. Proc. Inst. Sew. Purif.*, 88–110.

Kincannon, D. F.; Stover, E. L. (1982) Design Methodology for Fixed-Film Reactors, RBCs and Trickling Filters. *Civ. Eng. Pract. Design Eng.*, **2**, 107–124.

Kuenen, J. G.; Jørgensen, B. B.; Revsbech, N. P. (1986) Oxygen Microprofiles of Trickling Filter Biofilms. *Water Res.*, **20** (12), 1589–1598.

Lacan, I.; Gray, R.; Ritland, G.; Jenkins, D.; Resh, V.; Chan, R. (2000) The Use of Ammonia to Control Snails in Trickling Filters. *Proceedings of the 73rd Annual Water Environment Federation Technical Exposition and Conference,* Anaheim, California, Oct 14–18; Water Environment Federation: Alexandria, Virginia.

La Motta, E. J.; Jimenez, J. A.; Josse, J. C.; Manrique, A. (2003) The Effect of Air-Enduced Velocity Gradient and Dissolved Oxygen on Bioflocculation in the TF/SC Process. *Adv. Environ. Res.*, **7** (2), 441–451.

La Motta, E. J.; Jiminez, J. A.; Josse, J. C.; Manrique, A. (2004) The Role of Bioflocculation on COD Removal in the Solids Contact Chamber of the TF/SC Process. *J. Environ. Eng. (Reston, Virginia)*, **130**, 726–735.

Lee, N. M.; Welander, T. (1994) Influence of Predation on Nitrification in Aerobic Biofilm Processes. *Water Sci. Technol.*, **29** (4), 355–363.

Lekhlif, B.; Toye, D.; Marchot, P.; Crine, M. (1994) Interactions Between the Biofilm Growth and the Hydrodynamics in an Aerobic Trickling Filter. *Water Sci. Technol.*, **29**, 423–430.

Levine, A. D.; Tchobanoglous, G.; Asano, T. (1985) Characterization of the Size Distribution of Contaminants in Wastewater: Treatment and Reuse Implications. *J. Water Pollut. Control Fed.*, **57**, 805–816.

Levine, A. D.; Tchobanoglous, G.; Asano, T. (1991) Size Distribution of Particulate Contaminants in Wastewater and Their Impact on Treatability. *Water Res.*, **25** (8), 911–922.

Lin, H.; Sansalone, J. (2001) Impact of Snail Infestation and Recirculation on Wastewater Treatment Plant Performance During Drought Conditions in the Gulf Coast. *Proceedings of the 74th Annual Water Environment Federation Technical Exposition and Conference,* Atlanta, Georgia, Oct 13–17; Water Environment Federation: Alexandria, Virginia.

Logan, B. E. (1999) *Environmental Transport Processes;* Wiley & Sons: New York.

Logan, B. E.; Hermanowicz, S. W.; Parker, D. S. (1987a) A Fundamental Model for Trickling Filter Process Design. *J. Water Pollut. Control Fed.*, **59**, 1029–1042.

Logan, B. E.; Hermanowicz, S. W.; Parker, D. S. (1987b) Engineering Implications of a New Trickling Filter Model. *J. Water Pollut. Control Fed.*, **59**, 1017–1028.

Logan, B. E.; Wagenseller, G. A. (2000) Molecular Size Distributions of Dissolved Organic Matter in Wastewater Transformed by Treatment in a Full-Scale Trickling Filter. *Water Environ. Res.*, **72**, 277–281.

Lucero, B.; Foess, G.; Middleton, G.; Kucera, W.; Hoff, A. (2002) Snail Control in Trickling Filters. *Presented at the Water Environment Association of Texas Annual Conference.*

Mabbott, J. W. (1982) Structural Engineering of Plastic Media for Wastewater Treatment by Fixed Film Reactors. *Proceedings of the First International Conference on Fixed Film Processes,* Kings Island, Ohio, April 20–23.

Matasci, R. N.; Benedict, A. H.; Parker, D. S. (1986) *Trickling Filter/Solids Contact Process: Full-Scale Studies,* EPA-600/S2–86-046; U.S. Environmental Protection Agency, Office of Wastewater Management: Washington, D.C.

Matasci, R. N.; Clark, D. L.; Heidman, J. A.; Parker, D. S.; Petrik, B.; Richards, D. (1988) Trickling Filter/Solids Contact Performance with Rock Filters at High Organic Loadings. *J. Water Pollut. Control Fed.*, **60**, 68–76.

Metcalf and Eddy, Inc. (2003) *Wastewater Engineering: Treatment and Reuse,* Tchobanoglous, G., Burton, F. L., Stensel, H. D. (Eds.); McGraw-Hill: New York.

National Research Council (1946) Sewage Treatment at Military Installations. *Sew. Works J.*, **18**, 787–1028.

Neumayer, A. (2002) Accelerated Gravity Removal of Snail Shells from Trickling Filter Plants. Paper presented at the *Annual Conference of the Water Environment Association of Utah,* St. George, Utah.

Norris, D. P.; Parker, D. S.; Daniels, M. L.; Owens, E. L. (1982) High Quality Trickling Filter Treatment without Tertiary Treatment. *J. Water Pollut. Control Fed.*, **54**, 1087–1098.

Okey, R. W.; Albertson, O. E. (1989a) Diffusion's Role in Regulating Rate and Masking Temperature Effects in Fixed-Film Nitrification. *Water Environ. Res.*, **61**, 500–509.

# 参考文献

Okey, R. W.; Albertson, O. E. (1989b) Evidence of Oxygen Limiting Conditions During Tertiary Fixed-Film Nitrification. *J. Water Pollut. Control Fed.*, **61**, 510–519.

Onda, K.; Takeuchi, H.; Okumoto, Y. (1968) Mass Transfer Coefficients Between Gas and Liquid Phase in Packed Columns. *J. Chem. Eng. Jpn.*, **1**, 56–62.

Parker, D. S. (1998) Establishing Biofilm System Evaluation Protocols. WERF Workshop: Formulating a Research Program for Debottlenecking, Optimizing, and Rerating Existing Wastewater Treatment Plants. *Proceedings of the 71st Annual Water Environment Federation Technical Exposition and Conference*, Orlando, Florida, Oct 3–7; Water Environment Federation: Alexandria, Virginia.

Parker, D. S. (1999) Trickling Filter Mythology. *J. Environ. Eng. (Reston, Virginia)*, **125** (7), 618–625.

Parker, D. S.; Bratby, J. R. (2001) Review of Two Decades of Experience with TF/SC Process. *J. Environ. Eng. (Reston, Virginia)*, **127** (5), 380–387.

Parker, D. S.; Butler, R.; Finger, R.; Fisher, R.; Fox, W.; Kido, W.; Merill, S.; Newman, G.; Slapper, J.; Wahlberg, E. (1996) Design and Operations Experience with Flocculator-Clarifiers in Large Plants. *Water Sci. Technol.*, **33** (12), 163–170.

Parker, D. S.; Jacobs, T.; Bower, E.; Stowe, D. W.; Farmer, G. (1997) Maximizing Trickling Filter Nitrification Through Biofilm Control: Research Review and Full Scale Application. *Water Sci. Technol.*, **36**, 255–262.

Parker, D. S.; Lutz, M.; Andersson, B.; Aspegren, H. (1995) Effect of Operating Variables on Nitrification Rates in Trickling Filters. *Water Environ. Res.*, **67**, 1111–1118.

Parker, D. S.; Lutz, M.; Dahl, R.; Berkkopf, S. (1989) Enhancing Reaction Rates in Nitrifying Trickling Filters Through Biofilm Control. *J. Water Pollut. Control Fed.*, **61**, 618–631.

Parker, D. S.; Lutz, M. P.; Pratt, A. M. (1990) New Trickling Filter Applications in the USA. *Water Sci. Technol.*, **22** (1/2), 215–226.

Parker, D. S.; Merrill, D. T. (1984) Effect of Plastic Media Configuration on Trickling Filter Performance. *J. Water Pollut. Control Fed.*, **56**, 955–961.

Parker, D. S.; Richards, T. (1986) Nitrification in Trickling Filters. *J. Water Pollut. Control Fed.*, **58**, 896–902.

Schroeder, E. D.; Tchobanoglous, G. (1976) Mass Transfer Limitations on Trickling Filter Design. *J. Water Pollut. Control Fed.*, **48**, 771–775.

Schulze, K. L. (1960) Load and Efficiency of Trickling Filters. *J. Water Pollut. Control Fed.*, **32**, 245–253.

Solbe, J. F.; de, L. G.; Williams, N. V.; Roberts, H. (1967) The Colonization of a Percolating Filter by Invertebrates, and Their Effect on the Settlement of Humus Solids. *Water Pollut. Control*, **66**, 423–448.

Stenquist, R. J.; Parker, D. S.; Dosh, T. J. (1974) Carbon Oxidation-Nitrification in Synthetic Media Trickling Filters. *J. Water Pollut. Control Fed.*, **46**, 2327–2339.

Takács, I.; Newbeggin, M.; Stephenson, J.; Romano, L. (1996) Optimizing the TF/SC Process for West Windsor Using a Comprehensive Modeling Technique. *Proceedings of the 69th Annual Water Environment Federation Technical Exposition and Conference,* Dallas, Texas, Oct 5–9; Water Environment Federation: Alexandria, Virginia.

Tekippe, T. R.; Hoffman, R. J.; Matheson, R. J.; Pomeroy, B. (2006) A Simple Solution to Big Snail Problems—A Case Study at VSFCD's Ryder Street Wastewater Treatment Plant. *Proceedings of the 79th Annual Water Environment Federation Technical Exposition and Conference,* Dallas, Texas, Oct 21–25; Water Environment Federation: Alexandria, Virginia.

Thörn, M.; Mattsson, A.; Sorensson, F. (1996) Biofilm Development in a Nitrifying Trickling Filter. *Water Sci. Technol.,* **34** (1/2), 83–89.

Trulear, M.; Characklis, W. G. (1982) Dynamics of Biofilm Processes. *J. Water Pollut. Control Fed.,* **54,** 1288–1301.

U.S. Environmental Protection Agency (1991) *Assessment of Single-Stage Trickling Filter Nitrification,* EPA-430/09–91-005; U.S. Environmental Protection Agency, Office of Wastewater Management: Washington, D.C.

U.S. Environmental Protection Agency (1993) *Nitrogen Control Manual,* EPA-625/R-93–010; U.S. Environmental Protection Agency, Office of Wastewater Management: Washington, D.C.

U.S. Environmental Protection Agency (1975) *Process Design Manual for Nitrogen Control;* U.S. Environmental Protection Agency, Office of Wastewater Management: Washington, D.C.

Velz, C. J. (1948) A Basic Law for the Performance of Biological Filters. *Sew. Works J.,* **20,** 607–617.

Wahlberg, E. J.; Keinath, T. M.; Parker, D. S. (1994) Influence of Activated Sludge Flocculation Time on Secondary Clarification. *Water Environ. Res.,* **66,** 779–786.

Wall, D.; Frodsham, D.; Robinson, D. (2001) Design of Nitrifying Trickling Filters. *Proceedings of the 74th Annual Water Environment Federation Technical Exposition and Conference,* Atlanta, Georgia, Oct 13–17; Water Environment Federation: Alexandria, Virginia.

Water Environment Federation; American Society of Civil Engineers; Environmental and Water Resources Institute (2009) *Design of Municipal Wastewater Treatment Plants,* 5th ed., WEF Manual of Practice No. 8, ASCE Manuals and Reports on Engineering Practice No. 76; McGraw-Hill: New York.

Welty, J. R.; Wicks, C. E.; Wilson, R. E. (1976) *Fundamentals of Momentum, Heat and Mass Transfer,* 2nd ed.; Wiley & Sons: New York.

Williams, N. V.; Taylor, H. M. (1968) The Effects of *Psychoda alternata* (Say) (Diptera) and *Lumbricillus rivalis* (Levinsen) (Enchytraeidae) on the Efficiency of Sewage Treatment in Percolating Filters. *Water Res.,* **2,** 139–150.

参考文献

## 第4章

Barth, E. F.; Bunch, R. L. (1979) *Biodegradation and Treatability of Specific Pollutants*, EPA-600/9-79-034; U.S. Environmental Protection Agency: Washington, D.C.

Benjes, H. H., Jr. (1977) Small Community Wastewater Treatment Facilities—Biological Treatment Systems. Prepared for U.S. Environmental Protection Agency (Washington, D.C.) *Technology Transfer National Seminar on Small Wastewater Treatment Systems*, Culp/Wesner/Culp, El Dorado Hills, California; U.S. Environmental Protection Agency: Washington, D.C.

Bradstreet, K., et al. (2009) *Proceedings of the 82nd Annual Water Environment Federation Technical Exposition and Conference*, Orlando, Florida, Oct 17–21; Water Environment Federation: Alexandria, Virginia, 1255–1276.

Brenner et al. (1984) *Design Information on Rotating Biological Contactors*, EPA-600/2-84-106; U.S. Environmental Protection Agency: Cincinnati, Ohio.

Chou, C. C. (1978) Oxygen Transfer Capacity of Clean Media Pilot Reactors at South Shore. Autrotrol Corporation: Milwaukee, Wisconsin.

Clark, J. H.; Moseng, E. M.; Asano, T. (1978) Performance of a Rotating Biological Contactor Under Varying Wastewater Flow. *J. Water Pollut. Control Fed.*, **50**, 896–911.

Doran, M. D., Strand Associates, Inc., Madison, Wisconsin (1994) Personal communication.

Envirex, Inc. (1989) Specific RBC Process Design Criteria. Envirex, Inc.: Waukesha, Wisconsin.

Envirex, Inc.: Waukesha, Wisconsin (1992) Personal communication.

Levenspiel, O. (1972) *Chemical Reaction Engineering*; Wiley & Sons: New York.

Lyco, Inc. (1992) *Rotating Biological Surface (RBS) Wastewater Equipment: RBS Design Manual*; Lyco, Inc.: Marlboro, New Jersey.

McCann, K. J.; Sullivan, R. A. (1980) Aerated Rotating Biological Contactors: What are the Benefits? *Proceedings of the 1st National Symposium on Rotating Biological Contactor Technology*, Vol. I, EPA-600/9-80-046a; Champion, Pennsylvania.

Metcalf and Eddy, Inc. (1979) *Wastewater Engineering: Treatment, Disposal, and Reuse*; McGraw-Hill: New York.

Opatken, E. J. (1980) Rotating Biological Contactors—Second Order Kinetics. *Proceedings of the 1st National Symposium on Rotating Biological Contactor Technology*, Vol. I, EPA-600/9-80-046a; Champion, Pennsylvania.

Pano, A., et al. (1981) *The Kinetics of Rotating Biological Contactors Treating Domestic Wastewater*, Water Quality Series UWRL/Q-8104; Utah State University, Logan, Utah.

Randtke, S. J.; Parkin, G. F.; Keller, J. V.; Leckie, J. O.; McCarty, P. L. (1978) *Soluble Organic Nitrogen Characteristics and Removal*, EPA-600/2-78-030; U.S. Environmental Protection Agency: Cincinnati, Ohio.

Reh, C. W.; et al. (1977) An Approach to Design of RBCs for Treatment of Municipal Wastewater. Paper presented at *American Society of Civil Engineers National Environmental Engineering Conference*, Nashville, Tennessee.

Sawyer, C. N.; Wild, H. E., Jr.; McMahon, T. C. (1973) *Nitrification and Denitrification Facilities, Wastewater Treatment,* U.S. EPA Technology Transfer; U.S. Environmental Protection Agency: Cincinnati, Ohio.

Scheible, O. K.; Novak, J. J. (1980) Upgrading Primary Tanks with Rotating Biological Contactors. *Proceedings of the 1st National Symposium on Rotating Biological Contactor Technology,* Vol. II, EPA-600/9-80-046b, Champion, Pennsylvania.

Schulze, K. L. (1960) Load and Efficiency of Trickling Filters. *J. Water Pollut. Control Fed.,* **32**, 245–253.

U.S. Environmental Protection Agency (1977) *Process Control Manual for Aerobic Biological Wastewater Treatment Facilities,* EPA-III/A-524-77; U.S. Environmental Protection Agency: Washington, D.C.

Velz, C. J. (1948) A Basic Law for the Performance of Biological Filters. *Sew. Works J.,* **20**, 607–617.

Walker Process, Inc., Aurora, Illinois (1992) Personal communication.

Weston, Inc. (1985) *Review of Current RBC (Rotating Biological Contactor) Performance and Design Procedures,* EPA-600/2-85-033; U.S. Environmental Protection Agency: Cincinnati, Ohio.

# 第5章

Bonomo, L.; Pastorelli, G.; Quinto, E.; Rinaldi, G. (2000) Tertiary Nitrification in Pure Oxygen Moving Bed Biofilm Reactors. *Water Sci. Technol.,* **41**, 361–368.

Hem, L.; Rusten, B.; Odegaard, H. (1994) Nitrification in a Moving Bed Reactor. *Water Res.,* **28**, 1425–1433.

Kaldate, A., Infilco Degremont, Inc., Richmond, Virginia (2007) Personal communication.

Lazarova, V.; Manem, J. (1994) Advances in Biofilm Aerobic Reactors Ensuring Effective Biofilm Activity Control. *Water Sci. Technol.,* **29**, 319–327.

McQuarrie, J.; Maxwell, M. (2003) Pilot-Scale Performance of the MBBR Process at the Crow Creek WWTP, Cheyenne, Wyoming. *Proceedings of the 76th Annual Water Environment Federation Technical Exposition and Conference,* Los Angeles, California, Oct 11–15; Water Environment Federation: Alexandria, Virginia.

Melin, E.; Odegaard, H.; Helness, H.; Kenakkala, T. (2004) High-Rate Wastewater Treatment Based on Moving Bed Biofilm Reactors. *Chemical Water and Wastewater Treatment VIII;* IWA Publishing: London, United Kingdom, 39–48.

Odegaard, H.; Gisvold, B.; Strickland, J. (2000) The Influence of Carrier Size and Shape in the Moving Bed Biofilm Process. *Water Sci. Technol.,* **41**, 383–391.

Odegaard, H.; Paulsrud, B.; Bilstad, T.; Pettersen, J. (1991) Norwegian Strategies in the Treatment of Municipal Wastewater Towards Reduction of Nutrient Discharges to the North Sea. *Water Sci. Technol.,* **24**, 179–186.

Odegaard, H.; Rusten, B.; Wessman, F. (2004) State of the Art in Europe of the Moving Bed Biofilm Reactor (MBBR) Process. *Proceedings of the 77th Annual Water Environment Federation Technical Exposition and Conference,* New Orleans, Louisiana, Oct 2–6; Water Environment Federation: Alexandria, Virginia.

Odegaard, H.; Rusten, B.; Westrum, T. (1994) A New Moving Bed Biofilm Reactor—Application and Results. *Proceedings of the 2nd International Specialized Conference on Biofilm Reactors,* Paris, France, Sept 29–Oct 1; International Association on Water Quality: London, United Kingdom, 221–229.

Rusten, B.; Hellstrom, B. G.; Hellstrom, F.; Sehested, O.; Skjelfoss, E.; Svendsen, B. (2000) Pilot Testing and Preliminary Design of Moving Bed Biofilm Reactors for Nitrogen Removal at the FREVAR Wastewater Treatment Plant. *Water Sci. Technol.,* **41,** 13–20.

Rusten, B.; Hem, L.; Odegaard, H. (1995) Nitrification of Municipal Wastewater in Novel Moving Bed Biofilm Reactors. *Water Environ. Res.,* **67,** 75–86.

Rusten, B.; Odegaard, H. (2007) Design and Operation of Nutrient Removal Plants for Very Low Effluent Concentrations. *Proceedings of the Water Environment Federation Nutrient Removal Workshop,* Baltimore, Maryland; Water Environment Federation: Alexandria, Virginia, 1307–1331.

Rusten, B.; Wien, A.; Skjefstad, J. (1996) Spent Aircraft Deicing Fluid as External Carbon Source for Denitrification of Wastewater: From Waste Problem to Beneficial Use. *Proceedings of the 51st Purdue Industrial Waste Conference,* West Lafayette, Indiana, May 6–8; Purdue University: West Lafayette, Indiana.

Salvetti, R.; Azzellino, A.; Canziani, R.; Bonomo, L. (2006) Effects of Temperature on Tertiary Nitrification in Moving-Bed Biofilm Reactors. *Water Res.,* **40,** 2981–2993.

Sen, D.; Copithorn, R.; Randall, C.; Jones, R.; Phago, D.; Rusten, B. (2000) *Investigation of Hybrid Systems for Enhanced Nutrient Control,* Project 96-CTS-4; Water Environment Research Foundation: Alexandria, Virginia.

Taljemark, K.; Aspegren, H.; Gruvberger, N.; Hanner, N.; Nyberg, U.; Andersson, B. (2004) 10 Years of Experiences of an MBBR Process for Post-Denitrification. *Proceedings of the 77th Annual Water Environment Federation Technical Exposition and Conference,* New Orleans, Louisiana, Oct 2–6; Water Environment Federation: Alexandria, Virginia.

Zimmerman, R. (2007) Personal communication.

Zimmerman, R. A.; Richard, D.; Costello, J. M. (2004) Design, Construction, Start-Up, and Operation of a Full-Scale Separate Stage Moving Bed Biofilm Reactor Nitrification Process. *Proceedings of the 77th Annual Water Environment Federation Technical Exposition and Conference,* New Orleans, Louisiana, Oct 2–6; Water Environment Federation: Alexandria, Virginia.

## 第6章

Austin, E. P.; Walker, I. Publication of Ashbrook-Simon-Hartley (Houston, Texas).

Copithorn, R.; Schwinn, D. E. S.; Mitta, P. R.; Sen, D. (1995) Evaluation of Full-Scale Design Factors in Integrated Fixed Film Activated Sludge Processes for Biological Nitrogen and Phosphorus Removal. *Proceedings of the New and Emerging Environmental Technologies and Products Conference for Wastewater Treatment and Stormwater Collection,* Toronto, Canada, June 4–7; Water Environment Federation: Alexandria, Virginia.

Cooper, P. (1989) Demonstration and Evaluation of the CAPTOR Process for Sewage Treatment; EPA-600/S2-88-060, Risk Reduction for Engineering Laboratory; U.S. Environmental Protection Agency: Cincinnati, Ohio.

Kato, K.; Sekikawa, Y. (1967) FAS (Fixed Activated Sludge) Process for Industrial Waste Treatment. *Proceedings of the 22nd Purdue Industrial Waste Conference,* West Lafayette, Indiana, May 2–4; Purdue University: West Lafayette, Indiana.

Odegaard, H.; Rusten, B.; Westrum, T. (1994) A New Moving Bed Biofilm Reactor—Application and Results. *Proceedings of the 2nd International Specialized Conference on Biofilm Reactors,* Paris, France, Sept 29–Oct 1; International Association on Water Quality: London, United Kingdom, 221–229.

Randall, C. W.; Edwards, H. R.; King, P. H. (1972) Microbial Process for Acidic Low-Nitrogen Wastes. *J. Water Pollut. Control Fed.,* **44,** 401–413.

Sen, D.; Copithorn, R.; Randall, C.; Jones, R.; Phago, D.; Rusten, B. (2000) *Investigation of Hybrid Systems for Enhanced Nutrient Control,* Project 96-CTS-4; Water Environment Research Foundation: Alexandria, Virginia.

Sen, D.; Farren, G. D.; Copithorn, R. R.; Randall, C. W. (1993) Full-Scale Evaluation of Nitrification and Denitrificaton Fixed Film Media (Ringlace) for Design of Single Sludge System. *Proceedings of the 66th Annual Water Environment Federation Technical Exposition and Conference,* Anaheim, California, Oct 3–7; Water Environment Federation: Alexandria, Virginia, 137–148.

Sen, D.; Mitta, P.; Randall, C. W. (1994a) Performance of Fixed Film Media Integrated in Activated Sludge Reactors to Enhance Nitrogen Removal. *Water Sci. Technol.,* **30,** 13–24.

Sen, D.; Randall, C. W.; Copithorn, R. R.; Huhtamaki, M.; Farren, G.; Flournoy, W. (2007) Understanding the Importance of Aerobic Mixing, Biofilm Thickness Control and Modeling on the Success or Failure of IFAS Systems for Biological Nutrient Removal. *Water Practice,* **1** (5), 1–18.

Sen, D.; Randall, C. W.; Jenson, K.; Farren, G. D.; Copithorn, R. R.; Young, T. A.; Brink, W. P. (1994b) Design Parameters for Integrated Fixed Film Activated Sludge (IFAS) Processes to Enhance Biological Nitrogen Removal. *Proceedings of the 67th Annual Water Environment Federation Technical Exposition and Conference,* Chicago, Illinois, Oct 15–19; Water Environment Federation: Alexandria, Virginia, 713–724.

## 第7章

Bailey, W.; Tesfaye, A.; Dakita, J.; Benjamin, A.; McGrath, M.; Sadick, T.; Daigger, G.; Tucker, M. (1998) Demonstration of Deep Bed Denitrification and the Blue Plains Wastewater Treatment Plant. *Proceedings of the 71st Annual Water Environment Federation Technical Exposition and Conference,* Orlando, Florida, Oct 3–7; Water Environment Federation: Alexandria, Virginia.

Barnard, J. L. (1974) Cut P and N without Chemicals. *Water Wastes Eng.,* **11,** 41–44.

# 参考文献

Brewer, P.; Martin, J. C.; Bedard, P. (1997) Lamella Plate Separators and Biological Aerated Filters at Poole STW. *Proceedings of International Conference on Advances in Wastewater Treatment Processes,* Leeds, United Kingdom, Sept 8–11; Aqua Enviro Ltd.: Wakefield, United Kingdom.

British Standards Institution (1983) 1971 Specification for Media for Biological Percolating Filters, BS1438. British Standards Institution: London, United Kingdom.

Brown, S. (1992) Treatment of Effluent Using the Colox Process. *Paper Technol.,* **33** (9), 36–38.

Cantwell, A.; Mosey, F. (1999) Recent Applications and Developments of the Biobead System. *Proceedings of the BAF3 Conference,* Cranfield University: Bedfordshire, United Kingdom.

Canziani, R. (1988) Submerged Aerated Filters IV—Aeration Characteristics. *Ingegneria Ambientale,* **17,** 627–636.

Chen, J. J. (1980) Plant-Scale Operation of a Biological Denitrification Filter System. Paper presented at the *American Society of Civil Engineers Annual Conference,* Oct 27–31, Hollywood, Florida; American Society of Civil Engineers: Reston, Virginia.

Cherchi, C.; Onnis-Hayden, A.; Gu, A. Z. (2008) Investigation of MicroCTM as an Alternative Carbon Source for Denitrification. *Proceedings of the 81st Annual Water Environment Federation Technical Exposition and Conference,* Chicago, Illinois, Oct 18–22; Water Environment Federation: Alexandria, Virginia.

Churchley, J. H.; Jarvis, M.; Pickett, H. (1990) Aerated Filters, Submerged or Biological. Paper presented to the East Midlands Branch of the Institute of Water and Environmental Management.

Cooper-Smith, G.; Schofield, I. (2004) Submerged Aerated Filters, Coming of Age for AMP4. *Proceedings of the 2nd National CIWEM Conference,* Wakefield, United Kingdom, Sept 13–15; Aqua Enviro Ltd.: Wakefield, United Kingdom, 55.

Copp, J. B.; Dold, P. L. (1998) *Comparing Sludge Production Under Aerobic and Anoxic Conditions. Water Sci. Technol.,* **38,** 285–294.

Daude, D.; Stephenson, T. (2004) Cost-Effective Treatment Solutions for Rural Areas; Design of a New Package Treatment Plant for Single Households *Water Sci. Technol.,* **48,** 107–114.

deBarbadillo, C.; Rectanus, R.; Canham, R.; Schauer, P. (2006) Tertiary Denitrification and Very Low Phosphorus Limits: A Practical Look at Phosphorus Limitations on Denitrification Filters. *Proceedings of the 79th Annual Water Environment Federation Technical Exposition and Conference,* Dallas, Texas, Oct 21–25; Water Environment Federation: Alexandria, Virginia.

deBarbadillo, C.; Shaw, A.; Wallis-Lage, C. (2005) Evaluation and Design of Deep-Bed Denitrification Filters: Empirical Design Parameters vs. Process Modeling. *Proceedings of the 78th Annual Water Environment Federation Technical Exposition and Conference,* Washington, D.C., Oct 29–Nov 4; Water Environment Federation: Alexandria, Virginia.

Degrémont (2008) Correspondence from Troy Holst providing recommended design loading rates for Biofor BAF units. May.

Degrémont (2007) *Water Treatment Handbook,* 7th ed.; Lavoisier SAS: Paris, France.

Downing, A. L.; Painter, H. A.; Knowles, G. (1964) Nitrification in the Activated Sludge Process. *J. Proc. Inst. Sew. Purif.,* **2,** 130.

Downing, A. L.; Tomlinson, T. G.; Truesdale, G. A. (1964) Effect of Inhibitors on Nitrification in the Activated Sludge Process. *J. Proc. Inst. Sew. Purif.,* **6,** 531–554.

European Union (1991) Council Directive Concerning Urban Wastewater Treatment, May. European Union: Brussels, Belgium.

Filtralite, Oslo, Norway (2008) Email correspondence from Paul Sagberg transmitting information from FoU Report for VEAS, Oslo, Norway (Table 6.1).

Fitzpatrick, C. S. B. (2001) Factors Affecting Efficient Filter Backwashing. *Proceedings of the International Conference on Advances in Rapid Granular Filtration in Water Treatment,* London, United Kingdom, April 4–6; Chartered Institution of Water and Environmental Management: London, United Kingdom.

Frankl, S. (2004) Wessex Water's Experience of SAF Package Plants. Presented at *Symposium on Small Sewage Treatment Works in the 21st Century, March 3.*

Froud, D. P. (1994) Br. Patent GB2,270,909.

Fujie, K.; Hu, H.; Ikeda, Y.; Urano, K. (1992) Gas-Liquid Oxygen Transfer Characteristics in an Aerated Submerged Biofilter for Wastewater Treatment. *Chem. Eng. Sci.,* **47,** 3745–3752.

German Association for Water, Wastewater and Waste [ATV-DVWK] (1997). Biological and Other Wastewater Purification *(Biologische und weitergehende Abwasserreinigung),* 4th ed.; Ernst & Sohn: Berlin, Germany (in German).

German Association for Water, Wastewater and Waste [ATV-DVWK] (2000) Standard ATV-DVWK-A 131 E, Dimensioning of Single-Stage Activated Sludge Plants. German ATV-DVWK Rules and Standards; Ernst & Sohn: Berlin, Germany.

Goncalves, R.; Rogalla, F. (1992) Continuous Biological Phosphorus Removal in a Biofilm Reactor. *Water Sci. Technol.,* **26,** 2027–2030.

Goncalves, R. F.; Le Grand, L.; Rogalla, F. (1994) Biological Phosphorus Uptake in Submerged Biofilters with Nitrogen Removal. *Water Sci. Technol.,* **29,** 135–143.

Goncalves, R. F.; Nogueira, F. N.; Le Grand, L.; Rogalla, F. (1994) Nitrogen and Biological Phosphorus Removal in Submerged Biofilters. *Water Sci. Technol.,* **30,** 1–12.

Harremoes, P. (1976) The Significance of Pore Diffusion to Filter Denitrification. *J. Water Pollut. Control Fed.,* **48,** 377–388.

Harris, S. L.; Stephenson, T.; Pearce, P. (1996) Aeration Investigation of Biological Aerated Filters Using Off-Gas Analysis. *Water Sci. Technol.,* **34,** 307–314.

Hodkinson, B. J.; Williams, J. B.; Ha, T. N. (1998) Effects of Plastic Support Media on the Diffusion of Air Into a Submerged Aerated Filter. *J. CIWEM,* **12,** 188–190.

# 参考文献

Holmes, J.; Dutt, S. (1999) Coln Bridge (Huddersfield) WWTW Biopur Plant Process Design and Performance. *Proceedings of the BAF3 Conference*, Cranfield University: Bedfordshire, United Kingdom.

Hultman, B.; Jonsson, K.; Plaza, E. (1994) Combined Nitrogen and Phosphorus Removal in a Full-Scale Continuous Upflow Sand Filter. *Water Sci. Technol.*, **29**, 127–134.

Husovitz, K. J.; Gilmore, K. R.; Delahaye, A.; Love, N. G.; Little, J. C. (1999) The Influence of Upflow Liquid Velocity on Nitrification in a Biological Aerated Filter. *Proceedings of the 72nd Annual Water Environment Federation Technical Exposition and Conference*, New Orleans, Louisiana, Oct 9–13; Water Environment Federation: Alexandria, Virginia.

International Water Association (2006) *Recent Progress in Slow Sand and Alternative Biofiltration Processes*, Gimbel, R., Graham, N. J. D., Collins, M. R. (Eds.); IWA Publishing: London, United Kingdom.

Janning, K. F.; Harremoes, P.; Nielsen, M. (1995) Evaluating and Modelling of the Kinetics in a Full-Scale Submerged Denitrification Filter. *Water Sci. Technol.*, **32**, 115–123.

Jolly, M. (2004) Aberdeen (Nigg) Wastewater Treatment Works—1st Year of Operation. *Proceedings of the 2nd National CIWEM Conference*, Wakefield, United Kingdom, Sept 13–15; Aqua Enviro Ltd.: Wakefield, United Kingdom, 103.

Karschunke, K.; Sieker, K. (1997) Limits of Denitrification in Biofilters at the Wastewater Treatment Plant at Nyborg as an Example (Grenzen der Denitrification in der Biofiltrationstechnik am Beispiel der Klaranlage Nybor). *Wasser Abwasser*, **7**, 337–343 (in German).

Kent, T. D.; Williams, S. C.; Fitzpatrick, C. S. B. (2000) Ammonia Nitrogen Removal in Biological Aerated Filters, the Effect of Media Size. *J. CIWEM*, **14**, 409.

Kruger (2008) E-mail correspondence with Michele Kline of Kruger/Veolia regarding BAF design recommendations.

Laurence, A.; Spangel, A.; Kurtz, W.; Pennington, R.; Koch, C.; Husband, J. (2003) Full-Scale Biofilter Demonstration Testing in New York City. *Proceedings of the 76th Annual Water Environment Federation Technical Exposition and Conference*, Los Angeles, California, Oct 11–15; Water Environment Federation: Alexandria, Virginia.

Le Tallec, X.; Zeghal, S.; Vidal, A.; Lesouef, A. (1997) Effect of Influent Quality Variability on Biofilter Operation. *Water Sci. Technol.*, **36**, 111–117.

Lee, K. M.; Stensel, H. D. (1986) Aeration and Substrate Utilization in a Sparged Packed-Bed Biofilm Reactor. *J. Water Pollut. Control Fed.*, **58**, 1066–1072.

Leung, S. M.; Little, J. C.; Holst, T.; Love, N. G. (2006) Air/Water Oxygen Transfer in a Biological Aerated Filter. *J. Environ. Eng.*, **132**, 181–189.

McCarty, D., Severn Trent, Coventry, United Kingdom (2008) Personal communication.

McCarty, P. L.; Beck, L.; Amant, P. S. (1969) Biological Denitrification of Wastewaters by Addition of Organic Materials. *Proceedings of the 24th Purdue Industrial Waste Conference,* West Lafayette, Indiana, May 6–8; Purdue University: West Lafayette, Indiana, 1271–1285.

Meaney, B. (2007) Operation of Submerged Filters by Anglian Water Services Ltd. *Water Environ. J.,* **8,** 327–334.

Melcer, H.; Dold, P. L.; Jones, R. M.; Bye, C. M.; Takacs, I.; Stensel, H. D.; Wilson, A. W.; Sun, P.; Bury, S. (2003) *Methods for Wastewater Characterization in Activated Sludge Modelling;* Water Environment Research Foundation: Alexandria, Virginia.

Metcalf and Eddy, Inc. (2003) *Wastewater Engineering: Treatment and Reuse,* Tchobanoglous, G., Burton, F. L., Stensel, H. D. (Eds.); McGraw-Hill: New York.

Michelet, F.; Jolly, M.; Chan, T.; Rogalla, F. (2005) Troubleshooting SAF and BAF Biofilm Reactors on Full Scale. *Proceedings of the 78th Annual Water Environment Federation Technical Exposition and Conference,* Washington, D.C., Oct 29–Nov 2; Water Environment Federation: Alexandria, Virginia.

Mokhayeri, Y.; Nichols, A.; Murthy, S.; Riffat, R.; Dold, P.; Takacs, I. (2006) Examining the Influence of Substrates and Temperature on Maximum Specific Growth Rate of Denitrifiers. *Water Sci. Technol.,* **54,** 155–162.

Moore, R.; Quarmby, J.; Stephenson, T. (1999) Development of a Novel Lightweight Media for Biological Aerated Filters (BAFs). *Proceedings of the BAF3 Conference,* Cranfield University: Bedfordshire, United Kingdom.

Newman, J.; Occiano, V.; Appleton, R.; Melcer, H.; Sen, S.; Parker, D.; Langworthy, A.; Wong, P. (2005) Confirming BAF Performance for Treatment of CEPT Effluent on a Space Constrained Site. *Proceedings of the 78th Annual Water Environment Federation Technical Exposition and Conference,* Washington, D.C., Oct 29–Nov 2; Water Environment Federation: Alexandria, Virginia.

Nichols, A.; Hinojosa, J.; Riffat, R.; Dold, P.; Takacs, I.; Bott, C.; Bailey, W.; Murthy, S. (2007) Maximum Methanol-Utilizer Growth Rate: Impact of Temperature on Denitrification. *Proceedings of the 80th Annual Water Environment Federation Technical Exposition and Conference,* San Diego, California, Oct 13–17; Water Environment Federation: Alexandria, Virginia.

Nicolavcic, B. (2002) Nitrogen Removal in Biofilms (Stickstoffentfernung in Biofiltern). Ph.D. thesis, Vienna University of Technology, Wiener Mitteilungen, Wasser-Abwasser-Gewässer, No. 172 (in German).

Ninassi, M. V.; Peladan, G.; Pujol, R. (1998) Pre-Denitrification of Municipal Wastewater: The Interest of Up-Flow Biofiltration. *Proceedings of the 71st Annual Water Environment Federation Technical Exposition and Conference,* Orlando, Florida, Oct 3–7; Water Environment Federation: Alexandria, Virginia.

Odegaard, H. (2005) Combining CEPT and Biofilm Systems. *Proceedings of the IWA Specialized Conference on Nutrient Management in Wastewater Treatment Processes and Recycle Streams,* Krakow, Poland, Sept 19–21; International Water Association: London, United Kingdom.

## 参考文献

Parkson (2004) E-mail communication with Miguel Gutierrez regarding loading rates for DynaSand filters operating for post-denitrification, May.

Payraudeau, M.; Le Tallec, X. (2003) Method for Treating an Effluent Using Simultaneous Nitrification/Denitrification in a Biological Filter. U.S. Patent 6,632,365, Oct 14.

Pearce, P. A. (1996) Optimisation of Biological Aerated Filters. *Proceedings of the BAF2 Conference*, Cranfield University: Bedfordshire, United Kingdom.

Peladan, J.; Lemmel, G.; Tarallo, H.; Tattersall, S.; Pujol, R. (1997) A New Generation of Upflow Biofilters with High Water Velocities. *Proceedings of the International Conference on Advanced Wastewater Treatment Processes*, Leeds, United Kingdom, Sept 8–11; Aqua Enviro Ltd.: Wakefield, United Kingdom.

Peladan, J-G.; Lemmel, H.; Pujol, R. (1996) High Nitrification Rate with Upflow Biofiltration. *Water Sci. Technol.*, **34**, 347–353.

Phipps, S. D.; Love, N. G. (2001) Quantifying Particle Hydrolysis and Observed Heterotrophic Yield for a Full-Scale Biological Aerated Filter. *Proceedings of the 74th Annual Water Environment Federation Technical Exposition and Conference*, Atlanta, Georgia, Oct 13–17; Water Environment Federation: Alexandria, Virginia.

Pickard, D. W.; Bizzarri, R. E.; Wilson, T. E. (1985) Six Years of Successful Nitrogen Removal at Tampa, Florida. *Proceedings of the 58th Annual Water Environment Federation Technical Exposition and Conference*, Kansas City, Missouri, Oct 6–10; Water Environment Federation: Alexandria, Virginia.

Pujol, R.; Hamon, M.; Kandel, X.; Lemmel, H. (1994) Biofilter: Flexible, Reliable Biological Filters. *Water Sci. Technol.*, **29**, 33–38.

Pujol, R.; Tarallo, S. (2000) Total Nitrogen Removal in Two-Step Biofiltration. *Water Sci. Technol.*, **41**, 65–68.

Redmon, D. T.; Boyle, W. C.; Ewing, L. (1983) Oxygen Transfer Efficiency Measurements in Mixed Liquor Using Off-Gas Techniques. *J. Water Pollut. Control Fed.*, **55**, 1338–1347.

Reiber, S. H.; Stensel, H. D. (1985) Oxygen Transfer in Fixed Film Systems. *J. Water Pollut. Control Fed.*, **57**, 135–140.

Roennefahrt, K. W. (1986) Nitrate Elimination with Heterotrophic Aquatic Microorganisms in Fixed-Bed Systems with Buoyant Carriers. *Aqua*, **5**, 283–285.

Rogalla, F. (2004) 21 Years of Full Scale BAF: Grown-Up Technology or Adolescent Adventure? *Water Sci. Technol.*, **49**, 29–36.

Rogalla, F.; Bourbigot, M-M. (1990) New Developments in Complete Nitrogen Removal with Innovative Biological Reactors. *Water Sci. Technol.*, **22**, 273–280.

Rogalla, F.; Chan, T. F.; Michelet, F. (2005) BAF, SAF, and DBF: Challenges and Experiences. *Proceedings of the Conference on Design and Operation of Activated Sludge and Biofilm Systems*, Horan, N., Ed.; Aqua Enviro Ltd.: Wakefield, United Kingdom.

Rogalla, F.; Ravarini, P.; DeLarminat, G.; Courtelle, J. (1990) Large Scale Biological Nitrate and Ammonia Removal. *J. Inst. Water Environ. Manage.*, **4**, 319–329.

Rogalla, F.; Sibony, J. (1992) Biocarbone Aerated Filters—Ten Years After: Past, Present and Plenty of Potential. *Water Sci. Technol.*, **26**, 2043–2048.

Rother, E. (2005) Optimising the Design and Operation of BAF Processes for Municipal Wastewater Treatment. Ph.D. Dissertation, Darmstadt University of Technology, Schriftenreihe WAR, Band 163, Darmstadt, Germany.

Rundle, H. (2009) Good Practice in Water and Environmental Management: Biological and Submerged Aerated Filters. Chartered Institution of Water and Environmental Management (CIWEM), Aqua Enviro Technology Transfer: Wakefield, United Kingdom.

Ryhiner, G.; Birou, B.; Gros, H. (1992) The Use of Submerged Structured Packings in Biofilm Reactors for Wastewater Treatment. *Water Sci. Technol.*, **26**, 723–731.

Sagberg, P.; Dauthille, P.; Hamon, M. (1992) Biofilm Reactors: A Compact Solution for Upgrading of Waste Water Treatment Plants. *Water Sci. Technol.*, **26**, 733–742.

Savage, E. S. (1983) Biological Denitrification Deep Bed Filters. Presented at the Filtration Society Filtech Conference; Filtration Society: London, United Kingdom.

Schauer, P.; Rectanus, R.; deBarbadillo, C.; Barton, D.; Gebbia, R.; Boyd, B.; McGehee, M. (2006) Pilot Testing of Upflow Continuous Backwash Filters for Tertiary Denitrification and Phosphorus Removal. *Proceedings of the 79th Annual Water Environment Federation Technical Exposition and Conference*, Dallas, Texas, Oct 21–25; Water Environment Federation: Alexandria, Virginia.

Schlegel, S.; Teichgraber, B. (2000) Operational Results and Experience with Submerged Fixed-Film Reactors in the Pre-Treatment of Industrial Effluents. *Water Sci. Technol.*, **41**, 453–459.

Shepherd, D.; Young, P.; Hobson, J. (1997) Biological Aerated Filters and Lamella Separators; Evaluation of Current Status. Water Research Center Report No PT2061; WRc: Swindon, United Kingdom.

Sibony, J. (1982) Development of Aerated Biological Filters for the Treatment of Waste and Potable Water. Presented at the Integrated Waste Services Association Conference, Zurich, Switzerland.

Slack, D., Severn Trent, Coventry, United Kingdom (2004) Personal communication.

Smith, A. J.; Edwards, W.; Hardy, P.; Kent, T. (1999) BAF's Get Media Attention. *Proceedings of the BAF3 Conference*, Cranfield University: Bedfordshire, United Kingdom.

Smith, A. J.; Hardy, P. J. (1992) High-Rate Sewage Treatment Using Biological Aerated Filters. *J. Inst. Water Environ. Manage.*, **6**, 179–193.

Springer, A.; Green, S. (2005) Colne Bridge BAFF Process Improvements. *Proceedings of the Conference on the Design and Operation of Activated Sludge and Biofilm Systems*; Horan, N., Ed.; Aqua Enviro Ltd.: Wakefield, United Kingdom.

Stensel, H. D.; Brenner, R. C.; Lubin, G. (1984) Aeration Energy Requirements in Sparged Fixed Film Systems. *Proceedings of the International Biological Fixed Film Conference*, Washington, D.C., July 10–12; U.S. Environmental Protection Agency: Washington, D.C.

Stenstrom, M. K.; Rosso, D.; Melcer, H.; Appleton, R.; Occiano, V.; Langworthy, A.; Wong, P. (2008) Oxygen Transfer in a Full-Depth Biological Aerated Filter. *Water Environ. Res.*, **80**, 663–671.

Stephenson, T. (1996) Development of a Recirculating Plastic Media Biological Aerated Filter (REBAF). *Proceedings of the BAF2 Conference*; Cranfield University: Bedfordshire, United Kingdom.

Toettrup, H.; Rogalla, F.; Vidal, A.; Harremoes, P. (1994) The Treatment Trilogy of Floating Filters: From Pilot to Prototype to Plant. *Water Sci. Technol.*, **29**, 23–32.

Tolley Process Engineering Ltd. (1981) Apparatus for Agitating and/or Aerating Liquids. Br. Patent GB2, 069, 353.

Tschui, M.; Boller, M.; Gujer, W.; Eugster, J.; Mäder, C. (1993) Tertiary Nitrification in Aerated Biofilm Reactors. *Proceedings of the European Water Filtration Congress*, Ostend, Belgium, March 15–16.

Tschui, M.; Boller, M.; Gujer, W.; Eugster, C.; Mäder, C.; Stengel, C. (1994) Tertiary Nitrification in Aerated Biofilters. *Water Sci. Technol.*, **29** (10-11), 53–60.

U.S. Environmental Protection Agency (1993) *Nitrogen Control Manual*, EPA-625/R-93-010; U.S. Environmental Protection Agency, Office of Wastewater Management: Washington, D.C.

Wanner, O.; Gujer, W. (1985) Competition in Biofilms. *Water Sci. Technol.*, **17** (2-3), 27–44.

Water Environment Federation (1998) *Biological and Chemical Systems for Nutrient Removal*, Special Publication. Water Environment Federation: Alexandria, Virginia.

Whitaker, J.; Evans, I. D.; Cantwell, A. D. C. (1993) Filtration Apparatus and Method. Br. Patent GB2, 260, 275.

# 第8章

Abma, W.; Schultz, C. E.; Mulder, J. W.; ven der Star, W. R. L.; Strous, M.; Tokutomi, T.; van Loosdrecht, M. C. M. (2007) Full-Scale Granular Anammox Process. *Water Sci. Technol.*, **55** (8–9), 27–33.

Adham, S.; Gillogly, T.; Nerenberg, R.; Lehman, G.; Rittmann, B. E. (2004) Membrane Biofilm Reactor Process for Nitrate and Perchlorate Removal #2804; Water Research Foundation: Denver, Colorado.

Badot, R.; Coulom, T.; Delongeaux, N.; Badard, M.; Sibony, J. (1994) A Fluidized-Bed Reactor—The Biolift Process. *Water Sci. Technol.*, **29** (10–11), 329–338.

# 参考文献

Brindle, K.; Stephenson, T. (1996a) The Application of Membrane Biological Reactors for the Treatment of Wastewaters. *Biotechnol. Bioeng.*, **49** (6), 601–610.

Brindle, K.; Stephenson, T. (1996b) Nitrification in a Bubbleless Oxygen Mass Transfer Membrane Bioreactor. *Water Sci. Technol.*, **34** (9), 261–267.

Brindle, K.; Stephenson, T.; Semmens, M. J. (1998) Nitrification and Oxygen Utilisation in a Membrane Aeration Bioreactor. *J. Membr. Sci.*, **144** (1–2), 197–209.

Brindle, K.; Stephenson, T.; Semmens, M. J. (1999) Pilot-Plant Treatment of a High-Strength Brewery Wastewater Using a Membrane-Aeration Bioreactor. *Water Environ. Res.*, **71**, 1197–1204.

Casey, E.; Glennon, B.; Hamer, G. (1999) Review of Membrane Aerated Biofilm Reactors. *Res. Conserv. Recycl.*, **27** (1–2), 203–215.

Chung, J.; Li, X. H.; Rittmann, B. E. (2006) Bio-Reduction of Arsenate Using a Hydrogen-Based Membrane Biofilm Reactor. *Chemosphere*, **65** (1), 24–34.

Chung, J.; Nerenberg, R.; Rittmann, B. E. (2006a) Bioreduction of Selenate Using a Hydrogen-Based Membrane Biofilm Reactor. *Environ. Sci. Technol.*, **40**, 1664–1671.

Chung, J.; Nerenberg, R.; Rittmann, B. E. (2006b) Bio-Reduction of Soluble Chromate Using a Hydrogen-Based Membrane Biofilm Reactor. *Water Res.*, **40**, 1634–1642.

Chung, J.; Rittmann, B. E. (2007) Bio-Reductive Dechlorination of 1,1,1-Trichloroethane and Chloroform Using a Hydrogen-Based Membrane Biofilm Reactor. *Biotechnol. Bioeng.*, **97** (1), 52–60.

Downing, L.; Downing, L. S.; Bibby, K. J.; Esposito, K.; Fascianella, T.; Tsuchihashi, R.; Nerenberg, R. (2010) Nitrogen Removal from Wastewater Using a Hybrid Membrane-Biofilm Process: Pilot-Scale Studies. *Water Environ. Res.*, **82**, 195–201.

Downing, L.; Nerenberg, R. (2007a) Kinetics of Microbial Bromate Reduction in a Hydrogen-Oxidizing, Denitrifying Biofilm Reactor. *Biotechnol. Bioeng.*, **98** (3), 543–550.

Downing, L.; Nerenberg, R. (2007b) Performance and Microbial Ecology of the Hybrid Membrane Biofilm Process (HMBP) for Concurrent Nitrification and Denitrification of Wastewater. *Water Sci. Technol.*, **55** (8–9), 355–362.

Downing, L.; Nerenberg, R. (2008a) Effect of Bulk Liquid BOD Concentration on Activity and Microbial Community Structure of a Nitrifying, Membrane-Aerated Biofilm. *Appl. Microbiol. Biotechnol.*, **81**, 153–162.

Downing, L.; Nerenberg, R. (2008b) Effect of Oxygen Gradients on the Activity and Microbial Community Structure of a Nitrifying, Membrane-Aerated Biofilm. *Biotechnol. Bioeng.*, **101**, 1193–1204.

Ergas, S. J.; Reuss, A. F. (2001) Hydrogenotrophic Denitrification of Drinking Water Using a Hollow Fibre Membrane Bioreactor. *J. Water Supply Res. Technol. Aqua*, **50** (3), 161–171.

# 参考文献

Frijters, C.; Vellinga, S.; Jorna, T.; Mulder, R. (2000) Extensive Nitrogen Removal in a New Type of Airlift Reactor. *Water Sci. Technol.*, **41** (4–5), 469–476.

Grimberg, S. J.; Rury, M. J.; Jimenez, K. M.; Zander, A. K. (2000) Trinitrophenol Treatment in a Hollow Fiber Membrane Biofilm Reactor. *Water Sci. Technol.*, **41** (4–5), 235–238.

Heijnen, J. J.; Vanloosdrecht, M. C. M.; Mulder, R.; Weltevrede, R.; Mulder, A. (1993) Development and Scale-Up of an Aerobic Biofilm Airlift Suspension Reactor. *Water Sci. Technol.*, **27** (5–6), 253–261.

Hibiya, K.; Terada, A.; Tsuneda, S.; Hirata, A. (2003) Simultaneous Nitrification and Denitrification by Controlling Vertical and Horizontal Microenvironment in a Membrane-Aerated Biofilm Reactor. *J. Biotechnol.*, **100** (1), 23–32.

Hippen, A.; Helmer, C.; Kunst, S.; Rosenwinkel, K. H.; Seyfried, C. F. (2001) Six Years' Practical Experience with Aerobic/Anoxic Deammonification in Biofilm Systems. *Water Sci. Technol.*, **44** (2–3), 39–48.

Lazarova, V.; Manem, J. (1996) An Innovative Process for Waste Water Treatment: The Circulating Floating Bed Reactor. *Water Sci. Technol.*, **34** (9), 89–99.

Lee, K.-C.; Rittmann, B. E. (2000) A Novel Hollow-Fiber Membrane Biofilm Reactor for Autohydrogenotrophic Denitrification of Drinking Water. *Water Sci. Technol.*, **41** (4–5), 219–226.

Lee, K.-C.; Rittmann, B. E. (2002) Applying a Novel Autohydrogenotrophic Hollow-Fiber Membrane Biofilm Reactor for Denitrification of Drinking Water. *Water Res.*, **36** (8), 2040–2052.

Lettinga, G.; Vanvelsen, A. F. M.; Hobma, S. W.; Dezeeuw, W.; Klapwijk, A. (1980) Use of the Upflow Sludge Blanket (USB) Reactor Concept for Biological Wastewater-Treatment, Especially for Anaerobic Treatment. *Biotechnol. Bioeng.*, **22**(4), 699–734.

Min, K. N.; Ergas, S. J.; Harrison, J. M. (2002) Hollow-Fiber Membrane Bioreactor for Nitric Oxide Removal. *Environ. Eng. Sci.*, **19**, 575–583.

Mousseau, F.; Liu, S. X.; Hermanowicz, S. W.; Lazarova, V.; Manem, J. (1998) Modeling of Turboflo—A Novel Biofilm Reactor for Wastewater Treatment. *Water Sci. Technol.*, **37** (4–5), 177–181.

Nerenberg, R.; Rittmann, B. E. (2004) Reduction of Oxidized Water Contaminants with a Hydrogen-Based, Hollow-Fiber Membrane Biofilm Reactor. *Water Sci. Technol.*, **49** (11–12), 223–230.

Nicolella, C.; van Loosdrecht, M. C. M.; Heijnen, S. J. (2000a) Particle-Based Biofilm Reactor Technology. *Trends Biotechnol.*, **18** (7), 312–320.

Nicolella, C.; van Loosdrecht, M. C. M.; Heijnen, J. J. (2000b) Wastewater Treatment with Particulate Biofilm Reactors. *J. Biotechnol.*, **80** (1), 1–33.

Pankhania, M.; Brindle, K.; Stephenson, T. (1999) Membrane Aeration Bioreactors for Wastewater Treatment: Completely Mixed and Plug-Flow Operation. *Chem. Eng. J.*, **73** (2), 131–136.

Pereboom, J. H. F.; Vereijken, T. (1994) Methanogenic Granule Development in Full-Scale Internal Circulation Reactors. *Water Sci. Technol.*, **30** (8), 9–21.

Schramm, A.; De Beer, D.; Gieseke, A.; Amann, R. (2000) Microenvironments and Distribution of Nitrifying Bacteria in a Membrane-Bound Biofilm. *Environ. Microbiol.*, **2** (6), 680–686.

Seghezzo, L.; Zeeman, G.; van Lier, J. B.; Hamelers, H. V. M.; Lettinga, G. (1998) A Review: The Anaerobic Treatment of Sewage in UASB and EGSB Reactors. *Bioresour. Technol.*, **65** (3), 175–190.

Semmens, M. J. (2005) *Membrane Technology: Pilot Studies of Membrane-Aerated Bioreactors;* Water Environment Research Foundation: Alexandria, Virginia.

Semmens, M. J.; Dahm, K.; Shanahan, J.; Christianson, A. (2003) COD and Nitrogen Removal by Biofilms Growing on Gas Permeable Membranes. *Water Res.*, **37**, 4343–4350.

Sliekers, A. O.; Third, K. A.; Abma, W.; Kuenen, J. G.; Jetten, M. S. M. (2003) Canon and Anammox in a Gas-Lift Reactor. *FEMS Microbiol. Lett.*, **218** (2), 339–344.

Strous, M.; Fuerst, J. A.; Kramer, E. H. M.; Logemann, S.; Muyzer, G.; van de Pas-Schoonen, K. T.; Webb, R.; Kuenen, J. G.; Jetten, M. S. M. (1999) Missing Lithotroph Identified as New Planctomycete. *Nature,* **400,** 446–449.

Strous, M.; Heijnen, J. J.; Kuenen, J. G.; Jetten, M. S. M. (1998) The Sequencing Batch Reactor as a Powerful Tool for the Study of Slowly Growing Anaerobic Ammonium-Oxidizing Microorganisms. *Appl. Microbiol. Biotechnol.*, **50,** 589–596.

Strous, M.; Kuenen, J. G.; Jetten, M. S. M. (1999) Key Physiology of Anaerobic Ammonium Oxidation. *Appl. Environ. Microbiol.*, **65,** 3248–3250.

Suzuki, Y.; Miyahara, S.; Takeishi, K. (1993) Oxygen-Supply Method Using Gas-Permeable Film for Waste-Water Treatment. *Water Sci. Technol.*, **28** (7), 243–250.

Syron, E.; Casey, E. (2008) Membrane-Aerated Biofilms for High Rate Biotreatment: Performance Appraisal, Engineering Principles, and Development Requirements. *Environ. Sci. Technol.*, **42,** 1833–1844.

Timberlake, D.; Strand, S.; Williamson, K. (1988) Combined Aerobic Heterotrophic Oxidation, Nitrification and Denitrification in a Permeable-Support Biofilm. *Water Res.*, **22,** 1513–1517.

van Kempen, R.; Mulder, J. W.; Uijterlinde, C. A.; Loosdrecht, M. C. M. (2001) Overview: Full Scale Experience of the SHARON Process for Treatment of Rejection Water of Digested Sludge Dewatering. *Water Sci. Technol.*, **44** (1), 145–152.

Wett, B. (2006) Solved Upscaling Problems for Implementing Deammonification of Rejection Water. *Water Sci. Technol.*, **53** (12), 121–128.

Yang, M.-C.; Cussler, E. L. (1986) Designing Hollow-Fiber Contactors. *Am. Inst. Chem. Eng. J.*, **32,** 1910–1916.

## 第9章

Albertson, O. E. (1991) Improving the Rapid Sludge Removal Collector. *Proceedings of the 64th Annual Water Environment Federation Technical Exposition and Conference,* Toronto, Ontario, Canada, Oct 7–10; Water Environment

# 参考文献

Federation: Alexandria, Virginia.

Albertson, O. E.; Alfonso, P. (1995) Clarifier Performance Upgrade. *Water Environ. Technol.*, **7** (3), 56–59.

Albertson, O. E.; Hendricks, P. (1992) Bulking and Foaming Organism Control of Phoenix, AZ, WWTP. *Water Sci. Technol.*, **26** (3), 461–472.

Albertson, O. E.; Okey, R. W. (1992) Evaluating Scraper Designs. *Water Environ. Technol.*, **4** (1), 62.

Albertson, O. E.; Orris, E. (1994) Sludge Hopper Design for Activated Sludge Clarifiers. *Proceedings of the National Conference on Environmental Engineering*, Boulder, Colorado, July 11–13; American Society of Civil Engineers: Reston, Virginia.

Albertson, O. E.; Scott, R. F.; Stensel, H. D.; Okey, R. W. (1992) Expansion and Upgrading of Columbus, Ohio WWTPs to Advanced Wastewater Treatment. *Water Sci. Technol.*, **25** (4), 1.

Albertson, O. E.; Walz, T. (1997) Optimizing Primary Clarification and Thickening. *Water Environ. Technol.*, **9** (12), 41–45.

Anderson, N. E. (1945) Design of Final Settling Tanks for Activated Sludge. *Sew. Works J.*, **17**, 50–65.

Argaman, Y.; Kaufman, W. J. (1970) Turbulence and Flocculation. *Am. Soc. Civ. Eng. J. Sanit. Eng. Div.*, **96**, 223–241.

Billmeier, E. (1988) The Influence of Blade Height on the Removal of Sludge from Activated Sludge Settling Tanks. *Water Sci. Technol.*, **20** (4), 165–175.

Boyle, W. H. (1975) Don't Forget Sidewater Depth. *Water Waste Eng.*, 32.

Brown and Caldwell (1978) Fixed Growth Reactors for the Municipality of Metropolitan Seattle. *West Point Pilot Study*, Vol. III; Brown and Caldwell: Walnut Creek, California.

Buttz, J. (1992) Laguna WWTP—Secondary Clarifier Stress Test. Report to City of Santa Rosa, California; CH2M Hill: Oakland, California.

Daigger, G. T. (1995) Development of Refined Clarifier Operating Diagrams Using an Updated Settling Characteristics Database. *Water Environ. Res.*, **67**, 95–100.

Darby, W. A. (1939) Flocculation in Theory and Practice. *Water Works Sew.*, June.

Das, D.; Keinath, T. M.; Parker, D. S.; Wahlberg, E. J. (1993) Floc Breakup in Activated Sludge Plants. *Water Environ. Res.*, **65**, 138–145.

Eimco Pmd. (1974) Technology and Development Report on Activated Sludge Flocculation (Internal Report). Eimco Pmd.: Salt Lake City, Utah.

Ekama, G. A.; Barnard, J. L.; Gunthert, F. W.; Krebs, P.; McCorquodale, J. A.; Wahlberg, E. J. (1997) *Secondary Settling Tanks: Theory, Modeling Design and Operation*, IAWQ Scientific and Technical Report No. 6; International Association on Water Quality: London, United Kingdom.

Erdman, A. (circa 1958) Internal Report on Effect of DEW/Dia Ratio on Clarification Efficiency. Dorr-Oliver Inc.: Stamford, Connecticut.

Fischer, A. J.; Hillman, A. (1940) Improved Sewage Clarification by Pre-Flocculation without Chemicals. *Sew. Works J.*, **12**, 280–306.

Great Lakes–Upper Mississippi River Board of State Sanitary Engineers (1971) *Recommended Standards for Sewage Works*. Health Education Services: Albany, New York.

Great Lakes–Upper Mississippi River Board of State Sanitary Engineers (1990) *Recommended Standards for Sewage Works*. Health Education Services: Albany, New York.

Günthert, F. W. (1984) Thickening Zone and Sludge Removal in Circular Final Settling Tanks. *Water Sci. Technol.*, **16**, 303–316.

International Association on Water Quality (1992) Clarifier Design. In *Process Design Manual for Biological Nutrient Removal;* Technomic Publishing Company: Lancaster, Pennsylvania.

LaMotta, E. J. (1976) Internal Diffusion and Reaction in Biological Flocs. *Environ. Sci. Technol.*, **10** (8), 765–769.

Norris, D. P.; Parker, D. S.; Daniels, M. L.; Owens, E. L. (1982) High Quality Trickling Filter Treatment without Tertiary Treatment. *J. Water Pollut. Control Fed.*, **54**, 1087–1098.

Ozinzky, A. E.; Ekama, G. A.; Reddy, B. D. (1994) Mathematical Simulations of Dynamic Behaviour of Secondary Settling Tanks, Research Report W85. University of Cape Town, South Africa.

Parker, D. S. (1983) Assessment of Secondary Clarification Design Concepts. *J. Water Pollut. Control Fed.*, **55**, 349–359.

Parker, D. S. (1991) The Case for Circular Clarifiers. *Water Eng. Manage.*, **22**, April.

Parker, D. S.; Kaufman, W. J.; Jenkins, D. (1970) Characteristics of Biological Flocs in Turbulent Regimes, Rep. No. 70-5. Sanitary Engineering Research Laboratory, University of California: Berkeley.

Parker, D. S.; Kaufman, W. J.; Jenkins, D. (1972) Floc Breakup in Turbulent Flocculation Processes. *ASCE J. Sanit. Eng. Div.*, **98**, 79–99.

Parker, D. S.; Kaufman, W. J.; Jenkins, D. (1971) Physical Conditioning of Activated Sludge Floc. *J. Water Pollut. Control Fed.*, **43**, 1817–1833.

Parker, D. S.; Matasci, R. N. (1989) The TF/SC Process at Ten Years Old: Past, Present and Future. *Proceedings of the 62nd Annual Water Environment Federation Technical Exposition and Conference,* San Francisco, California, Oct 15–19; Water Environment Federation: Alexandria, Virginia.

Parker, D. S.; Stenquist, R. J. (1986) Flocculator–Clarifier Performance. *J. Water Pollut. Control Fed.*, **58**, 214–219.

Semon, J., City of Stamford, Connecticut (1982) Personal communication.

Stukenberg, J. R.; Rodman, L. C.; Touslee, J. E. (1983) Activated Sludge Clarifier Design Improvements. *J. Water Pollut. Control Fed.*, **55**, 341–348.

U.S. Environmental Protection Agency (1991) *Assessment of Single-Stage Trickling Filter Nitrification*, EPA-430/09-91-005; U.S. Environmental Protection Agency, Office of Wastewater Management: Washington, D.C.

# 参考文献

U.S. Environmental Protection Agency (1987) *Design Manual: Dewatering Municipal Wastewater Sludges*, EPA-625/1-87-014; U.S. Environmental Protection Agency, Office of Research and Development: Cincinnati, Ohio.

Wahlberg, E. J.; Keinath, T. M.; Parker, D. S. (1992) Influence of Activated Sludge Flocculation on Secondary Clarification. *Proceedings of the 65th Annual Water Environment Federation Technical Exposition and Conference,* New Orleans, Louisiana, Sept 20–24; Water Environment Federation: Alexandria, Virginia.

Wahlberg, E. J.; Peterson, M. A.; Flancher, D. M. (1993) Field Application of the CRTC's Protocol for Evaluating Secondary Clarifier Performance: A Comparison of Sludge Removal Mechanisms in Circular Clarifiers. *Presented at the Rocky Mountain Water Pollution Control Association Annual Meeting,* Albuquerque, New Mexico, Sept 20; Rocky Mountain Water Pollution Control Association: Albuquerque, New Mexico.

Walker Equipment Company (1953) ClariFlow Inlet Device. U.S. Patent 2,635,757.

Warden, J. H. (1981) The Design of Rakes for Continuous Thickeners. *Filtr. Sep.,* **18** (2), 113–116.

Water Environment Federation (2005) *Clarifier Design,* 2nd ed., Manual of Practice No. FD-8; McGraw-Hill: New York.

Water Environment Federation (1992) Problem Solvers—Baffles Reduce Clarifier Turbulence. *Water Environ. Technol.,* **4** (12), 64.

Water Environment Federation; American Society of Civil Engineers; Environmental and Water Resources Institute (2009) *Design of Municipal Wastewater Treatment Plants,* 5th ed., WEF Manual of Practice No. 8, ASCE Manuals and Reports on Engineering Practice No. 76; McGraw-Hill: New York.

Watts, R. W.; Svoronos, S. A.; Koopman, B. (1996) One Dimensional Modeling of Secondary Clarifiers Using Concentrations and Feed Velocity Dispersion Coefficient. *Water Res.,* **30,** 2112–2124.

Wilson, T. E. (1991) Rectangular Clarifiers Should Be Considered. *Water Eng. Manage.,* **138** (4), 20.

## 第10章

Boller, M.; Gujer, W. (1986) Nitrification in Tertiary Trickling Filters Followed by Deep Bed Filters. *Water Res.,* **20,** 1363–1373.

Lin, C. S.; Heck, G. (1987) Design and Performance of the Trickling Filter/Solids Contact Process for Nitrification in a Cold Climate. *Proceedings of the 60th Annual Water Environment Federation Technical Exposition and Conference,* Philadelphia, Pennsylvania, Oct 4–8; Water Environment Federation: Alexandria, Virginia.

Metcalf and Eddy, Inc. (2003) *Wastewater Engineering: Treatment and Reuse,* Tchobanoglous, G., Burton, F. L., Stensel, H. D. (Eds.); McGraw-Hill: New York.

Metcalf and Eddy, Inc. (1991) *Wastewater Engineering: Treatment, Disposal and Reuse,* 3rd ed.; McGraw-Hill: New York.

Ohio Environmental Protection Agency (1997) Trickling Filter Alternative BADCT. Internal communication from D. S. Rector to P. Novak, April 7; Ohio Environmental Protection Agency: Columbus, Ohio.

Pierce, D. (1978) *Upgrading Trickling Filters,* Tech. Rep. MCD-42, EPA-430/9-78-004; U.S. Environmental Protection Agency: Washington, D.C.

U.S. Environmental Protection Agency (1991) *Assessment of Single-Stage Trickling Filter Nitrification,* EPA-430/09-91-005; U.S. Environmental Protection Agency, Office of Wastewater Management: Washington, D.C.

U.S. Environmental Protection Agency (1974) Wastewater Filtration Design Considerations. Technology Transfer Seminar Publication; U.S. Environmental Protection Agency: Washington, D.C.

U.S. Environmental Protection Agency (1977) Wastewater Filtration Design Considerations. Technology Transfer Seminar Publication; U.S. Environmental Protection Agency: Washington, D.C.

Water Environment Federation; American Society of Civil Engineers; Environmental and Water Resources Institute (2009) *Design of Municipal Wastewater Treatment Plants,* 5th ed., WEF Manual of Practice No. 8; ASCE Manuals and Reports on Engineering Practice No. 76; McGraw-Hill: New York.

Weaver, T. G. (1989) Sand/Anthracite Filtration Complements Trickling-Filter Systems. *Water Eng. Manage.* **Sept,** 47.

# 第11章

Boltz, J. P.; Johnson, B. R.; Daigger, G. T.; Sandino, J.(2009) Modeling Integrated Fixed-Film Activated Sludge (IFAS) and Moving Bed Biofilm Reactors—Mathematical Treatment and Model Development. *Water Environ. Res.,* **81,** 555–575.

Dold, P.; Takacs, I.; Mokhayeri, Y.; Nichols, A.; Hinojosa, J.; Riffat, R.; Bailey, W.; Murthy, S. (2007) Denitrification with Carbon Addition—Kinetic Considerations. *Proceedings of Nutrient Removal 2007: The State-of-the-Art,* Baltimore, Maryland, March 4–7; Water Environment Federation: Alexandria, Virginia, 218–238.

Dold, P. L. (1991) Incorporation of Biological Excess Phosphorus Removal in a General Activated Sludge Model. Department of Civil Engineering and Engineering Mechanics, McMaster University: Hamilton, Ontario, Canada.

Downing, L. S.; Nerenberg, R. (2007) Evaluation of the Hybrid Membrane Biofilm Process (HMBP) for Nitrification and Denitrification of Wastewater. *Proceedings of Nutrient Removal 2007: The State-of-the-Art,* Baltimore, Maryland, March 4–7; Water Environment Federation: Alexandria, Virginia, 1127–1138.

Envirosim Associates, Ltd. (2006) *BioWin™ User Manual;* Envirosim Associates, Ltd.: Hamilton, Ontario, Canada.

Hem, L.; Rusten, B.; Odegaard, H. (1994) Nitrification in a Moving Bed Reactor. *Water Res.,* **28,** 1425–1433.

# 参考文献

Henze, M.; Gujer, W.; Mino, T.; Loosdrecht, M. V. (2000) Activated Sludge Models ASM1, ASM2, ASM2d and ASM3; International Water Association: London, United Kingdom.

Huhtamäki, M. (2007) IFAS Process for Nutrient Removal. Practical Experiences and Guidelines for Design, Modeling and Operation. Ripesca-projecti LIFE03 ENV/FIN000237; Raiseo Group Project Report. http://www.raisio.fi/ripesca/; Raisio Finland.

Hydromantis, Inc. (2007) GPS-X Model. http://www.hydromantis.com (accessed June 2008).

Johnson, T. L.; Shaw, A.; Landi, A.; Lauro, T.; Butler, R.; Radko, L. (2007) A Pilot-Scale Comparison of IFAS and MBBR to Achieve Very Low Total Nitrogen Concentrations. *Proceedings of Nutrient Removal 2007: The State-of-the-Art*, Baltimore, Maryland, March 4–7; Water Environment Federation: Alexandria, Virginia, 521–535.

Mamais, D.; Jenkins, D.; Pitt, P. (1993) A Rapid Physical–Chemical Method for the Determination of Readily Biodegradable Soluble COD in Municipal Wastewater. *Water Res.*, **27**, 195–197.

Marais, G. v. R.; Ekama, G. A. (1976) The Activated Sludge Process: Part I—Steady State Behaviour. *Water SA*, **2**, 164–200.

McClintock, S. A.; Sherrard, J. H.; Novak, J. T.; Randall, C. W. (1988) Nitrate versus Oxygen Respiration in the Activated Sludge Process. *J. Water Pollut. Control Fed.*, **60**, 342–350.

Melcer, H.; Dold, P. L.; Jones, R. M.; Bye, C. M.; Takacs, I.; Stensel, H. D.; Wilson, A. W.; Sun, P.; Bury, S. (2003) *Methods for Wastewater Characterization in Activated Sludge Modelling;* Water Environment Research Foundation: Alexandria, Virginia.

Odegaard, H. (2005a) Combining CEPT and Biofilm Systems. *Proceedings of the IWA Specialized Conference on Nutrient Management in Wastewater Treatment Processes and Recycle Streams,* Krakow, Poland, Sept 19–21; International Water Association: London, United Kingdom.

Odegaard, H. (2005b) Innovations in Wastewater Treatment—The Moving Bed Biofilm Process. Norwegian University of Science and Technology, Department of Hydraulic and Environmental Engineering: Trondheim, Norway.

Odegaard, H.; Rusten, B.; Westrum, T. (1994) A New Moving Bed Biofilm Reactor—Application and Results. *Proceedings of the 2nd International Specialized Conference on Biofilm Reactors,* Paris, France, Sept 29–Oct 1; International Association on Water Quality: London, United Kingdom, 221–229.

Randall, C. W.; Barnard, J. L.; Stensel, D. H. (1992) *Design and Retrofit of Wastewater Treatment Plants for Biological Nutrient Removal;* Technomic Publishing Company: Lancaster, Pennsylvania.

Reichert, P. (1998) *AQUASIM 2.0, User Manual;* Swiss Federal Institute for Environmental Science and Technology (EAWAG): Dübendorf, Switzerland.

Reichert, P.; Wanner, O. (1997) Movement of Solids in Biofilms: Significance of Liquid Phase Transport. *Water Sci. Technol.*, **36** (1), 321–328.

Rooney, T. C.; Huibregtse, G. L. (1980) Increased Oxygen Transfer Efficiency with Coarse Bubble Diffusers. *J. Water Pollut. Control Fed.*, **52**, 2315–2326.

Rutt, K.; Seda, J.; Johnson, C. H. (2006) Two Year Case Study of Integrated Fixed Film Activated Sludge (IFAS) at Broomfield, CO, WWTP. *Proceedings of the 79th Annual Water Environment Federation Technical Exposition and Conference*, Dallas, Texas, Oct 21–25; Water Environment Federation: Alexandria, Virginia, 225–239.

Sen, D. (1995) COD Removal, Nitrification and Denitrification Kinetics and Mathematical Modeling of Integrated Fixed Film Activated Sludge Systems. Ph.D. Dissertation, Virginia Polytechnic Institute and State University, Blacksburg, Virginia.

Sen, D.; Boltz, J. P.; Copithorn, R. R.; Morgenroth, E. (2009) *Proceedings of the Biofilm Reactors Workshop*, 82nd Annual Water Environment Federation Technical Exposition and Conference, Orlando, Florida, Oct 10–14; Water Environment Federation: Alexandria, Virginia.

Sen, D.; Copithorn, R.; Randall, C. W. (2006) Successful Evaluation of Ten IFAS and MBBR facilities by Applying the Unified Model to Quantify Biofilm Surface Area Requirements for Nitrification, Determine Its Accuracy in Predicting Effluent Characteristics, and Understand the Contribution of Media Towards Organics Removal and Nitrification. *Proceedings of the 79th Annual Water Environment Federation Technical Exposition and Conference*, Dallas, Texas, Oct 21–25; Water Environment Federation, Alexandria, Virginia, 185–199.

Sen, D.; Copithorn, R.; Randall, C.; Jones, R.; Phago, D.; Rusten, B. (2000) *Investigation of Hybrid Systems for Enhanced Nutrient Control*, Project 96-CTS-4; Water Environment Research Foundation: Alexandria, Virginia.

Sen, D.; Randall, C. W. (2007) Improving the Aquifas (Unified) Computational Model for Activated Sludge, IFAS and MBBR Systems by Embedding a Multi-Layer Biofilm Diffusion Model within a Multi-Cell Activated Sludge System. *Proceedings of Nutrient Removal 2007: The State-of-the-Art*, Baltimore, Maryland, March 4–7; Water Environment Federation: Alexandria, Virginia, 1270–1299.

Sen, D.; Randall, C. W. (2008a) Improved Computational Model (AQUIFAS) for Activated Sludge, IFAS and MBBR Systems, Part I: Semi-Empirical Model Development. *Water Environ. Res.*, **80**, 439–453.

Sen, D.; Randall, C. W. (2008b) Improved Computational Model (AQUIFAS) for Activated Sludge, IFAS and MBBR Systems, Part II: Biofilm Diffusional Model. *Water Environ. Res.*, **80**, 624–632.

Sen, D.; Randall, C. W. (2008c) Improved Computational Model (AQUIFAS) for Activated Sludge, IFAS and MBBR Systems, Part III: Analysis and Verification. *Water Environ. Res.*, **80**, 633–645.

Sen, D.; Randall, C. W. (2005) Unified Computational Model for Activated Sludge, IFAS and MBBR Systems. *Proceedings of the 78th Annual Water Environment Federation Technical Exposition and Conference*, Washington, D.C., Oct 29–Nov 2; Water Environment Federation: Alexandria, Virginia, 3889–3904.

# 参考文献

Sen, D.; Randall, C. W.; Copithorn, R. R.; Huhtamaki, M.; Farren, G.; Flournoy, W. (2007) Understanding the Importance of Aerobic Mixing, Biofilm Thickness Control and Modeling on the Success or Failure of IFAS Systems for Biological Nutrient Removal. *Water Practice,* **1** (5), 1–18.

Spengel, D. B.; Dzombak, D. A. (1992) Biokinetic Modeling and Scaleup Considerations of Rotating Biological Contactors. *Water Environ. Res.,* **64**, 223–235.

Solley, D. (2000) *Upgrading of Large Wastewater Treatment Plants for Nutrient Removal;* The Winston Churchill Memorial Trust of Australia: Canberra, Australia.

Sriwiriyarat, T.; Randall, C. W.; Sen, D. (2005) Computer Program Development for the Design of Integrated Fixed Film Activated Sludge Processes. *J. Environ. Eng.,* **131**, 1540–1549.

Wanner, O.; Eberl, H.; Morgenroth, E.; Noguera, D.; Picioreanu, C.; Rittman, B.; Loosdrecht, M. V. (2006) *Mathematical Modeling of Biofilms.* IWA Task Group on Biofilm Modeling, Scientific and Technical Report 18. IWA Publishing: London, United Kingdom.

Wanner, O.; Reichert, P. (1996) Mathematical Modeling of Mixed-Culture Biofilms. *Biotechnol. Bioeng.,* **49**, 172–184.

Water Pollution Control Federation (1988) *Aeration,* Manual of Practice No. FD-13; Water Pollution Control Federation: Alexandria, Virginia.

Weiss, J. S.; Alvarez, M.; Tang, C.; Horvath, R. W.; Stahl, J. F. (2005) Evaluation of Moving Bed Biofilm Reactor Technology for Enhancing Nitrogen Removal in a Stabilization Pond Treatment Plant. *Proceedings of the 78th Annual Water Environment Federation Technical Exposition and Conference,* Washington, D.C., Oct 29–Nov 2; Water Environment Federation: Alexandria, Virginia, 3889–3904.

Wentzel, M. C.; Ekama, G. A.; Marais, G. v. R. (1991) Kinetics of Nitrification Denitrification Biological Excess Phosphorus Removal Systems—A Review. *Water Sci. Technol.,* **23**, 555–565.

# 附录A 单位换算表

| 单 位 | 换算系数 | 单 位 |
|---|---|---|
| （1） | （2） | （3） |
| **长度** | | |
| 　英寸（in） | 2.540 | 厘米（cm） |
| 　英尺（ft） | 0.3048 | 米（m） |
| 　英尺（ft） | 12 | 英寸（in） |
| 　码（yard） | 3 | 英尺（ft） |
| **面积** | | |
| 　平方英尺（sq ft, ft$^2$） | 0.0929 | 平方米（m$^2$） |
| 　平方英尺（sq ft, ft$^2$） | 144 | 平方英寸（sq in, in$^2$） |
| 　平方码（sq yard） | 9 | 平方英尺（sq ft, ft$^2$） |
| | 0.836 | 平方米（m$^2$） |
| 　英亩（acre） | 4840 | 平方码（sq yard） |
| | 0.405 | 公顷（ha） |
| 　公顷（ha） | 10000 | 平方米（m$^2$） |
| **体积** | | |
| 　立方英尺（cu ft, ft$^3$） | 28.32 | 升（L） |
| | 0.02832 | 立方米（m$^3$） |
| | 1728 | 立方英寸（cu in, in$^3$） |
| | 7.48 | 美国加仑（gal） |
| | 6.23 | 英国加仑（gal） |
| 　美制加仑（gal） | 3.785 | 升（L） |
| | 0.003785 | 立方米（m$^3$） |
| 　英制加仑（gal） | 4.546 | 升（L） |
| | 0.004546 | 立方米（m$^3$） |
| 　立方米（m3） | 1000 | 升（L） |
| **质量及单位质量** | | |
| 　磅（lb） | 453.6 | 克（g） |
| | 0.4536 | 千克（kg） |
| 　立方英尺水（cu ft water 或 ft$^3$ water） | 62.4 | 磅（lb） |
| 　磅/立方英尺（lb/cu ft 或 lb/ft$^3$） | 0.016 | 克/立方厘米（g/cm$^3$） |
| **浓度** | | |
| 　百万分之一（ppm） | 1 | 毫克/升（mg/L） |
| **坡度** | | |
| 　英尺/英里（ft/mile） | 0.1894 | 1000$i$ |
| **速度** | | |
| 　英尺/秒（ft/s） | 720 | 英寸/分钟（in/min） |
| | 0.3048 | 米/秒（m/s） |

## 附录A 单位换算表

续表

| 单 位 | 换算系数 | 单 位 |
|---|---|---|
| 英寸/分钟（in/min） | 0.0423 | 厘米/秒（cm/s） |
| **流量** | | |
| 立方英尺/秒（$ft^3/s$, cfs） | 0.646 | 百万加仑/天（Mgal/d, mgd） |
| | 28.32 | 升/秒（L/s） |
| 百万加仑/天（Mgal/d, mgd） | 3785 | 立方米/天（$m^3/d$） |
| | 0.04381 | 立方米/秒（$m^3/s$） |
| 加仑/min（gal/min, gpm） | 3.785 | 升/分钟（L/min） |
| | 0.06308 | 升/秒（L/s） |
| | 0.0000631 | 立方米/秒（$m^3/s$） |
| **用量或比例** | | |
| 平方英尺/立方英尺（$ft^2/ft^3$） | 3.2808 | 平方米/立方米（$m^2/m^3$） |
| 平方米/立方米（$m^2/m^3$） | 0.3048 | 平方英尺/立方英尺（$ft^2/ft^3$） |
| 标准立方英尺/分钟（scfm） | 0.02832 | 标准立方米/分钟（$Nm^3/min$） |
| 标准立方米/分钟（$Nm^3/min$） | 35.315 | 标准立方英尺/分钟（scfm） |
| 加仑/天/平方英尺（$gpd/ft^2$） | 40.74 | 升/平方米/天（$L/(m^2·d)$） |
| 加仑/分钟/平方英尺（$gpm/ft^2$） | 2.445 | 米/小时（m/h） |
| 升/平方米/天（$L/(m^2·d)$） | 0.02455 | 加仑/天/平方英尺（$gpd/ft^2$） |
| 磅/1000平方英尺/天（$lb/(1000ft^2·d)$） | 0.0049 | 千克/平方米/天（$kg/(m^2·d)$） |
| 磅/立方英尺/小时（$lb/(ft^3·h)$） | 16.0185 | 千克/立方米/小时（$kg/(m^3·h)$） |
| 升/秒/平方米（$L/(s·m^2)$） | 3.6 | 米/小时（m/h） |
| 磅/天（lb/d; ppd） | 0.4536 | 千克/天（kg/d） |
| 磅/天/1000加仑（ppd/kgal） | 0.12 | 千克/天/立方米（$kg/(d·m^3)$） |
| **压力** | | |
| 磅/平方英寸（$lb/in^2$, psi） | 51.71 | 毫米汞柱（mmHg） |
| | 6894.76 | 帕（pa） |
| 磅/平方英尺（$lb/ft^2$） | 47.88 | 帕（pa） |
| 大气压 | 101325 | 帕（pa） |
| | 14.696 | 磅/平方英寸（$lb/in^2$, psi） |
| **功率** | | |
| 马力（hp） | 746 | 瓦（w） |
| **温度** | | |
| 华氏温度（℉） | （℉-32）×（5/9） | 摄氏温度（℃） |
| 摄氏温度（℃） | ℃×（9/5）+32 | 华氏温度（℉） |
| | ℃+273.15 | 开尔文（K） |

表格的使用方法说明：
1.（1）列×（2）列=（3）列，如1in×2.540=2.540cm
2. 不做说明时，"磅"均为美制"磅"。"加仑"均为美制"加仑"。